上海建工装饰集团装饰工程关键技术丛书

数智融合
成就表皮美学

建筑装饰工程表皮建造技术研究与应用

Digital-Intelligence Integration Achieving
The Research and Application of Surface Construction Technology in Building Decoration Engineering

上海市建筑装饰工程集团有限公司 / 编著

上海科学技术出版社

图书在版编目（CIP）数据

数智融合　成就表皮美学：建筑装饰工程表皮建造技术研究与应用 / 上海市建筑装饰工程集团有限公司编著. -- 上海：上海科学技术出版社, 2025. 5. -- (上海建工装饰集团装饰工程关键技术丛书). -- ISBN 978-7-5478-7131-7

Ⅰ. TU227

中国国家版本馆CIP数据核字第2025WR9577号

数智融合　成就表皮美学：建筑装饰工程表皮建造技术研究与应用
上海市建筑装饰工程集团有限公司　编著

上海世纪出版（集团）有限公司
上海科学技术出版社　出版、发行
（上海市闵行区号景路159弄A座9F-10F）
邮政编码 201101　　www.sstp.cn
上海展强印刷有限公司印刷
开本 889×1194　1/16　印张 21.5
字数 600 千字
2025 年 5 月第 1 版　2025 年 5 月第 1 次印刷
ISBN 978-7-5478-7131-7/TU·369
定价：150.00 元

本书如有缺页、错装或坏损等严重质量问题，请向工厂联系调换电话：021-66366565

编 委 会

主编

李 佳

副主编

连 珍　牟永来

编委

徐永刚　虞嘉盛　周漪芳　李文华　李 芬　冷云峰
管文超　朱 军　展祎南　谭 伟　李功绩　郝元元
韩存立　李 超　程春林　杨 凯　黄 超　胡小涛
董志杰　莫家樑　王海涛　许晨晨　钱玉龙　张 冲
梁一杰　张 静　熊小良　张 峰　陆 宁　李玉娟

序　一

在这个充满活力与创新的时代，我们有幸见证了中国建筑行业的蓬勃发展、技术革新与绿色转型中实现的深刻变革，过去的三十年间建筑业为我国经济持续健康发展提供了有力支撑。在新的变革时期，国家提出了建筑业高质量发展的总体目标和大力发展建筑工业化、数字化、智能化并持续加大智能建造在工程建设各环节应用的发展战略，为建筑业转型升级指明了方向。

幕墙是建筑的外衣，作为现代建筑的重要组成部分，不仅承载着保护建筑物免受外界环境影响的使命，更是现代建筑美学和科技实力的结晶，而且是城市天际线的重要组成部分，具有维护、装饰和节能环保的多重功能。

近年来，随着新材料、新工艺、新技术的不断涌现，幕墙建造也随之不断创新突破。从传统的玻璃、铝板幕墙到如今的光伏幕墙、自由曲面幕墙、艺术幕墙，幕墙行业正在向着更高性能、更低能耗、更强可持续性的方向发展。幕墙的设计和制造已经从简单的功能性走向了复合功能性和智能化。这体现在它不仅是建筑的外立面，更是集成了多种功能的复合结构体系。如太阳能光伏板、通风系统、遮阳系统、超低能耗技术等，这些创新技术应用使得建筑幕墙拉近了人与自然的关系，在提升建筑功能的同时也提高了使用舒适度。

本书回顾了幕墙三十年发展关键事件，并深入探讨了幕墙行业的各个方面，从材料选择、结构设计到施工技术，再到幕墙建造的数字化、智能化和未来发展趋势。书中汇聚了多位行业专家的智慧和经验，他们分享了在实际工作中遇到的挑战和解决问题的策略。无论是对于初学者还是资深从业者，本书都将是一本不可或缺的参考书籍，它不仅能够为实际工程的顺利实施提供借鉴，还能够促进学术交流和技术传播，共同推动建筑幕墙行业的持续健康发展。

愿本书成为连接你我的桥梁，成为传承知识的有效载体，让我们携手共进，共创建筑行业的美好未来。

中国建筑金属结构协会副会长、秘书长

序 二

伴随着中国经济步入转型升级的关键阶段，门窗幕墙行业正面临着新的发展机遇和挑战。当前我们既要看短期之"形"，更要看长期之"势"；既要看增长之"量"，更要看发展之"质"。中国建筑金属结构协会铝门窗幕墙分会一直致力引导企业进行技术创新和转型升级，推动数字化建设和绿色节能建筑的发展。

数智建造蕴含的是科技与建筑艺术的完美融合。它将大数据、云计算、人工智能等前沿技术，与幕墙设计、制造、安装的全过程紧密结合，实现了从二维图纸到三维模型，再到智能施工的跨越。这一过程，不仅提高了工作效率，更在安全、环保、成本控制等方面展现出巨大优势，为幕墙行业注入了新的活力。

回溯过去，幕墙行业经历了从传统到现代的转型，每一次技术革新，都伴随着行业的深刻变革。而今，数智建造的兴起，无疑是这一进程中的又一里程碑。它不仅推动了行业技术标准的提升，更在人才培养、市场拓展等方面开辟了新路径，为幕墙行业的可持续发展提供了坚实支撑。

在上述背景下，本书的出版恰逢其时。本书不仅全方位展示了上海建工装饰集团有限公司在特异形幕墙领域的创新研究成果和数智建造能力，更是幕墙行业从业者共享技术成果和相互学习的平台。

本书专注幕墙数智建造，不仅是一次对行业前沿技术的深度探索，更是对行业未来方向的前瞻思考。

展望未来，我们有理由相信，数智建造将成为幕墙行业发展的新引擎。它将引领我们走向更加智能、绿色、高效的未来。作为行业协会，我们一直践行"感恩、传承、创新、发展"的行业文化和"提高磁力、增加黏性"的服务理念，致力于搭建交流平台，推动行业内外的深度交流与合作，共同探索幕墙数智建造的无限可能，为打造新质生产力和建设品质建筑贡献行业力量！

中国建筑金属结构协会铝门窗幕墙分会会长、
幕墙设计及顾问咨询分会会长

前　言

在全球科技浪潮和中国城市化进程的双重推动下，建筑行业正经历着前所未有的变革。科技创新作为推动建筑行业向创新驱动高质量发展转变的主要动力，其重要性不言而喻。而数字化作为实现创新驱动的重要途径，更是未来实现智能化不可缺少的技术手段。面对这样的时代背景，国内建筑企业纷纷开始向集成化、智能化、科技密集型生产方式进行转变，这已成为当前转型升级的必然需要。

现代建筑表皮，不仅承担着建筑的围护和美学功能，还日益成为展现建筑智能化和绿色可持续性的重要窗口。幕墙表皮数智建造，作为这一变革的产物，集成了数字化设计、智能制造、自动化施工和信息化管理等先进技术，旨在提高幕墙工程的质量、效率和可持续性。当前，中国已成为全球建筑幕墙生产与使用大国，幕墙表皮数智建造作为行业发展的重要趋势，不断往节能、环保、智能化、高技术方向发展，数字技术的深度应用和低碳创新型技术的开发也推动了双层幕墙、低碳幕墙等高新技术产品不断涌现。

在这一转型过程中，上海市建筑装饰工程集团有限公司（以下简称集团）作为国有建筑装饰企业的排头兵，发挥了重要的引领作用。集团依托上海建工集团股份有限公司领先的科技平台和品牌支撑，以及强大的"三全"战略，把科技创新作为推动建筑装饰产业现代化的重要战略支撑，将装饰工业化与数字化、绿色化、智能化全方位融合发展，取得了丰硕的成果，以其先进的建造理念，率先提出了幕墙装饰化的概念，并积极探索了服务个性化装饰风格的装配式幕墙智造模式。在幕墙智造领域，集团自2000年就确定了"工厂化加工、现场总装配"的技术路线，到2010年成立自有木制品加工厂与建筑幕墙加工厂，近年来在多个高标准项目中成功实践，二十多年来不断推进幕墙智造技术的研发与应用，为幕墙行业的发展作出了重要贡献。

特别是在近年来，集团通过自主研发和技术创新，成功实现了从幕墙方案到加工生产、现场指导安装全过程的正向数字化设计，展现了集团在异形项目模型预先下单方面的可实施性。集团自主研发的异形曲面屋面系统，通过智能化高精度施工机械手臂、一体式加工工作站、半自动化机器人等建筑智能装备的试点应用，实现了大型复杂异形曲面场馆幕墙工程的精准建造。这些成果成功应用于北京大兴国际机场、北外滩世界会客厅、上海久事马术中心、嘉兴未来广场、成都科学馆等一系列工程，创造了显著的经济和社会效益。不仅满足了超大板块、超短工期、异形曲面等复杂幕墙工程的落地需求，而且通过重大工程、地标工程的锤炼，形成核心技术体系。

本书旨在探讨幕墙表皮数智建造的前沿技术、创新实践和未来趋势。通过聚焦数字化设计在幕墙设计中的应用、智能制造技术在幕墙生产中的革新，以及自动化施工技术在幕墙安装过程中的优化，我们将揭示幕墙数智建造如何推动行业转型、实现工程项目的高效率和高质量，同时促进资源节约和环境保护。此外，我们还将通过案例分析和技术解读，展示集团在幕墙数智建造领域的标志性成果和前沿技术应用，为业界专业人士提供极具价值的行业洞察，激发创新灵感，共同推动幕墙行业迈向更加智能、绿色的未来。

上海市建筑装饰工程集团有限公司党委书记

2025 年 5 月

目 录

第 1 章　绪论　　1

1.1　中国装饰行业数智建造现状与趋势　　2
1.2　中国幕墙产业发展与创新　　3
1.3　企业幕墙数智建造发展历程　　15

第 2 章　建筑表皮类型及幕墙数智化建造技术　　17

2.1　建筑表皮概述　　18
2.2　建筑表皮的类型　　18
2.3　不同类型表皮的建造技术　　22
2.4　幕墙数智化建造技术的应用与前瞻　　22

第 3 章　常规建筑表皮数智建造技术　　25

3.1　玻璃幕墙数智建造技术　　26
3.2　石材幕墙数智建造技术　　31
3.3　人造板材幕墙数智建造技术　　36
3.4　金属板幕墙数智建造技术　　58
3.5　案例　　65
　　海门路 630 号折线玻璃幕墙　　65
　　成都天府机场　　67
　　杭州大会展中心幕墙工程中工业化建筑技术的应用　　78
　　世博办公区 10-03 项目装配式幕墙　　83
　　嘉定临港科技城项目幕墙　　87

第 4 章　异形复杂幕墙数智建造技术　　93

　　4.1　曲面幕墙数智建造技术　　94
　　4.2　异形人造面板幕墙数智建造技术　　108
　　4.3　异形曲面金属板幕墙数智建造技术　　119
　　4.4　案例　　126
　　　　安吉"两山"文化艺术中心屋面工程数字化应用　　126
　　　　嘉兴南湖未来广场项目异形曲面设计与 BIM 应用　　134
　　　　上海久事国际马术中心幕墙工程数字化运用　　142
　　　　浅析 GRC 在上海迪士尼梦幻世界项目塔群中的应用　　155

第 5 章　动态艺术类表皮数智建造技术　　169

　　5.1　环保类艺术幕墙数智建造技术　　170
　　5.2　金属类艺术幕墙数智建造技术　　182
　　5.3　动态幕墙数智建造技术　　193
　　5.4　案例　　208
　　　　言子书院　　208
　　　　江苏南京园博园绿植幕墙——建筑与自然的交融　　212
　　　　上音歌剧院项目装配式 UHPC 幕墙设计与应用　　218
　　　　中山大学深圳校区项目幕墙设计与分析　　223

第 6 章　幕墙智能制造技术　　227

　　6.1　BIM 正向设计技术　　228
　　6.2　VR 技术在幕墙工程中的应用　　229
　　6.3　智能成本管控技术　　231
　　6.4　施工智能模拟技术　　236
　　6.5　构件物流管理平台　　238
　　6.6　可视化协同管理平台　　240
　　6.7　智慧工地管控平台　　242
　　6.8　三维数字扫描及测量技术　　245
　　6.9　案例　　249
　　　　滴水湖南岛会议中心参数化设计　　249
　　　　卓然股份（上海）创新基地项目幕墙工程数字化运用　　252
　　　　张江机器人谷单元幕墙项目数字化设计　　259

第7章　城市更新项目表皮数智建造　　263

城市更新案例　　264
上海市第一八佰伴整体装饰工程　　264
百联曲阳购物中心调整装修外装饰工程　　274
十六铺地区（中山东二路以东）综合改造二期工程　　280
Tx淮海剧汇项目装修工程　　284
上汽大众总部大楼外立面改造工程　　293
五矿大厦安全隐患整改工程门窗改造采购与安装项目　　298
嘉兴少年路街道外立面改造项目　　302
华亭宾馆外墙改造工程　　309
上海市第十人民医院内科病房综合楼外立面改造工程　　315
上海达安广场外墙修缮工程　　322

附　录　　325

近三年幕墙智造领域成果　　326

绪论
Exordium

第 1 章
Chapter 1

1.1　中国装饰行业数智建造现状与趋势

中国在全球建筑业中扮演着重要角色，具有卓越的建造能力和国际影响力。建筑业不仅是改革开放以来经济腾飞的坚实后盾，也是推动城镇化进程与民生福祉改善的关键力量。然而，随着中国经济从高速增长轨道平稳过渡到高质量发展阶段，建筑业亦步入了存量竞争的新常态，面临一系列严峻挑战。建筑装饰装修是建筑业中的三大支柱性产业之一，具有劳动密集型行业的特性，存在传统建造模式效率低、施工周期紧、现场工作环境艰苦、劳动强度大等共性问题，这些特性影响了建筑装饰装修行业的转型升级与高质量发展。为实现行业高质量发展，须准确把握新一轮科技革命和产业变革趋势，加快装饰建造方式转变，大力提升建筑装饰装修行业工业化、数字化、智能化水平。

2020年7月，住房和城乡建设部等十三部门联合印发的《关于推动智能建造与建筑工业化协同发展的指导意见》，提出要以大力发展建筑工业化为载体，以数字化、智能化升级为动力，创新突破相关核心技术，加大智能建造在工程建设各环节应用，形成涵盖科研、设计、生产加工、施工装配、运营等全产业链融合一体的智能建造产业体系。2024年1月中国建筑装饰协会编写出版的《新时代中国建筑装饰业高质量发展指导意见》中进一步指出要把握新一轮科技革命和产业变革机遇，推进装饰行业的工业化、数字化、绿色化、智能化发展。

我国在智能建造领域的进步，不仅是技术创新与积累的结果，更是对未来建筑业可持续发展路径的深刻探索与实践。一系列创新成果的涌现，标志着我国在全球智能建造版图中占据了一席之地。然而，面对国内建筑装饰装修行业转型升级的迫切呼唤，以及全球智能装饰技术日新月异的挑战，当前建筑装饰及幕墙工程的数智化发展之路依旧布满荆棘。面对市场环境的不确定性、规划部署的复杂性、标准规范的滞后性，无一不在考验着行业的智慧与决心。因此，推动建筑装饰及幕墙工程数智化发展的过程，不仅是对技术创新的追求，更是对行业生态、管理模式、标准体系等全方位变革的呼唤。

在智能建造领域的快速发展中，幕墙工程与室内装饰的智能建造发展是相辅相成的，形成良性的互动关系。幕墙工程中的数字化设计协同、装配化预制构件及产品柔性化生产等专项技术可有效赋能室内装饰工程，提供精准设计数据、高效施工方法及标准化构件支撑，促进装饰工程效率与质量双提升；而装饰工程中多样性的绿色环保材料、创新的施工工艺，以及智能化施工装备的应用可为幕墙工程提供更丰富的设计效果及更高精度的表皮呈现与工艺优化方案，增强幕墙工程的整体美观度与功能性。这种模式不仅体现了我们工程技术的不断创新和积累，也实现建筑的内外兼修，更是对建筑行业可持续发展路径的深入探索与实践。唯有在挑战中不断探索，在变革中勇于创新，才能引领我国建筑装饰装修行业迈向更加智能、绿色和高效的发展新阶段。

上海市建筑装饰工程集团有限公司借助上海建工集团股份有限公司领先的研发平台、

厚重的品牌支撑、强大的"三全"战略,把科技创新作为推动建筑装饰装修产业现代化的重要战略支撑,将装饰工业化与数字化、绿色化、智能化全方位融合发展,取得了丰硕的成果,并成功应用于北京大兴国际机场、北外滩世界会客厅、上海久事马术中心、嘉兴未来广场、成都科学馆等一系列建筑装饰及幕墙工程,创造了显著的经济和社会效益。同时通过重大工程、地标工程的锤炼,形成了建筑装饰及幕墙工程数智建造的核心技术体系。

1.2 中国幕墙产业发展与创新

幕墙是现代化建筑的象征,其最早始于20世纪20年代,至今已有近百年历史。中国建筑幕墙行业从1983年开始起步,40年来逐步实现从无到有,由小到大的发展历程,特别是近30年来随着改革开放和经济的发展,建筑行业日新月异,技术革新一日千里,建筑幕墙也实现了跨越式的高速发展,目前已发展成为世界第一幕墙生产制造和使用大国。

在现代建筑中,幕墙无处不在,其独特的设计和功能性使其成为城市风景的重要部分。无论在城市高层建筑、大跨度建筑、异形建筑、公共建筑物还是城市综合体,在充分展现建筑艺术美的同时并兼顾着美观、宜居、节能和安全功能。

幕墙学科是包含了材料科学、结构工程、加工制造、环境科学等多专业的综合性交叉学科。其本身不仅是一种建筑维护结构更是现代城市的装饰。

近20年间随着建筑工程的规模不断加大、建筑构造及外立面形式愈发复杂、管理流程的逐步规范化和智能化,同时基于多学科技术的创新整合应用,致使幕墙设计施工及建造技术不断创新突破,幕墙行业也在不断发展中保持着技术创新激情和动力,中国已因此逐步发展成为幕墙技术创新的前沿阵地。

中国幕墙的起步阶段始于1983年,当时一批国有军工、飞机制造企业是中国幕墙的直接缔造者。

20世纪90年代发展中的中国幕墙逐步有了"南北派"之分,其中以受香港影响的深圳金粤幕墙装饰工程有限公司和受日本门窗技术影响的沈阳黎明铝门窗公司为代表,还包括武汉"空军十八厂"等航空企业,他们依托着雄厚的技术实力,加工制造能力和机械行业技术的人才优势,逐渐发展壮大成为当时中国幕墙行业的佼佼者。

随着1992年邓小平同志南方谈话后,南方的城市建筑风潮崛起,国内幕墙行业发展迎来了第一个高峰期,幕墙公司也通过技术引进与学习吸收,相关产业得到了迅速发展。为推动行业发展和技术进步,其行业协会——中国建筑金属结构协会铝门窗幕墙委员会在1994年组建成立。

这个阶段幕墙企业在协会的引领下不断学习借鉴国外先进技术标准和规范，并编制了国内幕墙行业首个技术标准和规范。

此时在南方一家有胆识和前瞻意识的民营"小铝窗厂"中山市盛兴幕墙有限公司也在迅速崛起，并参编了我国首部关于建筑玻璃幕墙行业标准《玻璃幕墙工程技术规范》（JGJ 102），独立研发了"165系列隐框玻璃幕墙"和"BM190系列小单元隐框幕墙"，并通过了国家级科技成果鉴定。而地处东北的沈阳远大，其诞生同样得益于时代浪潮的推波助澜。作为一直有着"共和国装备基地"之称的沈阳，凭借得天独厚的技术优势和人才资源，孕育了远大这家中国第一幕墙明星企业。初创阶段的沈阳远大其主要人员和大多数技术骨干，均来自沈阳黎明航空发动机公司、航天新光、沈阳飞机工业集团有限公司等企业。作为中国幕墙界的领军企业，他们有着国有企业严格的公司管理和健全的技术研发体系，结合民营企业自有的营销体系推动了远大迅速崛起。

回顾30年的中国幕墙发展历程，大体可分为引进学习期、成长期、成熟期和创新突破期四个阶段。其中1993年以前是中国幕墙产品的引进学习期，1993—2003年为幕墙技术的成长期，2003—2013年为幕墙技术的成熟期，2023年以后为幕墙技术创新突破期。在中国幕墙发展成熟期，"北远大、中凌云、南盛兴"成为当时行业标志，三足鼎立的局面使得很多业内人认为行业格局已定，此时的幕墙行业已经少了些创新的激情和动力。

行业只有竞争才能促进发展，中国幕墙行业"鲇鱼"——江河幕墙的横空出世搅动了整个幕墙行业的沉寂格局，也激发了行业多年来少有的激烈竞争，其"鲇鱼"效应再一次激发了幕墙发展和创新的激情。

2013—2023年，随着中国经济的高速发展和基础设施建设拉动投资的经济大背景，许多中国装饰型企业都积累到一定的规模，以苏州金螳螂建筑装饰股份有限公司（简称苏州金螳螂）和浙江亚厦装饰股份有限公司最具代表性。作为中国装饰行业首家上市公司苏州金螳螂，在2013年企业的营业收入就已超200亿元，被业界称为装饰界的"航空母舰"，其高速发展期凭借在装饰领域强大的技术研发能力和市场知名度曾有过千亿元目标计划，此时基于全产业链发展的定位，幕墙也被列为其重要发展板块之一。

随着建筑全产业链发展和建筑设计多元化发展趋势及"幕墙装饰化"精致制造的市场需求，装饰企业的多专业综合素质和精致建造基因得以充分展现。其实每个装饰型规模企业都有自己的幕墙梦，其中不乏像中建深圳装饰有限公司、中建八局装饰工程有限公司、中建东方装饰有限公司等这样的"国家队"，也包括上海市建筑装饰工程集团有限公司等这类地方国企装饰公司。

1984年竣工的北京长城饭店项目（图1-1）是中国第一次真正引入并应用幕墙的设计与施工技术，也是中国幕墙发展的第一个转折点。

20世纪80年代初期，以沈阳黎明航空发动机公司（图1-2）、西安飞机工业公司、凌云空军十八厂等一批航空军工企业，开创了铝合金门窗和幕墙在国内应用的历史先河。

图1-1　北京长城饭店

1984年4月沈阳黎明铝门窗公司总工程师应邀到澳大利亚墨尔本市代表深圳国贸大厦业主监督该项目幕墙样板试验的全过程，有机会学习了组装式幕墙技术，回国后便自主设计了国内第一款150型幕墙系统，随后又研发了180系列明框和隐框玻璃幕墙产品，并编制了门窗幕墙工艺规程和企业技术标准。

图1-2　中航沈阳黎明航空发动机公司

这项系列技术的推广应用标志着我国具有了独立自主知识产权幕墙产品时代的开始。其间为了检测和验证研发产品的性能指标，沈阳黎明铝门窗公司还借助航空系统的管理模式，创建了国内首个门窗幕墙风压性能实验室。

作为"北派"幕墙的代表性企业，"黎明"和"沈飞"都有着上万人的特大型军工企业背景，并有着雄厚的技术实力和机械加工制造能力。凌云空军十八厂作为空军装备部的飞机维修企业同样具备强大的技术储备和实力，在20世纪90年代逐渐发展壮大并成为中国幕墙行业的时代佼佼者。

1986年，号称"亚洲桅杆"的武汉电视塔拔地而起，可高度300m的外幕墙成了当时最大的难题。当时的武汉凌云公司（现武汉凌云建筑装饰工程有限公司）在国内没有成熟技术的条件下，发挥军工厂的技术优势通过自主创新，克服了建筑外形复杂、超高

图 1-3 东方明珠广播电视塔

图 1-4 现中山盛兴股份有限公司

空作业安全性、抗风和防渗水要求高等一系列技术难题,完成了国内首个超高层电视塔外装饰幕墙建造。紧接着又攻克了中央广播电视塔和亚洲第一塔468m高的上海东方明珠塔(图1-3)。上海东方明珠电视塔的几个球体均为异形双曲面幕墙,由8 000m² 铝合金板块和7 000m² 粉红色中空玻璃组成。武凌云建筑装饰工程有限公司攻克了平板拟合异形曲面的尖端技术。据不完全统计,国内80%的电视塔幕墙项目均为武汉凌云建筑装饰工程有限公司承建,被称为当之无愧的"中国塔王"。

1992年的中国幕墙行业发展处于学习发展期,国内大量的高难度幕墙基本上都由外资幕墙公司完成,中国幕墙企业在国内幕墙市场竞争中没有绝对优势。在幕墙发展初期很少有企业能够意识到参与行业标准规范编写的价值和意义,但中山市盛兴幕墙有限公司(图1-4)在1992年却通过参编行业标准《玻璃幕墙工程技术规范》(图1-5),并在中山交通商业大厦幕墙工程中得以实践应用,奠定了其在行业的学术地位,也使得中山市盛兴

图 1-5 行业规范

幕墙有限公司（简称中山盛兴公司）的整体管理水平向着有序化方向发展。

中山盛兴公司还在1996年编写了行业首部指导性教材《玻璃幕墙工程技术规范应用手册》，在1998年参编写国家行业标准《幕墙安装质量检验方法标准》和《金属与石材幕墙工程技术规范》等。中山盛兴公司也是率先开发小单元的幕墙企业之一，其独立研发的"系列小单元隐框幕墙"在通过国家级科技成果鉴定，并于1999年主编国家行业标准《小单元建筑幕墙》，此后"盛兴小单元"曾誉满江南。通过这一系列的技术和管理创新，成就了1995—2005年"南盛兴"的十年辉煌。

"请进来，走出去"作为沈阳远大企业集团（图1-6）成立之初最重要的发展思路，早在1994年就邀请欧洲技术专家作老师开始"拜师学艺"之路，并在实际工程中逐步吸收学习和应用。但随着市场多样化竞争的需求，如何将欧洲技术进行本土化改良势在必行，于是沈阳远大掀起了一场创新技术革命。1995年沈阳远大中标哈尔滨森融大厦，为了适应技术和成本的双重要求，沈阳远大在欧洲幕墙技术的基础上开发出"哈森融"标准框架幕墙系统，至此沈阳远大有了自己独特的幕墙产品，该幕墙技术的推出也成为沈阳远大技术史上的里程碑事件，沈阳远大从此开启了设计标准之路。有了框架标准系统后为了增加市场竞争力，沈阳远大开始瞄准在国内应用较少的单元幕墙系统，可当时国内没有相应的单元幕墙技术资料可参考。一个具有划时代意义的单元幕墙项目恰逢其时地给沈阳远大提供了学习机会，当时上海国际金融大厦由德国嘉特纳公司负责承建正在国内找安装分包商，该工程外墙是典型的德式单元式幕墙系统，沈阳远大通过这次安装服务对单元式幕墙技术有了一定的理解后开始研发自己的单元幕墙系统，自此沈阳远大有了第一款横锁式单元幕墙系统，并于1997年完成第一个单元幕墙工程中国北京纺织品大厦。

1999—2003年的上海浦东新区，上海陆家嘴金融贸易区的建设如火如荼，一批批高端幕墙项目的建设给当时的国内幕墙企业与外资幕墙公司同台竞技的机会和舞台。沈阳

图1-6 沈阳远大企业集团

图 1-7 震旦国际大厦

远大凭借自身的技术优势将上海陆家嘴地区包括花旗集团大厦、震旦国际大厦（图 1-7）、上海外滩中信城等在内的十多个工程项目收入旗下。陆家嘴也一度被国内的幕墙界称为"远大一条街"。这些项目中每一个都有着堪称"中国第一"的设计特色和技术创新应用。例如中银大厦当时为国内工程中板块最大的单元幕墙，震旦国际大厦上拥有当时世界上面积最大的电子显示屏幕，花旗集团大厦第一个采用无栏杆落地式单元幕墙技术，东方艺术中心玉兰花造型采用超大跨度装配式艺术钢结构体系等。

2008 年举世瞩目的夏季奥运会，以及 2022 年冬季奥运会在北京国家体育场、国家游泳中心（图 1-8）隆重举行。国家游泳中心作为世界上技术难度最大、最复杂的膜结构工程，对隔音、隔热、防水及光线都有极为严格的要求。沈阳远大依靠自主创新，攻克了立面照明系统、膜吸充气系统、充气管道、充气泵布置等一系列技术难关，完美地完成世界上第一个超大体量膜结构体育场馆的建设。并参与编制了《国家游泳中心膜结构技术及施工质量验收标准》，该标准成为世界上第一个膜结构的实施标准，填补了膜结构标准的空白。

图 1-8 国家游泳中心（别名"水立方"）

上海中心大厦（图1-9）是我国唯一高度突破600m、采用绿色环保节能技术的超高层建筑，该项目采用螺旋式上升的建筑结构造型和柔性幕墙悬挂体系具备极大的设计和施工难度，成为中国最受瞩目的"超级工程"之一，上海中心大厦项目也因此入选中央电视台纪录片《超级工程》。

图1-9　上海中心大厦

上海中心大厦在立项之初就成为国内幕墙届魅力与挑战并存的建筑典范，无论是其所处的地理位置还是其超高双层的幕墙特点，都备受业界的关注。

该项目具有高、柔、扭、偏、空五大特点（图1-10），对幕墙结构的适应性抗、变位性、防水性和抗震性均提出了极高的要求，项目中所遇到技术难题也是无前例可参考的。其外幕墙关键技术曾刷新了上海建筑科技乃至中国建筑科技的新高度，"内刚外柔"的新型巨型结构设计理论体系，首创设计了主体结构与外围柔性悬挂支撑结构变形协同一体的双层表皮玻璃幕墙。外幕墙玻璃幕墙钢结构支撑体系结构非常复杂，以主体结构8道桁架层为界，共分为9区，每区幕墙自我体系相对独立，每层由140多块各不相同的玻璃幕墙包裹，整个大楼共2万多块不同大小曲面单元幕墙，每个单元构件无一相同，也是世界上首次在超高层安装14万m^2柔性幕墙。这类项目按传统施工方法，很难高精度安装。

为了实现精准的设计、制造与安装，技术团队首次创新性地全过程应用数字化、参数化应用技术，利用BIM技术（building information model，BIM，建筑信息模型）在电脑中精确模拟计算、三维演示,每块构件到了施工现场,将现场测量的数据输入电脑与理论数据相比对,通过实际测量数据与理论模型进行大数据合模后,可以使玻璃幕墙成品的误差控制在1mm以内。最终实现复杂幕墙安装"0"偏差,被业界定义为"世界顶级幕墙工程",难度系数堪称世界之最。

上海中心大厦外幕墙曾实现"突破超高层建筑完全中国自主建造""突破最柔建筑幕墙构造技术""突破最复杂建筑幕墙表皮建造技术""突破最严苛幕墙构造安全验证""突破超层建筑数字化设计技术壁垒"五项"零突破"。打造中国"最高双层摩天大楼""最柔幕墙结构体系""最复杂建筑表皮""最安全的双层玻璃幕墙""最先采用数字化应用技术的超高层建筑""最高绿色建筑"六"最"超级工程幕墙。

图 1-10　上海中心大厦

随着社会的发展,在现代建筑设计中越来越多的建筑师将异形曲面建筑作为一种新的表达方式,异形曲面建筑的出现不仅打破了传统建筑的束缚,使建筑更接近艺术、人文和自然。但新颖的异形曲面建筑带来的是对设计、材料应用和施工技术的严峻考验。但是随着材料工艺和数字化技术手段的不断进步与成熟,为这一类项目成功落地创造了良好的条件。例如 BIM 参数化技术和低成本的冷弯金属板或冷弯玻璃技术的应用为异形自由曲面的实现和推广创造了更多可能性。

苏州吴江高度 358m 的苏州绿地中心项目(图 1-11),外立面局部为双曲面玻璃幕墙,为了实现双曲面建筑效果,苏州金螳螂技术团队对建筑形体进行数字化分

图 1-11　苏州绿地中心

析并有理化归类，把该项目曲面单元成型工艺划分为两种，一种为异形"单元框架加玻璃工厂冷弯形成异形板块"工艺；另二种为"单元化框与玻璃组装为整体，再进行现场整体冷弯"工艺。

单元幕墙板块整体冷弯工艺是指在现场通过对单元挂件施加一定的拉力来使边框形成微弧线来实现双曲面造型，从而获得扭曲的单元板块，玻璃在单元板块内保持较低的永久附加应力（图1-12）。

图1-12 现场安装动画模拟

苏州中心广场心形屋面建筑为自由曲面造型，寓意为凤凰展翅（图1-13）。当时是国内最大面积的单层薄壳结构采光顶，也是苏州市的地标性建筑。该项目采光顶玻璃80%采用冷弯技术，玻璃最大冷弯值达到60mm。该项目无论从建筑形体建筑结构形式还是大面积冷弯玻璃的应用都是史无前例的，项目在设计、加工、现场施工上都遇到前所未有的技术难题。

图1-13 苏州中心广场

该项目创新性地运用了超长异性网格结构自由曲面玻璃幕墙数字化适应性分析和施工技术，创造六最设计技术，包括"最先进BIM设计分析及修模下料技术，60mm国内最大玻璃冷弯量设计实现技术，最直观动态施工模拟技术，最多的不同尺寸玻璃板块冷弯受力分析技术，最经济安全的构造设计技术，最完美的自由曲面成型技术"。该项目由于冷弯玻璃技术应用等创新技术曾获得"华夏建设科技进步奖"一等奖。

嘉兴未来广场项目（图1-14）采用大跨度异形空间钢结构拱桁架系统配以弧形白色陶瓦自由曲面幕墙屋面（图1-15），结合各层退台空间绿化，形成错落有致的建筑群落。作为一座公园中的景观建筑，建筑师通过优美的建筑曲线将三处场馆"手拉手"地连接

图1-14 嘉兴未来广场

图1-15 白色陶瓦

一起围合而成白色陶瓦双曲面屋面，屋面由50余万片叠拼而成，如何将50万片陶瓦叠拼出顺滑的曲面，并满足屋面效果、工艺、结构沉降及温度变形要求，如何使得屋面系统、双曲金属檐口、曲面水泥板吊顶、弯弧玻璃幕墙等系统完美融合是本项目的重难点。上海市建筑装饰工程集团有限公司幕墙团队应用数字化设计平台，对复杂异形屋面建造技术研究，形成国内首个复杂异形陶瓦屋面成套智能建造技术，其中包括"大体量双曲陶瓦屋面系统设计""复杂异形屋面智能精准测量技术""三维扫描数字仿真及正向纠偏技术""超大异形曲面安装建造技术"等。依托该项目企业自主研发7项创新技术，申请专利5项，创造了多项国内首创技术，以绿色化、工业化、数字化技术赋能异形曲面文化场馆建筑。

装配式建筑最早出现在20世纪60年代，随着国办发〔2016〕71号文，装配式迎来了新的机遇（图1-16）。作为建筑外表皮的幕墙，相比其他建筑专业更早地开始了装配式技术的研发，其中单元幕墙、小单元幕墙、单元钢架、钢结构幕墙一体化等都归为幕墙早期对于装配式的探索。随着装配式技术的不断发展，幕墙装配式也在不断突破原有的技术，适用范围逐步扩大，

图1-16 装配式建筑施工

原来无法实现的单元幕墙构造系统通过技术创新,也逐步实现了装配化,同时装配式板块更趋大化安装效率也更高。

由于大空间建筑效果的需求,超大跨度钢结构建筑也逐步增多,由此对于依附在大跨度钢结构上的幕墙系统如何去适应钢结构的加工与施工偏差和大变形都提出更大的挑战。一般情况下大空间主体钢构都是为幕墙传力而设置,钢结构体系的好坏最终决定了幕墙的整体品质。传统大空间幕墙结构体系存在较多问题,例如钢结构和幕墙由不同的分包单位进行设计施工两者之间缺少系统性融合,由于钢结构加工精度及施工误差大单纯依靠幕墙自身的调节无法吸收,另外部分主体钢构完成后需要在现场开孔、焊接等作业都会对主体结构产生不利的影响,甚至削弱主体强度影响结构安全。

解决这些技术问题的最好办法是采用钢结构幕墙一体化技术。采用这项技术需要在建筑方案阶段就进行整体策划,在幕墙设计阶段进行幕墙和钢结构的融合设计,在工厂一体化加工制造,运用参数化数字化技术一体化施工管理等综合性措施。

采用这项技术的案例包括重庆来福士(图1-17)的空中连廊整体吊装技术,上海上港十四区风塔项目(图1-18)幕墙单层钢网壳装配式液压整体提升技术等。上港十四区风塔高180m,整体为圆柱造型,主体结构体系上采用了与上海中心大厦外幕墙相同的大跨度悬挑单层幕墙钢网壳体系(图1-19)。

图1-17　重庆来福士

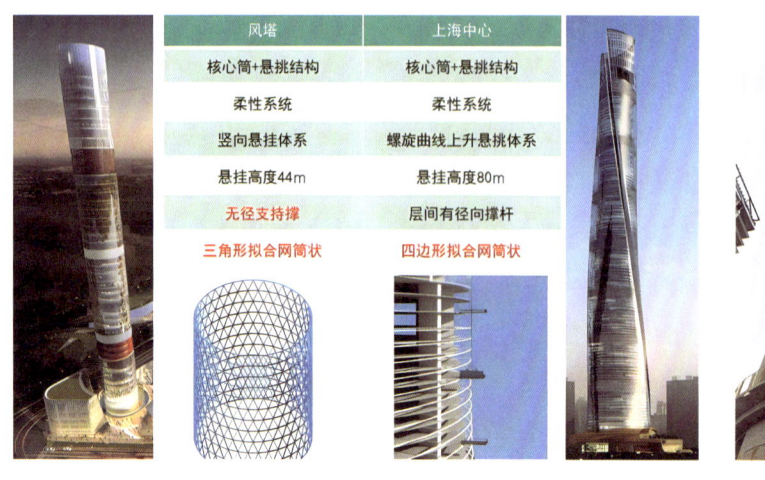

图 1-18　上港十四区风塔与上海中心大厦项目对比　　　　图 1-19　钢网壳结构

幕墙钢结构为三角形筒状网壳体系，虚拟层为三角形的高度 4m，每层 72 个三角形组成。出风口以下三角形网壳为悬挂形式，分为三个吊挂段，上端铰接连接，下端滑动连接，最大悬挂段 44m。

风塔楼层为呈悬挑跳跃式分布，幕墙钢结构为吊挂形式（图 1-20），最大吊挂 44m 区间内无横向连接，高空吊挂柔性结构施工措施布置难。该项目幕墙钢结构采用地面拼装，整体提升的技术方案。在正负零位置进行钢架的拼装，以 8m（两层）为一个拼装单元，拼装完成后提升 8m，再次拼装 8m 连接至已提升单元，累积提升，直至分段整体拼装完成，整体提升到位。

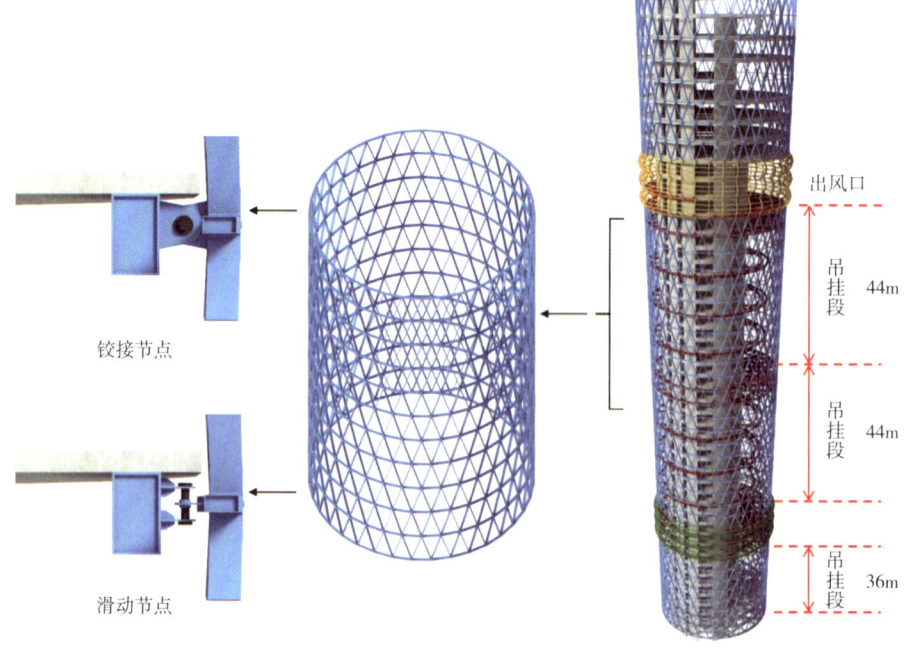

图 1-20　幕墙钢结构

重庆来福士广场（图1-21）由8栋超高层及一个横向跨度300m的空中连廊组成，空中连廊位于200m的高空，横跨其中四栋塔楼，连廊在塔楼之间的部位完全悬空，整体为悬空悬挑渐变波纹造型。针对该项目空中连廊幕墙施工采用传统的施工技术很难完成。经过多技术论证，最终采用了装配式整体液压提升的技术方案。

图1-21　重庆来福士广场

建筑幕墙在中国经历30多年的发展，经历了从无到有、从引进模仿到自主创新的发展历程，30年后的今天中国门窗幕墙年生产量已占世界幕墙产量的80%以上，已经发展成为幕墙行业世界第一生产大国和使用大国。经过30年的工程实践经验积累，中国的幕墙技术水平已有质的飞跃。

在国家双碳政策背景下，随着建筑数字技术的广泛应用和中国制造的行业高质量发展战略要求，幕墙的发展不仅需要设计创新和材料革新，更需要品质创新，打造幕墙技术强国。期待未来一定会有更多绿色低碳、智能化和工业化定制化的精致幕墙产品出现在我们的生活中，在扮靓城市的同时，也为我们的生活带来更多的便利和舒适。

1.3　企业幕墙数智建造发展历程

上海市建筑装饰工程集团有限公司以其先进的建造理念，率先提出了幕墙装饰化的概念，并积极探索了服务个性化装饰风格的装配式幕墙智造模式，目前已完成了多个个性化装饰风格的装配式幕墙工程，为幕墙智造的发展作出了重要贡献。

回顾上海市建筑装饰工程集团有限公司在幕墙智造领域的发展历程，早在 2000 年已确定了"工厂化加工、现场总装配"的技术路线，并通过参与北京钓鱼台国宾馆等多个高标准项目的木制品和石材制品加工实践，成为行业中率先践行"装配式装修"的装饰企业。

2008 年，上海市建筑装饰工程集团有限公司通过中国馆、澳门馆、船舶馆等一系列中式装饰特点的幕墙项目，进一步确定了个性化装饰风格、装配式幕墙智造的发展方向，这些里程碑式的成果为后续发展奠定了坚实的基础。

2010 年，成立了自有的木制品加工厂与建筑幕墙加工厂，实现了木制品与金属制品的自主生产，进一步推进了企业装饰工业化的发展进程，开启了行业中装饰企业组建自有工厂的先河。

2014—2016 年，承担了上海迪士尼梦幻世界的建设任务，该项目美轮美奂的外立面具有复杂的系统和工艺衔接关系、上万件的定制装饰艺术构件和大量的专业之间协同关系。为解决这些困难，装饰集团通过三维扫描、3D 打印、CNC 雕刻等技术，首次实现大型复杂装饰艺术构件的工业化应用。

2019 年，成功将数字化技术应用于成都天府空港悦享云享酒店项目。装饰集团自主研发了适用于室内、室外安装的半单元系统，并在现场成功实施了机器人进行室内安装的实践。针对锥形曲面玻璃，还自主研发了第一代曲面优化算法，实现了曲面的自动优化。通过精细化的 BIM 模型建立和数字化便捷的算法，为四川首次、全国少有的玻璃天空连廊集成化提升工程提供了卓越的技术力量，实现了幕墙智造技术能力实质性的突破。

2019—2020 年，在南岛会议中心、上音歌剧院、南京园博园、中山大学深圳校区等项目中，成功实现了从幕墙方案到加工生产、现场指导安装等全过程的正向数字化应用，展现了公司在异形、复杂造型项目中进行数字化应用的技术领先地位。

2021—2024 年，参建上海久事国际马术中心、嘉兴未来广场、安吉两山艺术中心等超大空间、异形复杂曲面建筑项目。在这些项目中自主研发了各类型异形曲面屋面系统，并通过智能化高精度施工机械手臂、一体式加工工作站、半自动化机器人等建筑智能装备的试点应用，实现了大型复杂异形曲面场馆幕墙工程的精准建造，同时也满足了超大板块、超短工期、异形曲面等复杂幕墙工程的落地需求。这一系列成果为上海市建筑装饰工程集团有限公司幕墙智能化发展助力，使其行稳致远。

建筑表皮类型及幕墙数智化建造技术

Types of Building Skins and Digital Intelligent Construction Technology for Curtain Walls

第 2 章
Chapter 2

2.1 建筑表皮概述

生物学的"表皮"描述，已经被普遍应用于建筑领域。生物的表皮在保护内在微环境的同时，也具有呼吸、保暖、散热、新陈代谢的功能。而建筑表皮在界定空间、视觉效果呈现的同时，展现出建筑形态与生态的双重特性。

建筑表皮，又称建筑幕墙，是建筑的"衣服"，随着新型材料、新技术的不断革新，赋予了建筑表皮形态更多的可能性，带给人们独特的空间体验和视觉感受。同时，建筑表皮对于建筑生态而言，起着重要的围护作用，主要体现在安全防护、保温隔热、通风采光、隔声遮阳、降低能耗、能源利用等方面，为室内用户提供舒适的空间环境。

建筑表皮作为建筑重要的一部分，作为围护结构，对建筑能耗运行影响十分关键。对此，有效利用建筑—环境能量转换循环，研发应用具有低能耗、自供能力和固碳、汇碳能力的新一代建筑材料，采用低能耗、净零碳建筑结构形态设计模式、改进建筑建造工艺，发展数字、智能的建筑建造与运维技术成为当前建筑领域实现碳中和目标的主要方向。

2.2 建筑表皮的类型

建筑表皮的形式与种类，按其表现形式可分为静态表皮和动态表皮两种。静态表皮，即处于静止状态的表皮形式。现有的建筑中，无论造型方正还是异形曲面，大多采用静态表皮，主要有常规幕墙、异形复杂幕墙、艺术型幕墙等。而动态表皮（也叫可变式表皮），是指通过主动或被动地控制建筑室内外通风与采光的方式与数量，优化室内外光、风、热交换过程，以改善室内物理环境，节约能耗的建筑表皮系统，主要有动态膜结构幕墙、风动幕墙、呼吸式动态幕墙、开合式幕墙、智能建筑幕墙、交互式/媒体建筑表皮等。

2.2.1 静态表皮

2.2.1.1 常规幕墙

常规节能型表皮是指采用传统的材料及表现手法、满足基本功能及性能需求，呈现较为简单的立面构成形式，主要有玻璃幕墙、石材幕墙、人造板材幕墙、金属板幕墙等（图2-1、图2-2）。

图 2-1　玻璃幕墙

图 2-2　石材幕墙

2.2.1.2　异形复杂幕墙

异形复杂幕墙是在满足基本功能和性能要求的基础上，采用不同的结构形式、材料组合、颜色搭配和造型层次，呈现出丰富的外观形态，给人以独特的视觉感受（图 2-3）。根据其构造形式，主要有几何组合式幕墙和自由曲面幕墙。几何组合式幕墙主要采用不同的几何形状将玻璃和其他材料做不同的排列组合，形成各式各样的立面构成（图 2-4）。自由曲面幕墙突破了传统建筑的直线和规则形状，采用了更加流畅、动态的非线性几何形态。

图 2-3　异形曲面幕墙

图 2-4　几何组合式幕墙

2.2.1.3 艺术型幕墙

艺术型幕墙是建筑美学呈现的一种独特方式,利用材料的属性、肌理效果,结合建筑的空间形态设计,采用抽象化、具象化手法,将山水、花鸟、人文等元素融入建筑设计概念中,从而营造出富有诗意和意境的空间(图2-5)。艺术型幕墙按其表现形式可分为生态绿植幕墙(图2-6)、艺术类金属网板幕墙、创意陶砖幕墙、可透光泡沫铝幕墙等。

图 2-5　茶山形态起伏,"竹叶"飘下　　　　图 2-6　生态绿植幕墙

2.2.2　动态表皮

2.2.2.1　动态膜结构幕墙

动态膜结构幕墙是在建筑外立面或屋顶采用半透明的 PTFE 膜材或罩或悬挂的形式呈现出流线型的结构,既能在炎热季节遮阳通风,又能给办公空间提供充分柔和的自然光(图 2-7)。

图 2-7　膜结构幕墙动态循环系统

2.2.2.2 双层呼吸式幕墙

双层呼吸式幕墙是指同个位置有内外两层玻璃幕墙体系。在结构板线以内已有一套完整的幕墙体系，在内外层幕墙之间，有一个宽度通常为数百毫米的通道，在通道的上下部位分别有出气口和进气口，空气可从下部的进气口进入通道，从上部的出气口排出通道，形成空气在通道内自下而上地流动，同时将通道内的热量带出通道（图2-8、图2-9），所以双层幕墙也称为热通道幕墙或呼吸式幕墙。

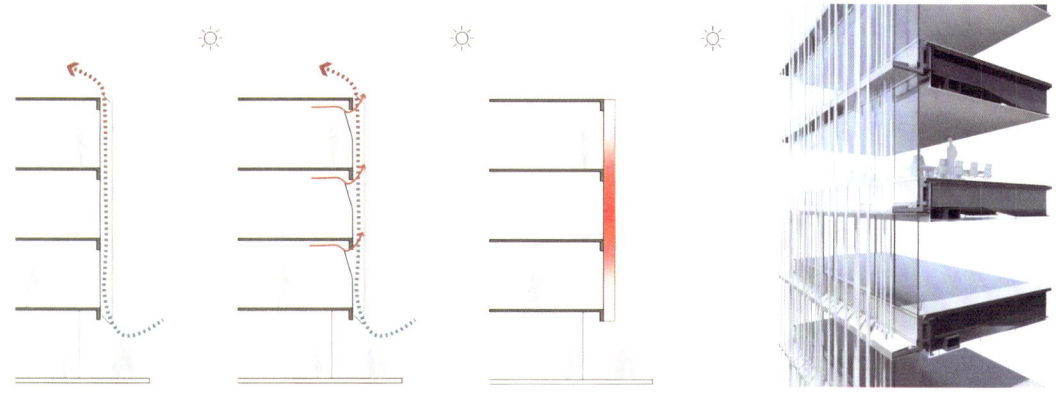

图2-8 呼吸式表皮工作原理　　　　图2-9 呼吸式表皮构造层次

2.2.2.3 开合式幕墙

开合式幕墙是通过机械设计，可发生滑动、旋转、折叠、伸缩、变形等运动的建筑表皮系统。此概念的产生与动态技术的发展相关，强调可变建筑表皮中精妙的机械系统。主要形式有可旋转遮阳百叶、可折叠面板、伞状收张遮阳表皮、开合式采光顶系统等（图2-10）。

（a）可旋转遮阳百叶　　（b）可折叠面板　　（c）伞状收张遮阳表皮

图2-10 开合式幕墙系统

2.3 不同类型表皮的建造技术

建筑表皮按传统的幕墙建造形式分为构件式幕墙、单元式幕墙、半单元式幕墙、小单元幕墙等几种类型。从《建筑幕墙术语》（GB/T 34327—2017）的定义来看，"构件式幕墙"是指在现场依次安装立柱、横梁和面板的框支承建筑幕墙；"单元式幕墙"是指由面板与支承框架在工厂制成的不小于一个楼层高度的幕墙结构基本单位，直接安装在主体结构上组合而成的框支承建筑幕墙；"半单元幕墙"是指由小于一个楼层高度的不同幕墙单体直接安装组合或与先行安装在主体结构上的立柱组合而成的建筑幕墙。根据《小单元建筑幕墙》（JG/T 216—2007）中的定义，"小单元幕墙"是指小单元板块与构件式或单元式框架采用挂钩和插接连接的、可方便安装和拆换的幕墙。

构件式幕墙大部分工作量在现场完成，受现场条件、气候条件影响较大。单元式、半单元式、小单元式的大部分工作量在工厂内完成，受现场条件、气候条件影响很小，且工厂预制部分的工作可以与现场同步进行，大大节约了工期。

传统幕墙所采用的单元式系统，需利用"雨屏原理"进行等压防水设计、利用"同层排水"或"隔层排水"工艺排除渗漏水、空缝式安装单元板块等，相对工艺要求较高，导致单元式幕墙的成本造价居高不下，商务条款方面受到较多限制。应运而生的"装配式幕墙"重点在于突出"整体装配"的概念，并结合和利用构件式幕墙的防水设计原理，而并不强调或要求"等压设计防水"的特点，这样既能够按照单元式幕墙的工艺特点进行整体预制、整体吊装，又能把成本造价降低到构件式幕墙同档次的价格水平。其使用条件和适用范围均不受以上"构件式幕墙"和"单元式幕墙"的限制，其加工方式、运输方式、现场施工方式，则与单元式幕墙完全相同，尤其对于造型复杂、现场施工条件差、安装精度要求高、难度大的项目，这种装配式幕墙具有更为明显的优势。

2.4 幕墙数智化建造技术的应用与前瞻

幕墙数智化建造技术是利用先进的数字化技术和智能化设备来实现幕墙建造过程的自动化和智能化，从而提高施工效率、降低人工成本、提高施工质量，并且实现实时监测和远程控制，为幕墙建造提供更可靠和安全的保障。目前已经可以实现以下几个方面的应用：①设计优化——利用数值模拟和虚拟现实技术，对幕墙设计进行全面优化和验证，确保满足结构强度、防水性能和隔热性能等要求。②施工自动化——利用机器人和自动化设备实现幕墙的自动化施工，减少人工操作，提高施工效率和质量。③实时监测——利用传感器和监测设备实时监测幕墙的变形、温度、湿度等参数，及时发现问题并进行修复，提高幕墙的安全性和可靠性。④远程控制——利用云计算和物联网技术实

现对幕墙建造过程的远程监控和控制,提高施工管理的效率和精度。

随着数字化、信息化和智能化技术的不断进步,未来幕墙建造技术将更注重这些技术的深度融合与创新应用。例如,结合人工智能、大数据分析等技术的智能设计和管理系统,使幕墙设计更高效、精确。此外,智能化和自动化也将是未来幕墙建造的重要发展趋势,通过使用机器人、自动化生产线等先进设备,提高生产效率和施工质量,减少人力资源需求。

随着全球对环境保护和可持续发展的重视,未来的幕墙建造技术也将更注重环保和节能。使用可回收材料、节能设计和绿色施工技术将成为行业标准。同时,全产业链数字化也将是未来的发展趋势,数字化技术将在设计、材料采购、生产、施工和维护管理的全过程中发挥重要作用,实现信息共享和协同工作。

预制化和模块化建造技术也将得到更广泛的应用,通过工厂预制和现场快速组装,可以大大缩短施工周期,提高施工质量和效率。此外,利用物联网、传感器等技术,未来的幕墙将具备自我监测和报告功能,实时监测结构健康状况,提前预警潜在问题,实现智能维护和管理。

综上所述,未来的幕墙建造技术将更智能化、自动化、绿色化和数字化,极大地提高建筑行业的效率和可持续性。这些趋势的发展将为建筑行业带来巨大的改变和发展机遇。

常规建筑表皮数智建造技术

Digital and Intelligent Construction Technology for Conventional Building Skins

第 3 章
Chapter 3

3.1 玻璃幕墙数智建造技术

3.1.1 构件式玻璃幕墙

3.1.1.1 构件式玻璃幕墙简介

构件式玻璃幕墙是玻璃幕墙的一种分类形式，指在工厂制作的是一根根元件（立柱、横梁）和一块块玻璃（组件），再运往工地将立柱用连接件安装在主体结构上，再在立柱上安装横梁，形成幕墙框格后安装固定玻璃（组件）。一般分为构件式明框玻璃幕墙、构件式隐框玻璃幕墙几种形式（图3-1）。

图3-1 构件式玻璃幕墙

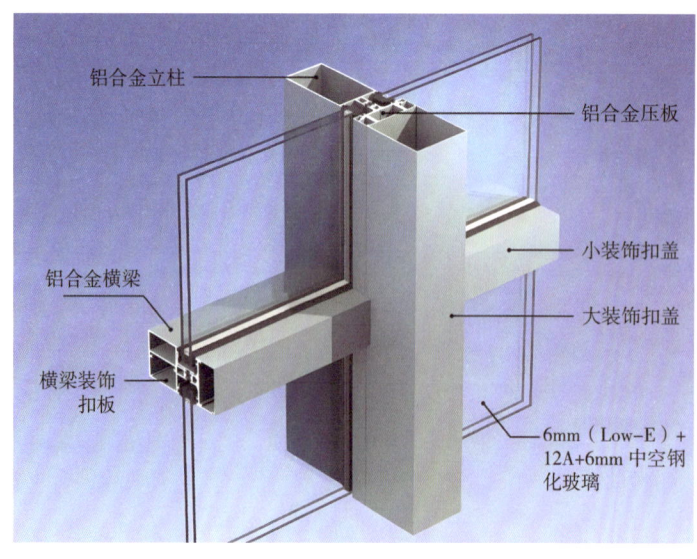

图3-2 明框玻璃幕墙

1）明框玻璃幕墙

明框玻璃幕墙是金属框架构件显露在外表面的玻璃幕墙。它以特殊断面的铝合金型材为框架，玻璃面板全嵌入型材的凹槽内。其特点在于铝合金型材本身兼有骨架结构和固定玻璃的双重作用（图3-2）。

明框玻璃幕墙是最传统的形式，应用最广泛，工作性能可靠。相对于隐框玻璃幕墙，更易满足施工技术水平要求。

2）隐框玻璃幕墙

隐框玻璃幕墙的金属框隐蔽在玻璃的背面，室外看不见金属框（图3-3）。隐框玻璃幕墙又可分为全隐框玻璃幕墙和半隐框玻璃幕墙两种，半隐框玻璃幕墙可以是横明竖隐，也可以是竖明横隐。隐框玻璃幕墙的构造特点是：玻璃在铝框外侧，用硅酮结构密封胶把玻璃与铝框黏结。幕墙的荷载主要靠密封胶承受。

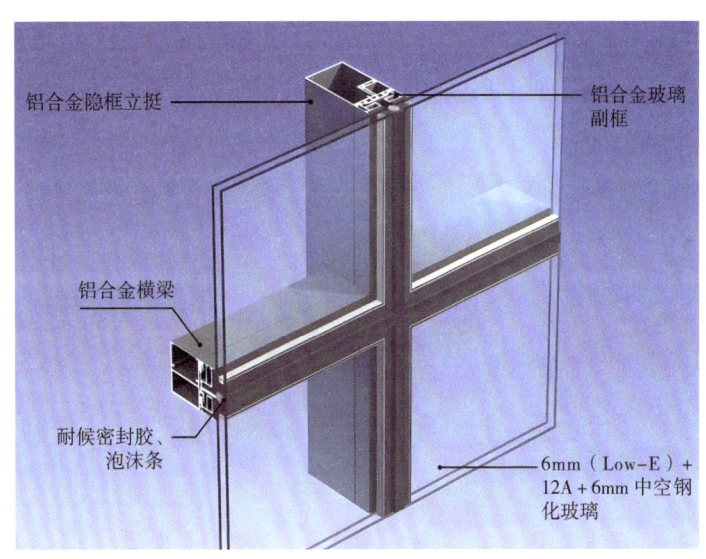

图 3-3　隐框玻璃幕墙

3.1.1.2　构件式玻璃幕墙的构造

构件式幕墙的龙骨安装顺序是从下向上，先安装竖框，并以竖框定位安装横框。在安装过程中检查人员随时查看型材的表面保护情况。骨架安装完毕后进行全面检查，尤其是横、竖梁中心线，必须用仪器对横梁及竖梁进行找正。骨架安装的要求如下：

1）竖框与竖框连接

安装基准竖框时，竖框上端按上述方法安装，竖框下端插入一根插芯，把插芯预固定在主体上。基准框以上的竖框在安装时，先把竖框在工作台上按上述方法做好立框准备工作，然后抬到指定位置，把竖框下端套在基准框上端的插芯上，竖框与竖框之间垫入20mm厚的伸缩垫，竖框上端连接焊牢后，将伸缩垫撤掉，保证竖框之间留下20mm的距离。每支竖框都是上端固定，下端可伸缩，满足在温度发生变化时，竖框有一定的伸缩范围。基准框以上的框架安装方法依此类推。

安装基准框以下的竖框时，先将基准框下端的插芯卸掉，插入下边竖框上端空腔内，并与竖框连接后再插入基准框下端空腔内，保持20mm的伸缩缝，调节竖框位置的准确程度，最后连接牢固，下边的框架安装依次类推。

2）竖框与横框的连接

竖框与横框之间通过角片和螺栓连接起来。首先根据分格把一组横框套在相邻两根竖框对应的角片位置上，横框与竖框接触面垫上1mm厚度胶皮垫（避免硬接触，当温度发生变化时，横框与竖框能够自由伸缩）。调整横框的进出位置，使横框外表面与竖框基准面外表面保持在一个垂直平面上；调整横框的上下位置，并用水平仪检测横框的水平度，确保横框的位置符合设计图纸分格尺寸的要求，然后用螺栓把横框和角片连接在一起（图3-4、图3-5）。

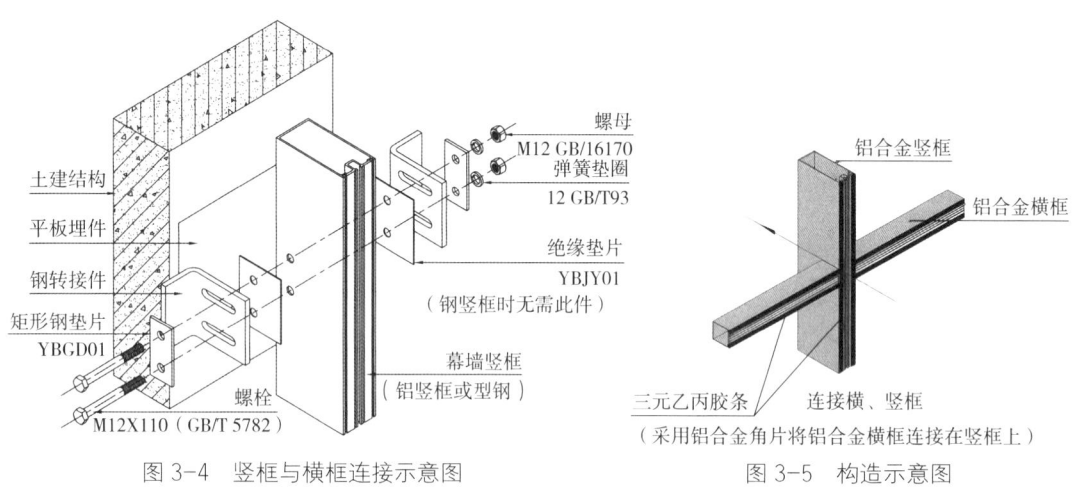

图3-4　竖框与横框连接示意图　　　　　图3-5　构造示意图

横竖框在立框之前，型材外表面贴保护胶带，与玻璃接触表面要事先穿入胶条，避免玻璃与型材硬接触。穿胶条时，首先割断一条与横竖框长度相应的胶条，然后穿入横竖框的凹槽内。穿胶条时要杜绝中间短缺现象，胶条连接处要用CA40H胶黏接。

3）防火封修安装

（1）安装防火板：防火板为镀锌板，并在工厂已经预制成型，其与铝合金横框采用机制螺钉连接于横框上。与主体结构连接的一侧折有折边，其采用射钉枪通过射钉固定在主体结构上。

（2）放置防火棉：防火板安装完毕后，在其上部填塞防火岩棉。防火岩棉在现场根据所在部位的尺寸裁切好，整块铺设上去。在此工序时，要保证防火棉填塞密实，与周边接触良好。

（3）打防火胶：在防火板下部其与横框、主体相交接，以及横向防火板搭接的接缝，均进行打防火胶进行密封，防止向上一楼层窜烟。胶迹要连续、均匀、密实。

4）玻璃板块的安装

一般采用机制钉—副框的连接方式，用压板实现板块定位，达到定位安装的目的。

5）密封打胶

复核外饰面板块之间的距离及平整度，确认无误后，在接缝处中填塞与接缝宽度相配套的泡沫条，并保证连接且深度一致，以保证胶面厚度均匀可靠。

3.1.1.3 构件式幕墙的优缺点

构件式幕墙的优点是：在设计、计算、管理上均较简单容易，能承受非常大的安装误差；由于构件小，在工地上容易存放；因设计计算简单，安装时不需要很长的准备时间；由于制作简单，安装系统有弹性，故较多幕墙的承建商有能力建造该类幕墙。

其主要缺点为：构件式幕墙整体安装要在楼房土建施工完毕后，幕墙要从楼的上端向下端安装，需较长的安装时间，并且一定要借助于脚手架或吊船安装，幕墙容易产生安装误差，构件不直，安装不平整，幕墙的施工工期容易工地受到各种条件的影响。

3.1.2 装配式玻璃幕墙

3.1.2.1 装配式玻璃幕墙简介

装配式玻璃幕墙也叫单元式玻璃幕墙。

单元式玻璃幕墙是指由各种玻璃面板与支承框架在工厂制成完整的幕墙结构基本单位，直接安装在主体结构上的建筑玻璃幕墙（图3-6）。

图3-6 安装示意图

3.1.2.2 装配式玻璃幕墙的构造

装配式幕墙构造的原理分析。

1）单元幕墙的三道密封线

（1）尘密线。为阻挡灰尘设计的一道密封线，一般由相邻单元的胶条相互搭接实现，起到阻挡灰尘和披水的作用。在南方地区可以不设计这道密封线。

（2）水密线。它是单元幕墙的重要防线，通过幕墙表面的少量漏水可以越过这条线，进入单元幕墙的等压腔，通过合理的结构设计，进入等压腔的水将被有组织地排出，没有继续进入室内的能力，达到阻水的目的。有时为了提高幕墙的水密性能，也可能同时设置多道水密线。

（3）气密线。它也是单元幕墙的重要防线，由于水密线和气密线之间的等压腔和室外基本上是相通的（有时在连通孔上放置防止灰尘的海绵），因此水密线不能阻止空气的渗透，阻止空气的渗透任务由最后一道防线——气密线来完成（图3-7）。

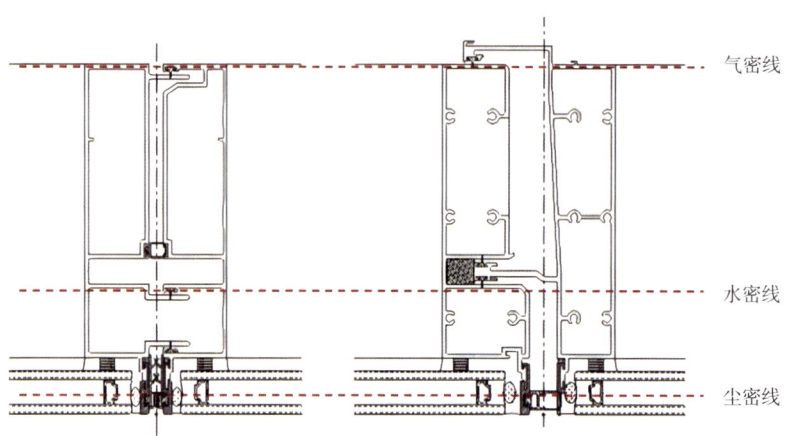

图 3-7 单元节点构造

2）单元幕墙防水机理分析

在幕墙表面，为了运用雨幕原理进行防水，设计上使等压腔的压力 Pc 等于或接近室外压力 Po，即水密线两侧的风压基本相等，消除或减轻了风压的作用，使水不通过或很少通过尘密线和水密线进入等压腔。

在气密线两侧，缝隙和作用同样不可避免，要达到不渗漏的目的，则要使水淋不到气密线，消除渗漏三要素中水的因素，由于通过尘密线和水密线的水很少或没有，加上合理的组织排水，就没有水淋到气密线，气密线缝隙周围没有水，就不会发生渗漏，从而使单元式幕墙对插部位具有良好的防水能力。

单元式幕墙防水的薄弱环节是四个单元的"+"字缝，这是单元式幕墙能否成功防水的关键，目前比较成功的解决方案有横锁式、横滑式和"+"字交叉密封结构等（图 3-8）。

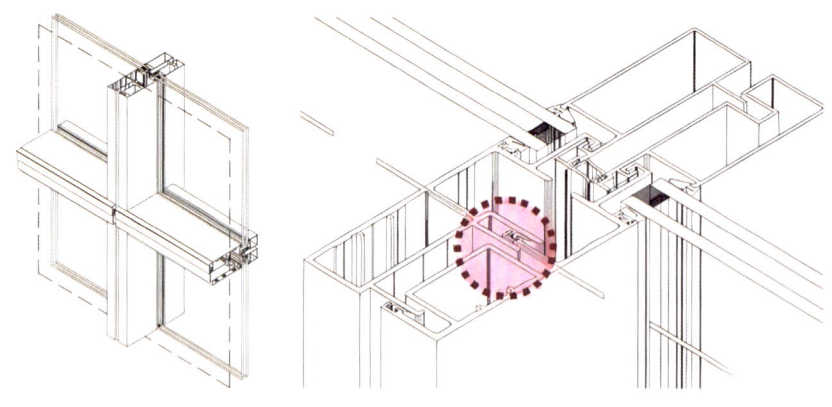

图 3-8 单元插接原理

3）单元幕墙玻璃幕墙的设计要点

（1）合理设计型材端面及型材咬合位置，尽量将水密线与气密线分离，保证等压腔发挥作用。

（2）断面上尽可能避免在制作过程中开工艺孔，气密线腔壁上禁止开工艺孔。

（3）断面设计时应考虑在竖向（或横向）构件上设置传递荷载与作用的专用装置，尽可能避免气密线胶条参与传力。

（4）插接式单元幕墙在断面设计时应考虑板块安装后插接件之间有不小于15mm的搭接长度。以便有能力适应层间变位和吸收现场安装产生的误差。

（5）断面设计时应考虑预留安装软披水胶条的槽口，以便板块安装后在缝隙处形成阻水屏障。

（6）断面设计时应尽可能考虑减少零件数量，降低构件的加工量和加工难度，以便保证板块的组装质量。

（7）幕墙板块的型材断面种类应考虑尽可能地少，同时应考虑到尽可能减少零件的组合量，以便减少板块组装所形成的缝隙。

（8）单元幕墙的气密线应形成闭合。在结构上必须防止十字接口处存在漏气的通道。

3.1.2.3 装配式玻璃幕墙的特点

装配式玻璃幕墙设计施工普遍具有以下特点：

（1）框架均采用全铝合金龙骨。

（2）单元板块左右、上下均采用"公母料"型材进行插接。

（3）单元板块之间采用等压防水设计，采用构造防水，而不是打胶封堵防水。

（4）单元板块与主体结构之间采用挂件连接，按照挂插方式安装。

（5）单元板块安装时有比较严格的安装顺序，因此经常受到现场的施工条件制约。

（6）收口板块安装需要进行专项设计，现场收口板块施工相对比较困难。

（7）现场单元板块吊装施工质量须严格要求，否则很容易出现漏水隐患。

3.2 石材幕墙数智建造技术

3.2.1 硬质岩石材幕墙

3.2.1.1 硬质岩石材幕墙简介

硬质岩石材幕墙通常由硬质石材面板和支承结构（横梁立柱、钢结构、连接件等）组成，是不承担主体结构荷载与作用的建筑围护结构（图3-9）。

天然花岗石因其形成温度高，各种矿

图3-9 硬质岩石材幕墙

物晶体结合紧密，质地坚硬，耐酸、碱、盐等腐蚀，化学性能好，硬度较高。以这种硬度较高的岩石作为面板的幕墙称为硬质岩石材幕墙。

3.2.1.2 石材幕墙的构造

石材幕墙的固定方式可以分为以下几种。

1）背栓式

连接形式——采用不锈钢膨胀栓无应力锚固连接，安全可靠（图3-10）。

安装结构——采用挂式柔性连接，抗震性能高。多向可调，表面平整度高，拼缝平直、整齐。

2）L形托板式

连接形式——铝合金托板连接，黏接在工厂内完成，质量可靠。

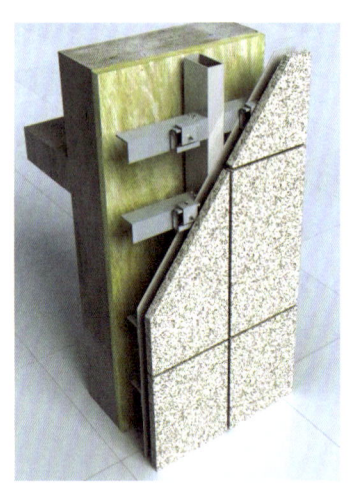

图 3-10 石材幕墙构造示意

安装结构——采用挂式结构，安装时可三维调整。使用弹性胶垫安装，可实现柔性连接，提高抗震性能。

3）通长槽式

连接形式——通长铝合金型材的使用，有效提高系统安全性及强度（图3-11）。

安装结构——安装结构可实现三维调整，幕墙表面平整，拼缝整齐。

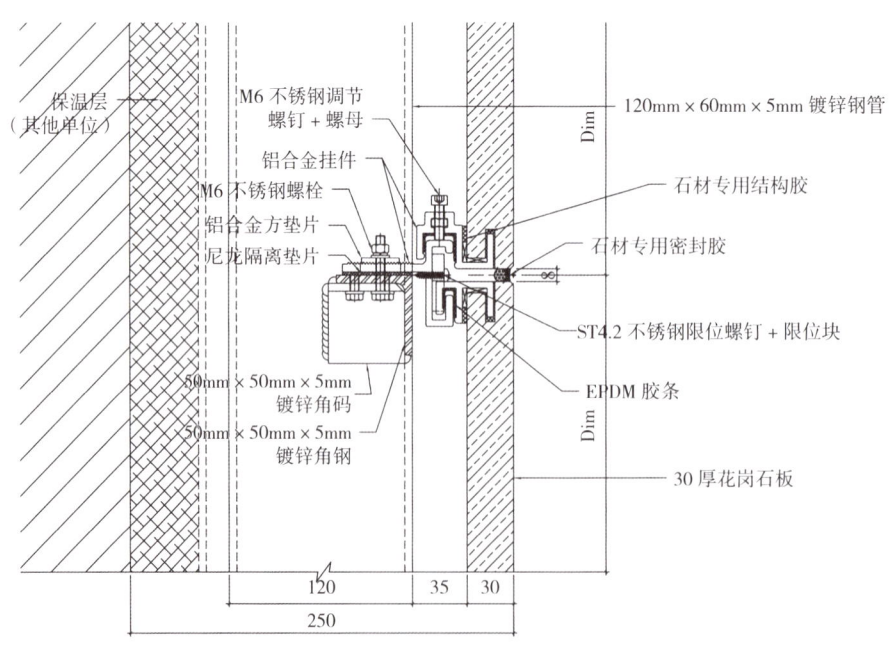

图 3-11 通长槽式石材节点

150m 以上的石材幕墙应采用背栓连接（图 3-12）；150m 以下的花岗岩幕墙推荐使用背栓连接，但可以采用短槽连接。板边开槽后，槽口两边石材剩余厚度很小，地震下容易破损。软弱的非硬质岩板应采用背栓连接。

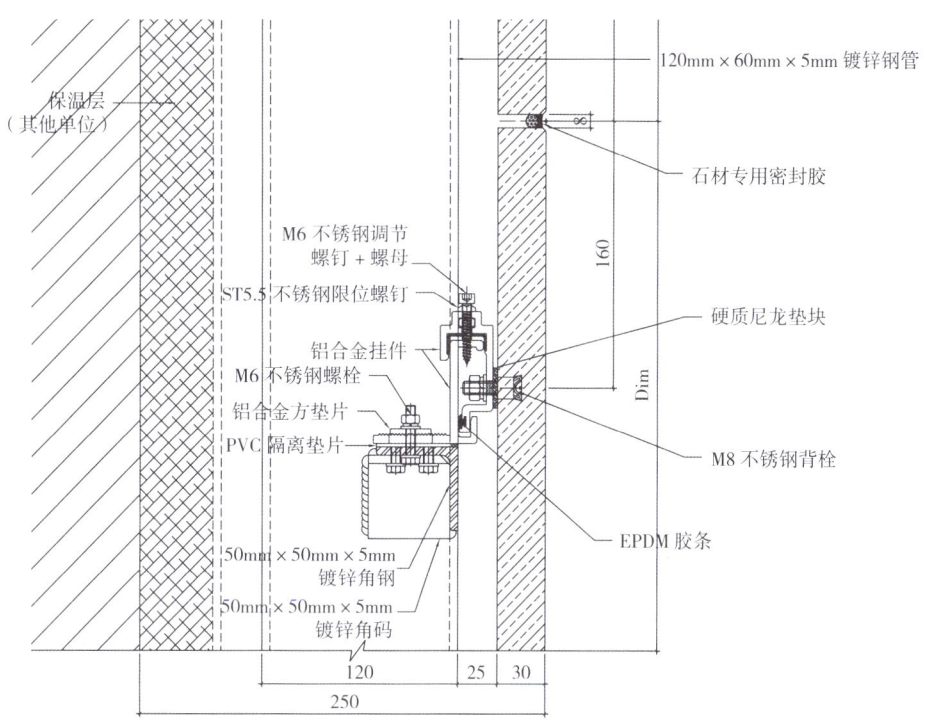

图 3-12　背栓式石材节点

3.2.1.3　硬质岩幕墙的特点

1）历久弥新

许多建筑材料随着时间的推移，外观会变得很残旧，需要经常清理和维护。而全石材干挂，选用高档石材错缝拼接干挂，坚固安全经久耐用，若干年后，普通住宅已经陈旧，而全石材立面建筑依然如新。

2）彰显身份

石材的厚重与历史感，从每一条小小的纹路中体现。著名的英国的王室城堡、德国柏林历史博物馆等，彰显国家荣誉的大型建筑，都选用全石材立面（图 3-13）。

图 3-13　德国柏林历史博物馆

图 3-14 石材幕墙建筑

图 3-15 石材建筑立面

3）匠心工艺

石材干挂施工工艺，品质与美观兼得。施工中每一道工序都精益求精，对每一块石材的大小、形状、摆放的位置等每个细节都进行合理规划，以保证每一块石材的铺挂都精确无误（图 3-14、图 3-15）。

4）保温隔热

区别于"穿着"廉价涂料的外墙，全石材立面，由于外挂层与墙体之间有空气隔层，对房间隔热也有更显著的提升效应。

5）坚固耐用

石材的坚固与持久，是其他建材所难以匹敌的，这也是几乎所有国家性质的大型建筑，坚持采用石材的原因之一（图 3-16）。

6）低碳环保

天然石材建筑内部的制热和制冷，所需的能量少，天然石材可以吸收太阳散发的热量，并能够阻止室内温度升得过高。

图 3-16 石材建筑立面

硬质石材幕墙，一种永恒经典的建筑材质，令建筑的宏伟、高贵、纯洁、优雅气质得以最完美地呈现，同时确保建筑经受时光洗礼，流芳百世。

3.2.2 软质岩石材幕墙

3.2.2.1 软质岩石材幕墙简介

软质岩石材幕墙是一种利用软质石材作为主要材料的建筑外墙装饰形式。这种石材通常具有较低的强度和较高的可塑性，因此在设计和施工时需要特别注意其物理性能和构造形式。软质石材包括石灰石、砂岩等，这些石材在遇到外力作用时，如风力、地震等，可能会产生较大的变形，因此在超高层建筑中使用时，需要采取特殊的固定方式以保证安全（图3-17）。

在实际应用中，软质岩石材幕墙因其独特的外观和质感而受到青睐。例如，外滩SOHO项目就是一个成功的案例，该项目采用了大面积的石灰石幕墙，展现出古典与时尚的融合。

图3-17 软质岩石材立面

3.2.2.2 软质岩石材幕墙的构造

1）软质岩石材幕墙的固定方式可以分为以下几种：

（1）背栓式。

连接形式——采用不锈钢膨胀栓无应力锚固连接，安全可靠。

安装结构——采用挂式柔性连接，抗震性能高。多向可调，表面平整度高，拼缝平直、整齐（图3-18）。

（2）通长槽式。

通长槽式挂法一般采用铝合金SE组合挂件，在每块石板上下边开通长槽，槽深度小于15mm，开槽宽度宜为6mm，挂件厚

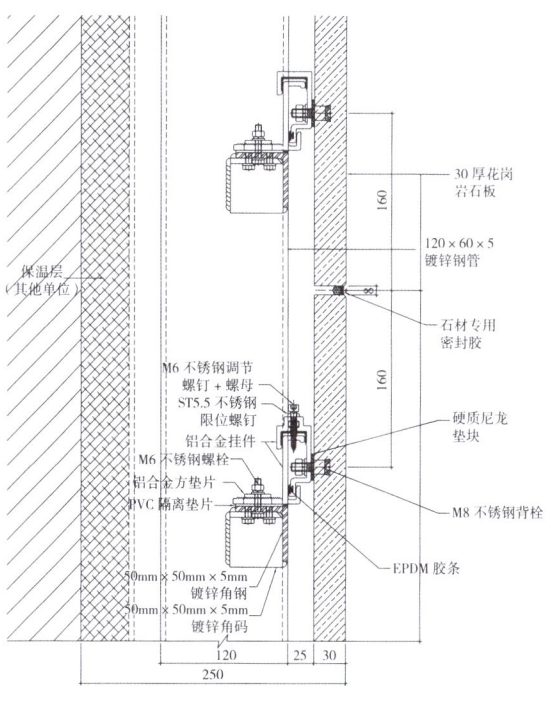

图3-18 石材背栓节点

度大于4mm。这种安装方式使石材板与金属骨架的连接紧密稳定，便于快速安装和拆卸。

2）软质岩石材幕墙在施工过程中，需要注意以下要点：

（1）精确测量和定位：在安装石材板之前，需要进行精确的测量和定位，以确保板材的正确放置和连接。

（2）使用合适的连接件：根据石材板的厚度和重量，选择合适的连接件，以确保连接的稳定性和安全性。

（3）加强密封处理：在石材板的接缝处使用专用密封胶进行处理，以防止水分渗透和空气进入，提高幕墙的保温性能和耐久性。

（4）定期检查和维护：定期对幕墙进行检查和维护，及时发现并处理潜在的问题，延长幕墙的使用寿命。

3.2.2.3 软质岩幕墙的特点

图 3-19 软质岩石材立面

软质岩石材幕墙相比硬质石材幕墙，具有以下几个显著特点：

柔韧性好：软质石材具有优异的柔韧性，可以满足异形、柱形建筑物石材装饰效果（图3-19），克服了传统石材质硬、厚重、易碎、易脱落等特点。

节能环保：柔性石材满足建筑物饰面层对石材效果需求，降低能耗，节能减排，绿色环保。

质量轻：柔性石材质量轻、柔韧性好、性能佳、颜色多样化，可满足更多高档建筑物装饰效果。

施工快捷方便：柔性石材可满足不同规格需求，裁切方便，大块施工，快捷方便，缩短周期，降低成本。

3.3 人造板材幕墙数智建造技术

3.3.1 陶土板幕墙

3.3.1.1 陶土板幕墙简介与特点

1）陶土板幕墙简介

陶土板是以大自然的纯净陶土为原材料，添加少量石英、浮石、长石及色料等其他成分，经过高压挤出成型、低温干燥并经过1 200～1 250℃的高温烧制而成，具有绿色环保、无辐射、色泽温和，不会带来光污染等特点。

采用陶土板作为面板建造的幕墙称为陶土板幕墙（图3-20）。

陶土板产品种类丰富多样，版型各异，规格尺寸、生产工艺、截面形状、施工方式、使用位置、功能侧重点等都各不相同，各有特点，按形状、表面效果、使用位置进行分类。

图3-20 陶土板幕墙

（1）按形状可分为陶板、陶棍、异形板（图3-21）。

（2）按表面效果不同可分为自然面、釉面、岩石面等（图3-22）。

（3）按使用位置可分为平面板、转角板、盖顶板等（图3-23）。

陶板　　　　　　　　陶棍　　　　　　　　异形产品

图3-21 按形状分类

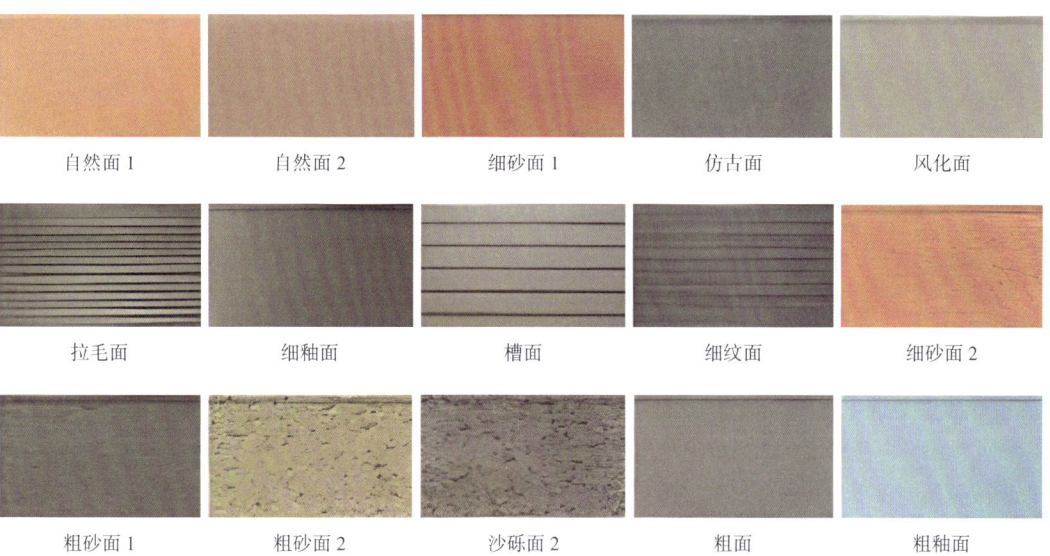

图3-22 按表面效果分类

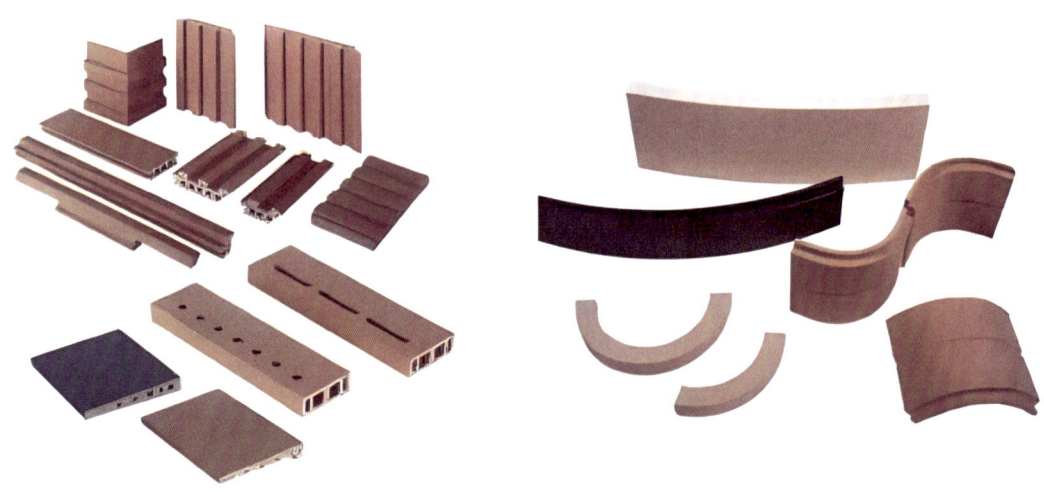

图 3-23 按使用位置分类

2）陶土板幕墙的产品特性

（1）材料绿色环保。

由天然陶土配石英砂，经过挤压成型、高温煅烧而成，没有放射性，耐久性好。

（2）颜色历久弥新。

颜色为天然陶土本色，色泽自然鲜亮、均匀不褪色、经久耐用，赋予幕墙持久的生命力（图 3-24）。

图 3-24 各种颜色陶土板

陶土板有20种多种颜色，通常有红色、黄色、灰色三个色系，这些都是陶土的天然本体色（没有任何油漆和釉涂料），能够满足建筑设计师和业主对建筑外墙颜色的选择要求。

（3）易洁功能显著。

由于陶板的物理化学性能的稳定性及其表面的一些特殊处理，具有耐酸碱，抗静电的功能，所以不易吸附灰尘。另外根据等压雨幕原理，没有分解掉的脏东西会随着雨水冲刷使表面恢复干净，永葆温润原始色泽。

（4）性能卓越。

抗冲击能力强，满足幕墙的风荷载设计要求；陶土板幕墙耐高温，抗霜冻能力强；陶土板幕墙阻燃性好，安全防火。

（5）结构合理。

其干挂系统的组合安装设计，在局部破损的情况下陶板可单片更换，维护方便。陶土板中空的结构使之降噪效应好、自重轻；陶土板的高强度能够满足不同尺寸的任意切割要求。

（6）颜值高。

陶土幕墙色泽温润柔和，具有温和的外观特质，容易与玻璃、金属搭配使用，可增加建筑本身的人文气息。

3.3.1.2　陶土板幕墙的构造设计

陶土板幕墙系统主要由支承结构系统、陶土板面板系统、连接与固定系统，以及防水与密封系统等部分组成。

1）支承结构系统

支承结构系统是陶土板幕墙的骨架，用于支撑和固定陶土板面板。它通常由钢结构或铝合金结构构成，根据项目的具体需求进行设计。支承结构系统需要具备足够的强度和稳定性，以承受陶土板幕墙的自重和外部荷载。

支承结构系统通常采用钢结构框架，钢材的规格为Q345B，框架的通常的间距为1.5m×1.5m。钢材经过热镀锌处理，以提高其耐腐蚀性和使用寿命。

2）陶土板面板系统

陶土板面板系统是陶土板幕墙的外观部分，由多个陶土板组成。陶土板具有多种颜色、纹理和规格可供选择，以满足项目的设计要求。陶土板面板系统需要具备良好的防水、抗污染和耐久性能，以应对各种气候条件和环境因素（图3-25～图3-27）。

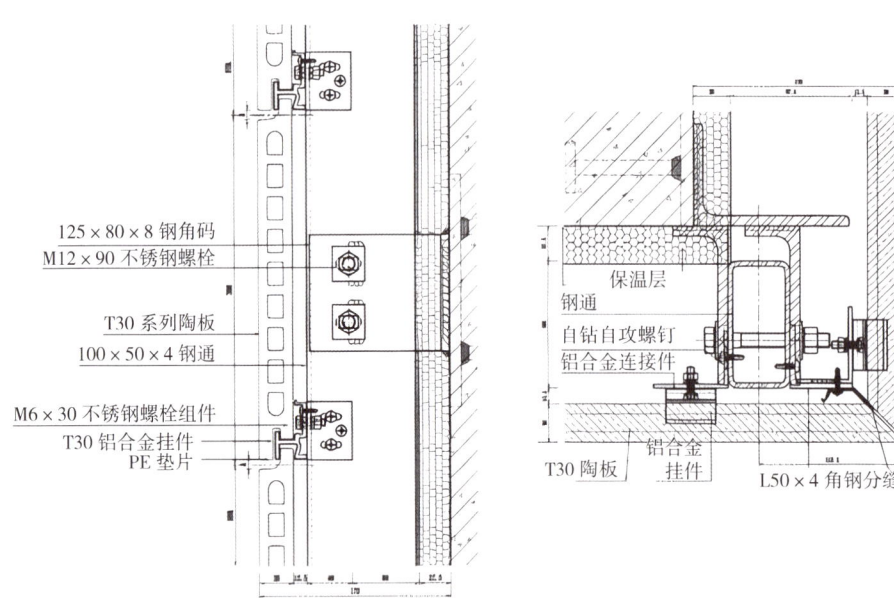

图 3-25 陶土板幕墙节点

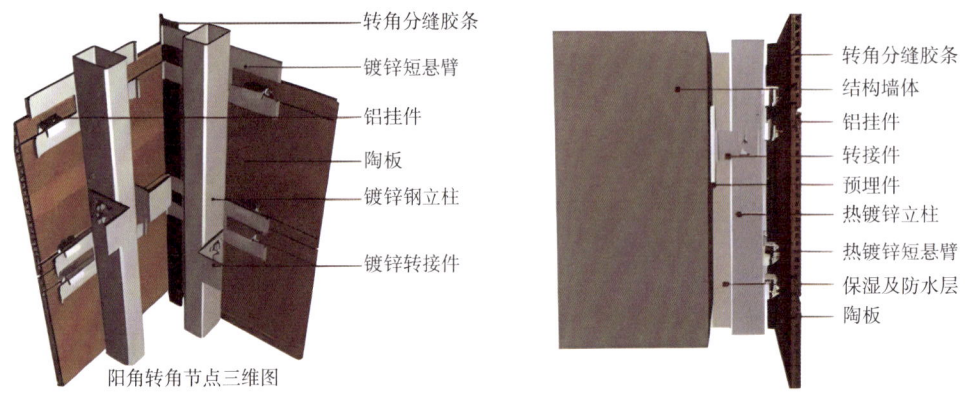

图 3-26 陶土板幕墙三维图示

图 3-27 陶土板

陶土板的常规尺寸主要有：

300mm×300mm、400mm×400mm、500mm×500mm、600mm×600mm、800mm×800mm、1 200mm×1 200mm等规格。这些规格的选择取决于建筑的设计和需求。应用在陶土板幕墙墙面时，常用的规格为300mm×300mm的陶土板，因为这种规格的陶土板可以更好地适应墙面的曲线和角度。

3）连接与固定系统

连接与固定系统是用于将陶土板面板固定在支承结构上的关键部分。它通常由连接件、紧固件和垫片等组成，需要具备足够的强度和调节能力，以确保陶土板的安装精度和稳定性。

连接件、紧固件和垫片的具体尺寸根据不同的陶土板幕墙系统和项目需求而有所不同。以下是一些常见的尺寸供参考：

（1）连接件。连接件通常采用铝合金或不锈钢材质，用于将陶土板面板与支承结构系统相连接。常见的连接件有L形和T形等形状，尺寸根据具体项目需求和陶土板规格而确定。

例如，对于300mm×300mm的陶土板，常用的L形连接件尺寸为300mm×300mm，厚度为4mm。而对于400mm×400mm的陶土板，常用的T形连接件尺寸为400mm×400mm，厚度为6mm。

（2）紧固件。紧固件通常采用不锈钢材质，用于将连接件与支承结构系统相紧固。常见的紧固件有螺栓、螺母等，尺寸根据具体项目需求和连接件要求而确定。

例如，对于300mm×300mm的陶土板幕墙系统，常用的螺栓尺寸为M12×100，螺母尺寸为M12。而对于400mm×400mm的陶土板幕墙系统，常用的螺栓尺寸为M16×120，螺母尺寸为M16。

（3）垫片。垫片通常采用橡胶或聚乙烯材质，用于增加连接件与支承结构系统之间的缓冲和密封效果。常见的垫片有圆形、方形等形状，尺寸根据具体项目需求和连接件要求而确定。

例如，对于300mm×300mm的陶土板幕墙系统，常用的圆形垫片直径为20mm，厚度为2mm。而对于400mm×400mm的陶土板幕墙系统，常用的方形垫片尺寸为30mm×30mm，厚度为3mm。

4）防水与密封系统

防水与密封系统是用于确保陶土板幕墙的防水性能和使用寿命的关键部分。它通常由防水层、密封胶条和排水系统等组成，需要具备良好的防水性能和耐久性能。

图 3-28 陶土板幕墙项目

3.3.1.3 陶土板幕墙的特点

（1）陶土板幕墙干挂系统的组合安装设计因其由许多板块组成，自身是相对独立的，所以每块陶土板可以单独安装和拆卸，后期的更换和保养非常方便。在局部破损的情况下陶土板可单片更换（图3-28）。

（2）陶土板幕墙仿佛给建筑物披上了一件文化长衫。在这种最接近自然的材料的烘托下，建筑物显得精致优雅，回应着海派建筑的文化记忆。

3.3.2 水泥纤维板幕墙

3.3.2.1 水泥纤维板幕墙简介

采用水泥纤维板作为面板建造的幕墙称为水泥纤维板幕墙。水泥纤维板，即是采用各种纤维作为增强材料、经高温高压蒸养压制而成，也具有更好的强度，以及防水、防火、隔音性能，常用于建筑外墙以抵御长期的风吹、日晒、雨淋等自然侵蚀（图3-29、图3-30）。

图 3-29 水泥纤维板项目实景

图 3-30 水泥纤维板颜色小样

3.3.2.2 水泥纤维板幕墙的构造设计

水泥纤维板幕墙常见两种模式：穿透式（明钉）构造、背栓式构造。

（1）穿透式（明钉）——采用穿透整个板厚的不锈钢螺钉、螺栓、铆钉固定于龙骨上，板材厚度一般选择8～12mm。这种构造板材受力合理，结构可靠，相对也较为经济，应为构造设计首选（图3-31～图3-33）。

图 3-31　典型的穿透式构造示意图

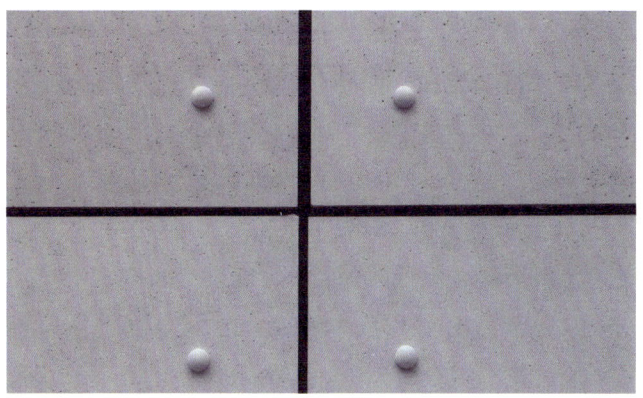
图 3-32　典型的穿透式构造（铆钉）

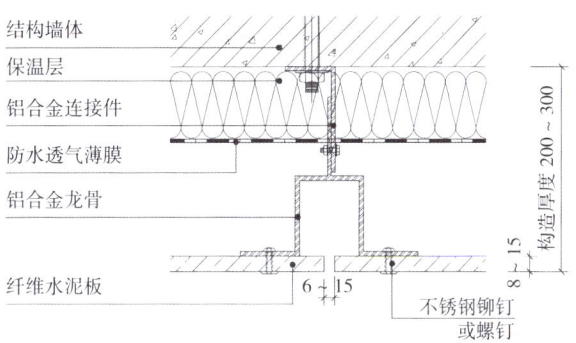
图 3-33　明钉式（铆钉或螺钉）开缝纤维水泥板幕墙构造示意图

（2）背栓构造——采用类似于背栓石板幕墙的构造，板材厚度一般选择 12～20mm。这种构造的优点是幕墙表面不见明钉，形式更为简洁；缺点是板材厚度增加造成成本相应增加（图 3-34、图 3-35）。

图 3-34　采用背栓构造、密封胶封闭板缝的纤维水泥板幕墙

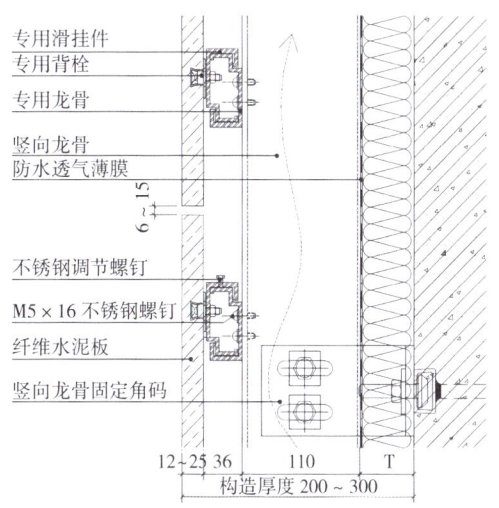
图 3-35　背栓式开缝纤维水泥板幕墙构造示意图（类似于背栓石板幕墙）

3.3.2.3 水泥纤维板幕墙的特点

（1）质轻高强：特别是经过加压工序处理的高密度板材，强度高、不易变形。

（2）防火：以矿物纤维、合成纤维，以及植物纤维（不包括木屑）为增强材料的纤维水泥板，其燃烧性能等级一般可达到 A 级。

（3）防水防潮：在半露天和高湿度环境，仍能保持性能的稳定，不会下陷或变形。高密度的纤维水泥压力板完全可用于室外的条件下。

（4）隔热隔音：导热系数低，有良好的隔热保温性能，由于产品密度高，其隔音性能更好。

（5）易于施工：可根据需要进行锯切、钻孔、雕刻等。用于室内时安装方式类似于传统的石膏板；用于室外时，除了常规的钻孔螺丝固定外，还可以采用类似于石材的背栓式、背槽式构造。

（6）耐腐蚀、耐久：耐酸碱腐蚀及虫蚁等损害，使用寿命长（质量达标的产品耐久性达 30～50 年）。

3.3.3 UHPC 幕墙

3.3.3.1 UHPC 幕墙简介与材料特性

超高性能混凝土（ultra-high performance concrete，UHPC）材料是一种高性能混凝土材料，其主要由水泥、硅粉、石英砂、钢纤维等多种物质构成。UHPC 具有超高强度、高韧性、低渗透性和高体积稳定性等优异特点，这些特点使得它成为一种理想的建筑幕墙材料。高强度的性能特点使得 UHPC 作为建筑的支撑结构同时能兼作装饰构件，UHPC 大跨度整件产品在幕墙的装饰厚度和美观度方面具有更大的优势，实现了造型的多样性和独特性，得到了普利兹克奖得主、世界知名建筑大师们的青睐与广泛应用，如鲁迪·里齐奥蒂设计的吉博恩茵体育场、普利兹克建筑奖得主弗兰克·盖里设计的路易威登基金会艺术中心、克里斯蒂安·德·波特赞姆巴克设计的上音歌剧院、让·努维尔设计的马赛塔大楼（图 3-36）。

1）材料性能分析

（1）高强度：超高性能混凝土（UHPC）通过提高组织成分的细度与活性，不使用粗骨料，使材料内部的孔隙与微裂缝减到最少，以获得超高强度与高耐久性。此外，由于 UHPC 中分散的高性能纤维（耐碱玻璃纤维，聚乙烯醇纤维和钢纤维）可大大减缓材料内部微裂缝的扩展，从而使材料表现出超高的韧性和延性性能。在自然护养下，UHPC 的抗压强度可以达到 120～150MPa，抗拉强度可以达到 10MPa，抗弯强度可以达到 25MPa。

（2）化学稳定性和抗侵蚀力：UHPC 产品没有内部恶化过程（延迟钙矾石、碳硫硅钙石、碱骨料反应、未水化熟料膨胀等），表现出对酸性介质的高抵抗力，可以暴露在各

图 3-36 UHPC 外立面个性化设计

种侵蚀环境下（硫酸盐、硝酸盐、海水等），使用寿命超 100 年。

（3）高耐久性：吸水率 1.5%～2%，能够耐受各种有害物质渗透到基体内部，同时具有自愈能力，防水效果好。

（4）耐火性：燃烧性能达到 A1 级，满足规范对幕墙材料的防火等级要求。

（5）抗冻性：由于 UHPC 水胶比非常小，UHPC 结构致密均匀，孔隙极少和极小且大多数孔隙不连通，外界水分很难进入，从而使 UHPC 具有优异的抗冻性。

（6）可持续性：UHPC 能够降低建筑成本、模具成本、劳动力成本和维修成本等方面，提高施工场地的安全性，加快施工进度和延长建筑生命周期。

2）UHPC 材料表面处理

（1）色彩：UHPC 具有多种色彩（图 3-37）、纹理和形状可供选择，可以提供丰

图 3-37 不同色彩的 UHPC

富多彩的设计方案可保留矿物本性色彩持久不褪色。

（2）肌理：采用高强度细骨料及纤维增强材料，能精确地复制出种子造型和材质、纹理、呈现出粗糙或喷砂的表面效果（图3-38～图3-40）。

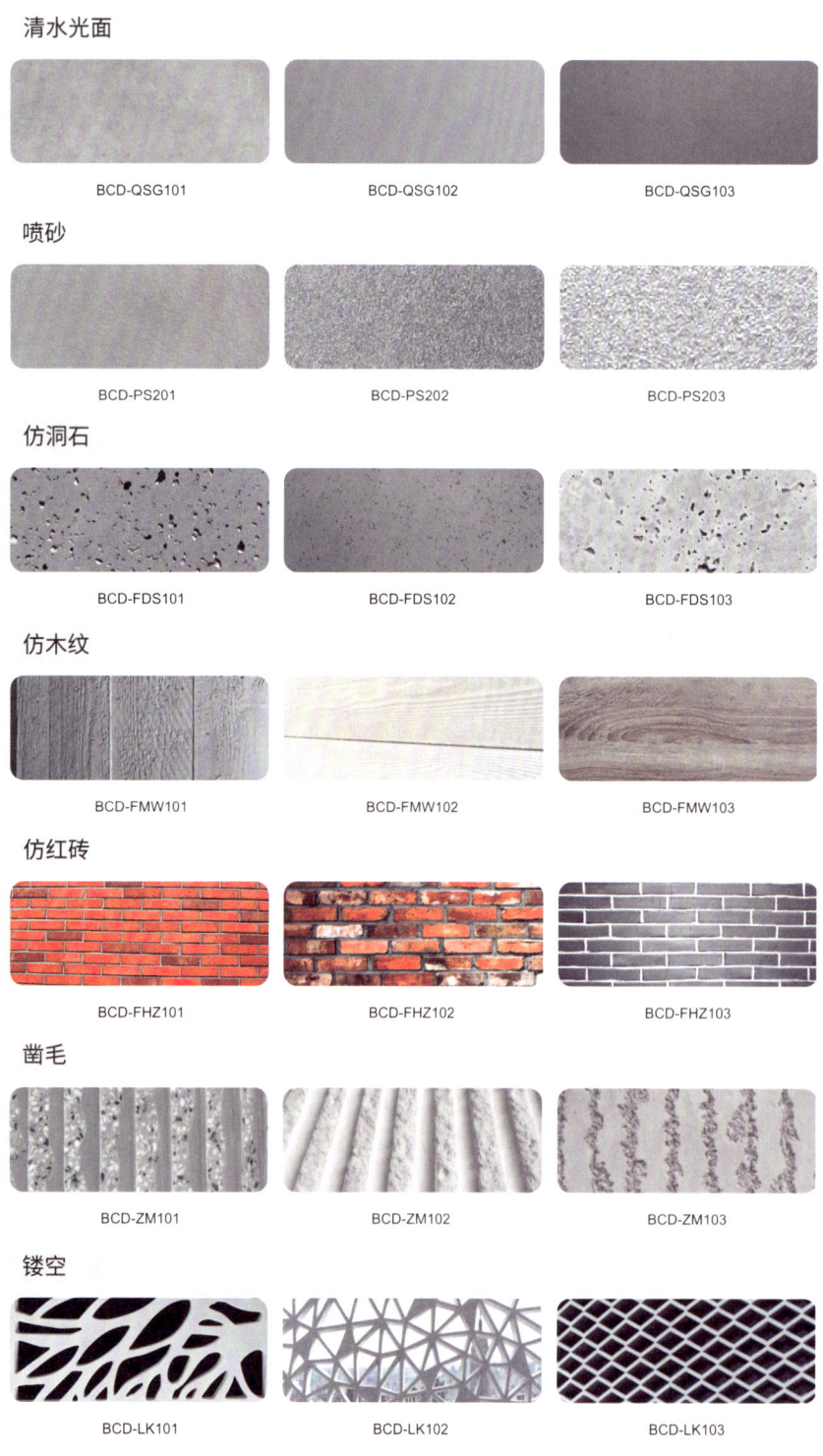

图3-38　不同肌理的UHPC照片

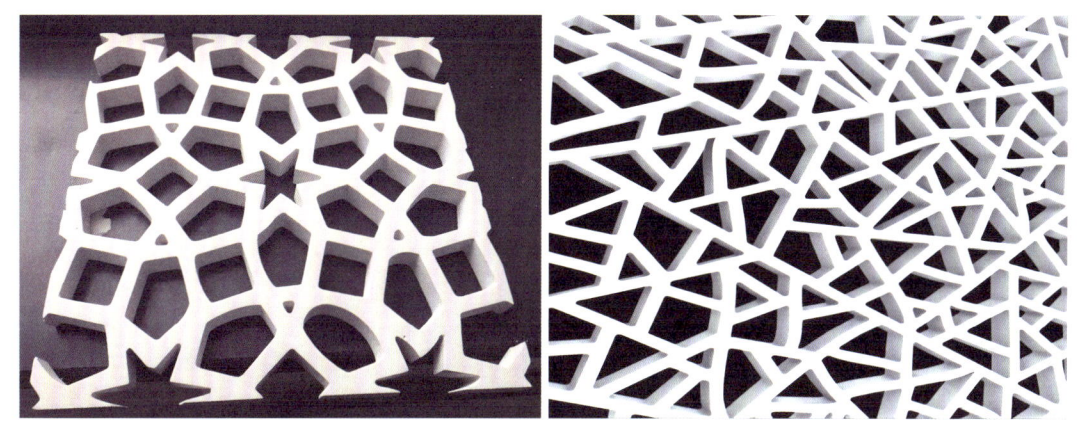

图 3-39 镂空造型

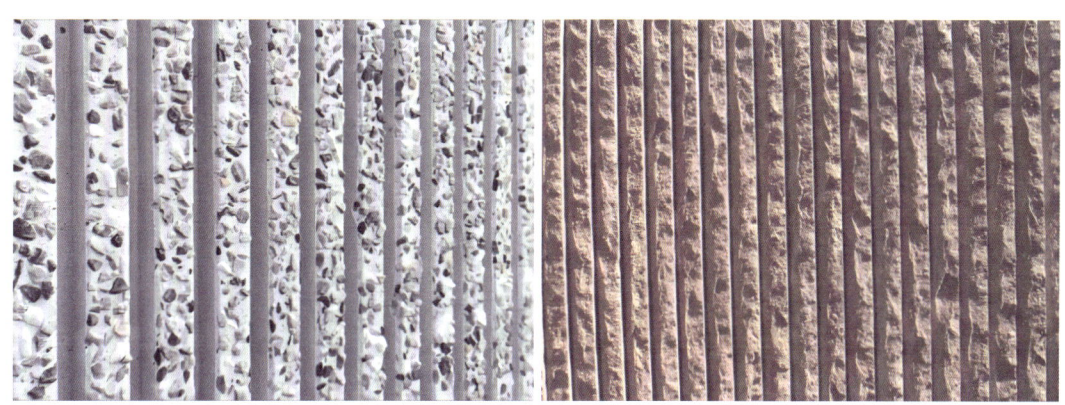

图 3-40 仿石表面处理

3)不同材料性能对比

(1)与普通混凝土相比:UHPC 抗压强度是其 3~6 倍,抗折强度是其 10 倍,耐久性是标准指标的 100 倍,且具有优异的抗拉性能,体现出超高韧性,能够为世界范围内的工程难题提供解决方案。

(2)与 GRC 相比:UHPC 的基体强度远远高于普通 GRC(玻璃纤维增强水泥),它所使用的纤维掺量明显比 GRC 中少,杨氏模量是其 2 倍以上。杨氏模量越大,越不容易发生变形,产品可以做得更薄,且仅需要更少的钢架支撑(表 3-1、表 3-2)。

(3)除了物理性能十分优越之外,UHPC 几乎可以做出任意造型,从平面到镂空(最大镂空率可达 70%)再到曲面等各种异形均可制作,具有优良的后加工性能,包括切割、钻孔、表面效果加工和胶黏。能随意发挥建筑师的百变创意,而且可以表现不同材料质感,让建筑体现出不同文化的底蕴。

表 3-1　UHPC 与铝板、石材、GRC 材料性能对比表

性能特性	铝单板	石材	GRC	UHPC
密度 /（kg/cm³）	2.7	2.7	1.9～2.0	2.2～2.3
造型功能	1.5～3.0	≥25	≥15	20～30
圆柱劈裂抗拉强度 /MPa	适合于平板和圆弧面，难以实现复杂造型及双曲面	主要为平板，异形及曲面加工难度较大、费用高昂	可以实现各种复杂造型及双曲面	可以实现各种复杂造型及双曲面
板块尺寸	尺寸中等，单块面积一般＜2m²	尺寸偏小，单块面积一般＜1m²	尺寸较大，单块面积可以达到10m²以上	尺寸较大，单块面积可以达到10m²以上
表面效果	金属质感或喷漆	天然质感与纹理	质感、颜色丰富	质感、颜色、造型丰富
吸水率	低	较低（≤1.0%）	较高（约8%）	低（≤2.0%）
耐久性	一般	好	≤10年	与主体结构同寿命
破坏形式	撕裂或变形	脆断、坠落	韧性好，力学性能衰减	韧性好，结构安全

表 3-2　水泥基材料性能对比表

性能特性	普通混凝土 NSC	高性能混凝土 HPC	超高性能混凝土 UHPC
抗压强度 /MPa	20～40	40～96	120～180
水胶比	0.40～0.70	0.24～0.35	0.14～0.27
圆柱劈裂抗拉强度 /MPa	2.5～2.8	—	4.5～24
最大骨料粒径 /mm	19～25	9.5～13	0.4～0.6
孔隙率	20%～25%	10%～15%	2%～6%
孔尺寸 /mm	—	—	0.000 015
韧性	—	—	比 NSC 大 250 倍
断裂能（kN/m）	0.1～15	—	10～40
弹性模量 /GPa	14～41	31～55	37～55
断裂模量（第一条裂缝）/MPa	2.8～4.1	5.5～8.3	7.5～15
极限抗弯强度 /MPa			18～35
透气性 k（24h 40℃）/mm	3×10	0	0
吸水率	＜10%	＜6%	＜5%
氯离子扩散系数（稳定状态扩散）/（mm²/s）	—	—	＜2×10e^{-12}
二氧化碳/硫酸盐渗透	—	—	—
抗冻融性能	10%耐久	90%耐久	100%耐久
抗表面剥蚀性能	表面剥蚀量＞1	表面剥蚀量 0.08	表面剥蚀量 0.01

（续表）

性能特性	普通混凝土 NSC	高性能混凝土 HPC	超高性能混凝土 UHPC
泊松比	0.11~0.21	—	0.19~0.24
徐变系数，Cu	2.35	1.6~1.9	0.2~1.2
收缩	—	—	—
流动性（工作性）/mm	测量坍落度	测量坍落度	测量坍落度
含气量	4%~8%	2%~4%	2%~4%

3.3.3.2 UHPC 幕墙的系统构造

1）标准大面 UHPC 幕墙系统构造

常规 UHPC 幕墙系统由支承结构系统、UHPC 面板系统、连接与固定系统，以及防水与密封系统等部分组成（图 3-41）。

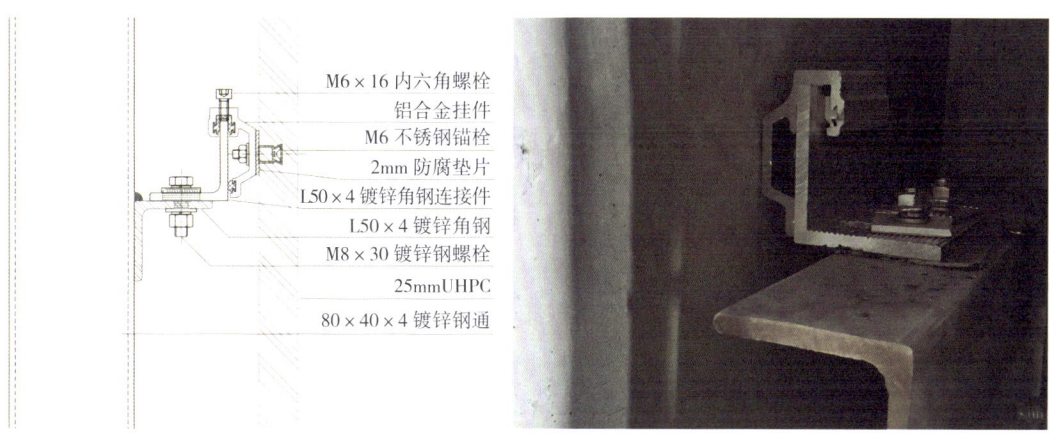

图 3-41　UHPC 背栓干挂标准节点

对于大面平板 UHPC 幕墙，可采用常规框架式干挂系统，通过背栓将面板与支撑龙骨连接，龙骨再通过连接件与主体结构连接。面板可采用开放式或者封闭式系统，开放式面板内侧须设连续防水层。

2）UHPC 造型幕墙系统构造

针对异形、镂空等 UHPC 造型幕墙，可采用装配式安装系统，在工厂内将钢架与面板预先组拼好，再在现场进行整体挂装（图 3-42~图 3-45）。

图 3-42 UHPC 面板与钢架预先组装

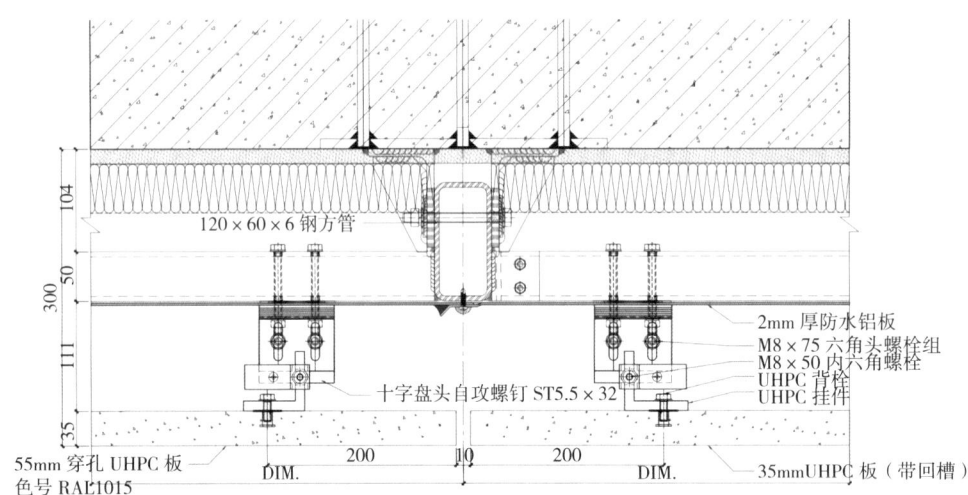

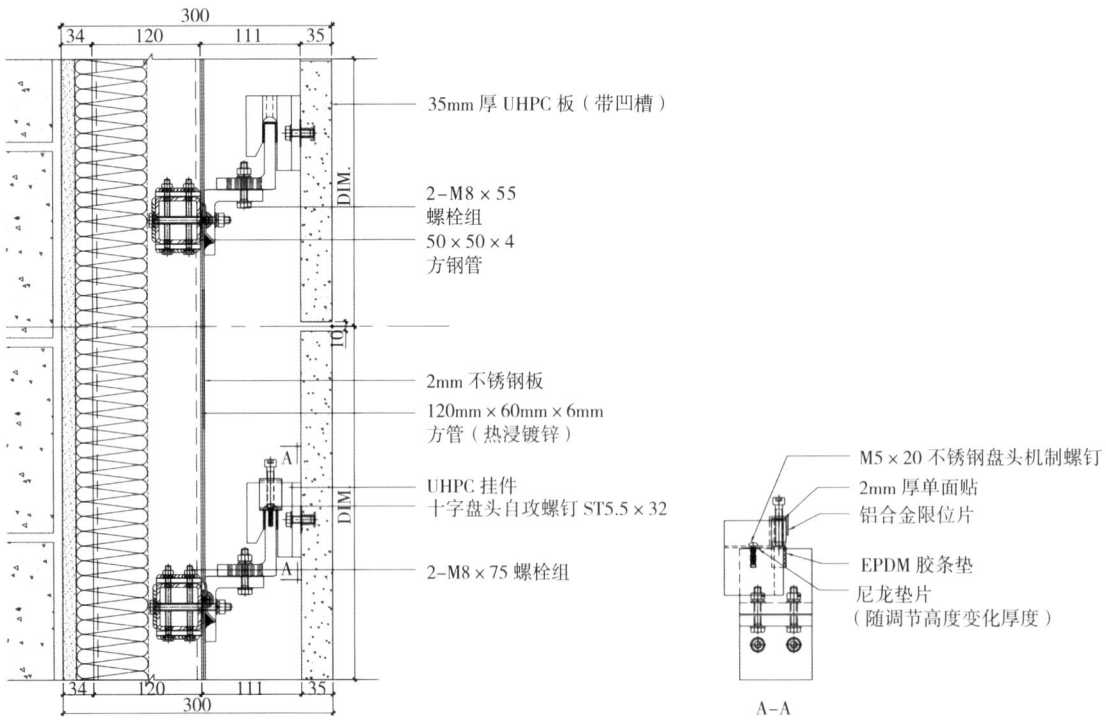

图 3-43 UHPC 幕墙装配式系统节点图

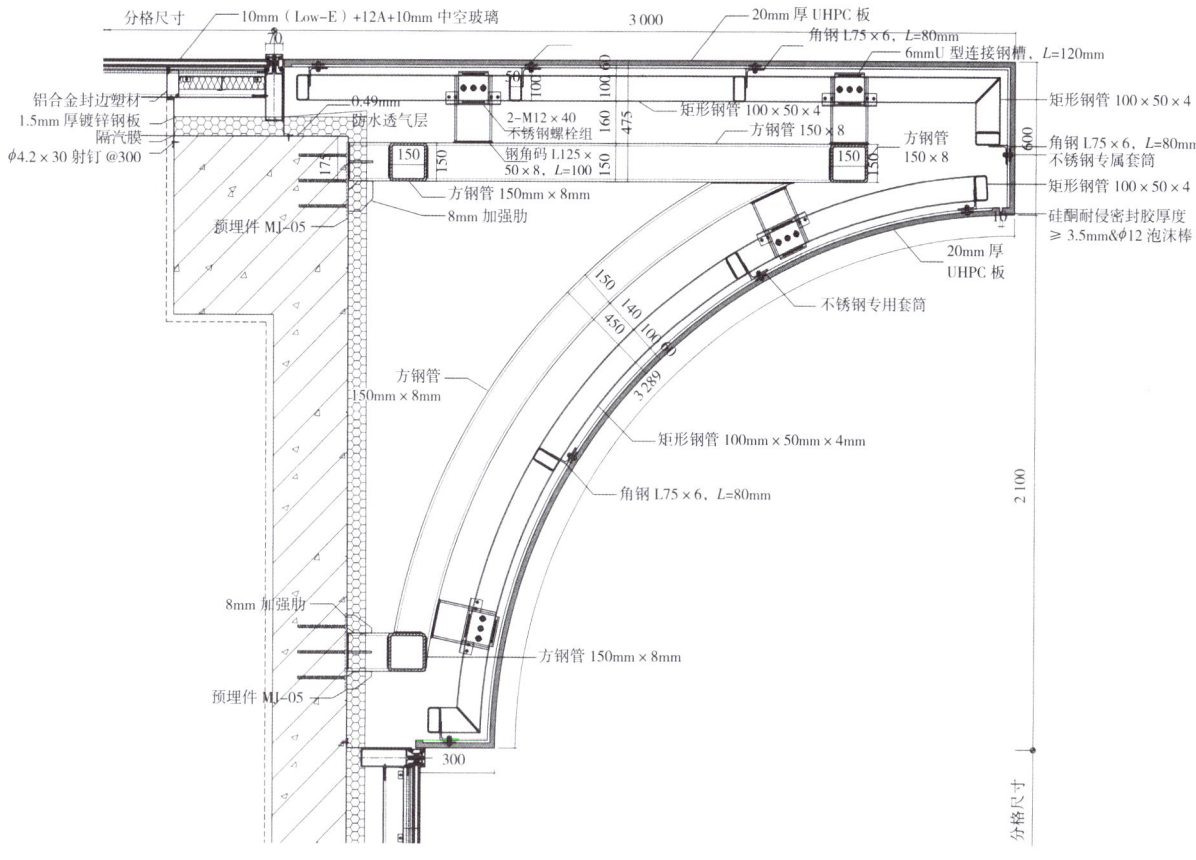

图 3-44 UHPC 幕墙装配式造型系统节点图

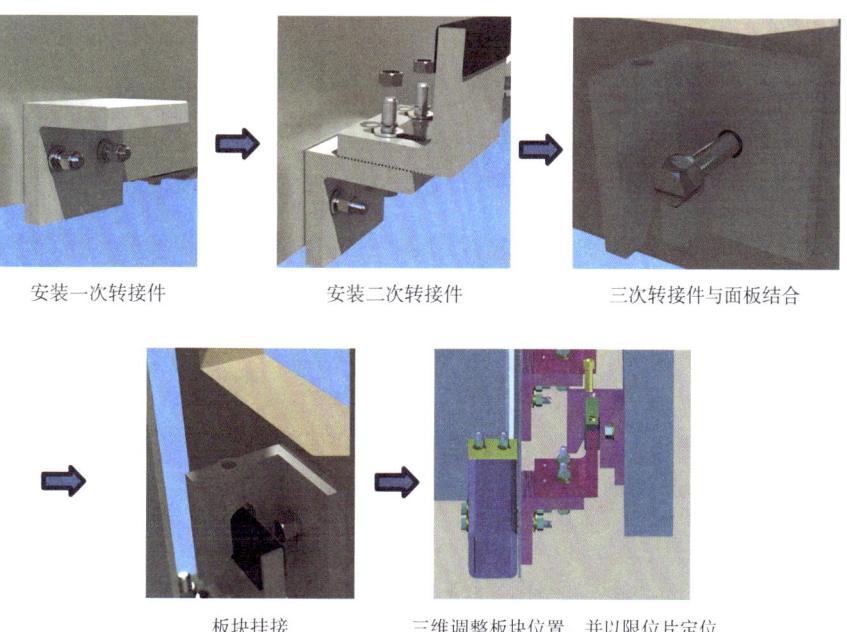

图 3-45 UHPC 幕墙装配式系统节点工艺模拟

3.3.3.3 UHPC 幕墙的加工技术

UHPC 板块加工技术主要包括原材料选择与配比设计、模具制造与表面处理、施工工序与连接方式、质量控制与检测技术四部分。

1）原材料选择与配比设计

UHPC 幕墙板的关键在于配比设计和原材料选择。传统的混凝土主要由水泥、砂和石子组成，而 UHPC 采用了高性能的细颗粒填料、特殊纤维增强剂和化学掺合剂等原材料。通过对预混料原料优化，对各组分白度与粒径监测，稳泡与消泡协同，实现外观无气孔无色差，满足抛光等后处理工艺需求。

2）模具制造

模具材质一般选用木模、钢模、硅胶模、玻璃钢、石膏等，选择模具主要考虑的因素是制品造型、表面效果、脱模难度、重复使用次数、成本等。对于异形和复杂镂空造型，利用数字化设计和增材制造技术，实现个性化的设计效果（图 3-46、图 3-47）。

图 3-46　UHPC 加工硅胶模具

图 3-47　UHPC 自动雕刻加工木模具

3）UHPC 板成型方式

根据 UHPC 面板形式，主要有纯平板浇筑、镂空板浇筑、喷射三种成型方式（图 3-48～图 3-50）。

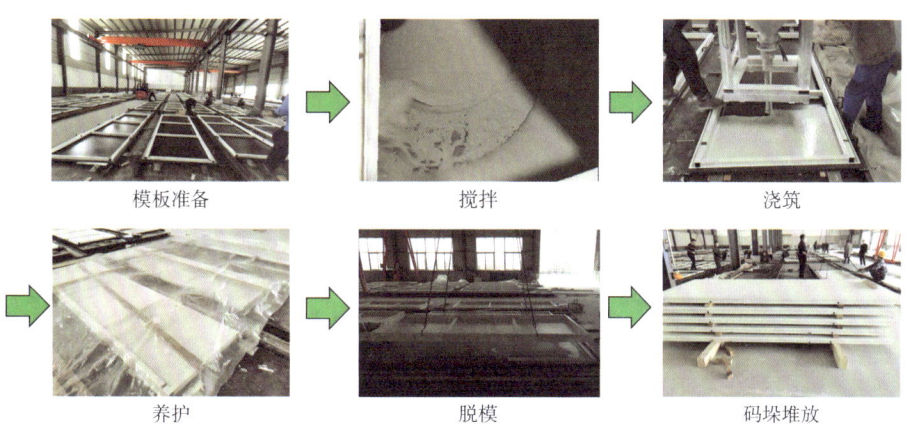

图 3-48　纯平板浇筑成型方式

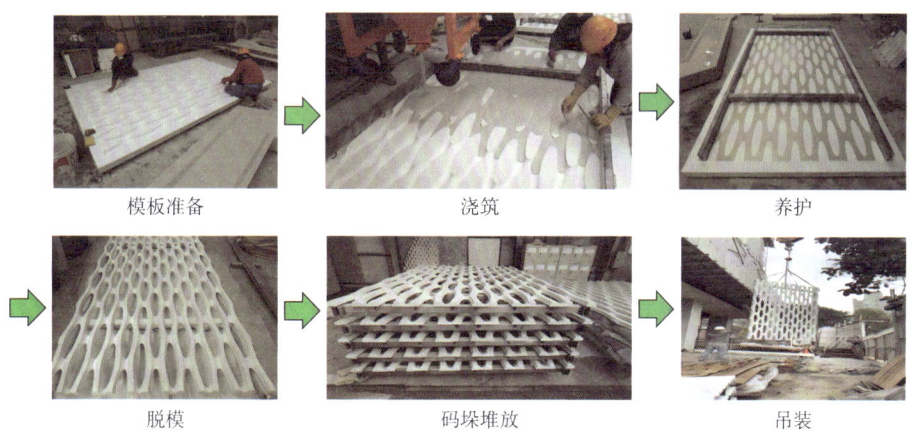

图 3-49　镂空板浇筑成型方式

图 3-50　喷射浇筑成型方式

4）UHPC 板的连接

干挂 UHPC 幕墙板常采用可见型或隐藏型的螺栓连接方式，预先在面板内安装连接套筒，再通过螺栓与钢架连接（图 3-51、图 3-52）。

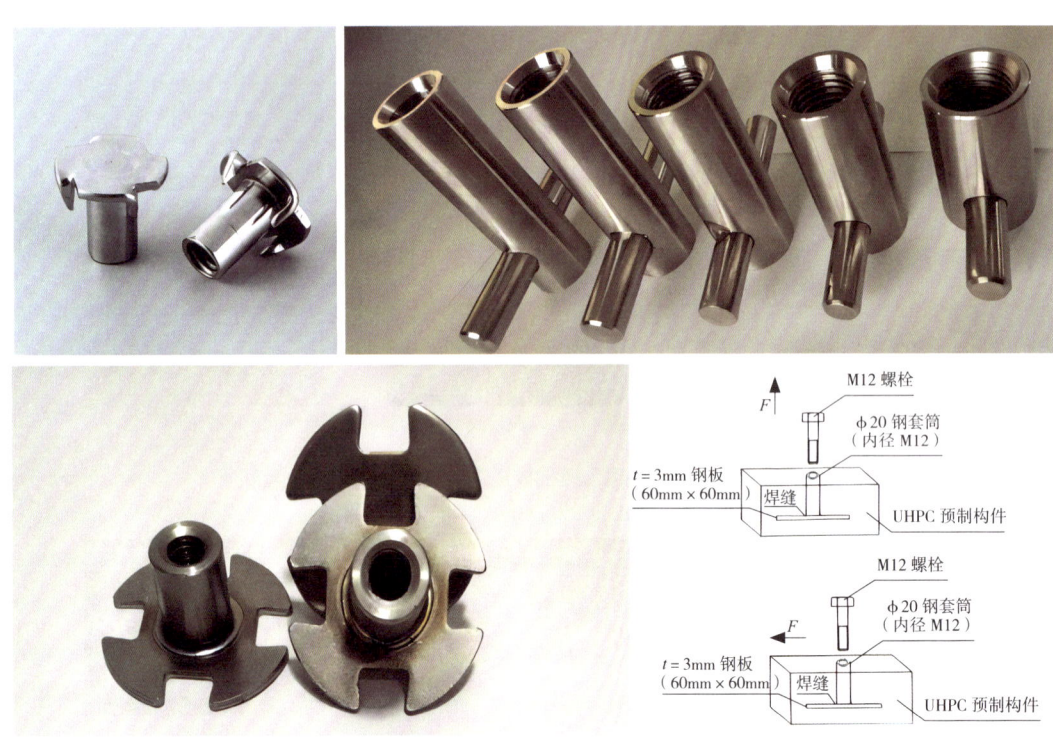

图 3-51 套筒选型

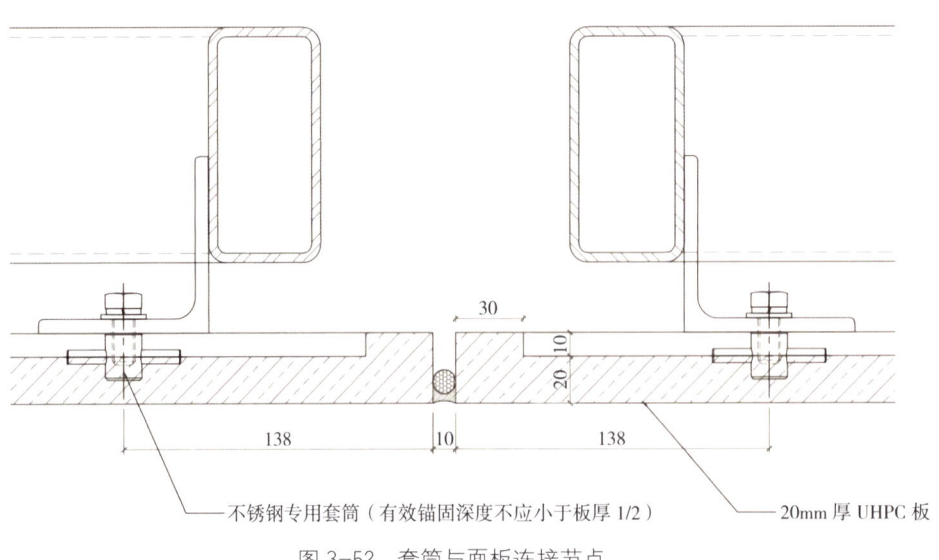

图 3-52 套筒与面板连接节点

3.3.3.4 UHPC幕墙的应用案例

例如UHPC幕墙应用有阿布扎比卢浮宫、卡塔尔国家博物馆、中国（上海）上音歌剧院（图3-53~图3-55）。

图3-53 阿布扎比卢浮宫

图3-54 卡塔尔国家博物馆

图3-55 中国（上海）上音歌剧院

3.3.4 GRC 幕墙

3.3.4.1 GRC 幕墙简介与特点

图 3-56 GRC 幕墙

GRC 幕墙是一种建筑外墙装饰材料，GRC 全称为玻璃纤维增强水泥（Glassfibre Reinforced Cement），也称为玻璃纤维混凝土。GRC 幕墙以玻璃纤维为增强材料，水泥为基质材料，通过特定工艺制成的板材或薄壁构件，用于建筑物外部立面装饰。

GRC 幕墙的制作工艺一般包括以下步骤：首先，将玻璃纤维与水泥、砂浆等材料按一定比例混合，形成 GRC 材料；然后，通过喷涂、浇注、模压等方式将 GRC 材料填充至特定的模具中，并进行充分的振捣和压实；最后，经过一定的固化时间，取出模具并进行表面处理，如抛光、喷漆等，形成最终的 GRC 幕墙构件（图 3-56）。

水泥与水发生水化反应后硬化，形成胶凝体——水泥石，把砂子（或其他集料）牢固地胶结在一起，并胶结锚固玻璃纤维，形成了具有良好性能的材料。砂子在 GRC 中起填充和骨架作用，玻璃纤维起增强作用（图 3-57）。

（a）白水泥

（b）石英砂

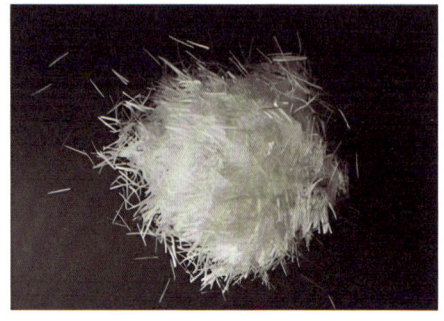
（c）玻璃纤维

（d）色粉

图 3-57 GRC 原材料

3.3.4.2 GRC 幕墙的构造

GRC 幕墙主要采用背负钢架式安装方式，钢架结构有一定的位移调整能力，施工现场可以最大限度控制施工误差。同时，如果误差较大时，可根据现场尺寸重新制作局部幕墙板调整（图 3-58、图 3-59）。

图 3-58　GRC 幕墙

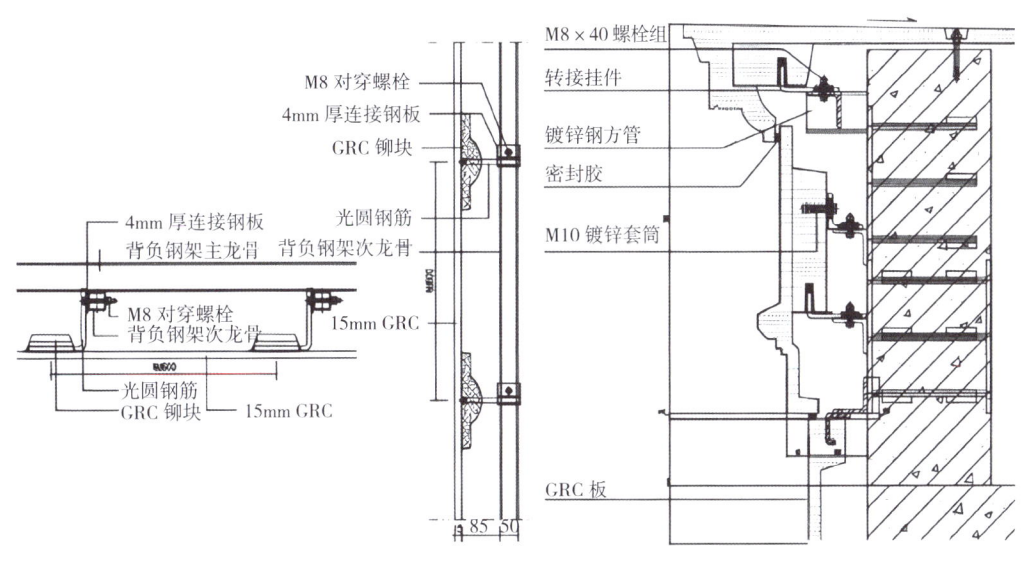

图 3-59　GRC 节点

3.3.4.3　GRC 幕墙的特点

（1）壁薄体轻：GRC 密度在 2 000kg/m³ 左右，比混凝土轻一些，而且它可以做成薄壁型构件。一般 GRC 构件壁厚在 15mm 左右，每平方米重量仅 30kg，考虑演变和预埋部位凸出的重量，也不过 50kg。算上背负的钢龙骨框架，每平方米总重量在 100kg 以内。

（2）强度高：GRC 的体积密度为 1.8～1.9g/cm³，8mm 厚标准 GRC 板质量仅为 15kg，抗压强度超过 40MPa，抗弯强度超过 34MPa，大大超过国际标准要求。

（3）无限可塑性：由于重量轻，实现造型很方便，可生产出造型丰富、质感多样的产品。可根据客户和设计师的不同要求，进行任意的艺术造型。

（4）质感逼真：GRC 表面质感是由模具质感所决定的。由于 GRC 中没有粗集料，所用细集料的颗粒也比较细，因此，可以细腻、准确地表现不同的质感与纹理。既可以做得光滑如镜，也可以做得粗糙似石。复制各种质感效果非常逼真，是非常理想的仿真材料。GRC还可以附着质感面层，或与乳胶漆、氟碳漆等结合，仿出花岗岩、砂岩、红砖、瓷砖、木材、金属等各种质感。

（5）节能减排：GRC与其他围护结构相比，其制造和安装过程消耗能源较少。

3.4 金属板幕墙数智建造技术

3.4.1 铝单板幕墙

幕墙铝单板在建筑领域的应用越来越广泛，不仅因为其优良的抗腐蚀性和耐久性，更因为其独特的美观效果（图3-60）。随着建筑设计的不断创新和人们对建筑美学的追求，幕墙铝单板的设计也在不断进步。

图3-60 铝单板幕墙

现代幕墙铝单板的设计已经超越了传统的平面形式，向着更加立体和多元化的方向发展。通过精密的加工工艺和创新的设计理念，幕墙铝单板可以实现各种复杂的空间形状，采用辊涂技术，可实现各种图案，为建筑赋予更加丰富的视觉效果。

除了美观效果，幕墙铝单板还具有出色的保温隔热性能。铝单板材料本身的导热性能较高，但通过在铝板之间加入保温材料，可以有效地提高建筑的保温隔热效果。这种设计不仅可以降低建筑的能耗，还有助于提高室内环境的舒适度。

同时，幕墙铝单板还具有很好的防火性能。铝材料本身不易燃烧，而且在加工过程中可以添加防火涂层，使其在高温环境下仍能保持较好的稳定性和完整性。这种特性使得幕墙铝单板在高层建筑和公共设施等安全要求较高的场所得到了广泛应用。

3.4.1.1 材料

铝单板采用铝合金板材为基础，经过铬化等处理后，再经过数控裁切、折弯等钣金工艺成型。常用的合金牌号如表3-3所示。

铝单板能呈现多样化的表现形式，主要表面处理方式有：

（1）喷涂处理：表层喷氟碳涂料，工艺简单，但会存在颜色厚度分布不均的缺点。

（2）辊涂处理：经过脱脂和化学处理后辊涂涂料；此工艺表面平整度要高于喷涂工艺。且可实现木纹、竹纹、仿石等效果。

表 3-3 各牌号铝板性能参数表

牌号	状态	厚度 /mm	抗拉强度 σ_b/MPa	规定非比例伸长应力 $\sigma_p 0.2$/MPa	伸长率 δ/%
			不小于		
1060	H14	1.5～2.0	85	65	8
	H24	＞2.0～4.0	85～120		10
1050	H14	1.5～2.0	95	75	6
	H24	＞2.0～4.0	95～125		8
1100	H14	1.5～2.0	110	95	5
	H24	＞2.0～4.0	110～145		6
8A06	H14	1.5～2.0	100	—	6
	H24	＞2.0～4.0	100～145		8
3003	O	1.5～4.0	95～130	35	2.5
	H14	1.5～2.0	140	115	5
	H24	＞2.0～4.0	120～170		8
3004	O	1.5～2.0	150～200	60	18
5005	O	1.5～2.0	105～145	35	21
	H14	1.5～2.0	140	115	5
	H24	＞2.0～4.0	120～180		6
5052	O	1.5～2.0	170～215	65	19

（3）阳极氧化处理：利用电解作用使铝板表面形成保护膜，铝自然柔和的金属质感被充分保留。且使铝板有更高的硬度、耐磨性、附着性能、抗蚀性、电绝缘性、热绝缘性、抗氧化性。表面不带电荷，不吸尘。自洁能力强、耐清洗，抗手印。但由于对基材的等级要求高（5系铝板），所以价格相对较高。

（4）覆膜处理：用高光膜或幻彩膜，由专业黏合剂复合而成。光泽鲜艳，可选择花色品种多，防水、防火，具有优秀的耐久性和抗污能力，防紫外线性能优越。

（5）穿孔处理：铝单板适合做穿孔处理，也大量应用于建筑室内吊顶，结合恰当的穿孔表面处理，可以作为很好的吸声材料（图 3-61）。

图 3-61 铝单板幕墙

3.4.1.2 建造

数控仿形切割技术，作为铝板加工的重要手段之一，以其高精度、高效率、高自动化的特点，在越来越多的项目建造中得到了应用。

1）数控仿形切割技术概述

数控仿形切割技术是一种利用计算机控制切割设备，按照预设的图形或模型进行精确切割的技术。在铝板加工中，数控仿形切割技术可以实现对复杂形状和尺寸的精确控制，满足各种工业应用的需求。

该技术主要由数控系统、切割设备和辅助装置组成。数控系统负责接收和处理切割指令，控制切割设备的运动轨迹和切割参数；切割设备则根据数控系统的指令，对铝板进行精确的切割；辅助装置则包括夹具、送料装置等，用于固定铝板和辅助切割过程（图3-62）。

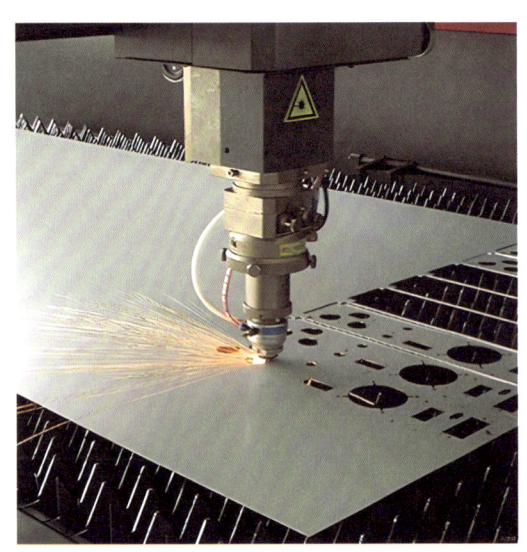

图 3-62　数控仿形切割

2）数控仿形切割铝板的优势

高精度：数控仿形切割技术可以实现对铝板形状和尺寸的精确控制，满足高精度加工的要求。

高效率：通过计算机控制，可以实现自动化、连续化的切割作业，大大提高了生产效率。

高自动化：减少了人工干预和错误，提高了加工的一致性和稳定性。

适用范围广：可以适应不同厚度、不同材质的铝板加工需求（图3-63）。

图 3-63　复杂图案的冲孔铝板幕墙

3）数控仿形切割铝板的应用

幕墙设计中经常包含各种复杂的形状和图案，数控仿形切割技术能够精确地按照设计图纸进行切割。通过使用BIM软件进行设计，然后将数据传输到数控切割机，可以实现高效、精确的切割作业。能够确保每块铝板的尺寸和角度都精确无误，实现无缝拼接，提高幕墙的整体美观度和安全性。数控仿形切割技术可以与阳极氧化、喷涂等表面处理技术相结合，定制独特的铝板形状和图案，满足个性化装饰需求。

相比传统的手工切割方式，数控仿形切割技术具有更高的生产效率。通过自动化、连续化的切割作业，可以大幅缩短生产周期，降低生产成本。

3.4.2 蜂窝板幕墙

铝蜂窝板是一种高档、防火、环保的夹层结构复合材料，采用连续热复合工艺将高强度预辊涂铝板与防腐铝质芯材复合起来的一种新型材料。

较传统铝单板相比，蜂窝板具有如下优点：

1）蜂巢铝板刚度高，更平整，折弯处R角小，外形美观。

因铝单板较薄，当板尺寸较大时，在加工、运输、安装过程中不可避免会发生局部屈曲变形，导致板的平整度很差。蜂巢铝板采用两层薄铝板中间填充铝蜂巢形成一个整体厚板，在厚度增大的同时板刚度呈几何级数增加，有效解决了普通铝单板刚度差、表面不平整的问题。同时表层薄板在折弯处的R角非常小，接近挤压铝型材，外形美观。

2）蜂巢结构自重轻，减轻对内层幕墙的荷载作用。

蜂巢特有的结构在增加刚度的同时，最大程度上降低了铝材用量，减少了碳排放（据统计：制造1kg铝锭将产生1kg的CO_2），属于绿色建材，符合国家建筑节能减排的整体规划。同时较轻的自重对幕墙骨架体系的荷载也小，进一步减小了材料用量。

3.4.2.1 材料

蜂窝铝板由1mm厚的正面铝合金板、0.5~0.8mm厚的背面铝合金板及铝蜂窝黏结而成；厚度在10mm以上的蜂窝铝板，其正背面铝合金板厚度均应为1mm（图3-64）。

铝蜂窝板规格包括厚度、宽度、长度这三个要素：

（1）铝蜂窝板厚度：4~150mm，最薄为4mm，最厚为150mm（甚至可以更厚）。

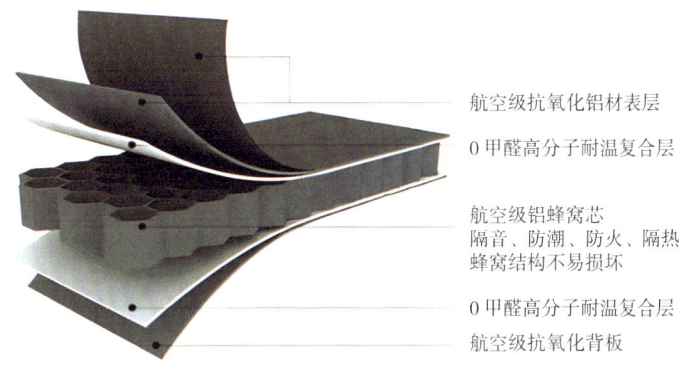

图3-64　蜂窝铝板构造

建筑幕墙用铝蜂窝板厚度一般为15mm、20mm、25mm这三种厚度（国家标准推荐）；面板厚度不小于1mm，背板厚度不小于0.7mm。

（2）铝蜂窝板宽度受限于两个方面：

铝卷的宽幅：一般铝厂所能生产的铝卷最宽宽幅为1 600mm。只有极个别厂家能做超2 000mm宽幅的铝卷，需要定做。

复合设备的宽幅：铝蜂窝板热压机的宽幅决定了其所能生产的铝蜂窝板的宽度。

因此，铝蜂窝板宽度一般≤1 500mm，特殊宽度需要特殊定做。

（3）铝蜂窝板长度主要受限于铝蜂窝板复合设备，一般≤5 000mm，如需特殊定做，可做到10 000mm甚至更长。

3.4.2.2 建造

蜂窝铝板幕墙建造技术中，平整度是最关键的。平整度通过以下措施保证（图3-65）。

高精度加工：确保铝板在生产过程中严格按照标准进行切割、冲孔等加工，保证尺寸的精确性。

严格的质量控制：在铝板生产的各个环节进行严格质检，及时发现和剔除存在平整度问题的板材。

图3-65　蜂窝铝板幕墙

合理的安装工艺：安装前要对基层结构进行精确测量和找平，确保安装基础平整。

使用合适的连接件和固定件，保证安装牢固且受力均匀，避免局部变形影响平整度。

安装过程中要进行精确的测量和调整，确保每一块铝板的位置和角度准确。

控制施工环境：避免在恶劣天气条件下施工，以免影响安装精度。

加强现场管理：确保施工人员严格按照规范操作，避免因不规范操作导致平整度问题。

3.4.3　铜板幕墙

铜板作为一种具有独特质感和美观效果的建筑材料，在建筑装饰领域的应用十分广泛。它的耐久性、可塑性和化学稳定性使其成为设计师们喜爱的材料之一。铜板的色彩和光泽可以为空间增添豪华感和时尚感，同时其耐腐蚀性和耐候性保证了在各种气候条件下都能保持美观和功能性。

铜板可以用于墙面镶嵌，通过不同的加工工艺，如刻蚀、镂空等，展现出独特的艺术效果（3-66）。

图 3-66　铜板幕墙

3.4.3.1　材料

铜板作为一种建筑材料，在建筑工程中具有独特的地位。铜板具有极佳的加工适应性和强度，能够满足各种工艺系统和加工要求，如平锁扣式系统、立边咬合系统、贝姆系统等。铜板的表面可以经过多种处理，以满足不同的建筑审美需求，如氧化铜板、铜绿板、原铜板和锡铜板等。此外，铜板拥有稳定的保护层，使用寿命超过100年，并且在经济性能价格比方面，铜板被认为是金属屋面材料中的优秀选择之一（图 3-67）。

选择铜板时，需考虑的因素包括铜板的屈服强度、延伸率、加工温度特性、耐腐蚀性、防火性，以及环保性等。铜板的材质标准应满足《铜及铜合金板材》

图 3-67　铜板幕墙

（GB/T 2040—2017）要求，可参考德国标准 DIN 17650，铜的含量通常要求高于 99.85% 至 99.90%。

铜板在建筑中的应用极为广泛，包括外墙装饰、屋顶覆盖、室内装饰等。其特色在于随着时间的推移，铜板表面会产生独特的铜绿，为建筑物赋予生命的印记。

在实际工程中，铜板的应用不仅要考虑其物理和化学性能，还要结合建筑设计的整体构思。例如，在北京首都博物馆室内，穿过屋面的铜柱体采用了中国传统青铜纹样，展现了铜板在文化传承中的独特作用。

3.4.3.2 建造

铜板幕墙的施工工艺涉及多个环节，包括设计、选材、加工、着色、喷涂、检测、试验和组装等。在施工过程中，需要确保铜板幕墙产品的安全可靠和美观耐久。例如，幕墙铜板及铜型材的生产加工工艺需要针对铜板的独特物理特性制定，包括机械力学性能、加工特性、耐候稳定性、涂料附着力等方面的深入研究。

此外还有铜铝复合板，是铜板与铝板，通过冷轧、热轧，爆炸复合法，爆炸轧制法等方式焊接在一起，不能分开的新型材料，有成本低、重量轻的优点。同等厚度，同等面积，其价格不到纯铜的一半，比重是纯铜的 2/5～1/2。其弯曲性能比同等规格的铜板好，易于加工。由于界面结合强度高，剪切、冲孔、弯曲时铜、铝不分层，能经受较大范围热胀冷缩时产生的应力。界面不会产生电化腐蚀；在整个加工过程中无氧、无污染、完全洁净，因此界面不会产生电化腐蚀（图 3-68）。

铜铝复合板可代替纯铜板作为建筑装饰的面板，具有价格经济、可靠性高的优点。

图 3-68　铜铝复合板

3.5 案例

海门路 630 号折线玻璃幕墙

1 工程概况

海门路 630 号地块项目幕墙工程（图 1、图 2）位于上海市虹口区，西南临海门路，东北临公平路，东南临周家嘴路，西北临规划路（岳州路）。本项目 A 座和 D 座建筑面积 52 628.6m²，A 座地上 21 层，建筑高度 99.95m。D 座为 A 座裙楼，地上 4 层，23.9m。B 座建筑面积 37 292.1m²，地上 21 层，建筑高度 95.7m。C 座建筑面积 5 770.50m²，地上 4 层，建筑高度 21.2m。建筑主要功能为商业办公。其中 A 座和 B 座结构类型为钢框架—混凝土核心筒结构，C 座和 D 座结构类型为钢结构框架。项目外立面整体采用了玻璃、铝板的组合式幕墙；在建筑设计上考虑了可视玻璃及窗槛墙之间的比例，达到合适的窗墙比，满足建筑节能的要求。

图 1 海门路 630 号地块项目

图 2 海门路 630 号地块项目鸟瞰图

2 主要幕墙系统简介

2.1 EWS01- 塔楼直线段玻璃幕墙系统

EWS01 为竖明横隐框架式玻璃幕墙（图 3），位于 A 座和 B 座楼塔楼立面。标准板块最大分格为 1 463mm×4 400mm。跨一层形式，采用铝合金型材；玻璃采用低辐射镀膜 Low-E 中空夹胶玻璃，玻璃分格最大 1 463mm×3 150mm。整个系统满足节能的要求。层间采用 1.5mm 厚镀锌钢板承托 200mm 防火岩棉，满足防火封堵要求。

2.2 EWS02- 塔楼斜线段玻璃幕墙系统

EWS02 为竖明横隐框架式玻璃幕墙（图 4），位于 A 座和 B 座楼塔楼立面。标准板块最大分格为 1 850mm×4 400mm。跨一层形式，采用铝合金

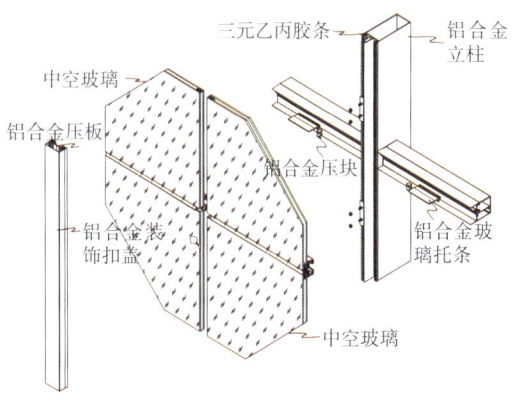

图 3 幕墙系统图

型材；玻璃采用夹胶玻璃，玻璃分格最大 1 850mm×2 100mm。斜线段幕墙，由外倾斜 98.5° 层 + 垂直标准层 + 内倾斜 81.5° 层 + 垂直标准层，4 层一循环组成。斜线段幕墙平面设计有凹凸锯齿造型，幕墙凹凸锯齿造型位置设置成两个立柱，两根立柱之间通过装饰铝板连接，伴随两个立柱前后倾斜的错位关系来实现凹凸锯齿造型效果。土建结构楼板配合幕墙建筑造型同时设置凹凸锯齿楼板，根据建筑需求，土建楼板结构凹凸锯齿造型为 2 层一循环。

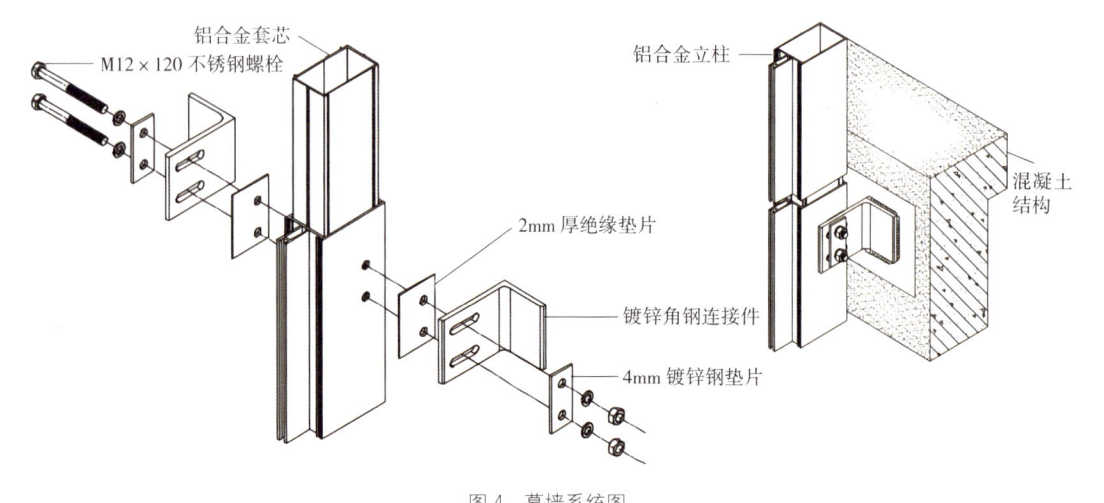

图 4 幕墙系统图

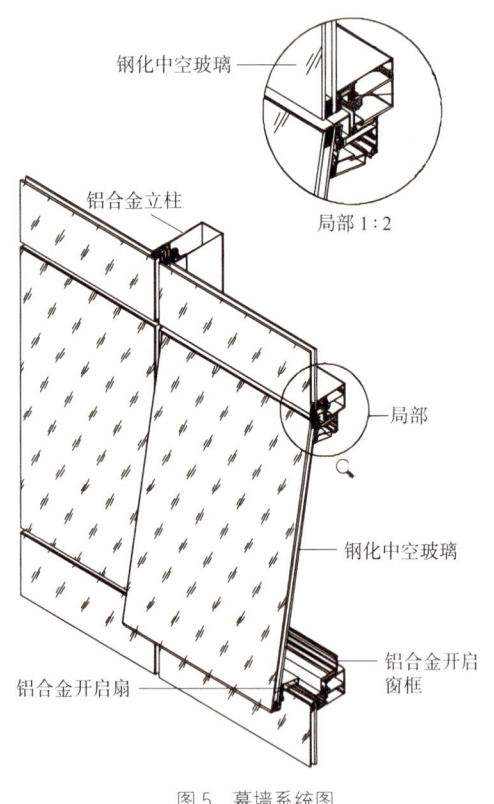

图 5 幕墙系统图

2.3 EWS03—塔楼直线段首二层玻璃幕墙系统

EWS03 为竖明横隐框架式玻璃幕墙，位于 A 座和 B 座楼塔楼首层和二层立面。标准板块最大分格为 1 463mm×6 000mm。跨一层形式，采用钢型材立柱外包装饰铝框；玻璃采用低辐射镀膜 Low-E 中空夹胶玻璃，玻璃分格最大 1 463×1 850mm。整个系统满足节能的要求。

2.4 EWS04—塔楼斜线段首二层玻璃幕墙系统

EWS04 为竖明横隐框架式玻璃幕墙（图 5），位于 A 座和 B 座楼塔楼首层和二层立面。标准板块最大分格为 1 850mm×6 000mm。跨一层形式，采用钢型材立柱外包装饰铝框；玻璃采用夹胶玻璃，玻璃分格最大 1 850mm×1 750mm。

3 折线玻璃幕墙的优势和应用现状

海门路 630 号地块项目折线玻璃幕墙采用非传统直线的设计，呈现出独特的曲线形态，为建筑外观赋予了丰富的层次感和立体感。同时，其独特的造型使得建筑在光影作用下呈现出变幻莫测的视觉效果，为城市景观增添了亮点。此外，折线玻璃幕墙在保温隔热、隔音降噪等方面也具有较高的性能。通过采用先进的材料和技术，可以有效降低建筑能耗，提高居住舒适度。

目前，折线玻璃幕墙已广泛应用于商业、文化、体育等领域的建筑设计中。在商业建筑方面，折线玻璃幕墙为购物中心、写字楼等提供了独特的外观，吸引了众多消费者的目光。在文化建筑方面，折线玻璃幕墙为博物馆、图书馆等赋予了现代感，体现了建筑与文化的融合。在体育建筑方面，折线玻璃幕墙为体育馆、游泳馆等营造了时尚、动感的氛围，提升了建筑的品质（图 6）。

图 6　折线幕墙效果图

折线玻璃幕墙作为现代建筑技术的重要成果，以其独特的视觉效果和优异的性能在建筑界崭露头角。随着工业化进程的推进和绿色建筑理念的普及，折线玻璃幕墙的工业化应用将迎来更加广阔的发展空间。

成都天府机场

1　项目概况

成都天府国际机场外立面具有优良的保温、隔热、防火、防水、隔音等性能，能够满足现代化大型机场建筑的高性能要求。本文将对成都天府国际机场外立面幕墙体系进行详细的介绍和分析，包括项目概况、幕墙系统形式、数字化技术在项目中的应用等方面。

成都天府国际机场是中国四川省成都市的一个重要航空枢纽（图 1），位于成都东部新区空港大道，距离成都市中心约 50km。机场占地面积达 50km^2，建筑面积约为 700 万 m^2，设计年旅客吞吐量为 9 000 万人次。该机场的设计和建设体现了"人文、智慧、绿色"的理念。例如，航站楼外形的设计灵感来自金沙遗址出土的太阳神鸟金饰，两座航站楼呈现出"手拉手"结构造型，中间为综合换乘中心及酒店等配套设施。此外，机场建造还采用了多种先进技术，如 BIM（建筑信息模型）和 Grasshopper 技术，以及超大铝合金扁梁结构体系，这些技术不仅提高了施工效率和建筑质量，也体现了环保和可持续发展的理念。成都天府国际机场的建设和运营对于提升成都的国际交通枢纽地位，促进四川融入全球经济版图，以及推动成渝地区双城经济圈的建设具有重要的意义。

图 1　成都天府国际机场鸟瞰图

2 项目幕墙系统形式

成都天府国际机场幕墙系统（图2）。

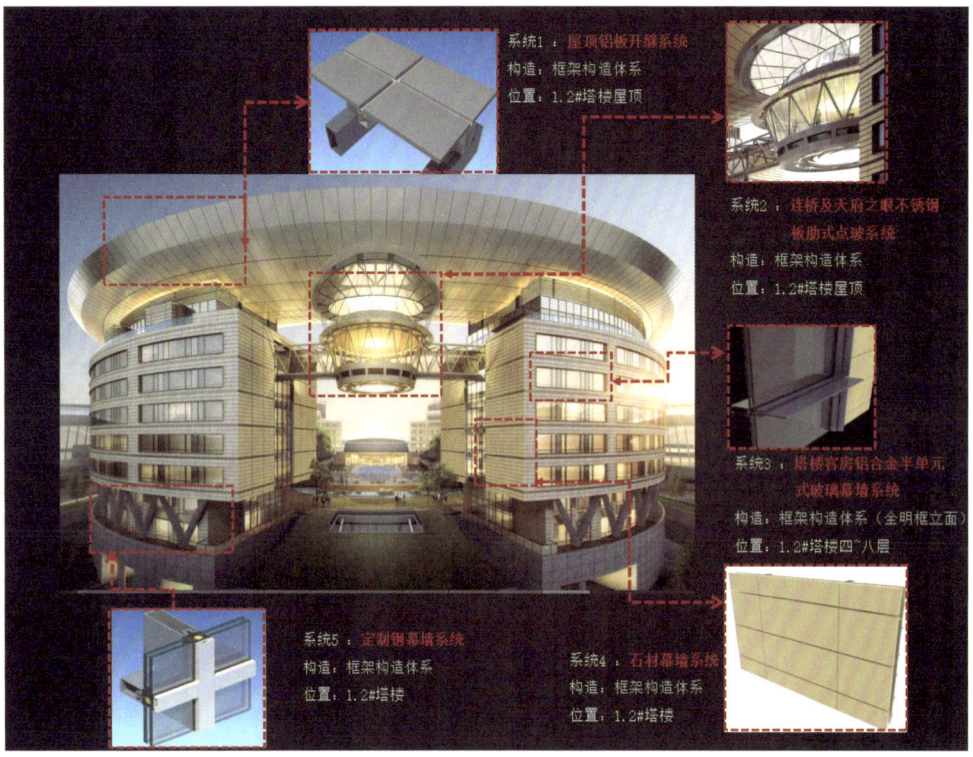

图2 成都天府国际机场幕墙系统

2.1 屋顶铝板开缝系统

图3～图6系统位于1#、2#楼屋顶圆环飘架，开缝体系。顶面面板采用3mm厚铝单板（氟碳喷涂处理），灯槽处采用3mm厚铝单板，格栅造型采用3mm厚铝板（表面氟碳喷涂处理）造型折制。钢龙骨采用250mm×150mm×6mm钢管（氟碳喷涂），200mm×100mm×6mm钢管（氟碳喷涂）等。侧面飘带和底面面板采用25mm厚单元式一体式蜂窝铝板，部分区域为弧形蜂窝铝板，顶部为铝单板系统（氟碳喷涂处理）。

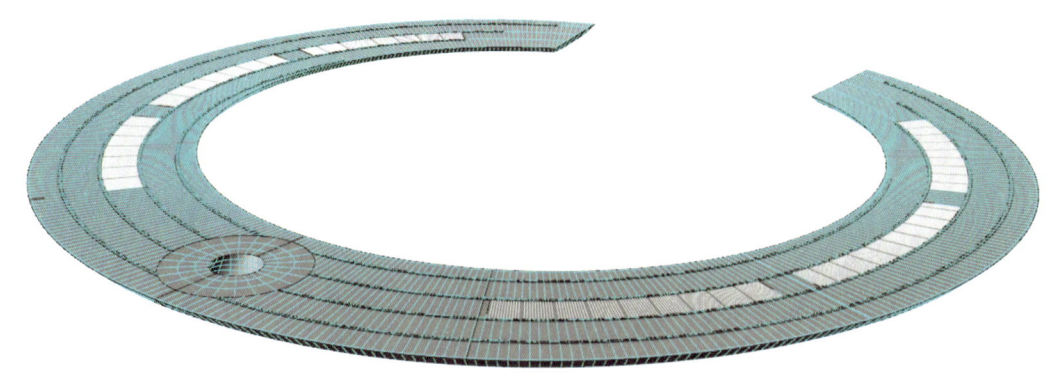

图3 屋顶铝板俯视图

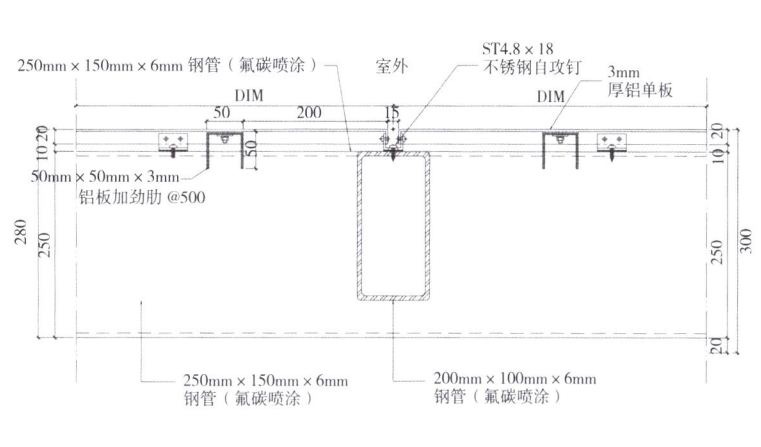

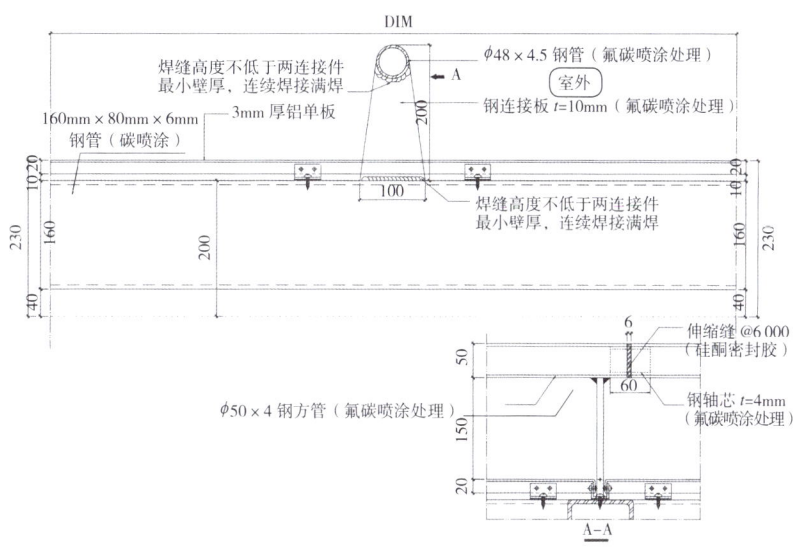

图 4 屋顶铝板剖面图一

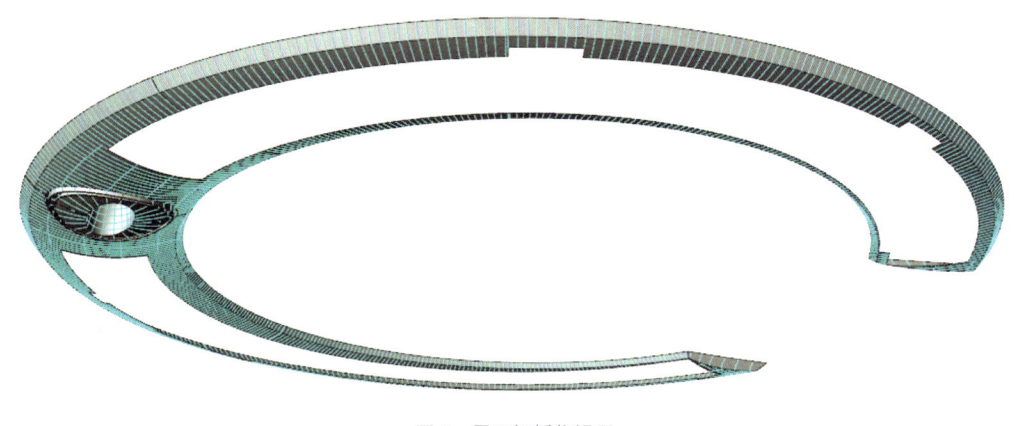

图 5 屋顶铝板仰视图

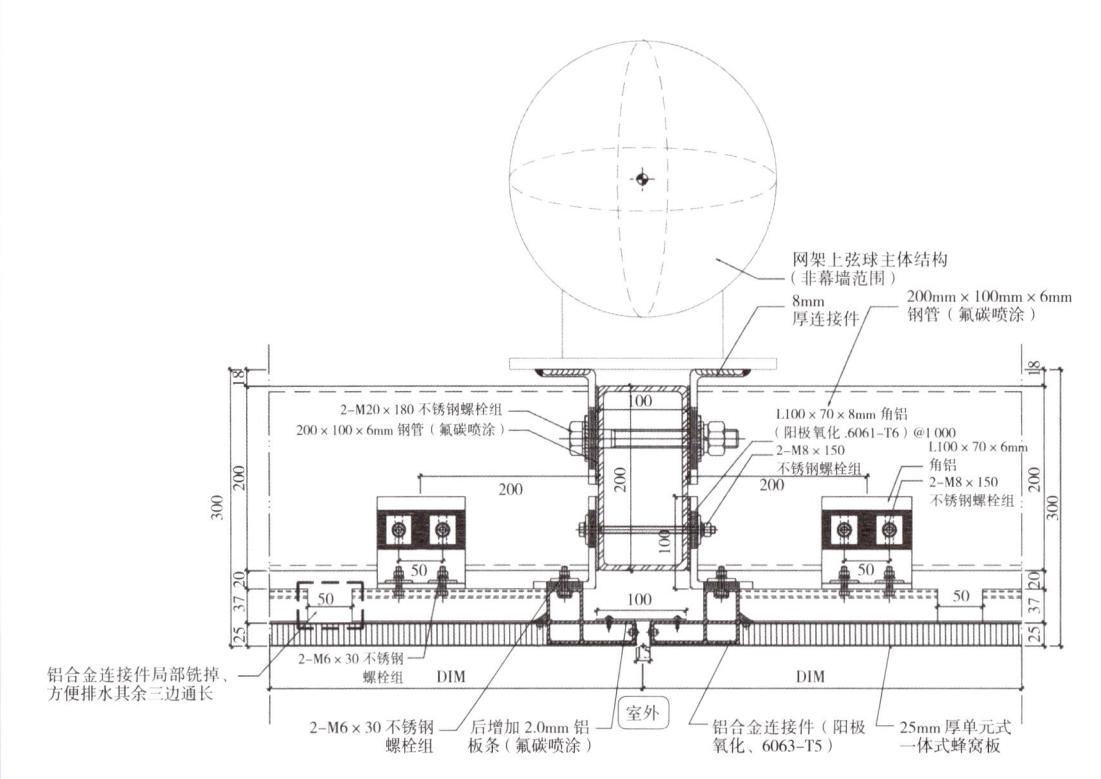

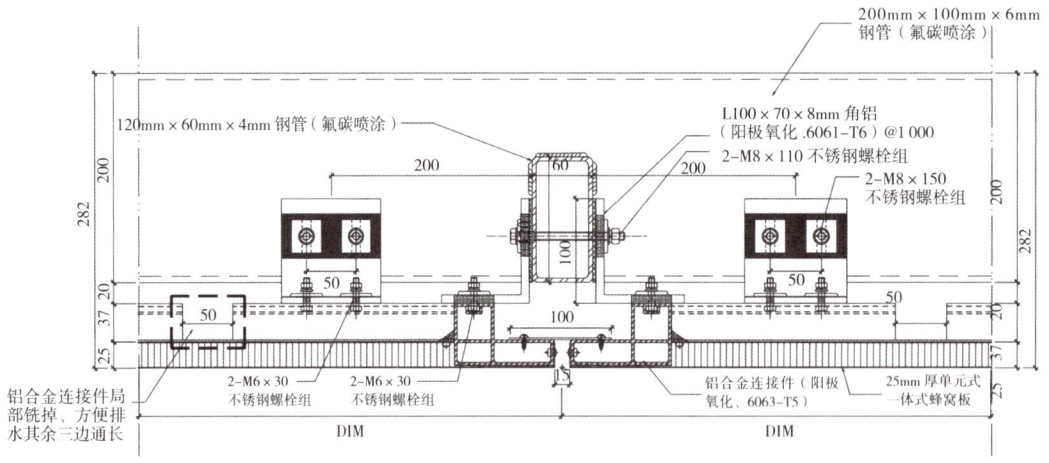

图 6 屋顶铝板剖面图二

2.2 连桥及天府之眼不锈钢板肋式点玻系统

本系统位于连接 1#、2# 楼的连桥及天府之眼外立面，双不锈钢板肋式点玻系统。面板采用 8mm+1.52PVB+6Low-E+12A+6mm+1.52PVB+8mm 超白双银中空钢化夹胶玻璃，支撑肋采用 2-140×12 不锈钢板（表面镀钛）。其中天府之眼部分为弯弧玻璃。支撑不锈钢板肋通过 16mm 不锈钢板与主体钢构支托连接（图 7～图 9）。

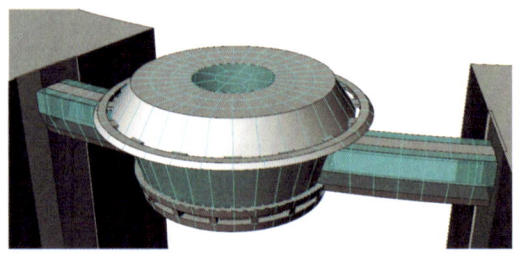

图 7 连桥及天府之眼

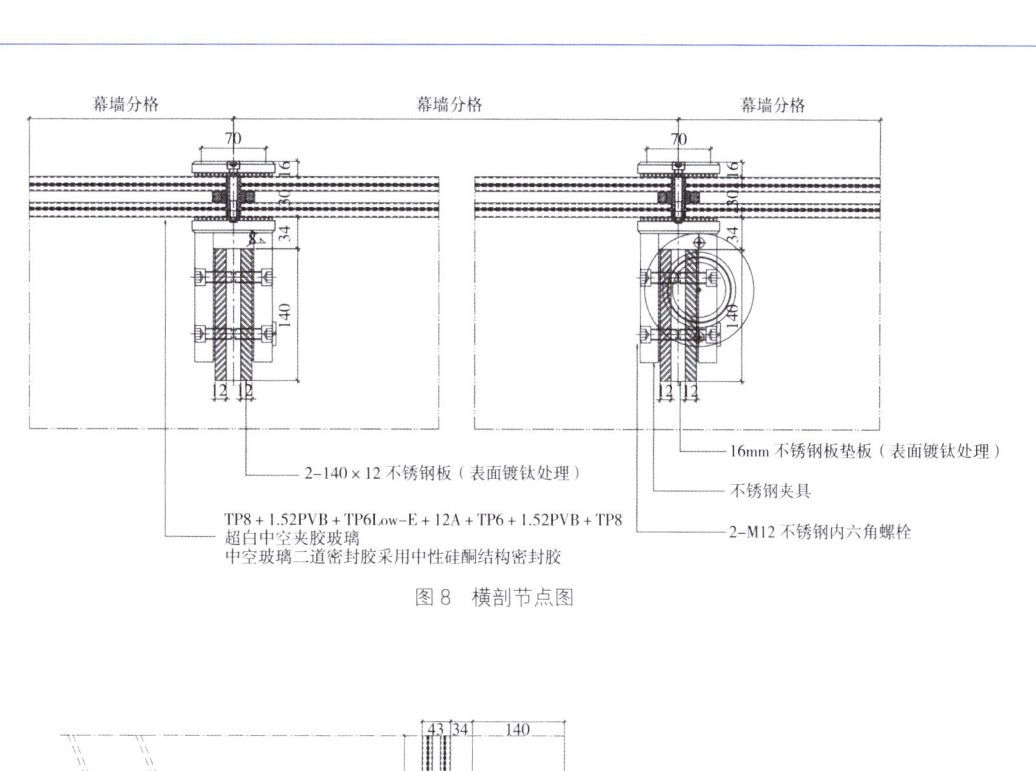

图 8 横剖节点图

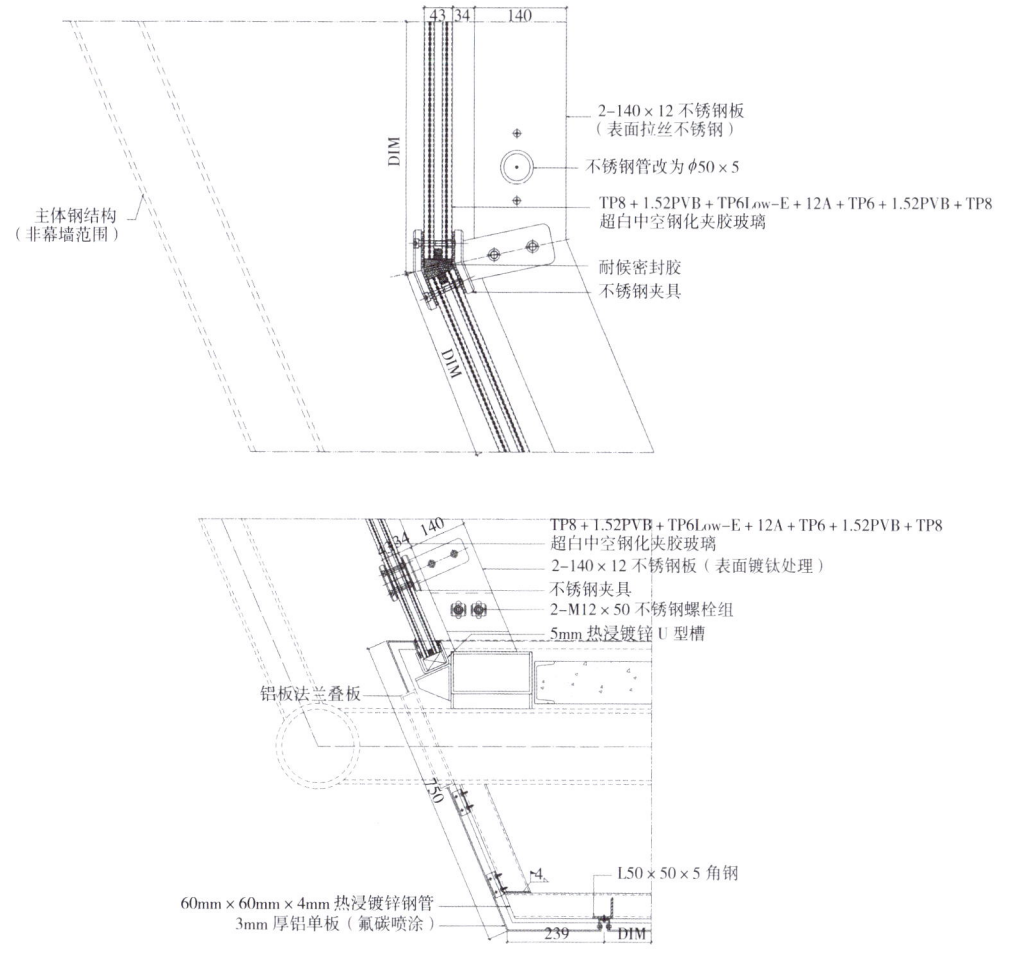

图 9 竖剖节点图

2.3 石材幕墙系统

本系统位于 1#、2# 楼二层及以上墙体（含楼层梁）部分外立面以及 3# 部分墙体外饰面，石材幕墙为背栓挂接形式，开缝体系。层间立柱为 60mm×60mm×5mm 镀锌钢方管，横梁为 L56×5 镀锌角钢。非层间立柱 100mm×50mm×5mm 镀锌钢方管，横梁为 L56×5 镀锌角钢，材质为 Q235B。立柱按简支梁模型设计。石材面板厚度为 30mm，背衬板选用 2mm 厚粉喷铝单板，挂件为阳极氧化铝合金，挂件等级：6061-T6（图 10、图 11）。

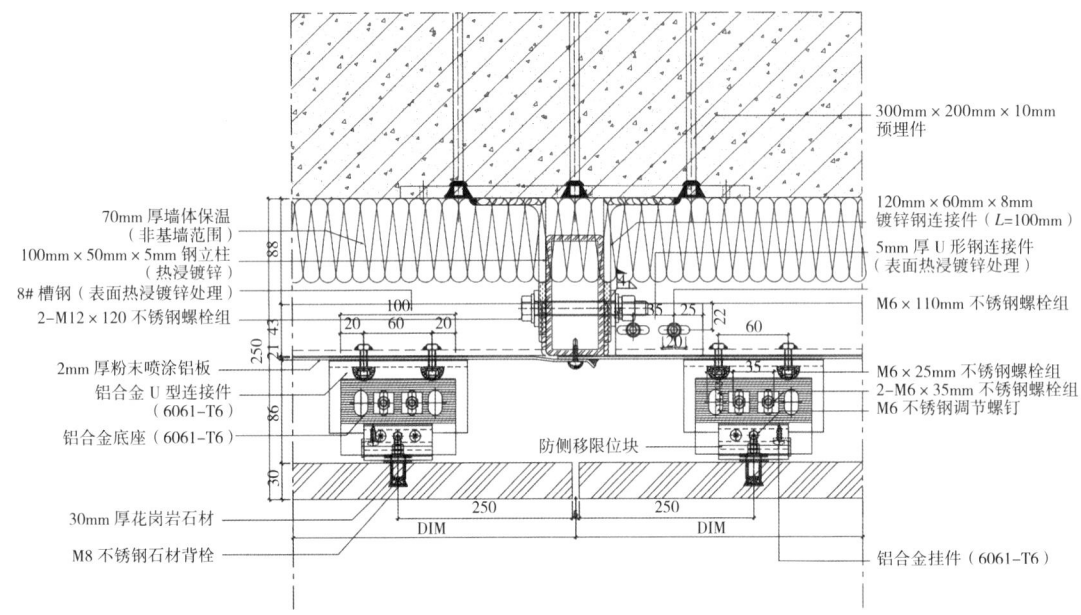

图 10　横剖节点图

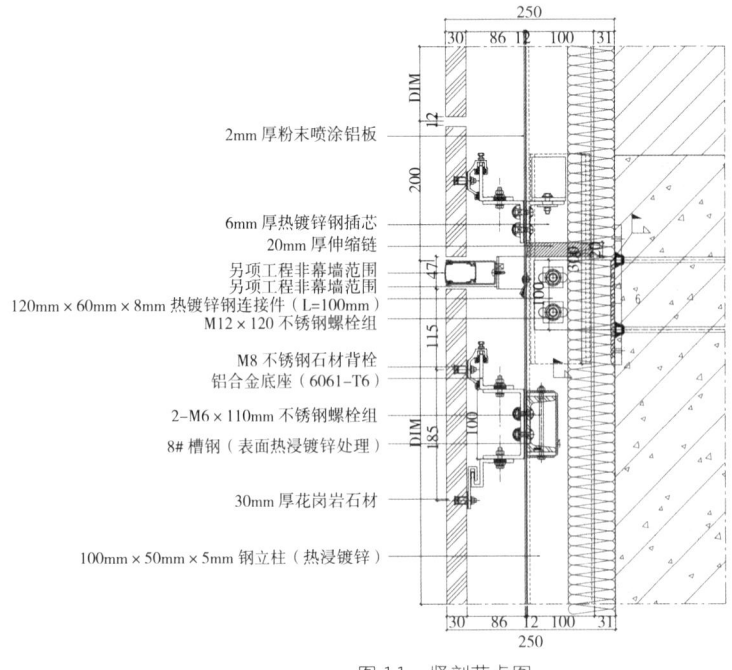

图 11　竖剖节点图

2.4 塔楼客房铝合金半单元式玻璃幕墙系统

本系统位于1#、2#塔楼4~8F客房外立面玻璃幕墙系统。铝合金横、竖龙骨（公母料、顶底横梁及支座6063-T6，中横梁、中立柱6063-T5）采用工厂单元拼接组装完成之后整体现场安装完成，采用坐式插接体系（图12、图13）。幕墙形式为全明框，铝合金外盖以横向线条为主导，铝合金盖板与龙骨之间设置断桥隔热条。面板选用HS8+1.52PVB+HS6/Low-E+12A+HS6+1.52PVB+HS8（HS为半钢化）超白双银中空双夹胶玻璃。上悬窗开启距离≤100mm。

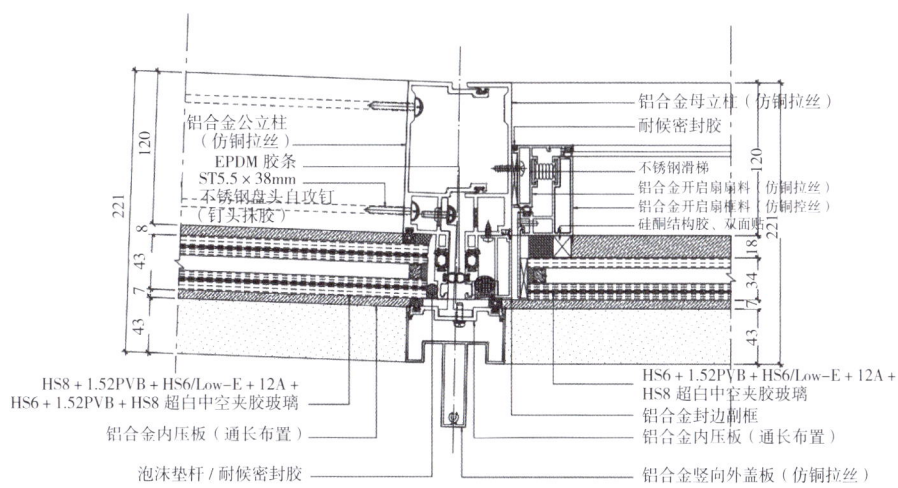

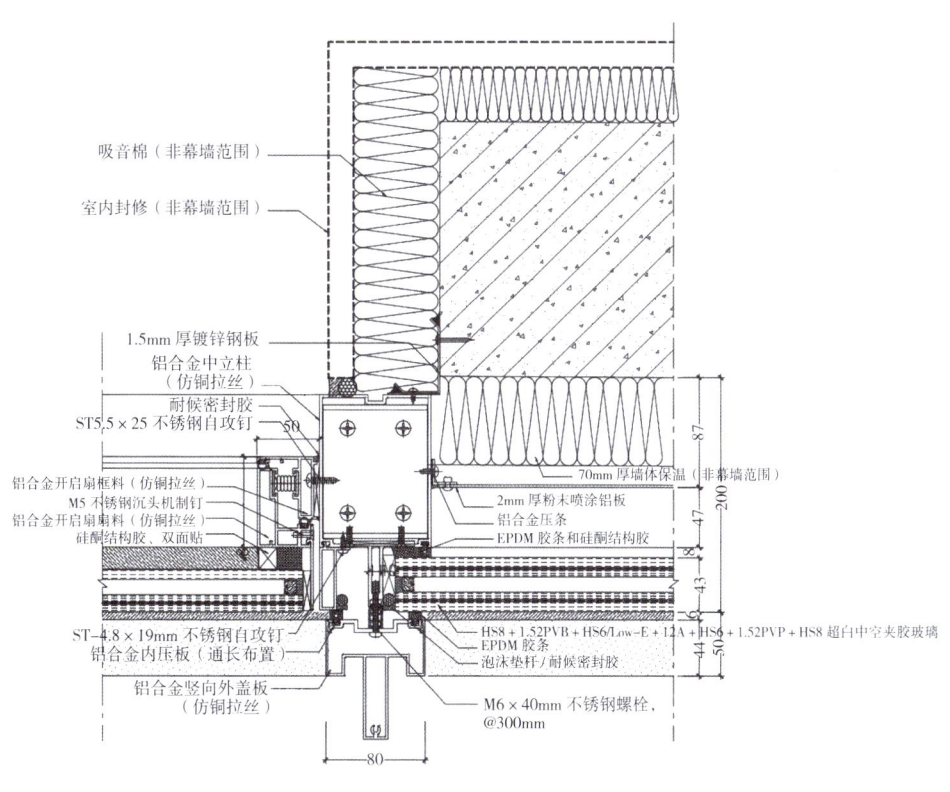

图12 横剖节点图

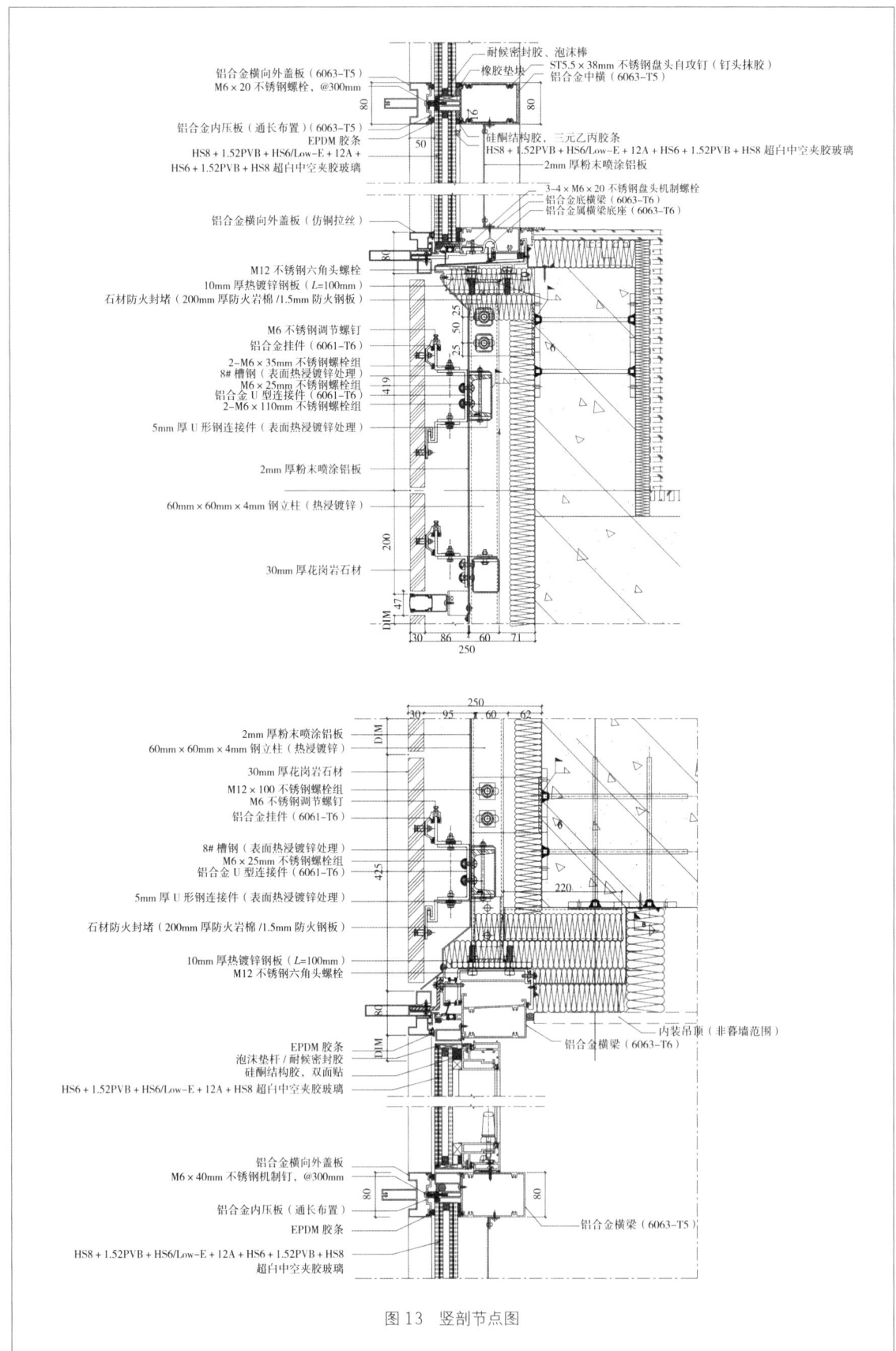

图 13 竖剖节点图

2.5 定制钢幕墙系统

本系统 1#、2#、3# 楼均有分布，立柱、横梁采用定制钢幕墙系统。立柱：200mm×65mm×7mm×5mm、170mm×65mm×7mm×5mm、130mm×65mm×7mm×5mm 等，横梁：100mm×65mm×7mm×5mm 成品定制钢型材；定制钢型材表面均采用仿铜拉丝工艺，铝合金横竖外盖宽度同龙骨，竖向装饰条自玻璃完成面至装饰条150mm，横向装饰条为50mm，立柱跨度最大为 8 700mm，按双跨连续梁设计，其中短跨900mm（图14、图15）。

面板选用 HS8+1.52PVB+HS6/Low–E+12A+HS6+1.52PVB+HS8 超白双银中空双夹胶玻璃。楼层梁及墙体背衬板选用2mm厚粉喷铝单板。

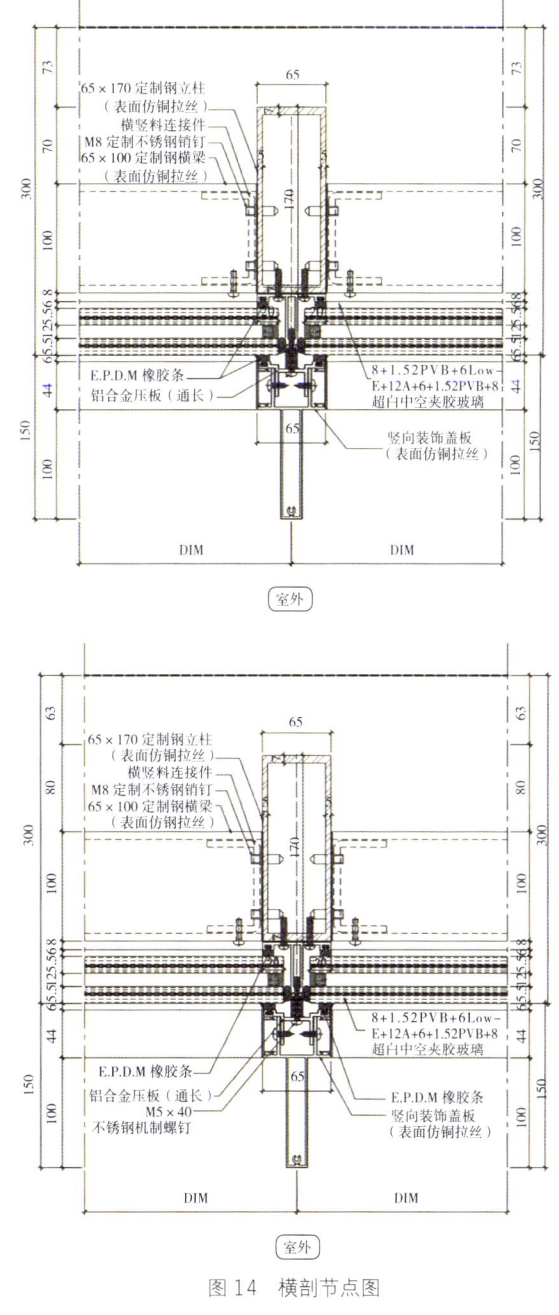

图 14　横剖节点图

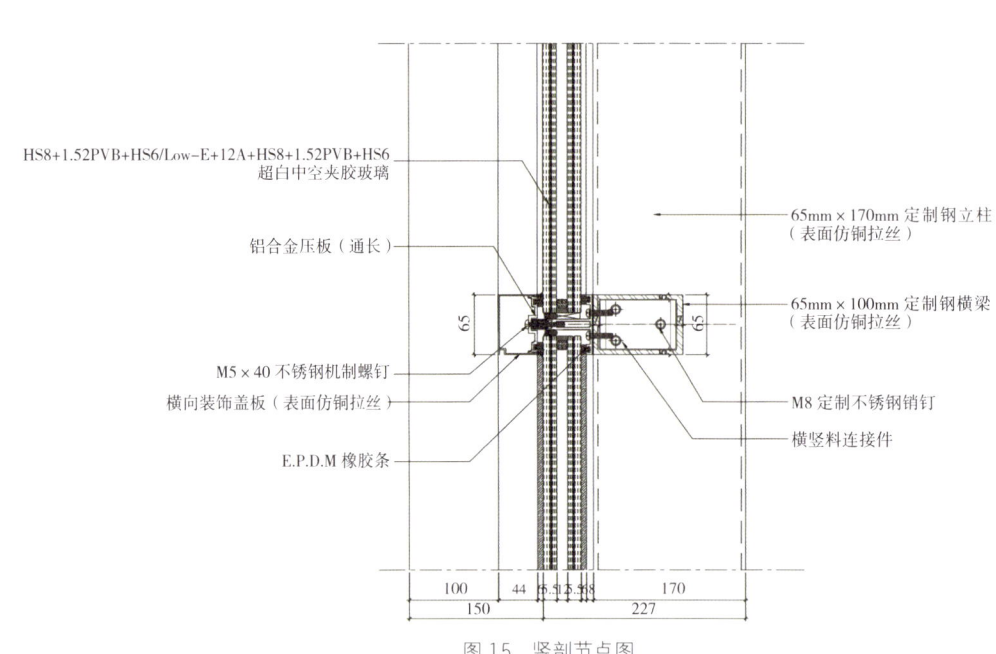

图 15　竖剖节点图

3　工业化、数字化技术在项目中的应用

根据幕墙团队对图纸的仔细研究，考虑实际施工情况，围绕"保证施工质量，降低施工难度"的理念，将部分建筑工业化技术运用到本项目中。①运用 BIM 技术，利用 Rhino+GH 软件建立各系统节点模型，模拟施工方案，有利于现场工人更直观地理解图纸。②对于塔楼客房铝合金半单元式玻璃幕墙，设计团队在对比各种施工方案后，决定采用装配式窗墙体系，整体吊装的方式来施工，最大限度保证了施工质量和建筑效果的展现。

3.1　建立标准节点的三维模型

本项目大部分系统节点均不是常规的框架式幕墙做法。设计师利用 Rhino 软件建立各系统节点的三维模型，更便于现场进行设计交底，有利于现场的施工质量。

（1）屋顶铝板开缝系统幕墙节点的三维模型（图16）。

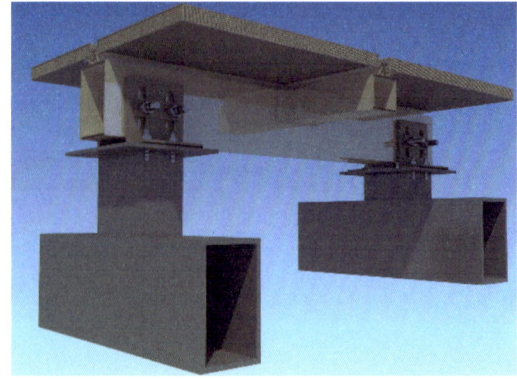

图 16　飘板局部三维图

（2）石材幕墙系统标准节点的三维模型（图17）。
（3）定制钢幕墙系统的三维模型（图18）。

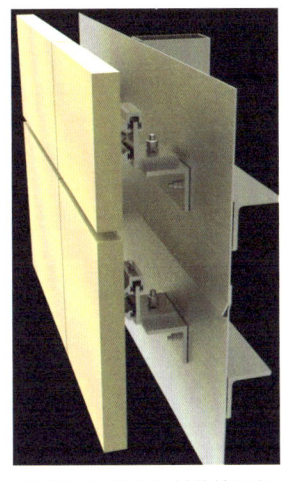
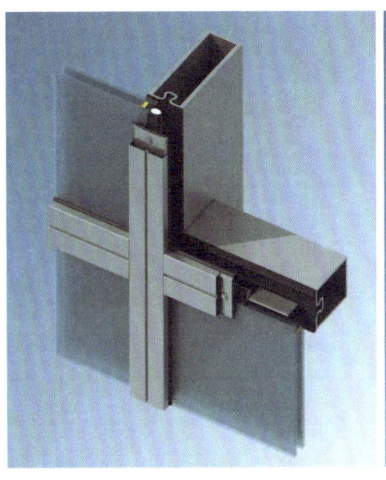
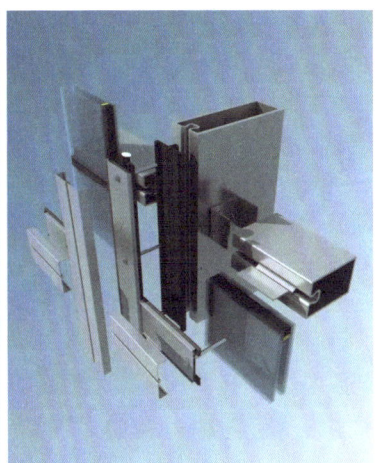

图17　开放式石材幕墙局部三维图

图18　定制精细钢型材玻璃幕墙安装拆分局部三维图

3.2　塔楼客房铝合金半单元式玻璃幕墙系统三维模型

（1）用若干单元板块实现立面连续的玻璃组合，立面整体性好，龙骨体系可靠，可实现大装饰线条；每个板块独立受力，能完全吸收主体结构变形及满足地震荷载，幕墙物理性能优秀；板块工厂加工成成品，作为产品交付，品质可控；可缩短现场工期，只需成品吊装即可。

（2）装配式窗墙体系采用了单元式幕墙系统，即将幕墙面板和支撑结构在生产厂家预制成单元，然后运至施工现场进行快速安装（图19）。单元式幕墙系统具有以下优点：

图19　单元式玻璃幕墙局部三维图

① 施工速度快：由于单元式幕墙系统在工厂预制完成，现场只需进行简单的拼装和固定，大大缩短了施工周期。

② 质量可控：工厂化生产有利于实现标准化、规模化生产，提高产品质量。

③ 节能环保：单元式幕墙系统具有良好的保温、隔热性能，有助于降低建筑能耗。

④ 安全可靠：单元式幕墙系统采用高强度铝合金或钢材作为支撑结构，具有良好的抗震、抗风压性能。

成都天府国际机场幕墙项目成功地将数字化技术应用于建筑外立面设计、生产和施工过程中，实现了高效、优质、环保的建设目标。该项目也是中国民用航空基础设施建设的典范，其创新的设计理念、先进的技术应用和独特的人文设计，使其成了一个值得骄傲的成就，对推动建筑行业转型升级和可持续发展具有重要意义。

杭州大会展中心幕墙工程中工业化建筑技术的应用

1 工程概况

随着我国城市化推进速度的快速提升,使得我国建筑行业获得了重要发展机遇。工业化是建筑现代化发展的重要内容,同样也是建筑幕墙行业发展的必由之路。建筑工业化是以设计标准化、构件预制化、施工机械化、管理信息化为主要标志,整合设计、生产、施工等产业链,是一种可持续生产方式。本文主要阐述杭州大会展中心幕墙工程在设计及施工过程中采用整体吊装的施工方案,利用 BIM 技术等手段来实现工业化的应用。

杭州大会展中心为浙江省重点工程(图1、图2),项目位于萧山区南阳街道,地处钱塘江下游、杭州湾桥头堡腹地,距离萧山国际机场约 3km。项目总用地面积 1 110 亩,建筑面积约 134 万 m^2,总投资约 200 亿元,室内净展面积达 30 万 m^2,建成后净展规模排名全国前五。项目由 8 个场馆组成,功能布局上,充分吸纳国内外大型会议展馆的设计经验,设置了标准展厅、会议中心、商业配套、办公设施等多种功能。项目总占地面积 35.3 万 m^2,总建筑面积 64.32 万 m^2,其中地上建筑面积 42.35 万 m^2,地下建筑面积 21.97 万 m^2。项目的设计灵感来自钱塘江畔蓄势待发的"风帆",并融入了"杭扇、丝绸"的杭州传统文化元素,展现了独特的地域文化特色。设计上,采用"钱塘风华、山水雅韵"的理念,强调了山水的厚重沉稳与江水的灵动飘逸,以此来充分体现杭州山水文化的特色。在功能布局上,杭州大会展中心充分考虑了国内外大型会议展馆的设计经验,设置了标准展厅、会议中心、商业配套、办公设施等多种功能,并利用展馆拓扑空间打造特色"内街",实现了"平展结合、展城融合"的目标。杭州大会展中心的幕墙设计不仅体现了其独特的建筑风格和文化特色,而且在实现建筑功能性和美观性方面发挥着重要作用,杭州大会展中心定会成为杭州的一个新地标。

图 1 杭州大会展中心鸟瞰图

图 2 杭州大会展中心远景图

2 主要幕墙系统简介

2.1 框架式玻璃幕墙系统

本项目玻璃幕墙部位为进中廊侧立面和会议连接体,采用横明竖隐框架式玻璃幕墙系统,面板采用 8+1.52PVB+8(双银 Low-E)+12A+8+1.52PVB+8 半钢化双夹胶中空玻璃。面板通过铝合金副框和压板与铝合金转接型材固定,铝合金转接型材通过不锈钢螺栓与钢龙骨螺栓连接。横梁通过 U 型钢角码与立柱螺栓连接;立柱通过 14# 热浸镀锌槽钢连接件和 304 不锈钢螺栓杆与主体结构连接。背后有衬墙位置的非透明幕墙设置 40mm 厚保温岩棉板,背后无衬墙位置的非透明幕墙设置 80mm 厚保温岩棉板(图3、图4)。

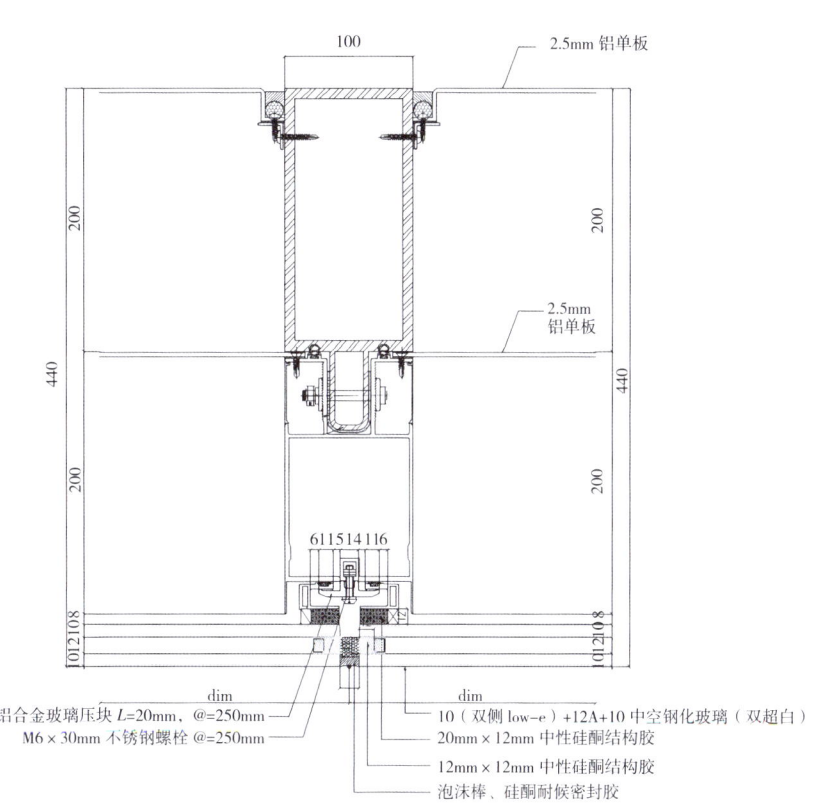

图 3 玻璃幕墙标准横剖节点

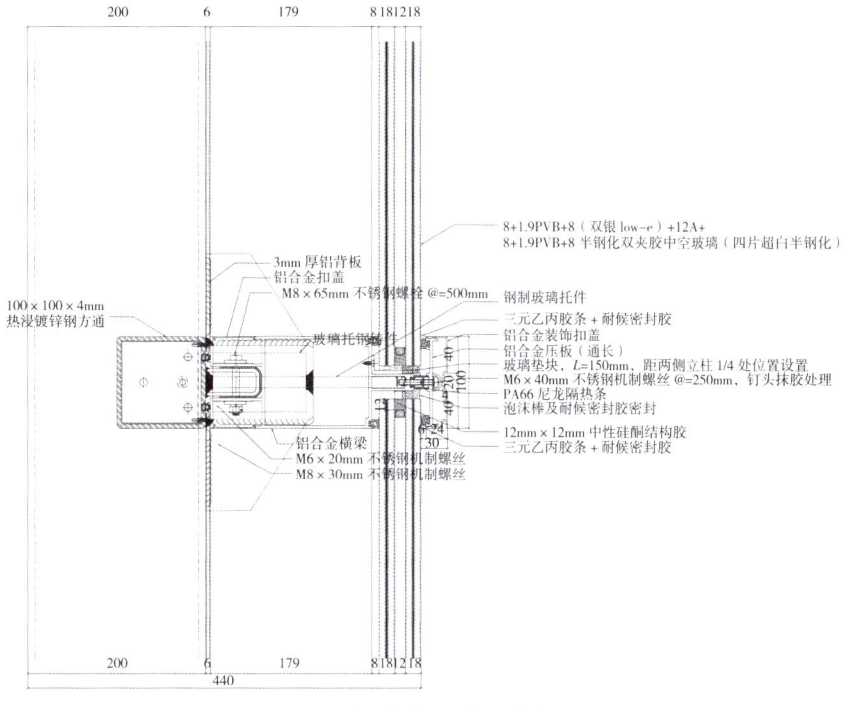

图 4 玻璃幕墙标准竖剖节点

2.2 铝板幕墙系统

本项目铝板幕墙使用部位为展厅大面，面板采用 3mm 氟碳喷涂铝单板配合横向铝合金线条。铝板面板通过铝型材副框和压板与钢龙骨固定，横梁通过钢角码与立柱螺栓连接；立柱通过 14# 热浸镀锌槽钢连接件＋304 不锈钢螺栓杆与主体结构连接。铝合金装饰线断缝同铝板 50mm 深凹槽位置设置，横向装饰线条在凹槽中线处密拼，两侧型材开口处 2mm 厚铝单板封堵。背后有衬墙位置的非透明幕墙设置 40mm 厚保温岩棉板，背后无衬墙位置的非透明幕墙设置 80mm 厚保温岩棉板（图 5、图 6）。

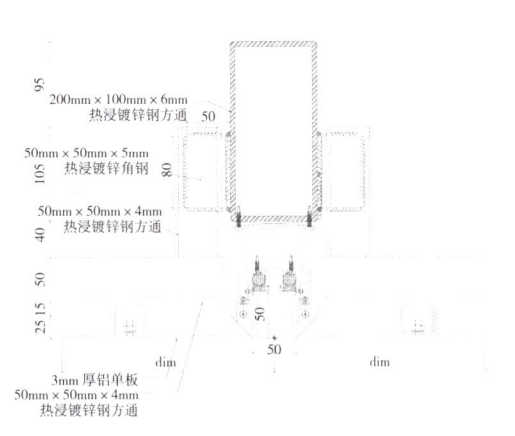

图 5　铝板幕墙标准横剖节点　　　　　图 6　铝板幕墙标准竖剖节点

2.3 铝合金格栅系统

本项目铝合金格栅使用部位为机房层，格栅截面大小为 200mm×25mm×2.5mm，间距 100mm 布置。格栅龙骨采用 180mm×100mm×3mm 铝合金立柱，立柱跨度大于 6.5m 处铝合金立柱内增加 120mm×80mm×4mm 热浸镀锌钢插芯。铝合金立柱重力落地，底部螺栓连接，上端与主体钢结构通过二力杆螺栓连接（图 7、图 8）。

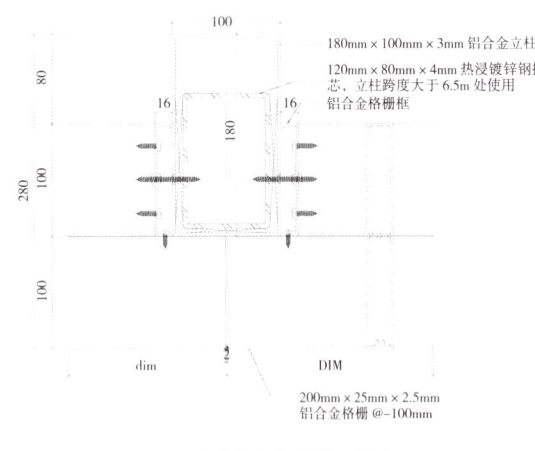 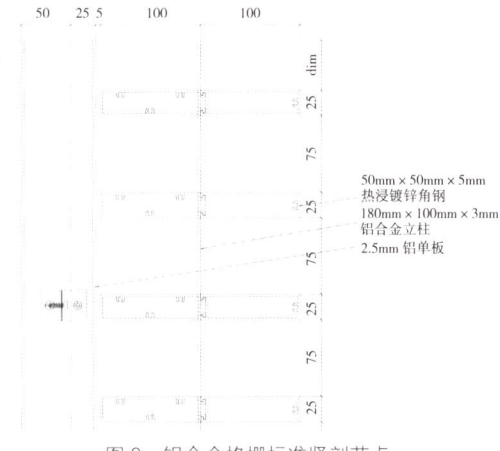

图 7　铝合金格栅标准横剖节点　　　　　图 8　铝合金格栅标准竖剖节点

2.4 蜂窝铝板幕墙系统

本项目蜂窝铝板吊顶系统主要使用部位为屋面檐口，会议连接体以及首层凹入口吊顶位置。面板均采用 25mm 厚蜂窝铝板，会议连接体和首层凹入口吊顶位置采用 80mm×80mm×4mm 热浸镀锌钢管作为支撑龙骨，龙骨与主体钢结构预留埋件焊接；屋面檐口位置采用100mm×50mm×5mm氟碳喷涂钢管作为支撑龙骨，龙骨在工厂组成钢框架，蜂窝铝板在工厂与钢框架固定完成，运到现场之后整体与主体钢结构挂接（图9、图10）。

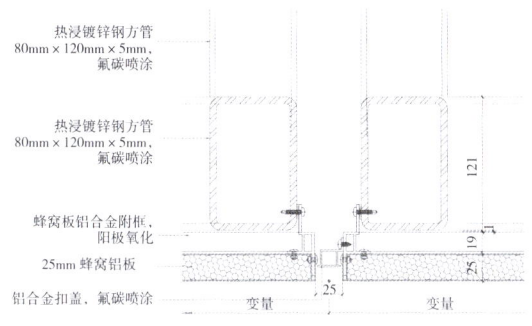

图9　檐口蜂窝铝板拼缝横剖标准节点

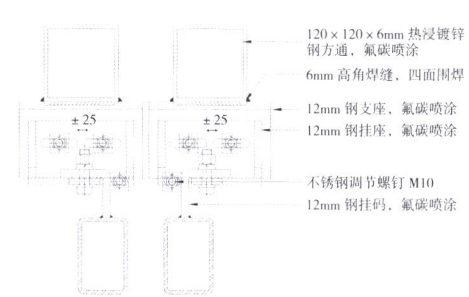

图10　檐口蜂窝铝板挂接标准节点

3　工业化技术的应用

幕墙公司设计团队经过仔细研究图纸，考虑实际施工情况，围绕"保证施工质量，降低施工难度"的理念，将部分建筑工业化技术运用到本项目中。首先运用BIM技术，利用Rhino软件建立各系统标准节点模型，模拟施工方案，更便于现场工人理解图纸。其次，对于屋面檐口位置的蜂窝铝板，设计团队在对比各种施工方案后，决定采用整体吊装的方式来施工，极大程度地保证了施工质量，保证了建筑效果的展现。

3.1　建立标准节点的三维模型

本项目大部分系统节点均不是常规的框架式幕墙做法。为了方便现场工人更好地理解节点做法，设计师利用Rhino软件建立各标准节点的三维模型，并给现场进行设计交底，确保现场的施工质量。

框架式玻璃幕墙标准节点的三维模型

玻璃幕墙节点施工安装顺序为：先将精致钢立柱与主体结构预留埋件连接，然后将精致钢横梁与立柱连接，然后将铝合金立柱及横梁通过不锈钢螺栓组与精致钢进行连接，而后再将玻璃安装完成，最后安装压板及扣盖并密封打胶（图11）。

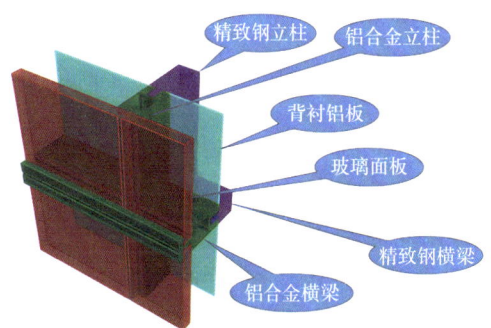

图11　玻璃幕墙标准节点三维模型

大面铝板幕墙标准节点的三维模型

铝板幕墙节点施工安装顺序为：先将钢龙骨与主体结构预留埋件连接，然后将钢横梁与立柱连接，然后将铝板与龙骨通过角码固定，最后安装装饰线条及扣盖并密封打胶（图12）。

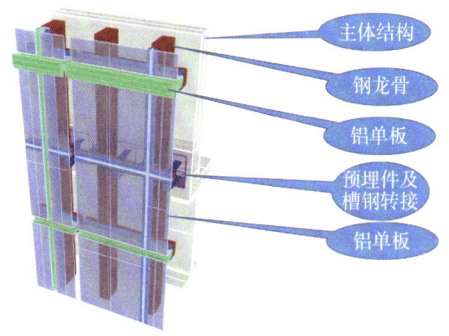

图12　铝板幕墙标准节点三维模型

蜂窝铝板吊顶标准节点的三维模型

吊顶蜂窝铝板幕墙节点施工安装顺序为：先将龙骨与主体结构预留埋件连接，然后将蜂窝铝板与龙骨通过角码固定，最后密封打胶（图13）。

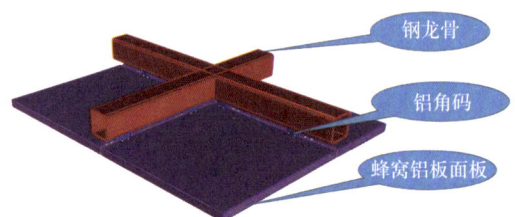

图13　蜂窝铝板吊顶标准节点三维模型

3.2　檐口铝板整体吊装技术

由于项目屋面檐口为异形蜂窝铝板系统，传统做法无法保证效果。我司基于装配式的模块化研究，形成大空间异形吊顶整体吊装技术（图14、图15）。

（1）精确测量和放线：在施工前，檐口铝板和龙骨位置进行准确定位和放线。确保每个构件的尺寸、角度和位置满足设计要求。

（2）加工精度控制：采用先进的三维数控模具加工设备和技术，以确保檐口铝板的挂接角度与模型一致。

（3）提前预制：在工厂预制檐口蜂窝铝板和龙骨，并在设计阶段就准确计算并加工好尺寸，以确保构件的精度和一致性。

（4）通过装配式优化设计，在工厂将预制好的蜂窝铝板与龙骨组成整体框架，钢桁架运往现场后，使用汽车吊按榀进行整体吊装，并辅助使用平台升降装置及升降车。这样可以简化现场施工过程，降低纠正和调整的难度，提高施工效率和质量。

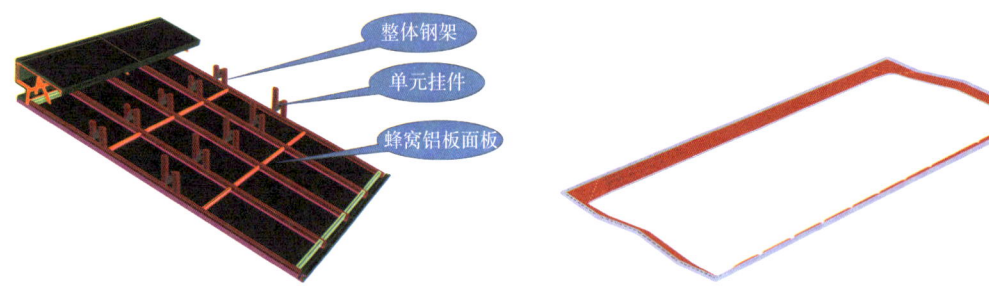

图14　蜂窝铝板吊顶标准节点三维模型　　　图15　檐口蜂窝铝板整体三维模型

杭州大会展中心集展览、会议、办公、商业等于一体，是"产城融合"的代表案例。总体建成后，将成为省会城市中尺度最大、设计最时尚、功能最先进的会展中心，为杭州市民提供全天候服务，促进产业、建筑、人之间的活力，最大限度发挥其作为经济增长引擎的作用。未来，上海建工装饰集团将继续秉承"执行力、诚信、工匠"的文化基因，将不断完善集设计、科研、制造、施工于一体的业务构架，以新质生产力引领推动行业高质量可持续发展！

1 工程概况

世博政务办公社区 10-03 地块项目主要系统为单元式玻璃幕墙，单元式幕墙作为现代建筑外立面的重要形式之一，在建筑项目中得到了广泛的应用。本论文旨在探讨单元式幕墙工业化技术在项目中的应用情况，分析了单元式幕墙工业化技术在工程项目中的优势。

本项目位于上海市浦东新区世博政务办公社区 10-03 地块，毗邻黄浦江及白莲泾，具有良好的景观视野，紧邻世博总部集聚区。本地块属于浦东新区南码头街，东至雪野路，北至世博 10-02 地块，西侧、南侧贴邻 10-04 地块，可远眺陆家嘴。项目总建筑规模 155 360.49m²，主要功能定位为办公、商业等功能。园区内设置 5 栋独立办公塔楼，地上 11 层，地下 2 层。首层为办公大堂及商业，2 层以上为办公空间。办公总面积 91 764.93m²，商业总面积 5 450.37m²（图 1）。建筑采用点状塔楼错位布局，呼应场地周边城市肌理，减少对周边社区的压迫感，同时使滨江景观渗透到场地周边城市景观中。建筑之间形成多个开放广场，使每栋建筑都有良好的景观视野。基地东侧为城市道路，主入口广场正对城市 T 字形路口布置，形成开敞的城市界面。配套商业均布置在塔楼底层，不规格的平面布置使园区空间更加流动，充满活力（图 2）。单体建筑塔楼外立面设计简洁优雅，设置单元式幕墙系统打造近似江面水波纹的折线型立面。立面单元采用一半暖白色穿孔铝板一半透明玻璃相结合的形式，在保证办公空间充分采光及通风的前提下，塑造独特美观的立面效果，提升整体项目绿色二星，部分楼宇 LEED V4 金级认证。西侧滨江景观纳入整个园区的景观设计中，园区景观和城市景观互相渗透。灵活多变的设计元素贯穿在整个场地，形成新颖下沉广场，灵活多变的商业裙房、点状花园等许多特色空间，使园区空间充满活力。不同主题的空间节点通过线性的景观步道，为社区内不同年龄段不同需求的人提供了丰富的活动空间。

图 1 世博政务办公社区 10-03 地块项目鸟瞰图

图 2 世博政务办公社区 10-03 地块项目立面效果

2 主要幕墙系统简介

2.1 单元式玻璃幕墙系统

本项目 5 栋塔楼均采用三角形状的单元式幕墙，共计 3 964 块，涉及板型 40 多种。

三角单元板块左侧透明区域面板采用 8mm+1.52mmPVB+8mm（Low-E）+12A+10mm 全超白夹胶钢化中空玻璃，三角单元左侧层间区域面板采用 6mm+1.14mmPVB+6mm（彩釉—暖白色）+12A+6mm 全超白夹胶钢化中空玻璃。三角单元板块右侧区域面板采用 3mm 厚竖向长方形穿孔铝板，内侧设置内开窗用于通风。公母铝立柱与上下铝横梁采用自攻螺钉通过型材导向孔固定后打胶，中立柱采用机制螺钉+折弯钢板与横梁连接，考虑到玻璃一侧可视原因，在上横梁位置下口增加铝合金扣线遮挡折弯钢板连接件以满足美观效果。上横梁位置考虑到转角位置拼接可能会产生漏水隐患，先在拼接缝两侧用单面贴固定好位置后满打密封胶作为第一道防水（图 3、图 4），另定制四款不同角度不同截面的转角一体化批水胶皮作为第二道防水。

图 3　拼角位置第一道防水做法　　　　　图 4　拼角位置第二道防水做法

由于是三角形单元板块，每块单元板块在工厂组框结束后对拼角角度进行复核纠偏（图5），最后再用角钢固定上端挂接牛腿和下端横梁（图6），保证板块角度在运输和卸货过程中产生变形，板块运输至项目现场后，项目人员针对板块角度做二次复核，控制好角度允许偏差范围内，保证上墙板块的质量。

图 5　组框工厂拼角角度复核　　　　　图 6　组框工厂固定限位角钢

2.2　屋顶钢架幕墙系统

本项目塔楼屋顶外圈采用钢桁架玻璃+穿孔铝板设计，3mm厚氟碳喷涂穿孔铝板（同单元系统）通过铝角码固定在钢立柱上，彩釉玻璃（同单元系统）采用铝合金副框+结构胶通过铝压块固定在钢立柱上，再用密封胶封堵拼接处。玻璃内圈采用3mm氟碳喷涂铝板，保证内侧视觉效果同时也起到了防水功能（图7、图8）。

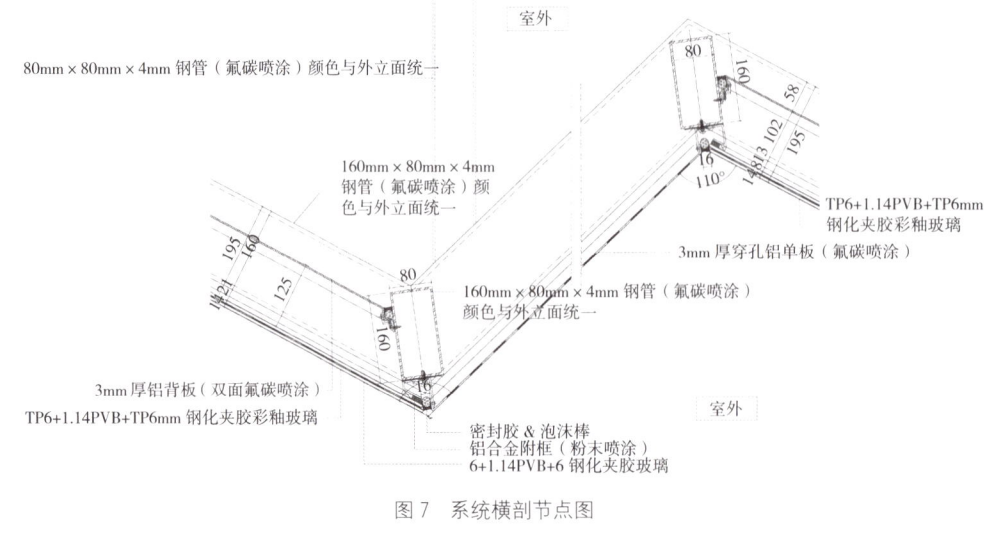

图 7　系统横剖节点图

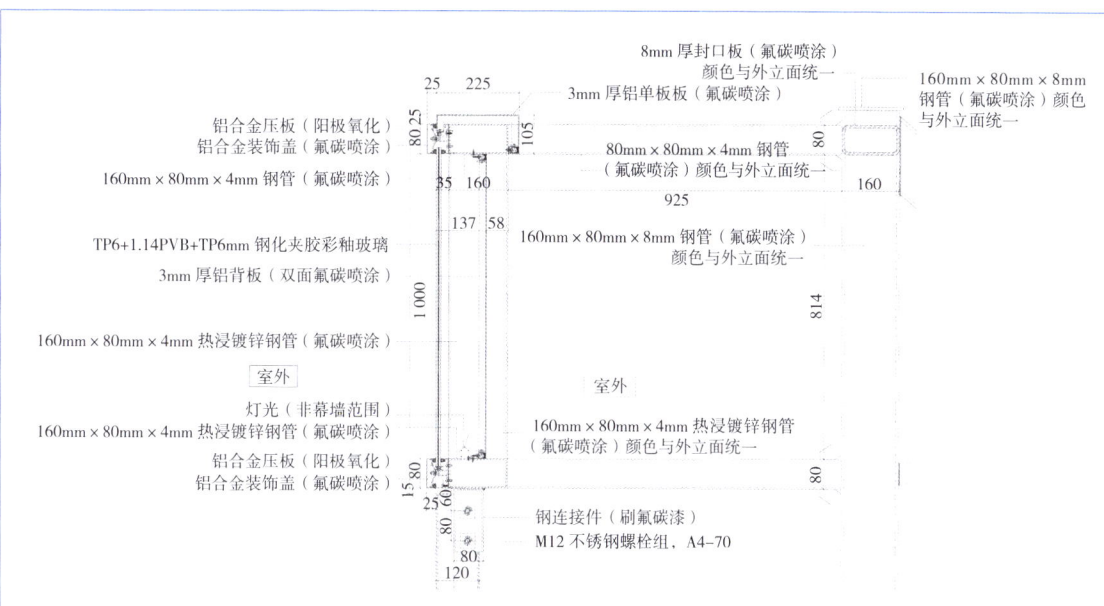

图 8 系统竖剖节点

2.3 露台层框架式竖明横隐玻璃幕墙系统

本项目露台层面板采用 6mm+1.52PVB+6mm（双银 Low-E）+12A 暖边 +8mm 超白夹胶钢化中空玻璃，层间玻璃背衬 2mm 粉末喷涂铝板，立柱采用 70mm×160mm 铝合金型材，横梁采用 70mm×70mm 铝合金型材，横梁采用 T 型钢件通过机制螺钉与立柱连接，T 型钢连接件同时也作为玻璃承托件，玻璃竖向采用通长压板通过机制螺钉与立柱连接，玻璃横向采用铝合金副框 + 结构胶通过压块（$L=40$mm）+ 机制螺钉与横梁固定（图 9 ~ 图 11）。

图 9 现场钢桁架安装

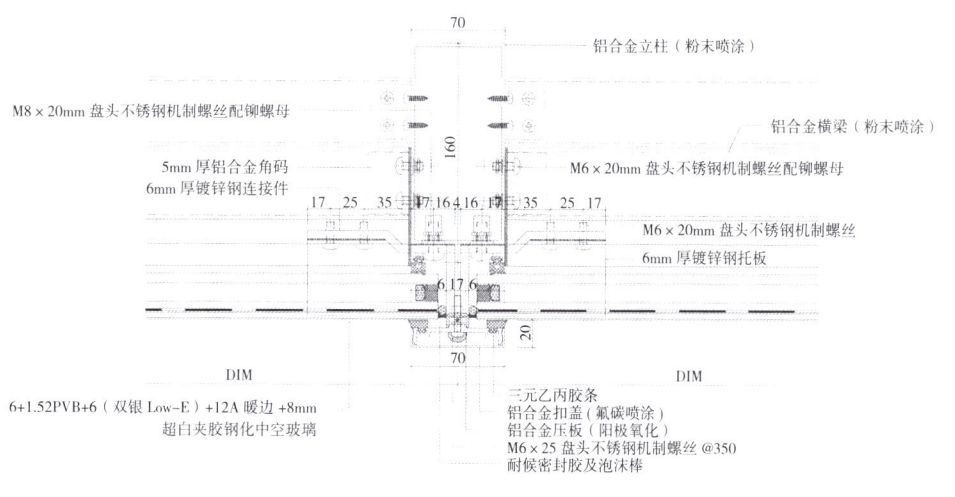

图 10 系统横剖节点图

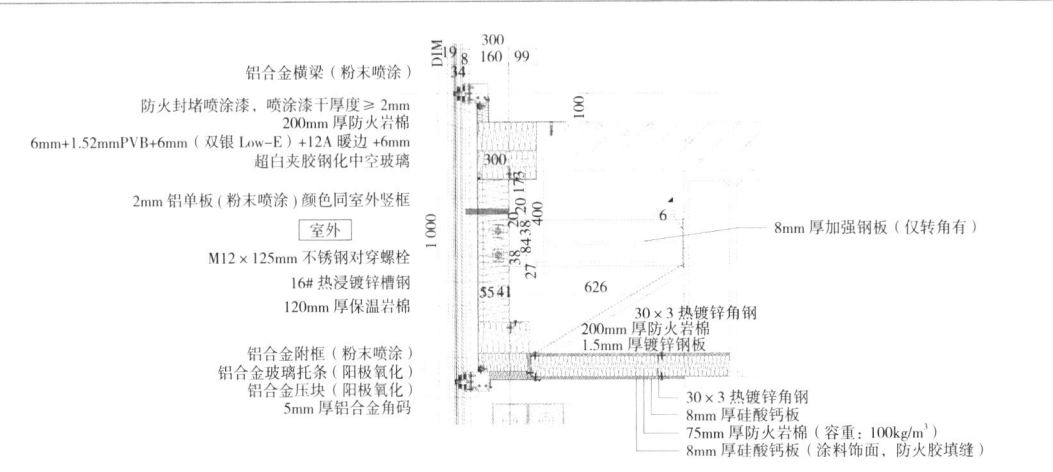

图 11　系统竖剖节点图

2.4　首层大堂框架式大跨度竖明横隐玻璃幕墙系统

本项目首层大堂跨度 9m，面板采用 TP8mm+1.52mmPVB+TP8mm（双银 Low-E）+12A 暖边 +TP8mm+1.52mmPVB+ TP8mm 全超白夹胶钢化中空玻璃，立柱采用 200mm×80mm×12mm×8mm 钢方管（热浸镀锌）外包铝合金型材（粉末喷涂），横梁采用 100mm×80mm×5mm 钢方管（热浸镀锌）外包铝合金型材（粉末喷涂），横梁与立柱一端焊接一端插芯连接（图 12、图 13）。受力形式为上端吊挂式。

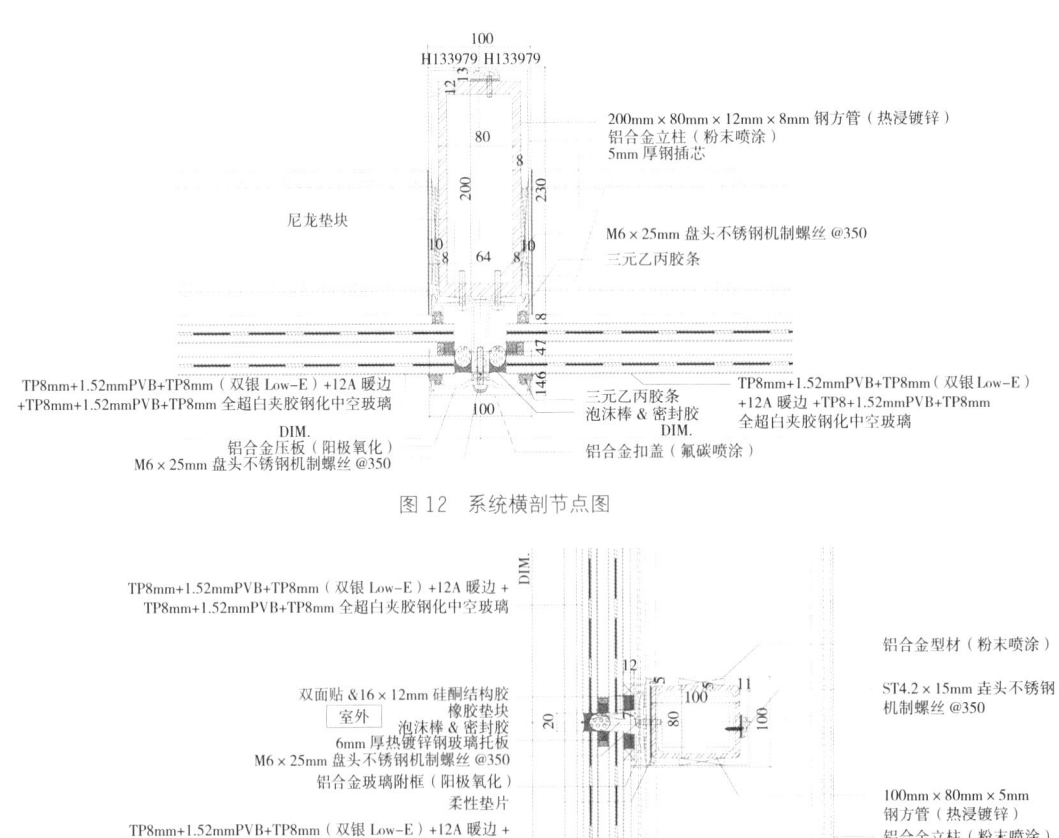

图 12　系统横剖节点图

图 13　系统竖剖节点图

3 工业化技术在项目中的应用

单元式幕墙工业化技术在工程项目中的优势，包括工业化生产优势、施工效率提升、质量控制和安全性提高等方面。

3.1 工业化生产优势

单元式幕墙的工业化生产过程大大提高了生产效率和产品质量。传统的幕墙制作通常需要在现场进行加工和安装，而单元式幕墙可以在工厂预制完成，减少了现场加工的时间和人力成本。此外，工厂化生产还可以更好地控制材料的质量，确保幕墙系统的稳定性和耐久性。

3.2 施工效率提升

采用单元式幕墙可以大幅提升施工效率。预制的幕墙单元在现场安装时只需简单组装，大大缩短了施工周期。与传统的现场加工相比，单元式幕墙的安装速度更快，可以更好地适应工程项目的时间要求。

3.3 质量控制和安全性提高

单元式幕墙工业化生产过程中严格的质量控制标准确保了产品的质量稳定性。同时，由于幕墙单元在工厂制作完成后进行安装，减少了现场施工的风险，提高了施工安全性。

3.4 可持续性考量

单元式幕墙的工业化生产过程可以更好地控制材料的使用和浪费，减少了资源的浪费。此外，幕墙单元的预制和模块化设计也使得幕墙系统更易于拆卸和重复利用，符合可持续发展的理念。

单元式幕墙工业化技术在建筑项目中的应用已经取得了显著的成就，并对建筑行业的发展产生了深远的影响。通过工业化生产、施工效率提升、质量控制和安全性提高等方面的优势，单元式幕墙为建筑行业带来了新的发展机遇和挑战。随着技术的不断创新和行业标准的完善，单元式幕墙工业化技术将继续发挥其在建筑项目中的重要作用，为人们创造更加美好、安全和可持续的建筑环境。随着技术的不断创新和行业标准的完善，单元式幕墙工业化技术将继续发挥其在建筑项目中的重要作用，为建筑行业的发展提供新的动力和机遇。

嘉定临港科技城项目幕墙

1 工程概况

本项目位于嘉定区江桥镇，东至金园一路；西至东沙江；南至洮阳路。

临港嘉定科技城（图1）是首批纳入上海"3+5+X"重点转型的园区之一，是嘉定区和临港集团合力打造北虹桥创新经济新引擎——"北虹之云"示范项目。临港嘉定科技城是首批纳入上海"3+5+X"重点转型的园区之一，是嘉定区和临港集团合力打造北虹桥创新经济新引擎——"北虹之云"示范项目。

项目共有A、B、C三个地块（图2），包括商务办公、科技研发、花园总部等不同功能，形成"一带一心两门户三组团"的空间规划结构。

图1 嘉定临港科技城鸟瞰图

图 2　嘉定临港科技城遥感图

2　项目幕墙系统形式

临港科技城外幕墙项目规模庞大，结构复杂多样，涵盖了不同高度、不同形式的建筑结构。位于嘉定区的地理位置优越，同时也面临着较高的基本风压、雪压和抗震要求，这对于幕墙设计和施工提出了挑战。

为了满足建筑的功能和美观需求，项目采用了多种幕墙类型和材料。其中包括玻璃幕墙、铝板系统、陶板系统等，这些材料和系统涵盖了现代建筑幕墙的各种特点和技术要求。玻璃幕墙为建筑增添了透明、明亮的外观，穿孔铝板系统则赋予了建筑独特的质感和造型，而金属屋面则提供了坚固耐用的保护。

幕墙项目在设计和施工过程中充分考虑了建筑的实用性、美观性和安全性，采用了多种先进的幕墙技术和材料，为园区的建设增添了独特的魅力。

2.1　EWS-01（锯齿折线状）构件式玻璃幕墙系统

可视区：6mmHS+1.14mmPVB+6mmHS（双银Low-E）+12Ar+8mmTP 单夹胶中空玻璃；层间：6mmHS+1.14mmPVB+6mmHS（双银Low-E）+12A+6mmTP 单夹胶中空玻璃，竖向通过连续明框压板固定在立柱上，横向采用结构胶黏结在铝合金副框上，通过间断设置压板固定在横梁上；玻璃自重通过铝合金玻璃托条传至横梁。6063-T6（穿条隔热立柱）/6063-T5（横梁）铝合金型材；立柱为拉弯构件，简支及双跨梁（图3、图4）。

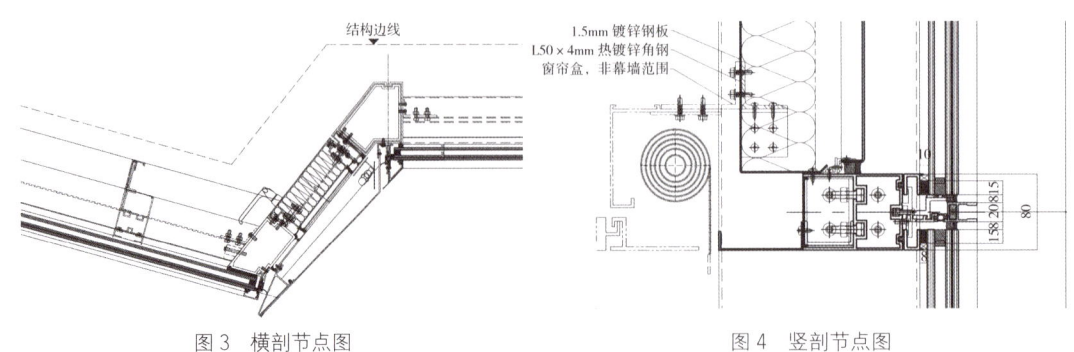

图 3　横剖节点图　　　　　　图 4　竖剖节点图

2.2 EWS-03 铝框架构件式竖明横隐（无装饰条）玻璃百叶幕墙系统

玻璃百叶：6mmHS+1.14mmPVB+6mmHS 单夹胶玻璃（玻璃编号 G6）；

层间：6mmHS+1.14mmPVB+6mmHS（双银 Low-E）+12A+6mmTP 单夹胶中空玻璃（玻璃编号 G2a）；竖向通过连续明框压板固定在立柱上，横向采用结构胶黏结在铝合金副框上，通过间断设置压板固定在横梁上；玻璃自重通过铝合金玻璃托条传至横梁（图5、图6）。

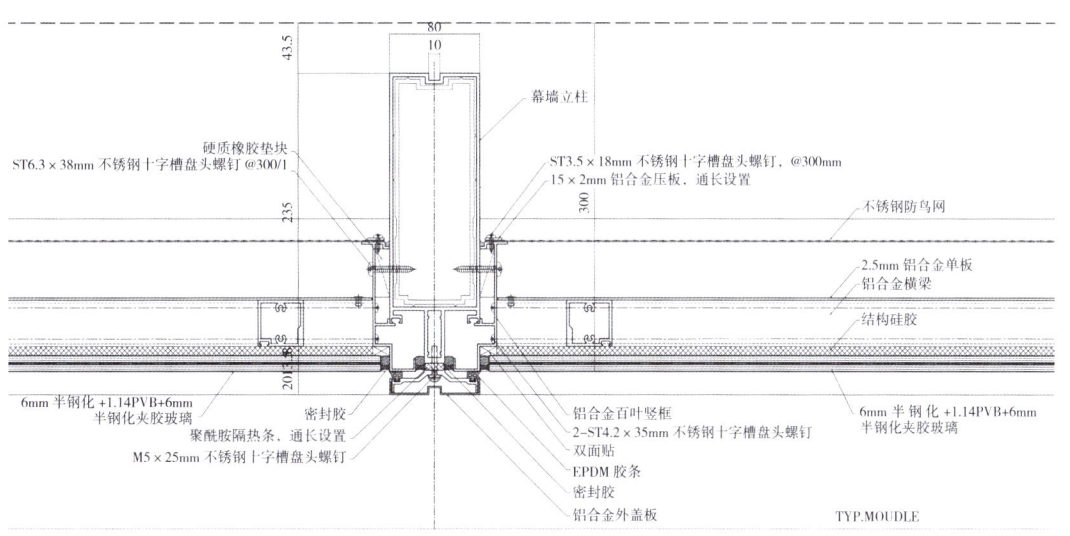

图 5　横剖节点图

2.3 EWS-05 铝合金构件式竖明横隐（无装饰条）玻璃幕墙系统

可视区：6mmHS+1.14mmPVB+6mmHS（双银 Low-E）+12Ar+8mmTP 单夹胶全超白中空玻璃。

层间：6mmHS+1.14mmPVB+6mmHS（双银 Low-E）+12Ar+6mmTP 单夹胶全超白中空玻璃；竖向通过连续明框压板固定在立柱上，横向采用结构胶黏结在铝合金副框上，通过插接固定在横梁上；玻璃自重通过铝合金玻璃托条传至横梁。横梁立柱采用 Q235B 钢型材；立柱为拉弯构件，简支梁，截面 180mm×80mm×8mm、160mm×80mm×6mm，A1A2（1F）跨度 5.55m、单支点，A1A2（2F）跨度 4.65m、单支点，B1B2B5（1F）跨度 6.5m、单支点，B1B2（2F）跨度 5.5m、单支点；横梁为双向受弯构件，简支梁，截面 80mm×60mm×4mm，A1A2 跨度 1.5m，其他楼跨度 1.4m（图7）。

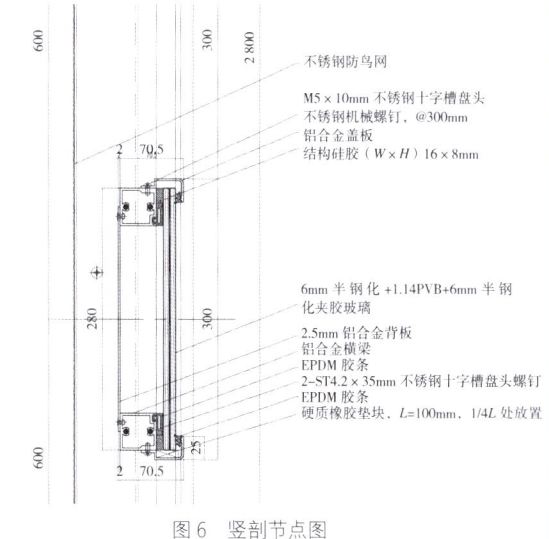

图 6　竖剖节点图

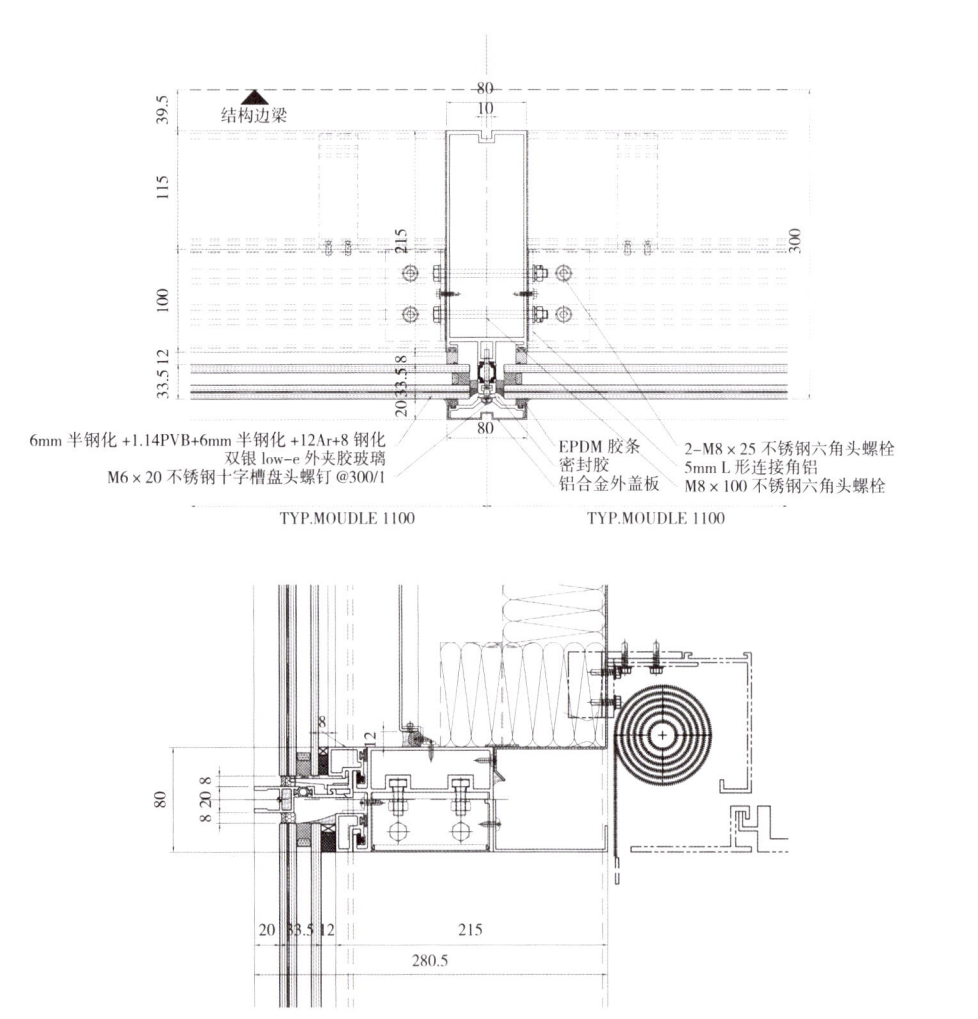

图 7 墙型 EWS-05 构件式玻璃幕墙系统图

2.4 EWS-08 钢框架构件式全明框（带装饰条）玻璃幕墙系统

可视区：6mmHS+1.14mmPVB+6mmHS（双银 Low-E）+12Ar+8mmTP 单夹胶中空玻璃（玻璃编号 G1）；竖框底部为板式预埋件平埋于主体混凝土梁板结构，顶部主体边钢梁预留连接板。6063-T6（立柱）铝合金型材及 Q235B（横梁）钢型材；立柱为拉弯构件，简支梁，截面 170mm×80mm×3mm、198mm×80mm×3mm（内衬 140×70×6 钢型材）、B1B2 跨度 3.0m、单支点，B3B4 跨度 5.7m、单支点；横梁为双向受弯构件，简支梁，截面 L160mm×90mm×10mm、跨度 1.4m（图 8）。

3 项目技术重难点

3.1 收边收口施工细节处理

本项目施工面大，交接口多，分布复杂，因此收边收口是本幕墙施工的重点，收边收的好坏直接影响幕墙施工的质量，幕墙施工有 30%~40% 的工作量在收边、收口。例如，各幕墙与其他饰面在屋顶交接处或收边收口处容易产生漏水，施工难度较大，应重点把关。沉降缝处设计与施工的质量直接影响到外观的效果及渗漏水，因此沉降缝在施工过程中是重点控制对象。

除此之外，幕墙需确定和解决的难点还应考虑：如何实现有造型幕墙的防水功能及方便安装。

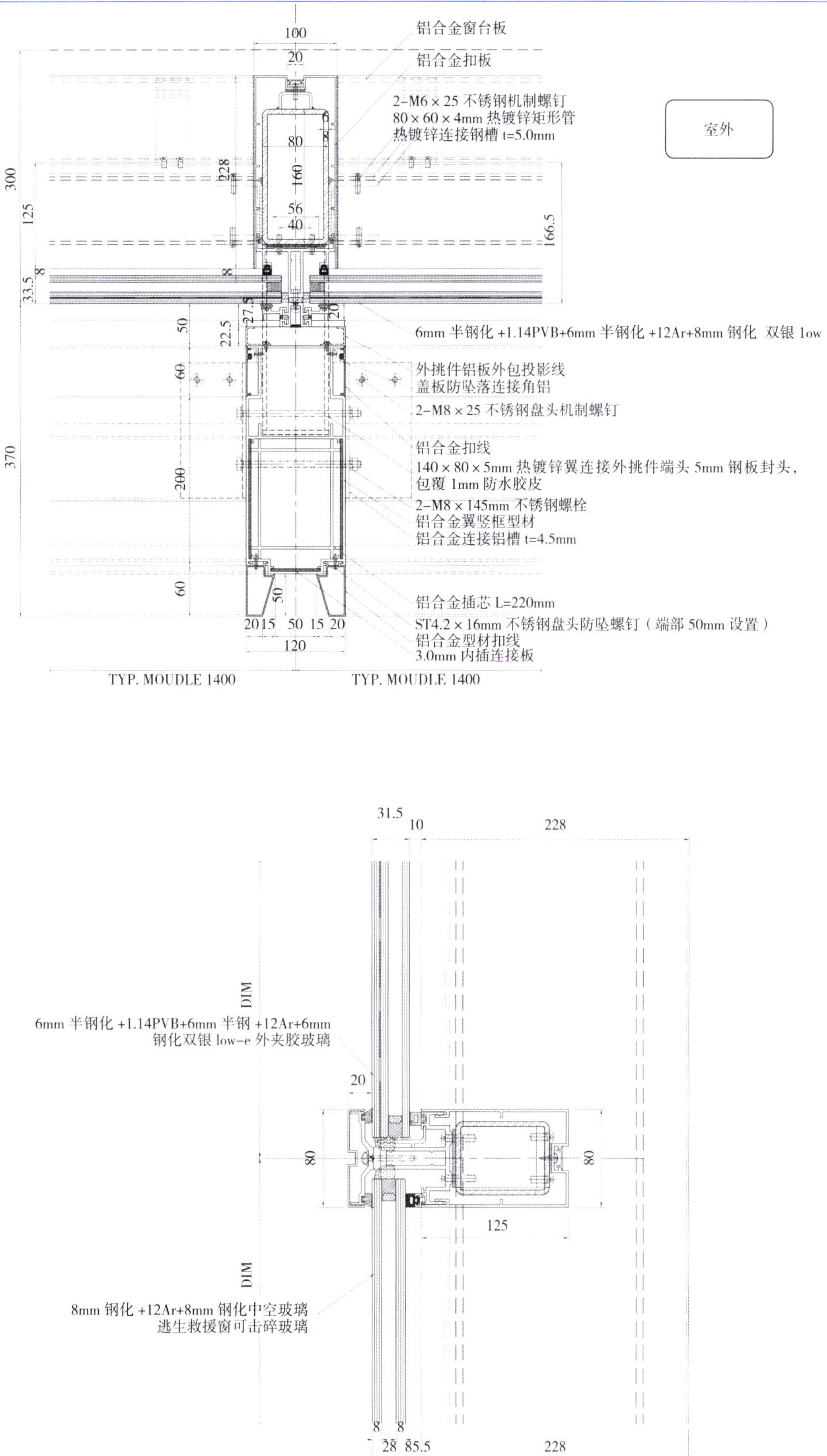

图 8 EWS-08 钢框架构件式全明框（带装饰条）玻璃幕墙系统

由于在运输堆放和吊装时容易造成玻璃或其他成品的损坏，如何保证安全地把幕墙组件安装到位，这也是本工程考虑的重点。

解决措施：为确保本工程质量，在施工中根据上述特点及具体情况，施工时做到"抓重点，攻难点"，并采用可视化施工模拟制定相应的施工方案（图9、图10），保证本工程质量让业主满意，创优质精品工程。

图9　施工措施可视化模拟　　　　　　　　　　图10　施工措施可视化模拟

3.2　半隐框玻璃幕墙安装

本项目大面存在大量半隐框玻璃幕墙，玻璃幕墙的安装质量是本项目的重点。玻璃幕墙采用构件式幕墙，龙骨采用优质高级铝合金型材。玻璃采用钢化中空玻璃。玻璃幕墙立柱的安装在全部幕墙安装过程中由于其施工精度要求高而占有极其重要的地位。立柱的安装快慢决定着整个工程的进度，所以施工无论从技术上还是管理上都要分外重视。

解决措施：安装前先在加工中心将每根立柱上部支点处钻横向长圆孔，下部支点处钻竖向长圆孔。立柱在吊装之前，先在每根立柱上端的支点处将两块角钢连接件及立柱用2个连接螺栓连接。玻璃面板安装时由下向上一排接一排安装，每安装完一排都要调整板块平整度和分格尺寸，调整好后再向上安装，需注意每两块玻璃的胶缝处的光滑和平整，保证外观效果。

临港科技城外幕墙项目充分展示了现代建筑幕墙技术的应用和发展趋势。通过结合先进的材料和技术，设计出了符合建筑需求和环境要求的幕墙系统，为临港科技城的建设增添了独特的魅力。

这个项目展现了对幕墙技术的深入理解和灵活运用，充分彰显了设计团队的专业水平和创新能力。通过采用多种幕墙类型和材料，项目不仅满足了建筑的实用性和美观性需求，还在保证结构安全的前提下，实现了良好的节能和环保效果。

异形复杂幕墙数智建造技术

Digital and Intelligent Construction Technology for Complex and Irregular Curtain Walls

第 4 章

Chapter 4

4.1 曲面幕墙数智建造技术

4.1.1 曲面玻璃幕墙

曲面玻璃幕墙主要应用于那些具有复杂曲面造型的现代建筑，如苏州中心裙房（图 4-1）。数智建造技术通过整合 BIM 技术、三维激光扫描测量技术、数字化加工技术、弧形幕墙测量放线技术以及可调节性双曲面幕墙施工技术等多种先进技术，可以实现异形幕墙的数字化、智慧化快速建造。

图 4-1　曲面玻璃幕墙

4.1.1.1 BIM 技术分析

BIM 建模流程：

（1）BIM 幕墙建模依据：以业主提供的异形钢结构线框犀牛模型为依据（该项目屋面只有钢结构定位线框模型，而没有幕墙定位模型，幕墙模型需以钢结构模型往外偏移 120mm）。

（2）创建双向曲线：由于钢结构线框为折线，为了得到光滑的横纵双向风格线，将结构模型的节点沿横纵方向连接，得到两个方向的若干条曲线。

（3）将双向曲线拟合成光滑曲面：基于步骤二的双向曲线，分段拟合出结构中心线的光滑曲面，并以此曲面作为结构的理论控制面。

（4）创建外部参照文件：将结构中心线及其拟合出的控制面作为外部参照，基于参照文件创建后续的幕墙模型。

参照文件的作用：后期轮廓计算变形较大或者安装偏差较大时，可以将计算变形后的模型或实测的模型替换当前参照模型。基于参照模型的相关文件可以自动更新，如

图 4-2 所示。

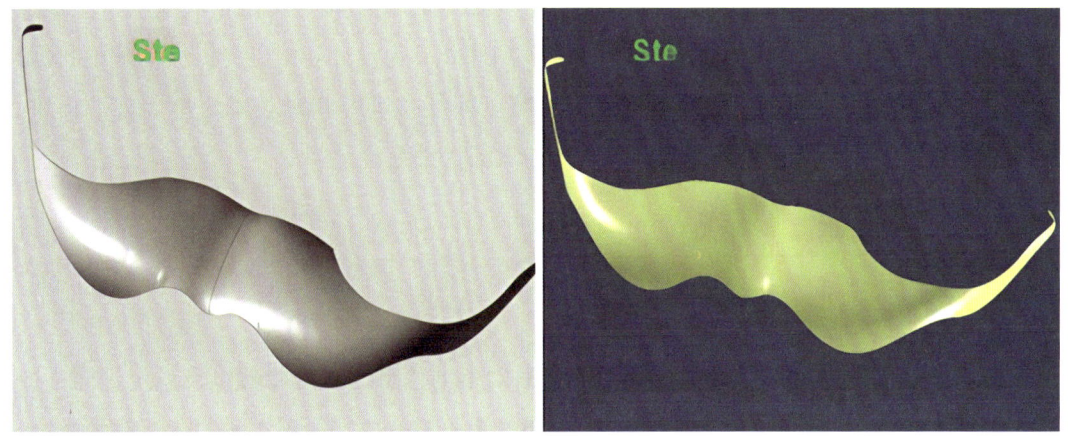

图 4-2　三维模型分析图

（5）基于参照文件创建幕墙：以结构中心线及其拟合出的结构面作为基础，创建幕墙板块定位模型，基于幕墙定位线框模型就可以创建板块实体模型。

4.1.1.2　板块数据分析

主要是针对不规则曲面板块和理论面阶差、纵向半径、超规格板块等几方面进行分析，如图 4-3 所示。

（1）板块阶差：研究以平板拟合屋面造型时，板块阶差范围及其分布并进行分类统计整理。

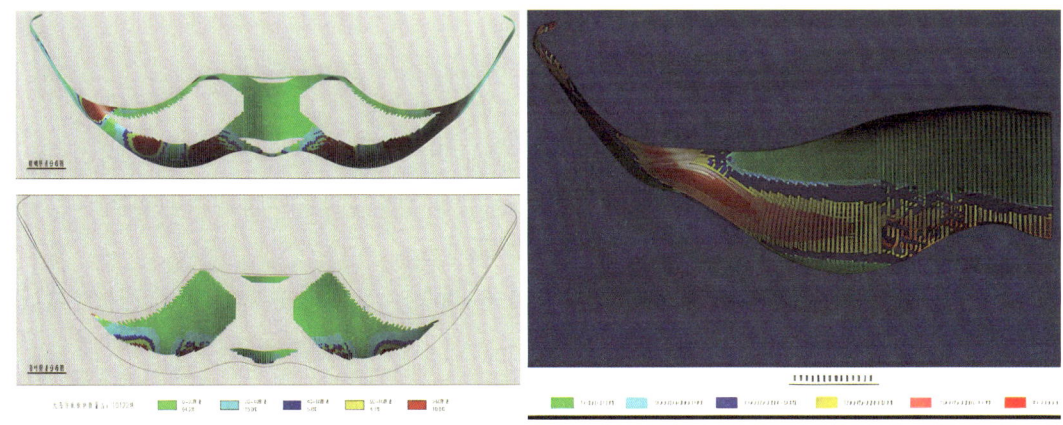

图 4-3　板块阶差模型分析

（2）板块纵向半径分布：若采用曲面玻璃及纵向使用弯弧框时（横向半径大，忽略），研究弯弧框半径分布并对数据整理、分析、汇总等。

（3）根据统计数据结合钢结构受力变形计算分析结果；进行第一次模型修正；在保

证建筑外形的基础上,使更多比例弧线玻璃板块实现平板化设计。

(4)根据现场对施工完成并已处于静态稳定状态的钢结构进行测量放线所得关键控制点数据链,对二次模型进行最终 BIM 建筑模型修正,为设计和施工提供最终理论数据。

(5)依据最终实测定位线框及幕墙构造节点图纸,运用 BIM 技术对幕墙玻璃板块、铝合金骨架及相关转接件零件进行深化设计加工图、细目设计。

4.1.1.3 ANSYS 有限元分析

1)幕墙胶缝的适应性

屋面幕墙的钢结构体量较大,受主体钢结构角度位移、弧度位移以及温度等因素的共同影响,幕墙系统的密封胶胶缝会产生拉伸或者压缩变位,如图 4-4、图 4-5 所示。

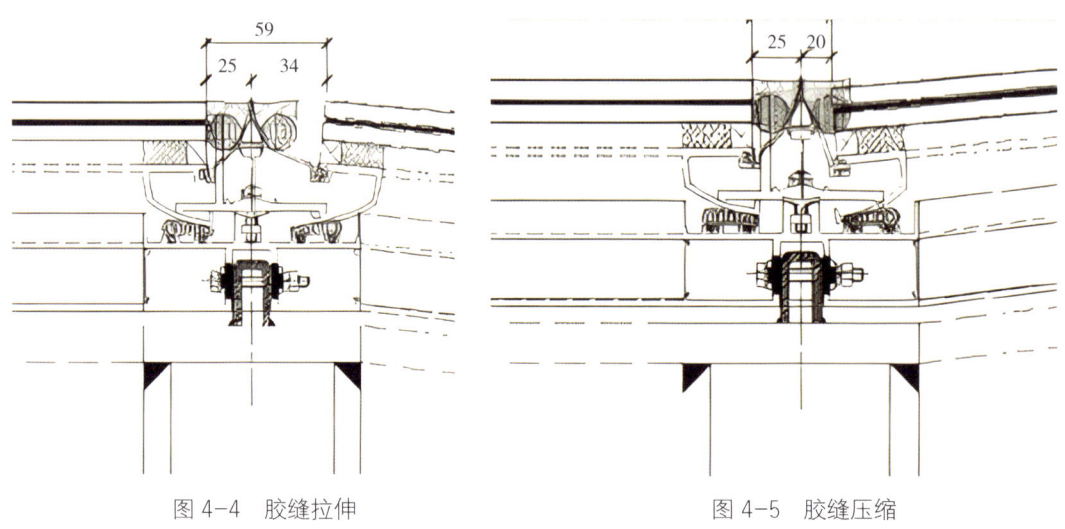

图 4-4 胶缝拉伸　　　　　图 4-5 胶缝压缩

2)玻璃冷弯变形对幕墙玻璃板块阶差的适应性

选取相邻两边作简支约束,剩余两边自由,在剩余两边的交点施加沿面材法向的集中荷载,面材的自重以均布荷载的形式施加于模型之上。

据规范《玻璃幕墙工程技术规范》(JGJ102—2003),半钢化玻璃的强度设计值对板块三点固定的前提下给板块第四点施加力。分析如图 4-6、图 4-7 所示。

以下是现场冷弯玻璃测试样板照片和工厂试验照片,如图 4-8 所示。

4.1.1.4 弯钢玻璃幕墙体系选择

实现不规则曲面幕墙一般有几种方法,第一种用热弯曲面玻璃实现;第二种用平板玻璃拟合;第三种用平板玻璃冷弯实现不规则曲面效果。以下对每种体系简单分析:

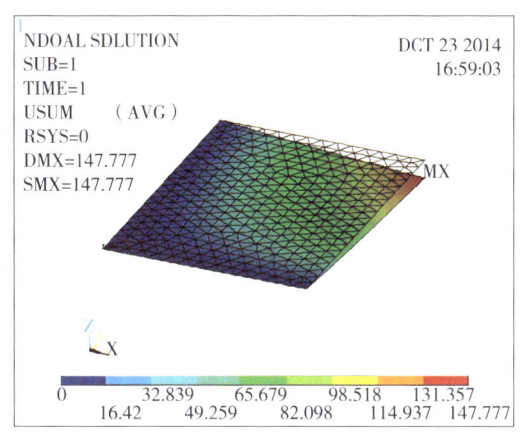 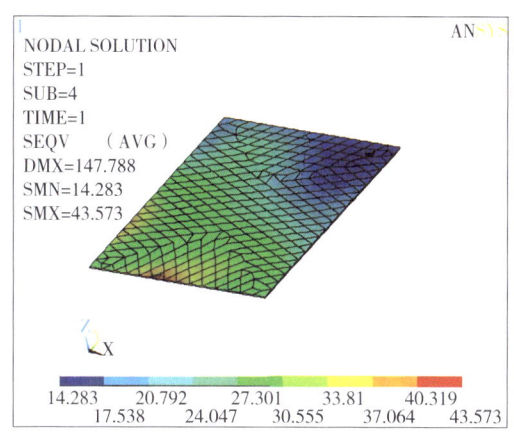

图 4-6　玻璃板块位移变形图　　　　图 4-7　玻璃板块应力云图

图 4-8　冷弯玻璃实景图

注：目前国内尚无大型冷弯玻璃幕墙项目，考虑到冷弯对玻璃自爆的概率影响，建议采用超白玻璃，玻璃最大压弯量也要参考相关资料及工程的经验数据进行设计，本工程玻璃最终压弯量经过专家评审按保守确定为 60mm。

1）热弯曲面玻璃

该种玻璃幕墙结构体系需要玻璃热弯，玻璃附框和铝合金型材也需要弯弧处理，如图 4-9 所示。

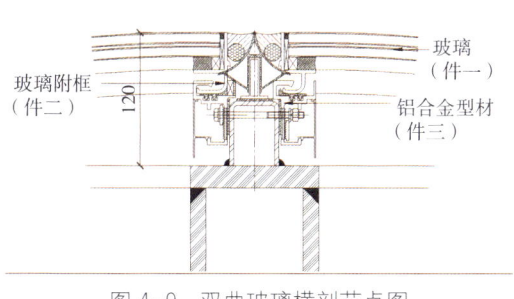

图 4-9　双曲玻璃横剖节点图

BIM 半径汇总表

种类	半径 R（m）	百分比（%）	数量
1	25	4.3	435
2	27.5	7.6	769
3	35	9.2	931
4	45	14.6	1 478
5	50	64.3	6 508

2）平板玻璃拟合

平板玻璃做法一般有两种，第一种是采用三角形法，这样会改变原有建筑效果，这种做法已经比较普遍应用在一些工程当中，这里不再赘述，第二种是采用接茬做法，通过构造设计上的一些措施以拟合实现原建筑幕墙的外饰效果，拟合后的建筑体型有接茬效果。可以采用三点定位法来拟合建筑的体型，如图4-10所示。

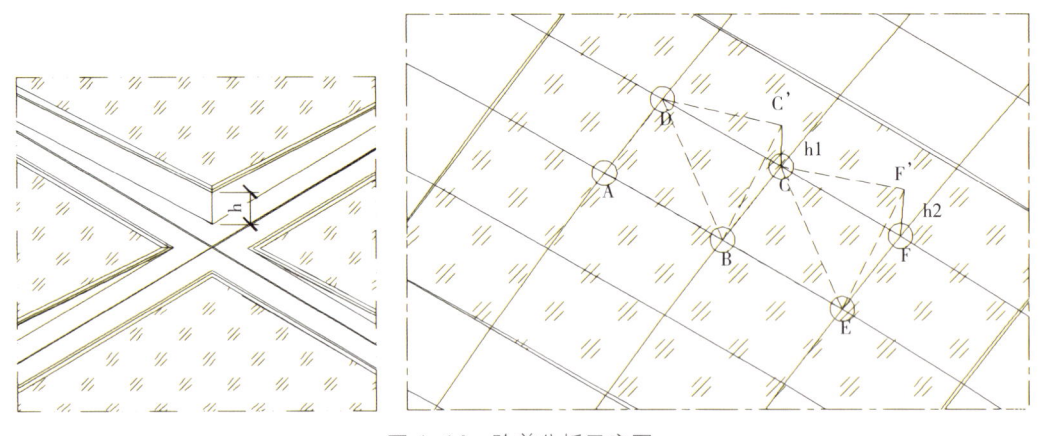

图4-10 阶差分析示意图

该体系特点是采用平板玻璃，所有的框都是直切，不需要弯弧，效果上有阶差，现场安装工作和普通框架幕墙基本一致。如图4-11、图4-12所示。

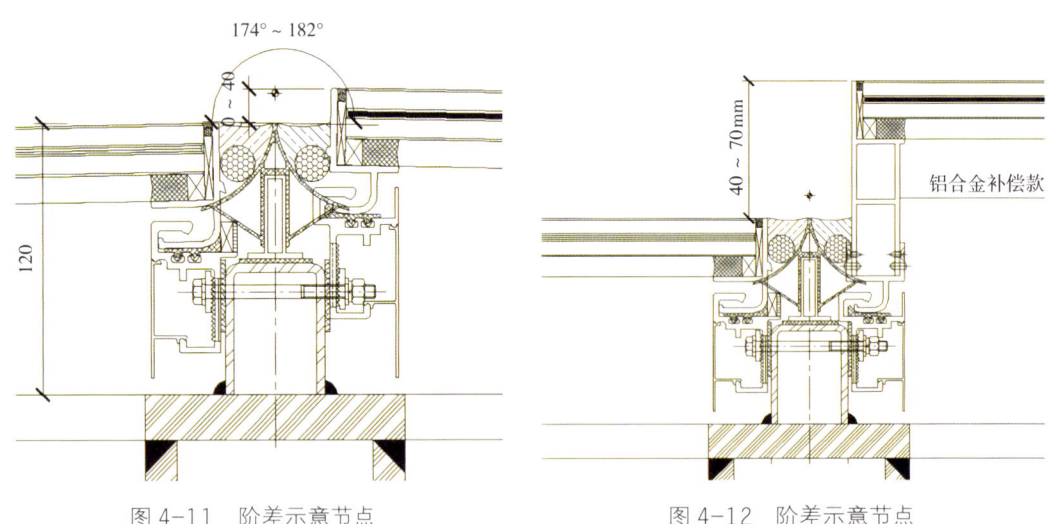

图4-11 阶差示意节点　　　　　　图4-12 阶差示意节点

3）平板玻璃冷弯实现建筑不规则曲面效果

平板玻璃冷弯幕墙构造体系玻璃是采用普通平板玻璃，玻璃不需要热弯处理，玻璃附框不需要弯弧处理，铝合金型材采用空间直框，如图4-13所示，在曲率大的两侧边框铝材采用弧形铝合金型材以实现玻璃的冷弯效果，如图4-14所示。

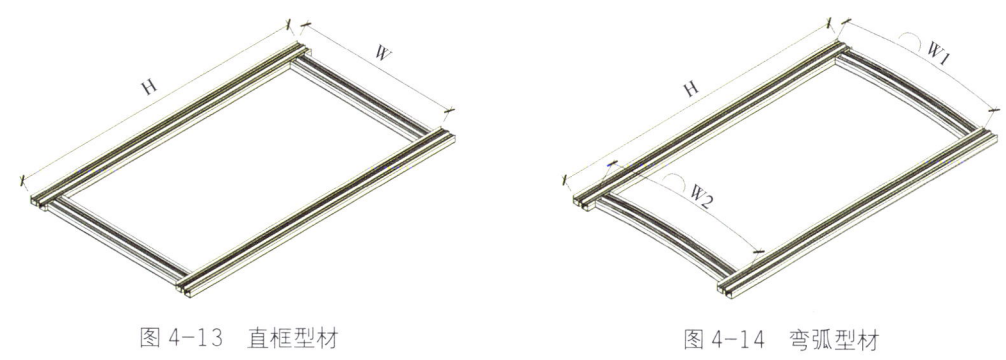

图 4-13 直框型材　　　　　图 4-14 弯弧型材

幕墙的构造设计如图 4-15 所示，构造编号如图 4-16 所示

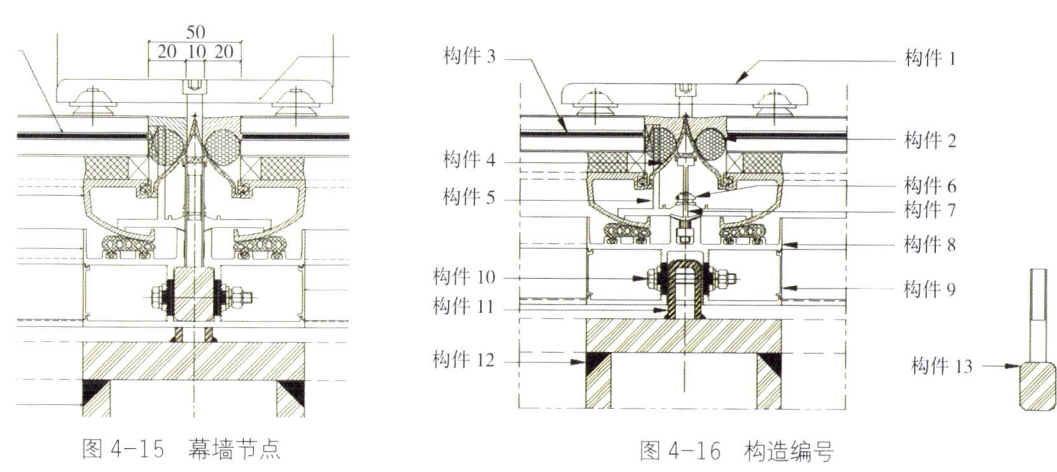

图 4-15 幕墙节点　　　　　图 4-16 构造编号

随着我国经济的快速增长，环境污染问题也在逐渐加剧，国家在加快产业结构调整的同时也考虑能源的节约利用及减少污染的排放。采用平板玻璃运用冷弯技术完美实现双曲玻璃采光顶的顺滑效果，可以节约国家资源，对于幕墙设计师而言，在设计过程中不但要考虑材料的使用、能源的利用，而且要考虑建筑幕墙的 LEED 认证要求及国家绿色建筑星级认证的要求，在保证理论上的节能减排的同时也要在实践中取得实际效果，为国家的"国内生产总值能耗降低 20% 左右、主要污染物排放总量减少 10%"目标做出应有的贡献。

4.1.2　曲面金属幕墙

曲面金属幕墙是一种广泛应用于大型建筑物的墙面装饰，它具有易于加工成各种曲面造型的特点。

曲面金属幕墙的实现离不开数字化 BIM 数智建造，一般步骤是模型分析、碰撞检测、表皮优化、构造设计、BIM 测量、信息提取及逆向建模、参数化下单、数字化加工。

1)模型分析

阶差分布及数据统计(板块数量:1 500块)最大阶差为72mm(图4-17)。

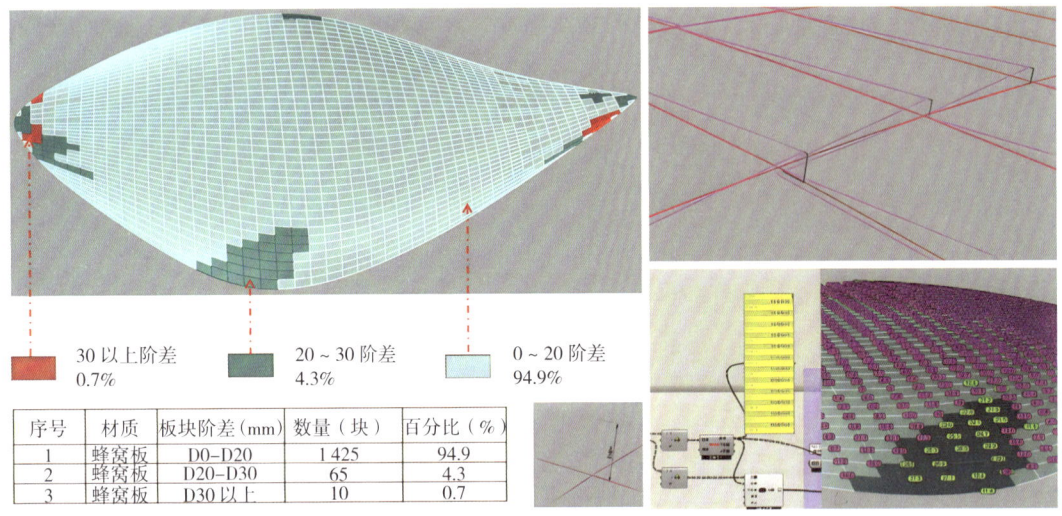

图4-17 模型分析图

2)碰撞检测

检测表皮和主体结构之间距离是否满足构造尺寸要求,主体结构是否与幕墙表皮冲突。

3)表皮优化

通过模型对表皮分格进行优化,调整金属板平板、单曲及双曲占比,使平板和单曲板占比尽量地多以降低生产成本。

4)构造设计

根据BIM空间分析,得出不同分格位置构造做法节点(图4-18)。

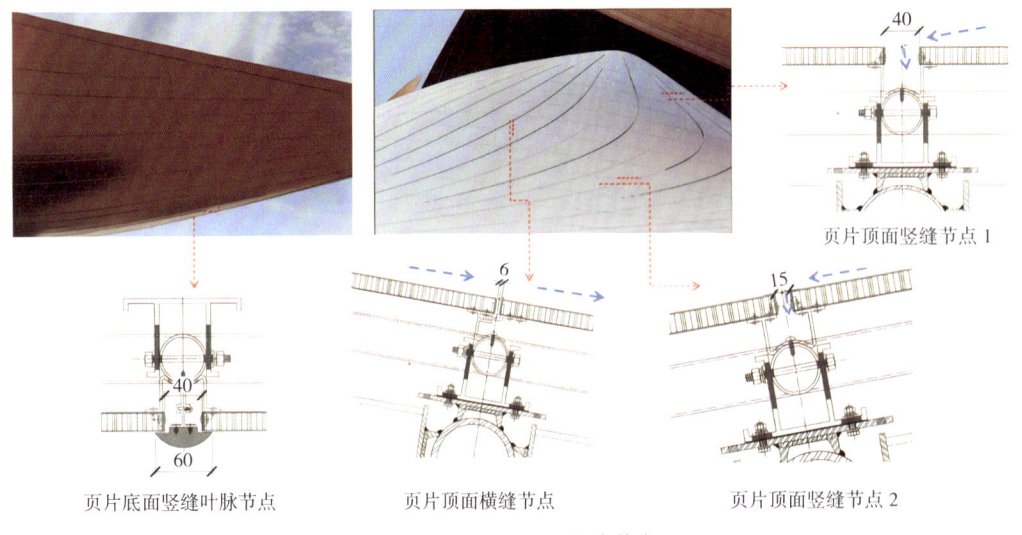

图4-18 不同位置构造节点

5）BIM 测量

三维扫描仪分批次扫描屋面钢结构，获取钢结构测量数据；将数据录入专用软件，形成屋面钢结构数据点云模型；点云模型与 BIM 模型比对，分析误差，调整幕墙测量放线；根据模型及修正后的放线图进行现场控制点位及细部放线（图 4-19）。

图 4-19 钢结构上铺设钢平板做一个全站仪搭设平台

6）信息提取及逆向建模

针对大跨度悬挑钢结构卸载后变形较大的问题，使用数字化测量方法，对卸载后钢结构的位置进行信息提取及校核，保证幕墙定位放线及下料的准确性。

7）参数化下单

双曲屋面金属板较多，规格尺寸各不相同，材料下单难度大，通过自主研发的可视化编程，实现面板批量缩缝，得到面板加工净尺寸，再通过标准化算法，实现空间面板批量下单（图 4-20）。

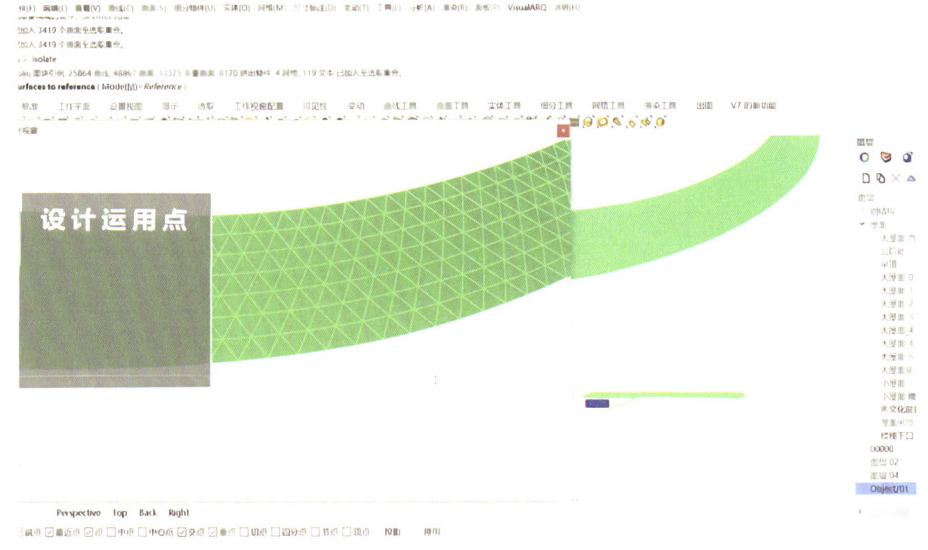

图 4-20 空间面板批量摊平下单

8）曲面金属面板数字化加工多点压力成形

所谓多点成形，即将传统的整体冲压模具离散为规则排列的若干基本体矩阵，形成了多点式、数字化控制的模具。每个基本体均由计算机自动控制，可以根据需要调整基本体的高度，从而构造出不同成形面的模具。

根据所需生产的零件的曲面形状，可以预先将设计的零件曲面参数（一般直接输入模型）输入计算机控制系统，由计算机自动控制，调整冲压模的各基本体的高度，达到成形零件的理想模具的形面。然后，只要启动压力机，瞬间就可以冲压出精确曲面的产品零件（图 4-21）。

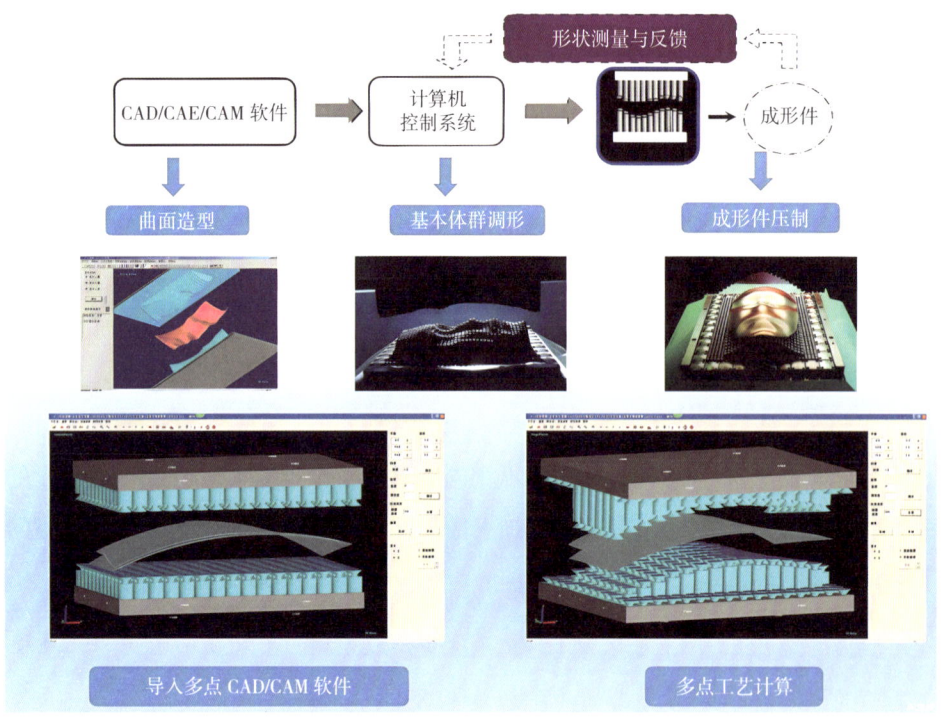

图 4-21 曲面金属板多点压力成形

4.1.3 曲面陶板幕墙

曲面陶板幕墙数智建造技术是指利用现代信息技术，特别是数字化、智能化技术，对曲面陶板幕墙的设计、制造、安装和维护等全过程进行优化和管理的技术。这种技术的应用可以显著提高幕墙建造的效率、质量和安全性，同时降低成本和施工难度。

如何将陶瓦叠片拼接出顺滑的曲面，并能拟合好细节拼缝、吸收主体沉降、温度变形，如何使得屋面系统、双曲铝板檐口、无机水泥板吊顶、弯弧玻璃幕墙等系统完美融合是曲面陶板幕墙的设计重难点之一。通过数字化平台复杂异形陶板陶瓦屋面的成套智能建筑技术，可以完美解决上述面临的难题。

1）基于 BIM 模型技术的前期设计

在实现建筑对顺滑曲线要求的前提下，采用数字化 BIM 分析出各部件之间拟合关系，精确控制面板之间的空隙与分缝，利用模型碰撞检测工具对幕墙、结构、机电与景观等各专业在协作深化工作过程中进行多轮模型的碰撞检查工作，在项目施工前提前发现并处理可能发生的碰撞问题,利用 GH 编程对原始陶瓦表皮进行曲率分析,提取对瓦效果影响关键数据,根据安装允许缝隙区间局部调整方案表皮,实现陶瓦安装合理化的同时不影响其建筑效果(图 4-22)。

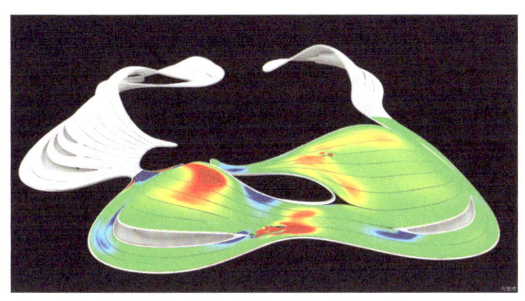
数字化模型中的表皮曲率分析

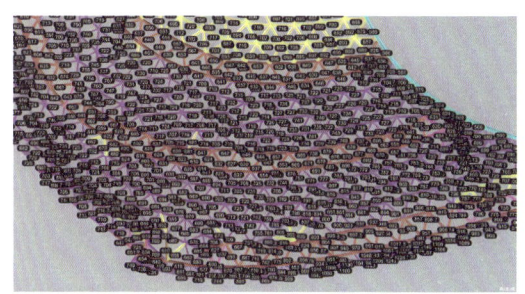
利用 GH 程序对结构到陶瓦空间数据标记

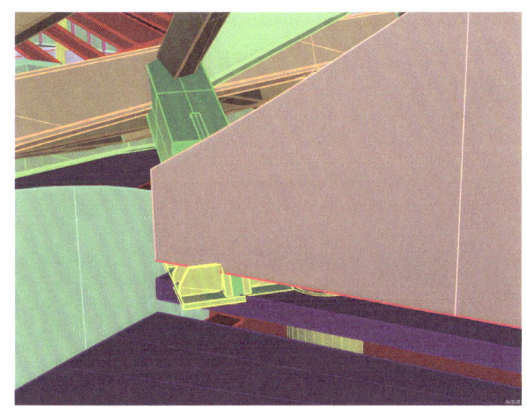
模型碰撞检测 1

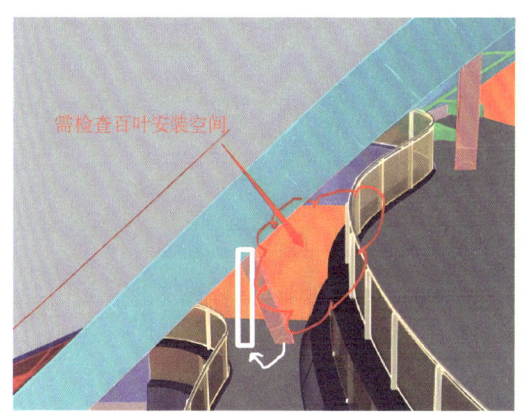
模型碰撞检测 2

图 4-22　模型碰撞检测过程

2)基于 BIM 模型技术的表皮优化

项目表皮为超大异形不规则曲面,而陶板瓦为通过模具挤压成型的脆性材料,通过最少的模具拟合成顺滑的曲面,是本项目的重难点。先对原始表皮进行数据分析,根据构造做法及实际数据结果调整表皮,实现表皮的合理化及效果最佳化(图 4-23)。

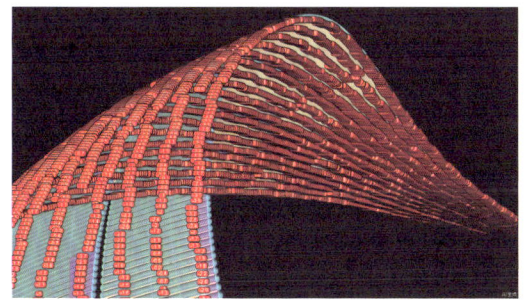
在数字化模型中提取的陶瓦缝隙直观数据

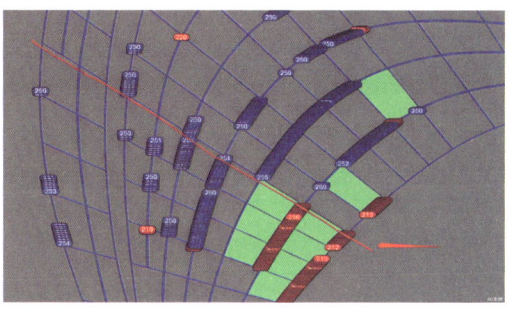
在模型中优化陶板排布

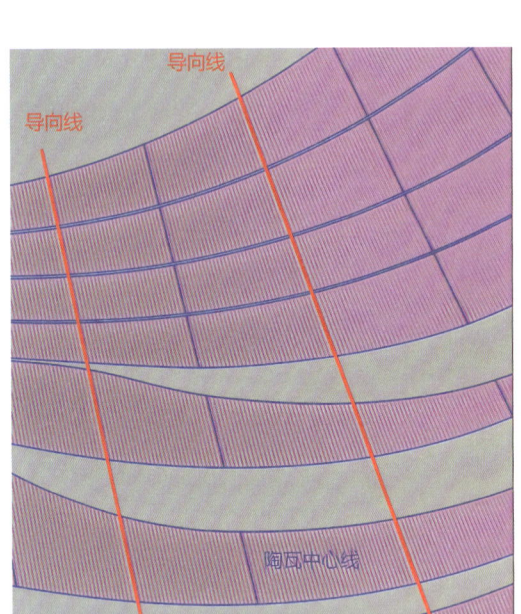
弧瓦线重排

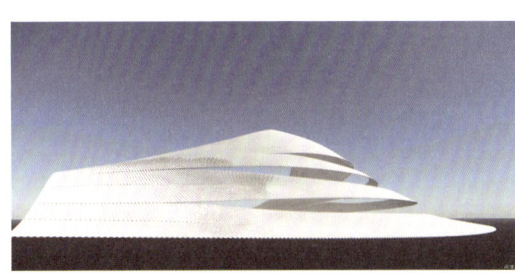
原始方案效果

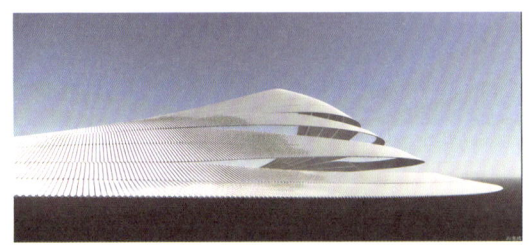
表皮优化后方案效果

图 4-23 项目表皮优化过程

3）基于 BIM 模型技术的碰撞检测

利用模型碰撞检测工具对幕墙和结构、机电、景观等各专业在协作深化工作过程中进行了多轮模型的碰撞检查工作，在项目实施前发现可能发生的碰撞问题，尽早优化设计，有效减少各专业施工阶段可能存在的错误和返工（图 4-24）。

图 4-24 各专业碰撞检测

4）基于 BIM 模型技术的智能测量

由于屋面主体结构为异形大跨度网壳结构，在施工前，需进行精确的测量和放线工作。根据实际施工情况建立屋面分区布置图，以钢结构原盘中心点复核主体结构确定构造控制界面,通过放样机器人的应用,将数据整体录入,直接提取数据打点放样,智能化识读、分析判断,整个放样过程中,不依赖于现场的轴网和标高线,自动打出激光点用以标识,较传统放样方法效率提升6倍(图4-25)。

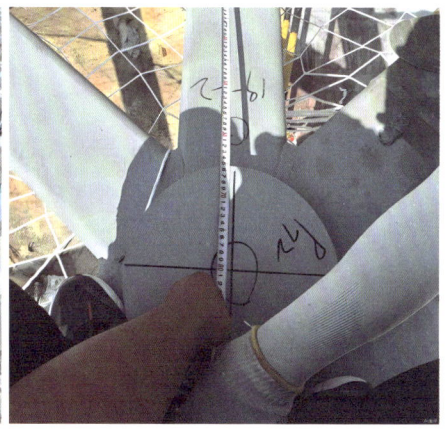

图4-25 智能测量

5)三维扫描数字仿真及正向纠偏技术

在屋面主体结构安装完成沉降结束后,利用三维扫描技术在短时间内获取主体钢构的精确三维数据,通过生成的三维数字模型,运用数字仿真技术对整体幕墙模型进行空间分析及碰撞检测等测试,及时修改碰撞位置,保证建筑效果的同时也有效地控制了工程造价,其次通过三维数据模型也为后期屋面的正向设计模型的建立及优化提供模型基础。利用正向设计生成支座定位图、檩条布置图,以及对幕墙节点进行优化调整,提前解决设计问题和施工中的潜在偏差,最终达到缩短施工周期、节省成本、提高建筑工程质量的目的。

6)基于BIM模型技术的技术管理——方案模拟

通过建立标准模型,验证复杂系统并确定系统工艺流程及注意点,尽早解决系统疑难点。

7)基于BIM模型技术的技术管理——信息交底

信息交底为理论模型图纸与现场实际情况结合的重要步骤,项目信息交底采用模型数字化交底,通过现场对结构使用全站仪打点测量,将点位导入模型中,分析理论与实际的误差,现场对标记点位编号,作为后续材料的定位依据,在模型中导入该点位编号,实现模型与现场信息联动,通过参数对支座编号,并提取支座和标记点的距离,制作表格供现场定位施工。材料安装后,为确保材料安装的准确性,现场使用全站仪检查安装定位,通过二次数据导入模型,确保误差在可控范围内,为下一级幕墙构造的设计及安装打好基础(图4-26)。

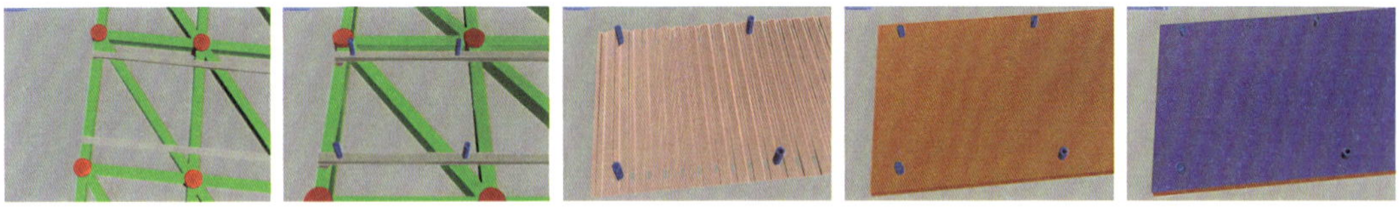

1—模拟檩条焊接到结构上　2—焊接支座至檩条上　3—避开支座铺设压型钢板　4—避开支座铺设压型钢板　5—铺设防水层

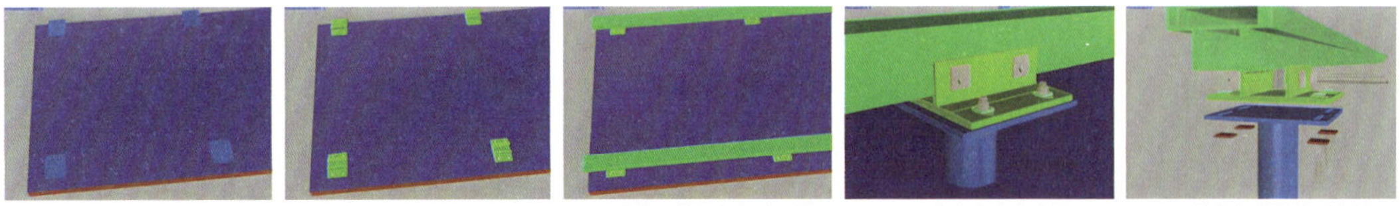

6—焊接底盘至底座上　7—安装连接支座至底座上　8.1—安装铝合金主龙骨型材　8.2—支座节点放大图　8.3—支座安装爆炸示意图

9.1—次龙骨安装　9.2—次龙骨安装节点　9.3—次龙骨安装节点爆炸图　10—模拟次龙骨可调角度　11—安装平瓦连接件

12.1—从端部安装平瓦　12.2—依序安装平瓦至另一端　13—安装弧瓦连接件　14—从端部安装弧瓦　15—依序安装弧瓦至另一端部

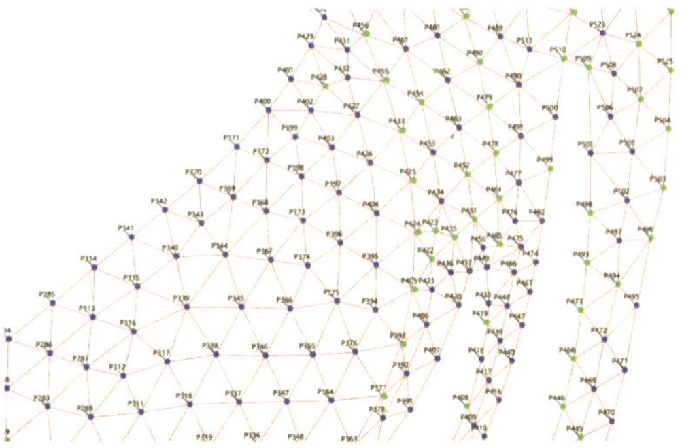

标记点编号导入参数化模型中 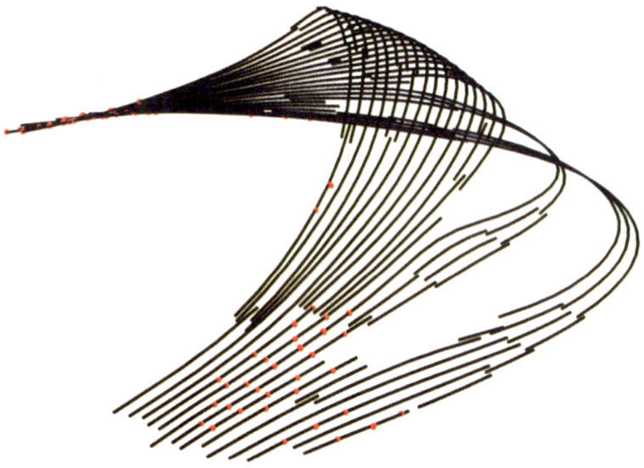　　　对已经安装材料复测，红色点位现场复测点位

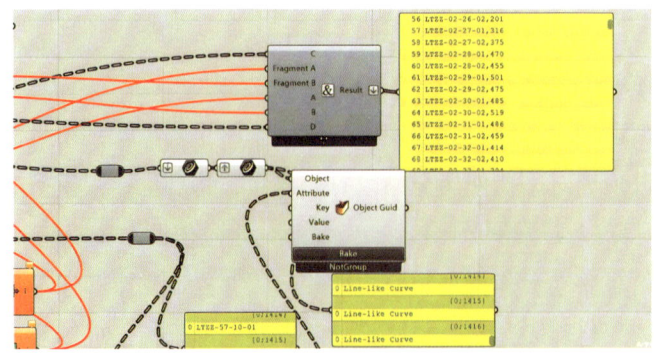

提取参数和制作表格使用的程序

图 4-26　信息交底

8）基于 BIM 模型技术的技术管理 – 模型审查

无论下单还是交底，均需通过模型的形式展现，因此审查也不局限于二维图纸，针对过程版的三维模型也会有审核（图 4-27）。

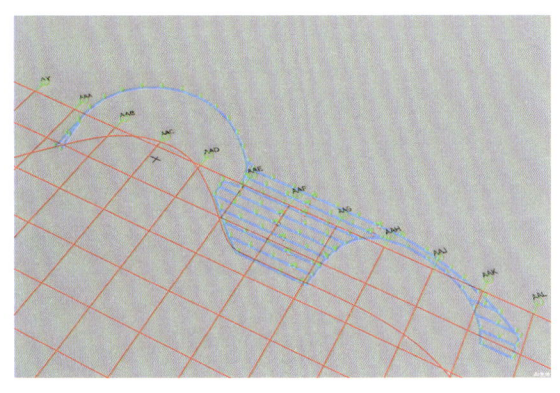
准备下单的模型文件

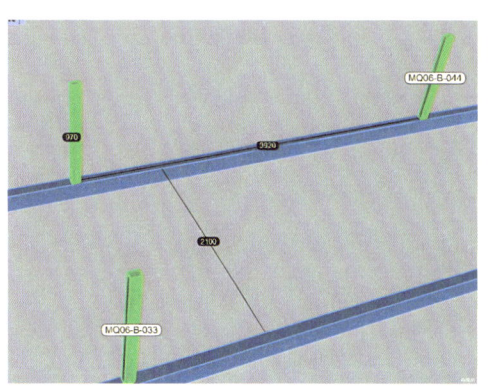
提取参数核查模型

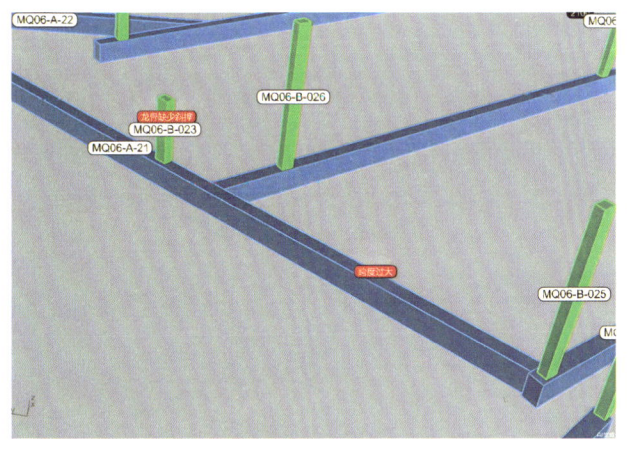
核查问题标记

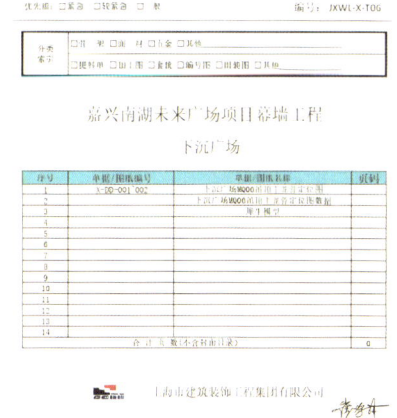
签发订单

图 4-27　模型审查

9）基于 BIM 模型技术的智慧管理

利用无人机拍摄、手机 App 信息管理平台及在线数字化管控平台，实现对现场整体进度的把控，现场获取信息后也可快速上传到信息平台上，实现信息快速共享，在线平台还可以实现对料单、材料、加工进度管控（图 4-28）。

图 4-28　无人机拍摄画面

10）基于 BIM 模型技术的智能制造技术

利用 BIM 技术可视化和可模拟的优点，对现场施工进行指导，确保现场施工人员可以理解施工方法。

以上各项技术手段通过数字化、参数化、工业化和信息化四化技术赋能，创建了高标准曲面陶板幕墙智能建造的关键技术体系。

4.2 异形人造面板幕墙数智建造技术

4.2.1 异形 UHPC 幕墙

采用应用最新的物联网技术及先进的自动化控制技术、数据采集技术、计算机技术、网络通信技术、数据库技术实现在线数据采集、三维模型配合施工顺序时间形成 4D 模型，借助建造可视化的技术，使管理决策更加信息化、自动化、科学化、标准化。

1）设计阶段数智建造技术运用

将 UHPC 幕墙设计成单元板块，采用先进施工技术保障施工安全和工期。用 BIM 技术正向建模，利用可视化编程实现幕墙模型的批量阵列位置、分格及标高等设计参数如有调整，及时更新设计表中对应数据，根据设计表重新升级模型，实现模型更新（图 4-29）。

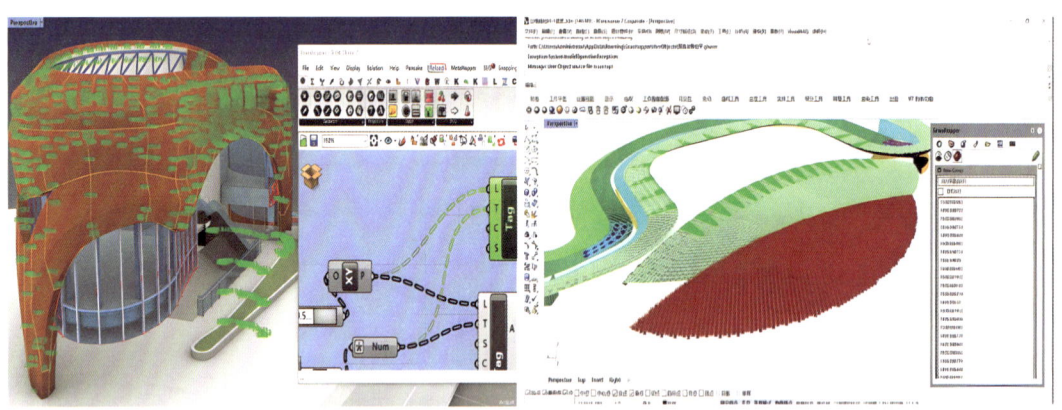

图 4-29　UHPC 设计数智技术运用

2）UHPC 加工阶段数智技术运用

（1）通过全站仪现场复核点位导入模型，并根据表皮距结构尺寸判断是否影响安装，如果现场结构偏差不大，根据现场复核的埋件点位布置背附龙骨，为安装预留空间，如果结构偏差过大，需第一时间反馈给设计院和业主，配合设计院及业主调整方案（图 4-30）。

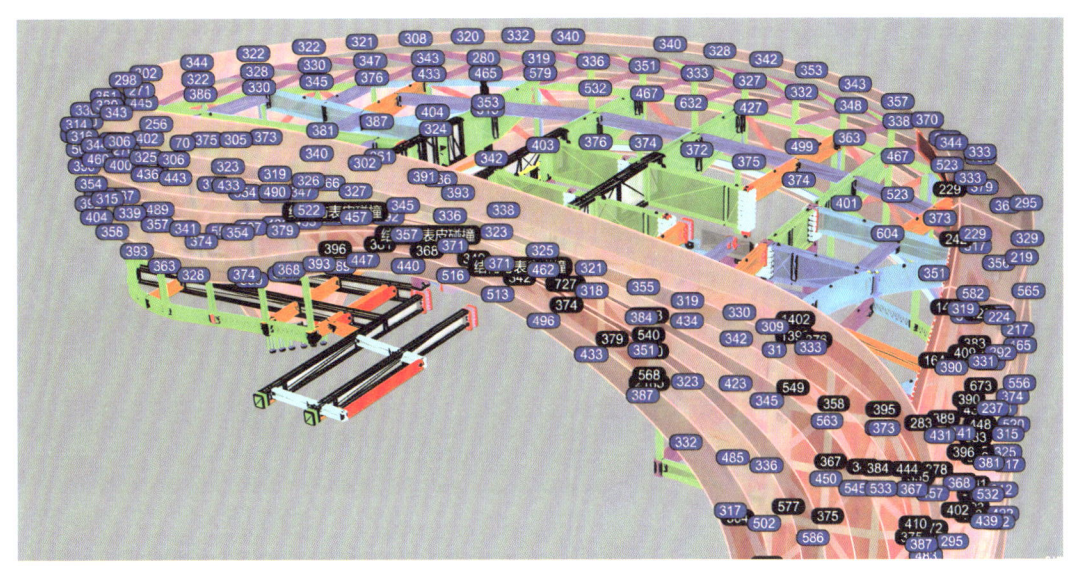

图 4-30 UHPC 背负骨架安装空间复核

（2）表皮和龙骨最终深化完成审核通过后可下发生产产品图和加工图（图 4-31）。

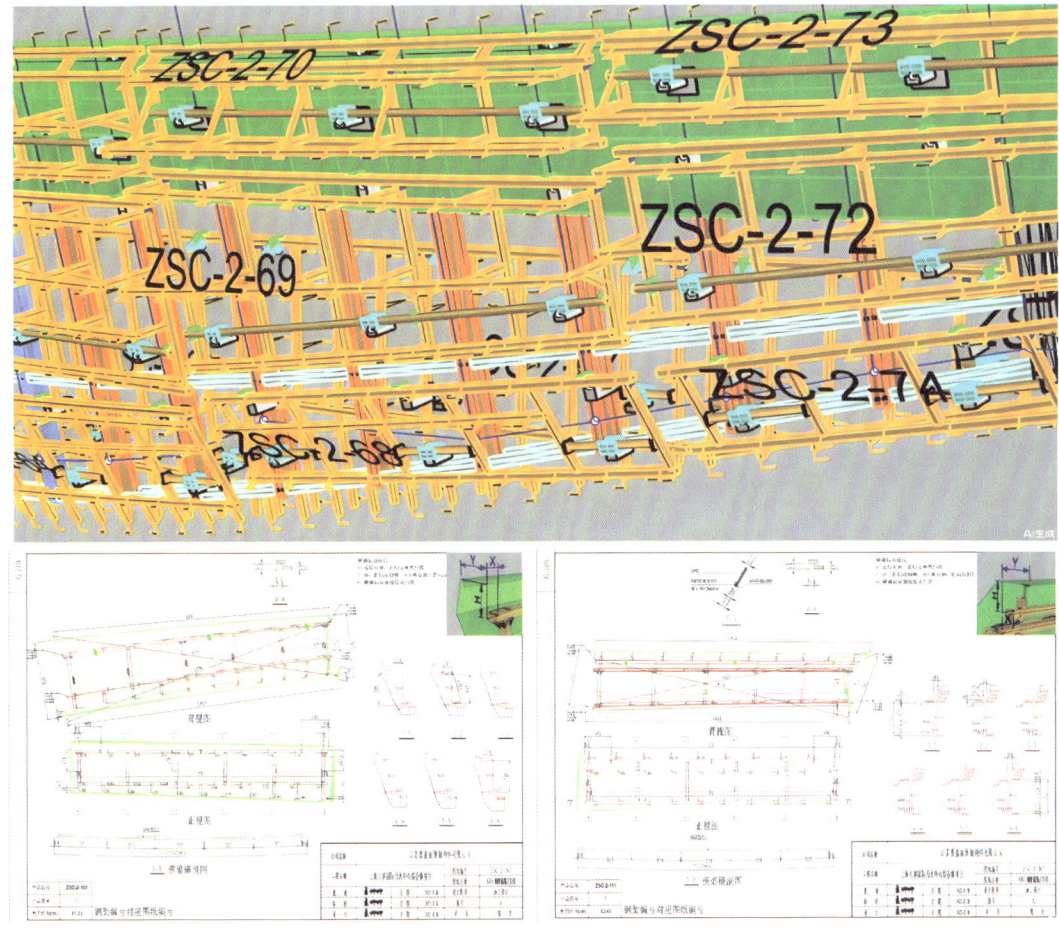

图 4-31 UHPC 背负骨架审核和加工图

3）安装阶段

（1）利用三维扫描技术在短时间内获取主体钢构的精确三维数据，通过生成的三维数字模型，运用数字仿真技术对整体幕墙模型进行空间分析（图4-32）。

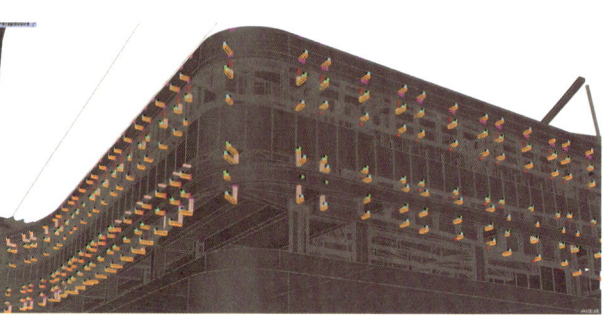

图4-32 三维数化挂点定位

（2）复杂空间绿色吊装技术。

吊装区域结构复杂，空间狭小，单个板块尺寸高达6m×3m，造型褶皱，双向弧形扭曲，板块相互叠压。引进装配先进传感器和控制系统的蜘蛛吊设备，吊起巨大板块的同时精准地避开上方的管道和正面的转接件等障碍，侧面辅助高空车为施工人员提供操作平台，实现板块安装（图4-33）。

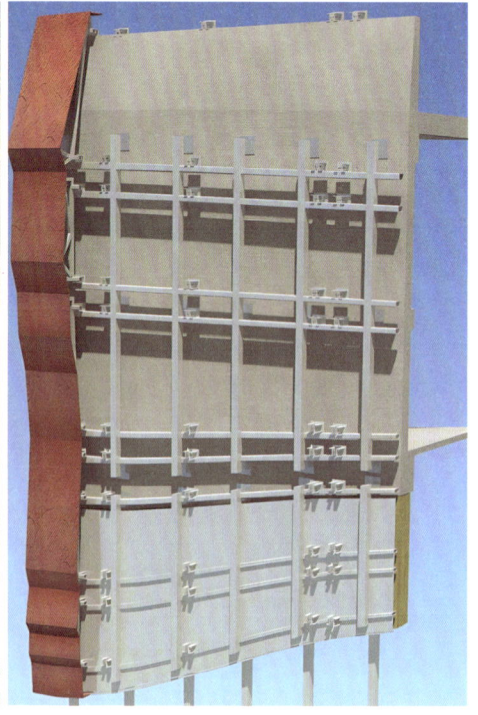

图4-33 先进设备和施工模拟

（3）超大规格异形曲面验收技术。

采用三维扫描技术，获得曲面的形状和尺寸数据，并实时反馈到数字化模型中进行比对，运用可视化软件将设计模型与实际曲面进行比对，评估曲面的尺寸、曲率、平整度等（图4-34）。

采用高清相机摄影技术，通过无人机技术实时反馈多角度曲面板块的照片和视频来检查曲面外观协调性、表面缺陷、施工瑕疵等，提供详细的报告及可视化结果。

图4-34　数据测量和反馈技术

4.2.2　异形GRC幕墙

异形GRC幕墙数智建造技术是指采用应用最新的物联网技术及先进的自动化控制技术、数据采集技术、计算机技术、网络通信技术、数据库技术实现在线数据采集、三维模型配合施工顺序时间形成4D模型，借助建造可视化的技术，管理决策更加信息化、自动化、科学化、标准化。

1）设计阶段

将GRC幕墙设计成单元板块，采用先进的施工技术，来保证施工的安全和工期。

用BIM技术正向建模，利用可视化编程实现幕墙模型的批量阵列位置、分格及标高等设计参数如有调整，及时更新设计表中对应数据，根据设计表重新升级模型，实现模型更新（图4-35）。

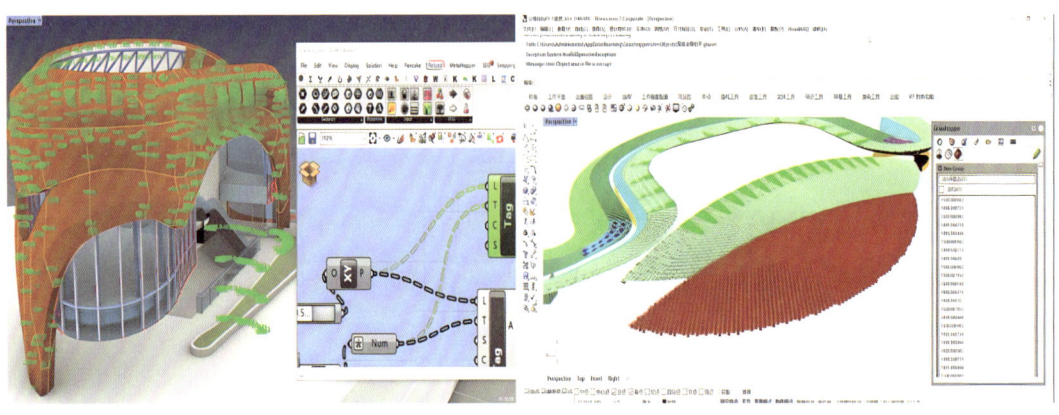

（a）正向建模

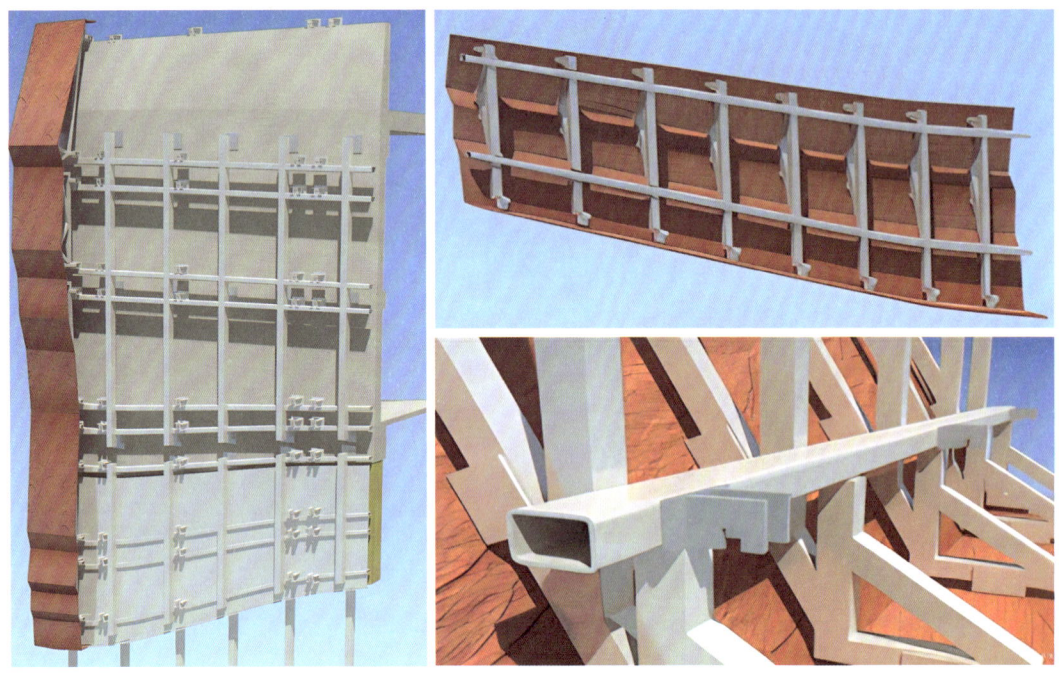

（b）模型更新

图4-35 GRC设计数智技术运用

2）制作阶段

（1）GRC生产流程：产品图纸设计→现场测量图纸修改→产品图纸业主审批→原型制作→模具制作→产品制作→产品包装发货。

采用先进同轴连续喷射设备的喷射工艺，它的优点是在同一喷枪口内喷射出砂浆胶料同时同步切割连续纤维丝，砂浆胶料在喷出枪口后立即雾化与纤维丝均匀混合，将纤维丝完全三维方向均匀分布在GRC制品中，这样可以使生产出的GRC制品具有极高的抗拉、抗弯强度，这也是手工工艺制作的产品所无法比拟的。

（2）GRC 生产工艺如图 4-36 所示，GRC 技术说明：

① 制品构件在喷射完成后，填充好 GRC 浆料的模具应存放在温度在 15～50℃的厂房内。

② GRC 制品一般要在脱模前的硬化养护不少于 16h，在 16～50℃、相对湿度 65%～95% 的范围环境内养护 7d，使其干透。

③ GRC 构件的品种、规格、颜色和图案必须符合设计要求。

④ 产品包装做到防水、防尘、防碰撞震动，异形产品将根据不同的形状进行特殊包装处理。

⑤ 产品堆放于平整场地，堆垛高度不得超过 2m，堆放层数不应超过 4 层。

⑥ GRC 构件安装必须保证其平直、牢固，但又不宜绝对固定，因为绝对固定将无法排除温度应力导致的构件变形。

⑦ GRC 构件安装完成后，表面应无污染、折断、缺棱和掉角等缺陷。

⑧ 焊接时，所选用的焊条型号应与主体金属相匹配，并要求全熔焊缝质量为二级，角焊缝的质量等级为三级。所有现场角焊缝施焊完毕后，应清渣并涂富锌漆二度。

⑨ GRC 构件中的接缝采用硅酸盐水泥、细沙和聚合物柔性胶粘材料拌匀后分三次批嵌满接缝，并压平、填实。

图 4-36　GRC 生产工艺

3）GRC 数智技术运用

（1）通过全站仪现场复核点位导入模型，并根据表皮距结构尺寸判断是否影响安装，如果现场结构偏差不大，根据现场复核的埋件点位布置背附龙骨，为安装预留空间，如果结构偏差过大，须第一时间反馈给设计院和业主，调整方案（图 4-37）。

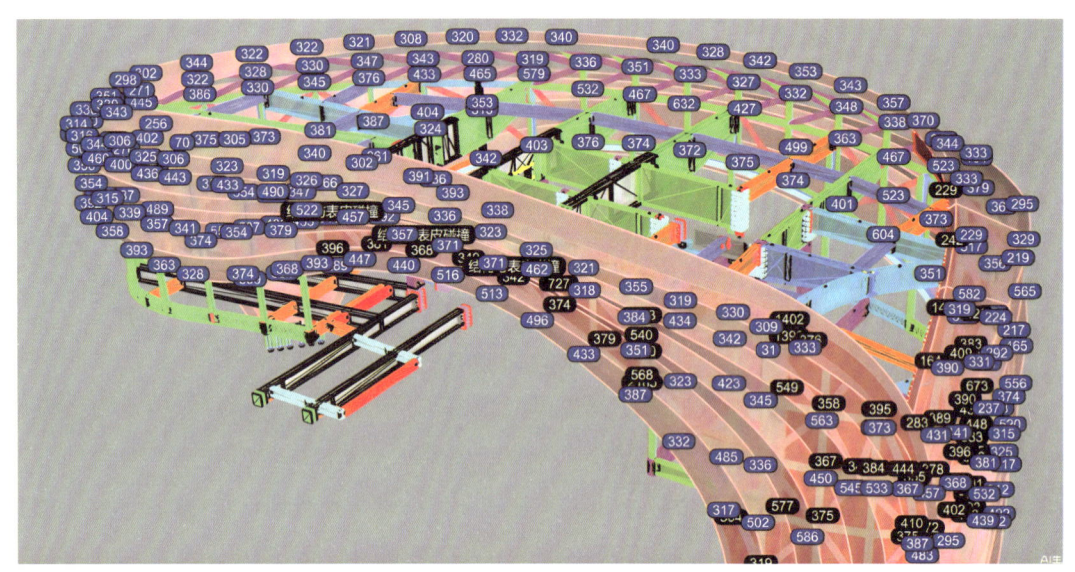

图 4-37　GRC 背负骨架审核和加工图

（2）表皮和龙骨最终深化完成审核通过后可下发生产产品图和加工图（图 4-38）。

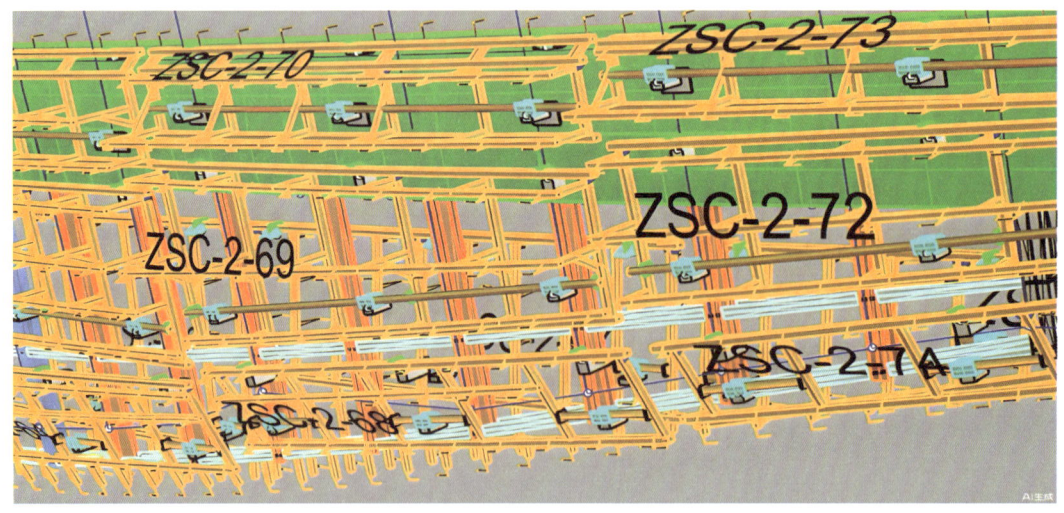

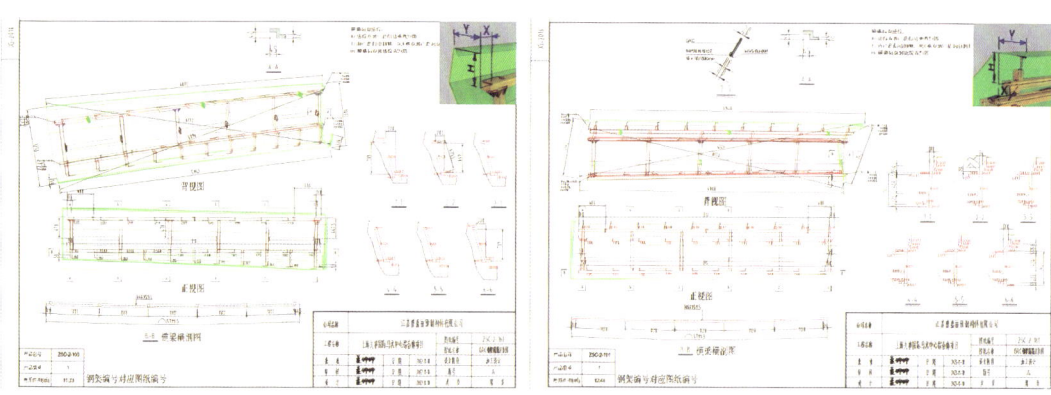

图 4-38 GRC 背负骨架安装空间复核

（3）模具制作和骨架加工如图 4-39 所示。

图 4-39 GRC 模具制作和骨架加工

（4）脱模和尺寸复核如图 4-40 所示。

图 4-40 GRC 脱模和复核

4.2.3 柔性膜结构幕墙

柔性膜结构幕墙是膜结构在建筑外围护结构的应用，膜结构又叫张拉膜结构，以其独有的优美曲面造型、简洁、明快、刚与柔、力与美的完美组合，同时给建筑设计师提供了更大的想象和创造空间（图4-41）。

图4-41 膜结构建筑

4.2.3.1 膜材分类

1）玻纤PVC建筑膜材

这种膜材开发和应用得比较早，通常规定PVC涂层在玻璃纤维织物经纬线交点上的厚度不能少于0.2mm，一般涂层不会太厚，达到使用要求即可。为提高PVC本身耐老化性能，涂层时常常加入一些光、热稳定剂，浅色透明产品宜加一定量的紫外吸收剂，深色产品常加炭黑做稳定剂。另外对PVC的表面处理还有很多方法，可在PVC上层压一层极薄的金属薄膜或喷射铝雾，用云母或石英来防止表面发黏和沾污。玻纤有机硅树脂建筑膜材。有机硅树脂具有优异的耐高低温、拒水、抗氧化等特点，该膜材具有高的抗拉强度和弹性模量，另外还具有良好的透光性。玻纤合成橡胶建筑膜材。合成橡胶（如丁腈橡胶，氯丁橡胶）韧性好，对阳光、臭氧、热老化稳定，具有突出的耐磨损性、耐化学性和阻燃性，可达到半透明状态，但由于容易发黄，故一般用于深色涂层。

2）膨化 PTFE 建筑膜材

由膨化 PTFE 纤维织成的基布两面贴上氟树脂薄膜即得膨化 PTFE 建筑膜材。由于它的造价太高，一般的建筑考虑到成本和性能两方面，很少选用这种膜材，目前国外的生产厂家也不多。

3）ETFE 建筑膜材

由 ETFE（乙烯-四氟乙烯共聚物）生料直接制成。ETFE 不仅具有优良的抗冲击性能、电性能、热稳定性和耐化学腐蚀性，而且机械强度高，加工性能好。近年来，ETFE 膜材的应用在很多方面可以取代其他产品而表现出强大的优势和市场前景。这种膜材透光性特别好，号称"软玻璃"，质量轻，只有同等大小玻璃的 1%；韧性好、抗拉强度高、不易被撕裂，延展性大于 400%；耐候性和耐化学腐蚀性强，熔融温度高达 200℃；可有效地利用自然光，节约能源；良好的声学性能。自清洁功能使表面不易沾污，且雨水冲刷即可带走沾污的少量污物，清洁周期大约为 5 年。另外，ETFE 膜可在现场预制成薄膜气泡，方便施工和维修。ETFE 也有不足，如外界环境容易损坏材料而造成漏气，维护费用高等，但是随着大型体育馆、游客场所、候机大厅等的建设，ETFE 更显优势。目前生产这种膜材的公司很少，只有 ASAHIGLASS（AGC）、日本旭硝子、德国科威尔等少数几家公司可以提供 ETFE 膜材，这种膜材的研发和应用在国外发达国家也不过十几年的历史。

4.2.3.2 标准构造

（1）单层 ETFE 膜结构：强度低，一般跨度小于 6m；大跨度时用钢索加固；间隔 1.5m 用索袋固定。其构造节点见图 4-42 所示。

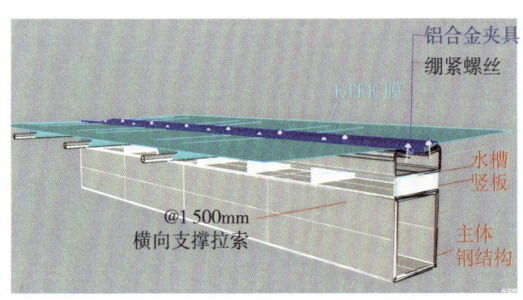
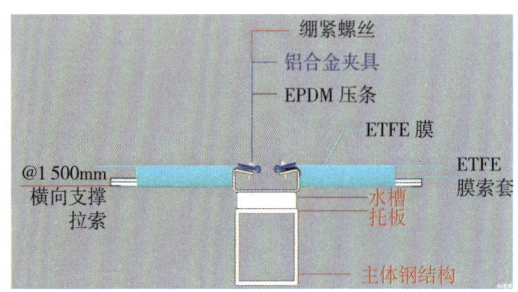

图 4-42 单层膜结构标准节点图

（2）气枕 ETFE 膜结构：长度不限，高跨比 10%～15%；形状任意；可通过框架或索网形成大面积空间。其构造节点见图 4-43 所示。

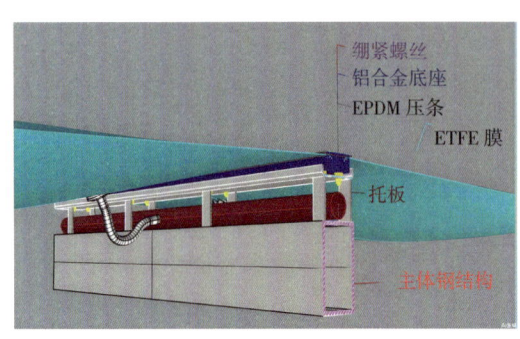 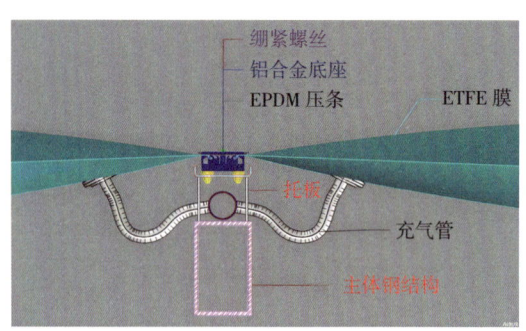

图 4-43 气枕膜结构标准节点图

4.2.3.3 现场施工的关键技术

1）钢结构的拼装与吊装

对于钢结构，可根据构件的长度、重量选用合适的车辆运输。注意在车辆上的支点要合理，捆扎要牢固，保证在运输过程中钢构件不产生变形，不损伤涂层。

钢结构运抵现场后，施工安装顺序一般为：分段拼装→吊装→安装其他构件→拆临时支撑钢塔架。对于一些大型的钢桁架，吊装时可利用几台汽车式吊车，分别在场内、外把主桁架及主预应力索吊到作业面上，有支承段的放在混凝土柱旁，并在业面上设置若干个支座。然后根据厂内预拼装情况进行焊接，焊缝质量经检验合格后涂油漆，再进行吊装；斜柱拼装后，用临时备用索固定安装斜拉桁架索，通过顶升斜柱来拉紧斜拉索，并在索上安装可调法蓝调节斜拉索的松紧。由于钢结构安装误差的大小直接影响到结构内的预应力分布，严重者甚至还影响结构的安全性，所以在安装支承钢结构前，应按规范和设计要求对钢结构基础的顶面标高、轴线尺寸做严格的复测，并作复测记录。

2）膜结构的安装与张拉

在膜材运输过程中要尽量避免重压、弯折和损坏。同时在运输时也要充分考虑安装次序，尽量将膜体一次运送到位，避免膜体在场内的二次运输，减少膜体受损的机会。

膜体安装包括膜体展开、连接固定、吊装到位和张拉成形四个部分。

（1）打开膜体前，在平台上铺设临时布料，以保护膜材不被损伤及膜材清洁，严格按确定的顺序展开膜体。打开包装前应核对包装上的标记，确认安装部位，并按标记方向展开，尽量避免展开后的膜体在场内移动。在展开的膜面上行走时要穿软底鞋，不得佩戴硬物，以防止刺穿膜材。

（2）打开膜体后，用夹板将膜材与索连接固定。夹板的规格及夹板间的间距均应该严格按设计要求安装。对一次性吊装到位的膜体，也必须一次将夹板螺栓、螺母拧紧到位。

（3）目前索膜结构吊装较多应用多点整体提升法，是将已经成熟的整体"提升"技术加以改造用于索膜结构这种柔性结构的施工过程中，该工艺要求整个过程必须同步。

起吊过程中控制各吊点的上升速度和距离，确保膜面的传力均匀。亦可采用分块吊装的方法，将膜体按平面位置分为若干作业块，每块膜体同样采用多点整体吊装技术，整体吊装到位。

（4）未张紧的膜材在风载下容易鼓起造成破坏，所以在整个安装过程中要特别注意防止膜体在风荷载作用下产生过大的晃动，施工时应尽量在无风情况下进行。该阶段的任务是使膜布张紧不再松弛以承受载荷，操作上特别要注意避免由于张拉不均造成膜面皱褶。预应力的大小由设计人员根据材料、形状和结构的使用荷载而定，要求其最低值不能使膜面在基本的荷载工况组合（风吸力或者雪荷载）下出现局部松弛，一般常见的膜结构预应力水平在 1~4kN/m，施工中通过张拉定位索或顶升支撑杆实现。对伞形膜单元，一般先在底部周边张拉到位，然后升起支撑杆在膜面内形成预应力；马鞍形单元则要对角方向同步或依次调整，逐步加至设定值；而对于由一列平行桁架支撑的膜结构，惯常做法是当膜布在各拱架两侧初步固定的情况下，首先沿膜的纬线方向将膜布张拉到设计位置。在施工过程中应注意无论张拉是否能顺利到位，均不应轻易改变预先设定的张拉位置。若确定怀疑是设计问题，则应经结构工程师研究同意后方可作出修正。

总之，安装质量的总体要求是：膜面无渗漏，无明显褶皱，不得有积水；膜面颜色均匀，无明显污染串色；连接固定节点牢固，排列整齐；缝线无脱落；无超张拉；膜面无大面积拉毛蹭伤。

4.3 异形曲面金属板幕墙数智建造技术

4.3.1 异形曲面铝单板幕墙

异形曲面铝单板幕墙建造技术涉及多个方面，包括设计、制造工艺、安装技术等。以下是一些关键点：

（1）结构分析：使用结构分析软件（如SAP2000或ETABS）对幕墙系统进行荷载分析，考虑风荷载、自重等因素（图4-44、图4-45）。

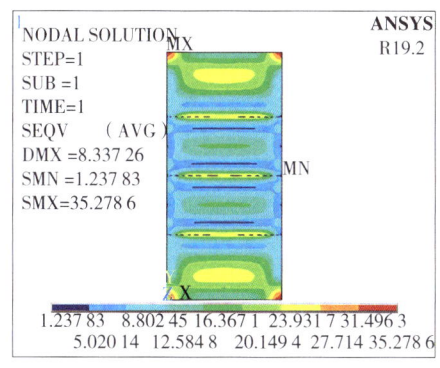

图4-44 应力计算

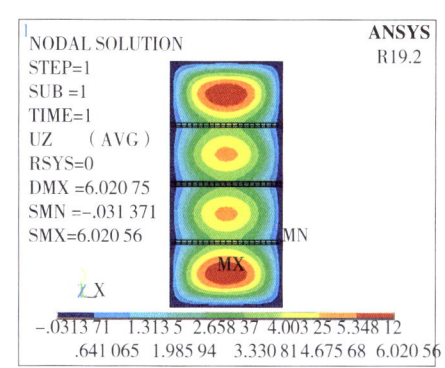

图4-45 挠度计算

（2）BIM 辅助设计，利用三维建模技术软件，实现异形曲面的数字化表达，确保设计的可行性（图 4-46）。

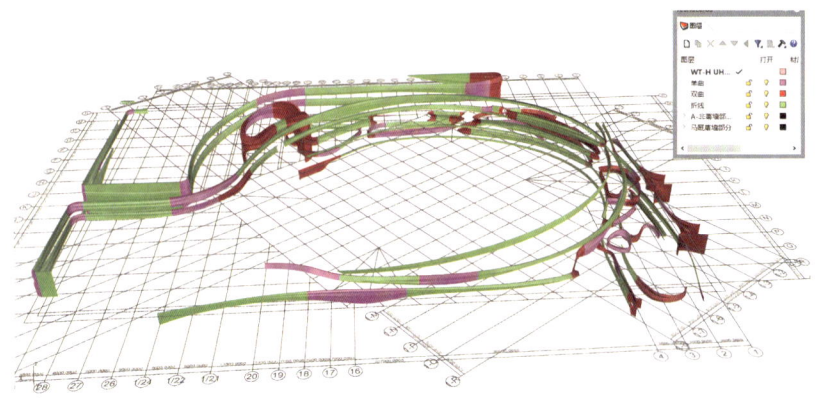

图 4-46　异形铝板建模

（3）利用三维建模统计、数字分析、优化异形面板规格种类（图 4-47）。

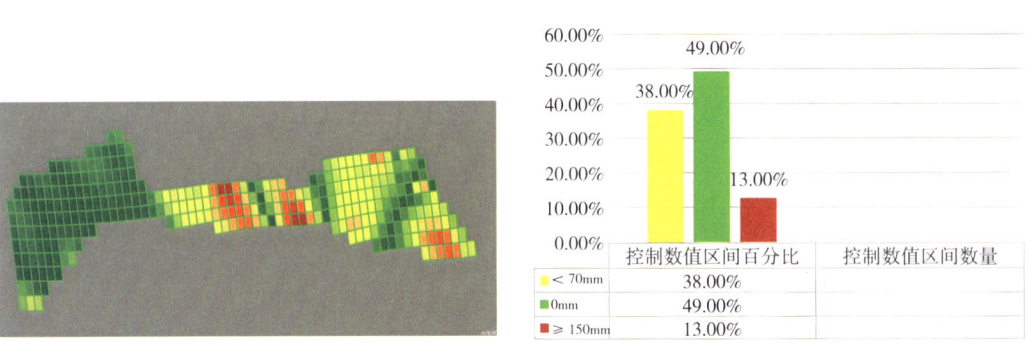

图 4-47　异形铝板翘曲分析

（4）利用 BIM 三维建模技术参数化下单（图 4-48、图 4-49）。

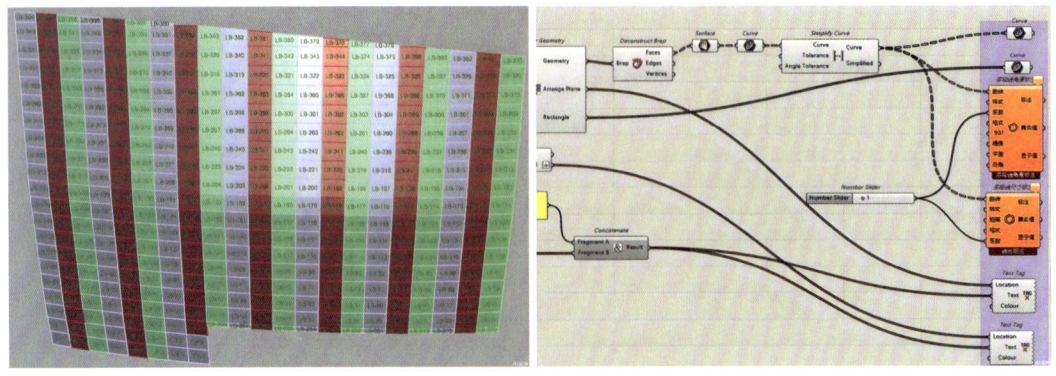

图 4-48　异形铝板 BIM 编号

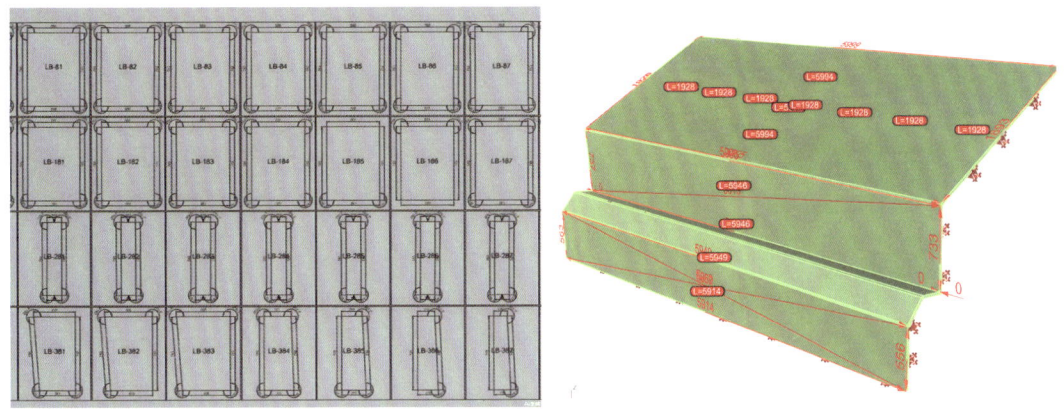

图 4-49 布置图和加工料单

（5）利用 BIM 辅助测量定位（图 4-50）。

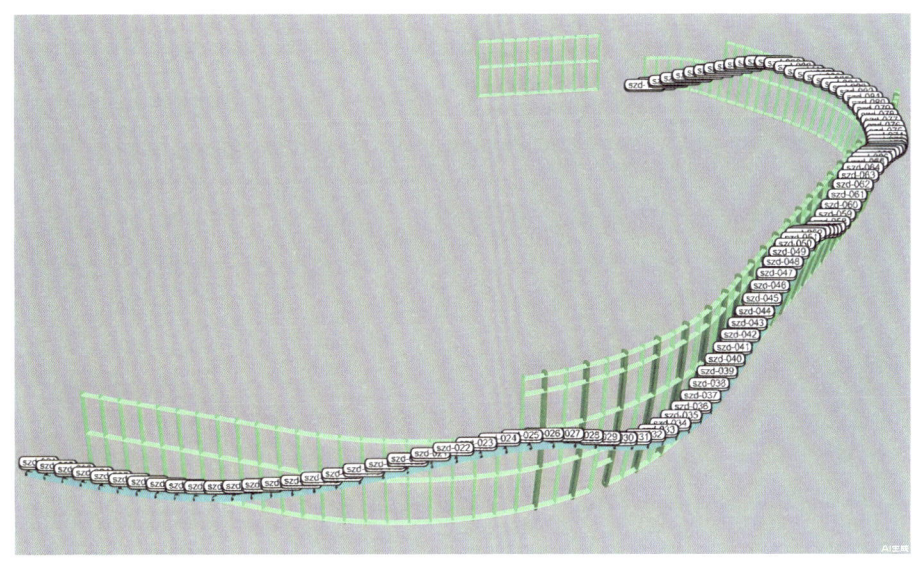

图 4-50 安装控制坐标点

4.3.2 异形曲面蜂窝铝板幕墙

异形曲面蜂窝铝板幕墙建造技术涉及多个方面，包括设计、制造工艺、安装技术等，以下是一些关键点：

（1）BIM 辅助设计，利用三维建模技术软件，实现异形曲面的数字化表达，确保设计的可行性（图 4-51）。

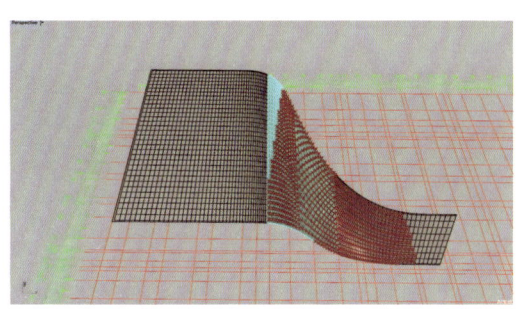 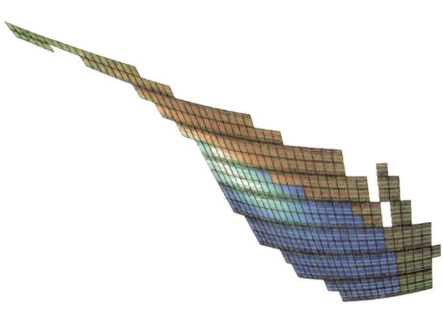

图 4-51　异形蜂窝板建模

（2）利用三维建模统计、数字分析、优化异形面板规格种类。

翘曲检查：控制曲面翘曲的高度，控制在 60mm，大于 60mm 的增加分格，减少翘曲的高度，同时明确翘曲的方向与翘曲的中分线（图 4-52）。

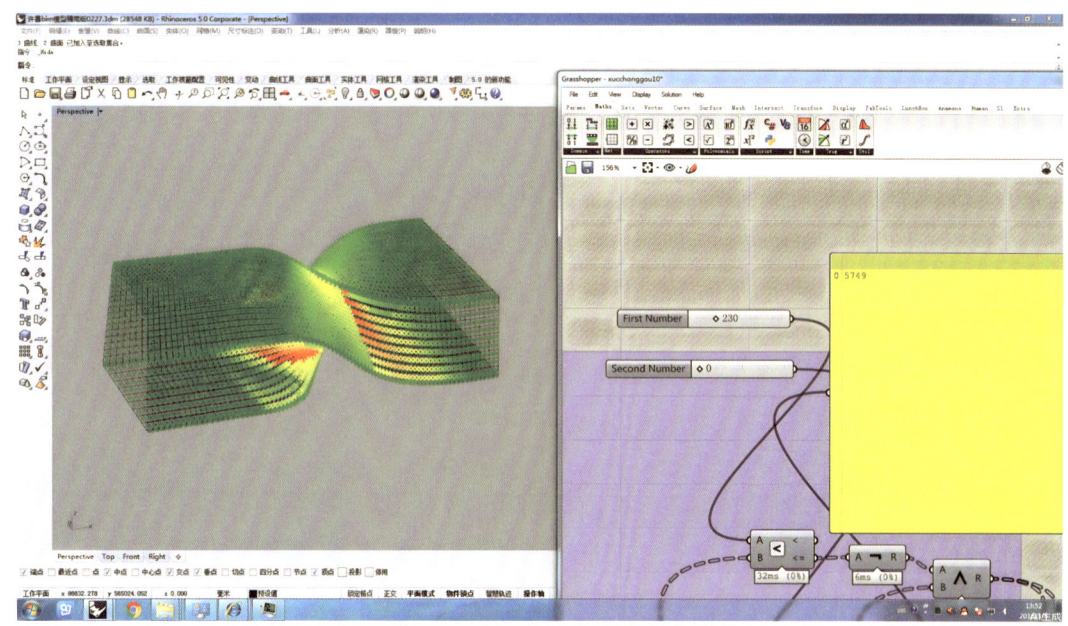

图 4-52　异形蜂窝板翘曲分析

（3）利用 BIM 三维建模技术参数化下单。

双曲异形板的造型具有二维图难以表达且每个版块造型都不同的特性，因此运用参数化建模，对调整好的表皮进行分缝、编号并提取造型数据，制作提料单和加工说明，即可直接将三维模型作为提料加工图进行下单（图 4-53）。

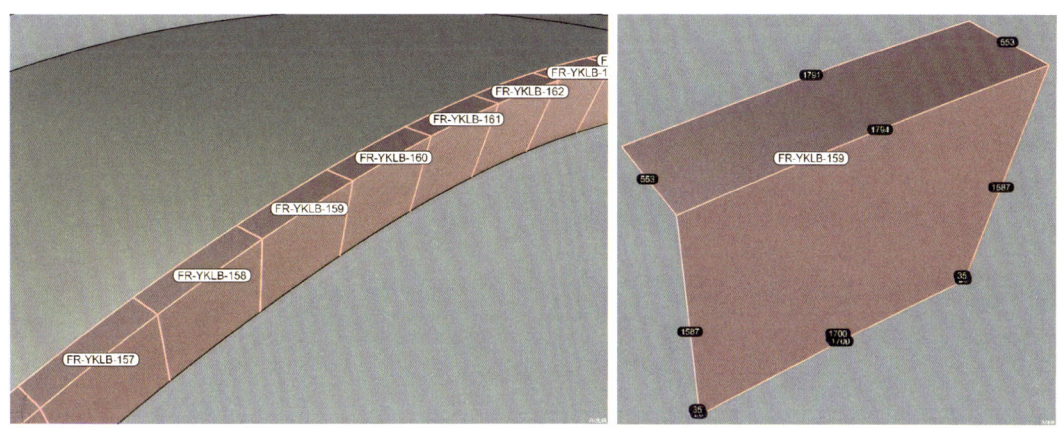

图 4-53 异形蜂窝板 BIM 编号

（4）利用 BIM 辅助测量定位。

现场测量点位时同步进行标记，标记编号随点位参数同步返回模型，实现三维模型与现场实际结构一一对应，形成模型与实体的联动（图 4-54）。

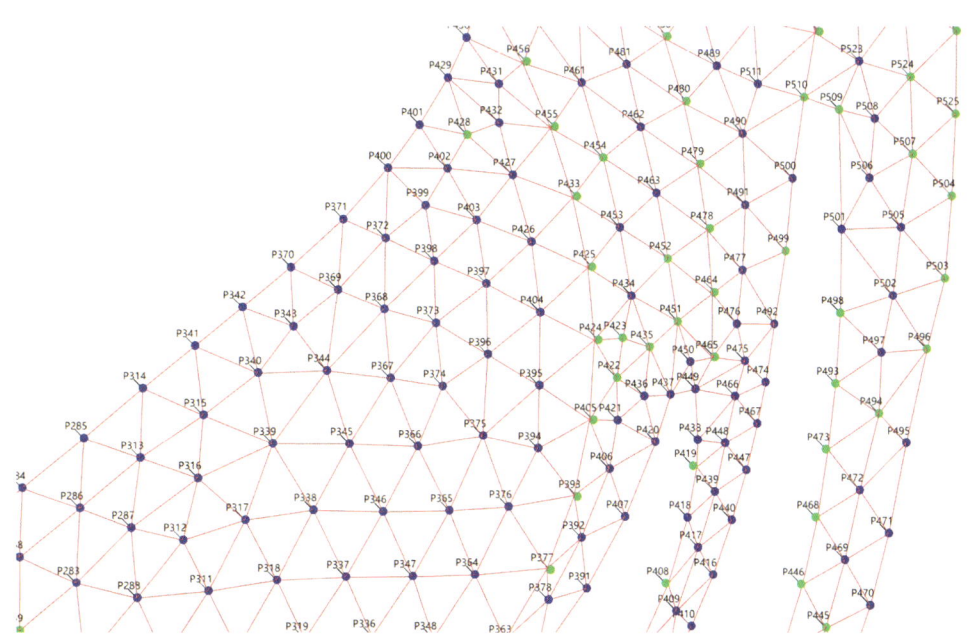

图 4-54 安装控制坐标点

4.3.3 异形曲面铜板幕墙

异形曲面铜板幕墙建造技术涉及多个方面,包括设计、制造工艺、安装技术等,以下是一些关键点:

(1)BIM 辅助设计,利用三维建模技术软件,实现异形曲面的数字化表达,确保设计的可行性(图 4-55)。

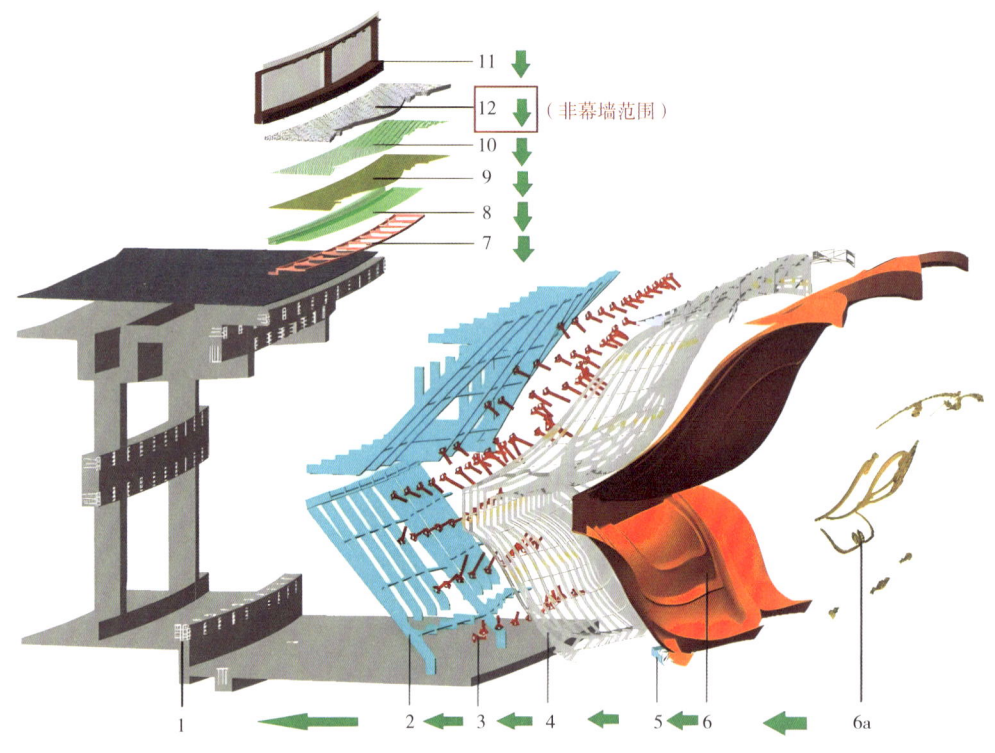

图 4-55 莲花瓣铜板建模
1—埋件;2—钢龙骨;3—挂接件;4—型面钢架;5—海防板与防虫网;6—莲瓣底;6a—莲瓣纹饰;
7—水槽钢架;8—不锈钢水槽;9—栅格板;10—钢丝网;11—玻璃栏杆;12—鹅卵石

(2)利用 BIM 三维建模技术参数化下单(图 4-56)。

图 4-56 异形铜板参数化下单

(3)利用 BIM 三维辅助工厂制作（图 4-57）。

图 4-57　异形铜板参数化制作

(4)利用 BIM+VR 辅助安装（图 4-58）。

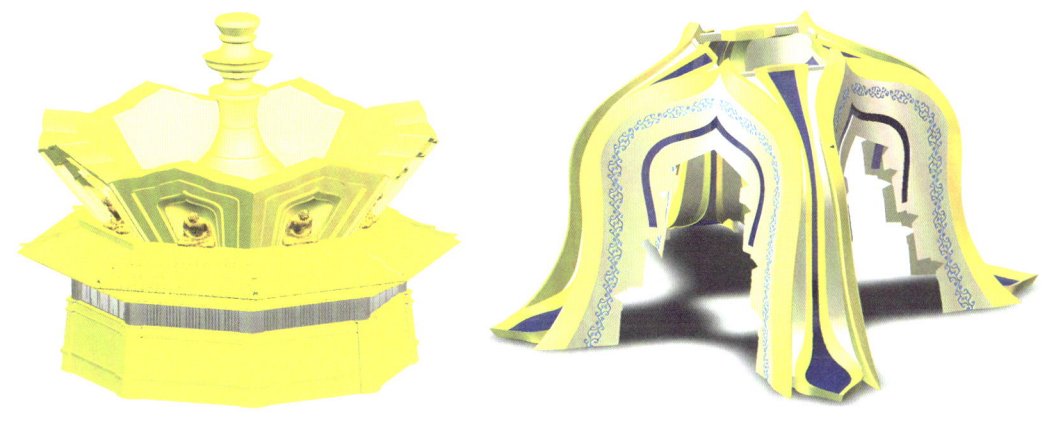

图 4-58　异形铜板 BIM 辅助施工

4.4 案例

安吉"两山"文化艺术中心屋面工程数字化应用

1 项目概况

安吉"两山"文化艺术中心屋面工程均为金属"竹片"屋顶，多片像是随意散落的竹叶（图1），层叠错落，覆盖在茶田之上，充满雕塑感的同时，也显现了几分轻盈和灵动。金属"竹片"屋顶的纹路，像是叶脉，增添了生动的自然气息（图2）。主体为复杂异形钢结构。本文主要阐述在设计和施工过程中通过BIM智能建造技术实现超大异形曲面屋面、檐口及吊顶造型构造设计，提前消化结构偏差与沉降带来的影响，解决不同系统间交接面的安装精度使其完美融合。

浙江安吉，比邻杭州、上海、南京等多个长三角核心城市和地区，是"联合国人居奖"唯一获得县，以优越的自然生态环境闻名远外。这里是"中国竹乡""中国白茶之乡"，也是"绿水青山就是金山银山"理念的诞生地。

安吉"两山"未来科技城文化艺术中心邻水望山，位于安吉"两山"未来科技城的核心启动区，毗邻安吉国际会展中心、财富中心（CBD），占地面积约14.9万 m²，总建筑面积约12万 m²。

散落在青绿茶田和"竹叶"屋顶之下，如同一处大地艺术景观。这里将是安吉未来聚集文化、生活、艺术、教育、自然的城市客厅（图3）。

图1 鸟瞰图

图2 效果图

图3 平面布置图

2 项目幕墙系统形式

2.1 屋面保温体系

安吉文化艺术中心屋面基于下方功能不同分为保温区和非保温区（图4），保温区防水层下方采用 200mm 厚 180kg/m³ 容重的保温岩棉作为气候边界，防水层采用单层卷材及石膏板作为卷材的支撑层，面板的固定采用一体化支座提供支撑生根点（图5）。

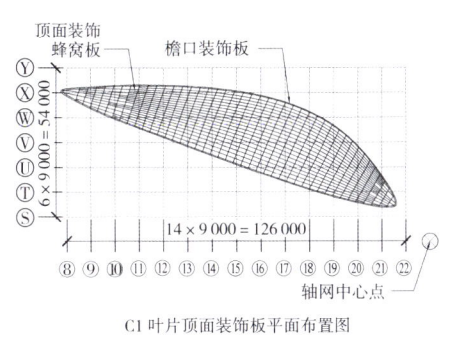

C1 叶片顶面装饰板平面布置图

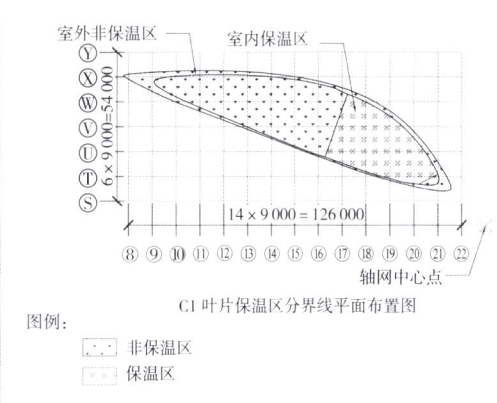

C1 叶片保温区分界线平面布置图

图例：
- 非保温区
- 保温区

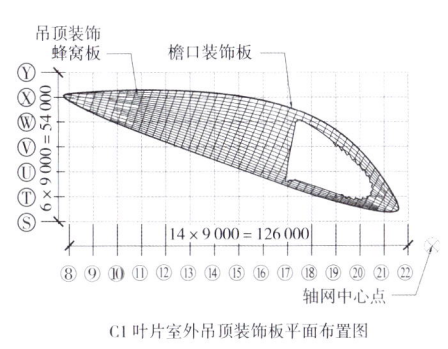

C1 叶片室外吊顶装饰板平面布置图

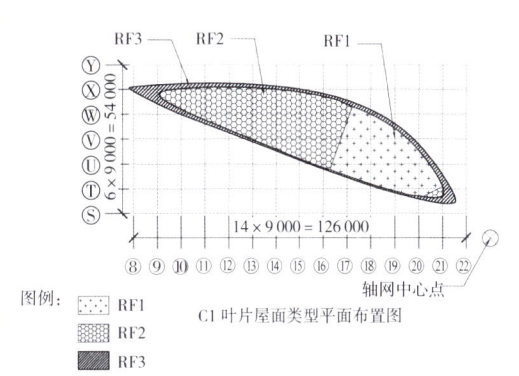

C1 叶片屋面类型平面布置图

图例：
- RF1
- RF2
- RF3

图 4 C1 叶片

2.2 屋面非保温体系

对于下方无气候边界要求的非保温区域，取消岩棉及石膏板，同样采用压型钢板作为支撑底板，镀铝锌钢平板作为防水卷材的支撑层，一体化支座从结构或者檩条龙骨穿出作为装饰面板的支撑生根点（图6）。

对于纤细竹片的边部区域，采用镀铝锌钢平板作为防水卷材的支撑层，整体项目低边设置水沟有组织排水减少散水区域提升项目使用观感（图7）。

2.3 吊顶系统

吊顶采用 25mm 蜂窝铝板，短轴方向做龙骨布置，板块分格约 6m×1.5m，采用单元板挂接形式（图8）。

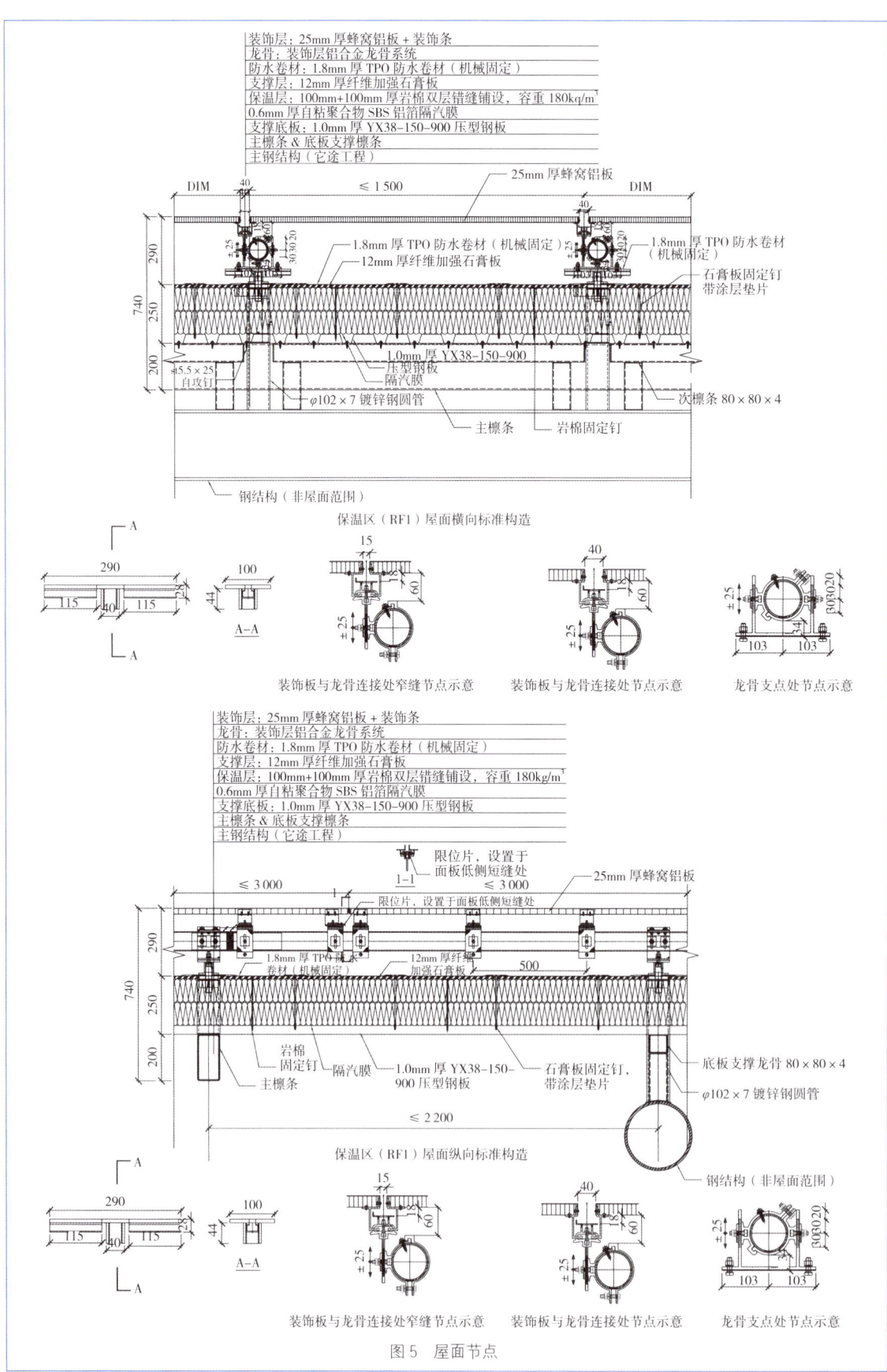

图5 屋面节点

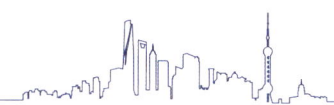

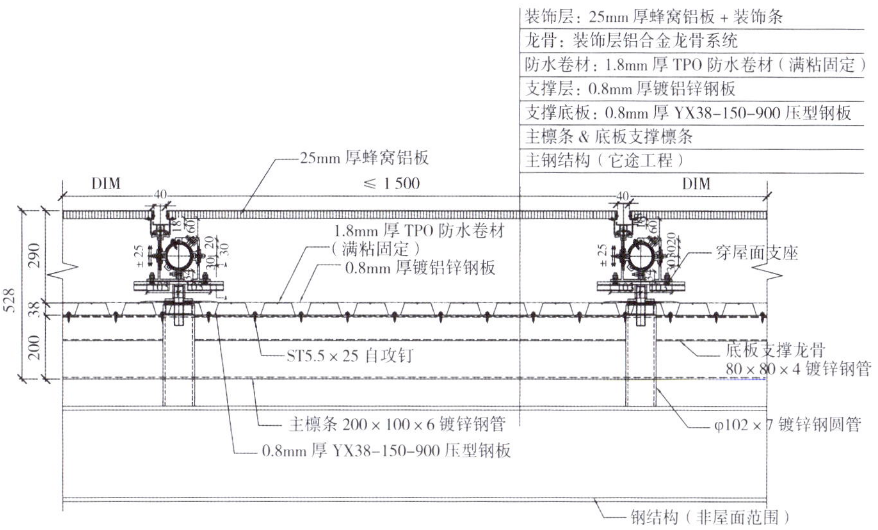

非保温（RF2）区屋面横向标准构造

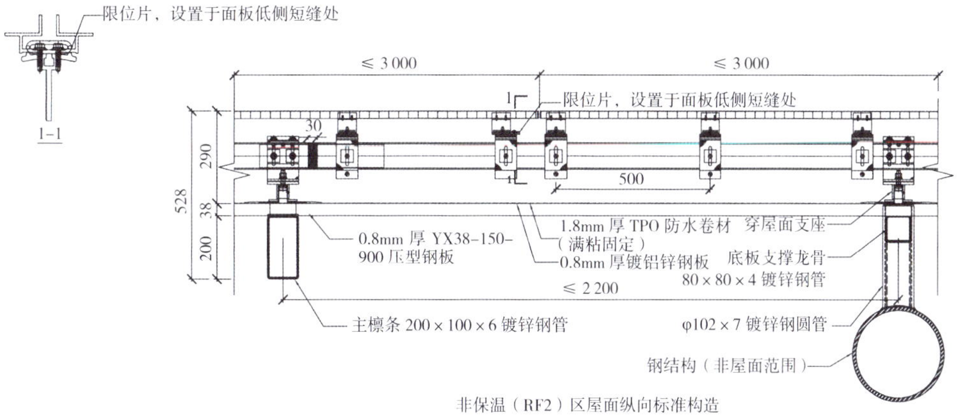

非保温（RF2）区屋面纵向标准构造

图 6　非保温区（RF2）屋面构造

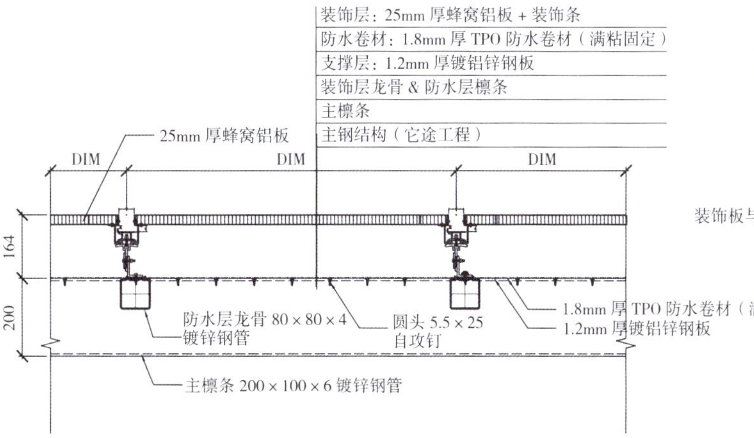

非保温区（RF3）屋面横向标准构造

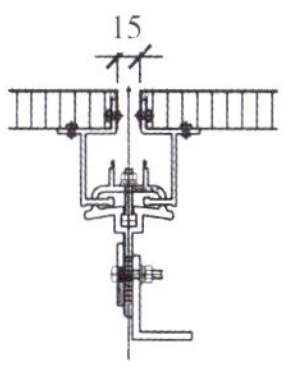

装饰板与龙骨连接处窄缝节点示意

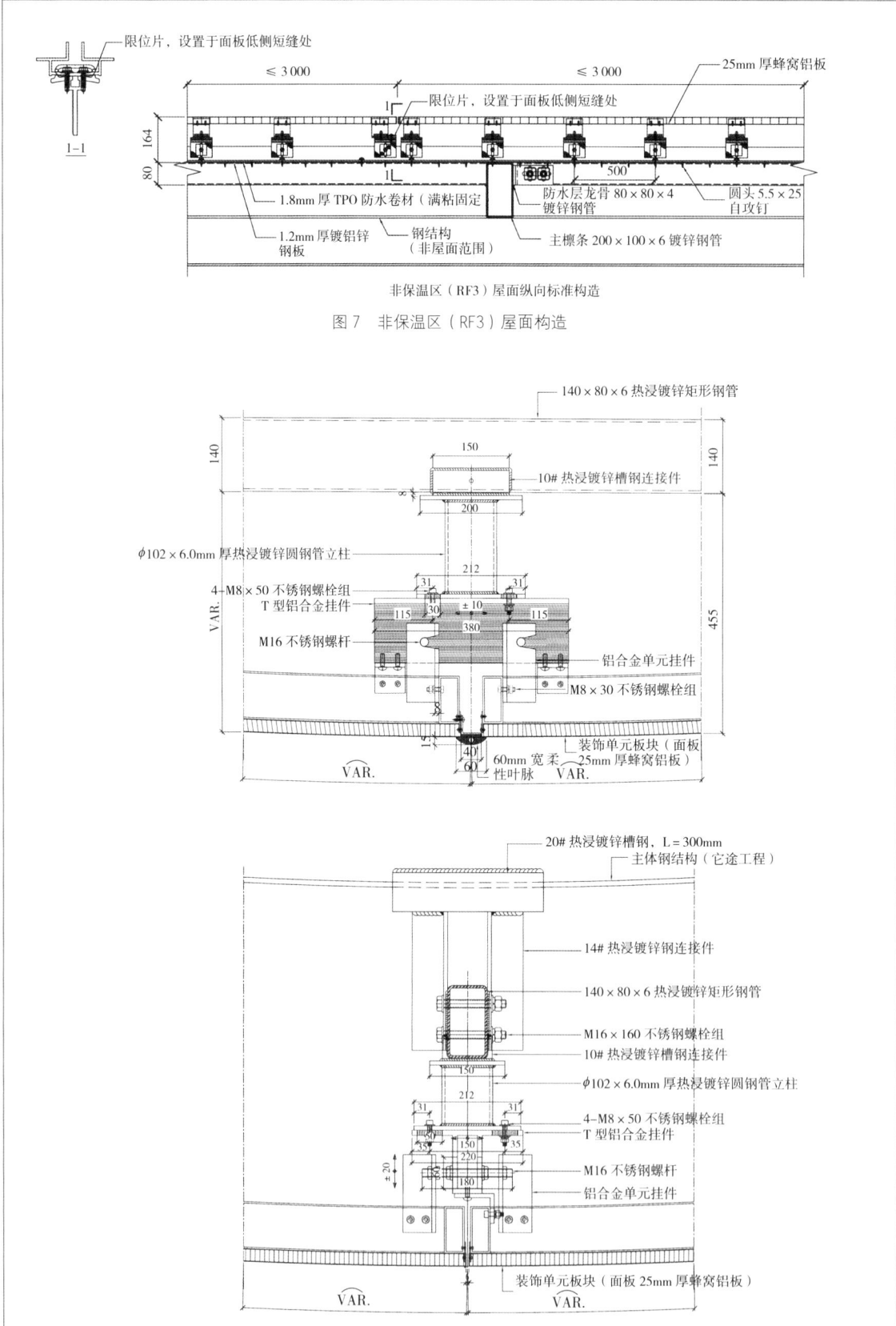

图7 非保温区（RF3）屋面构造

图8 蜂窝板吊顶节点

3 数字化技术在项目中的应用

本工程大剧院及会议中心上部覆盖 12 片呈竹叶形状异形曲面的结构组成，建筑形体的设计概念来源于安吉特有的竹文化，屋面造型宛如叶片，各叶片相互独立，每个叶片都不同（图9）；如何确保项目整体造型是本工程设计及施工的重难点。

图9　幕墙体系分布图

通过 BIM 模型对项目形体进行分析，采用数字化应用，区分并标记平板、单曲板及双曲板（图10）；大部分曲面造型将由平板拟合而成，弯弧半径较小的区域将通过 BIM 模型有理化后，由单曲板拼接而成。

图10　形体分析图

针对大跨度钢结构卸载后变形较大的问题，使用数字化测量方法（图11），对卸载后钢结构的位置进行信息提取及校核（图12），保证幕墙定位放线及下料的准确性。

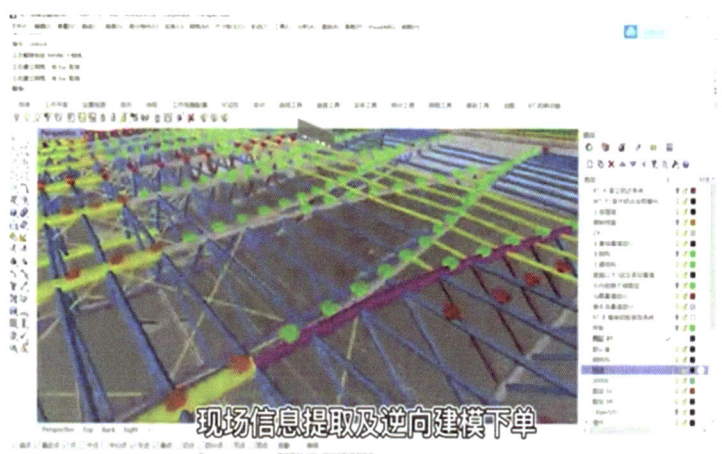

图11　钢结构信息提取

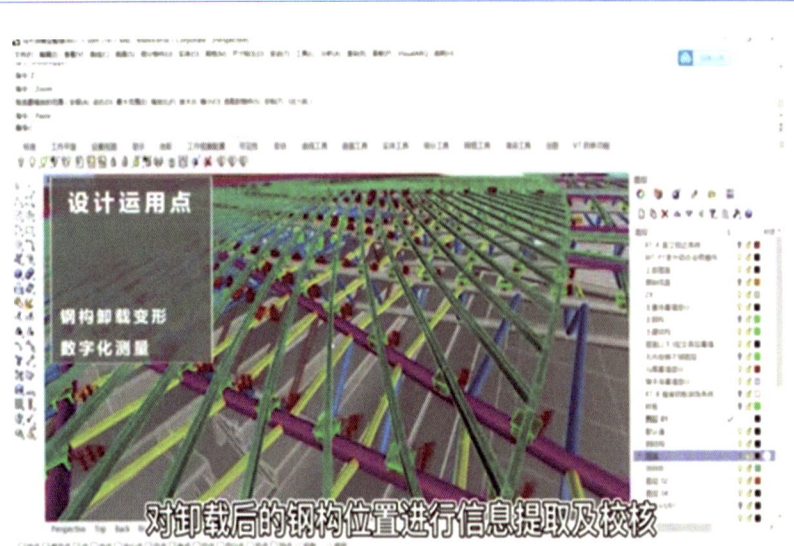

图 12　卸载后钢结构信息提取

空间面板批量摊平下单，屋面蜂窝铝板较多，规格尺寸各不相同，材料下单难度大，通过自主研发的可视化编程（图 13），实现面板批量缩缝，得到面板加工净尺寸，再通过标准化算法，实现空间面板按安装方向。

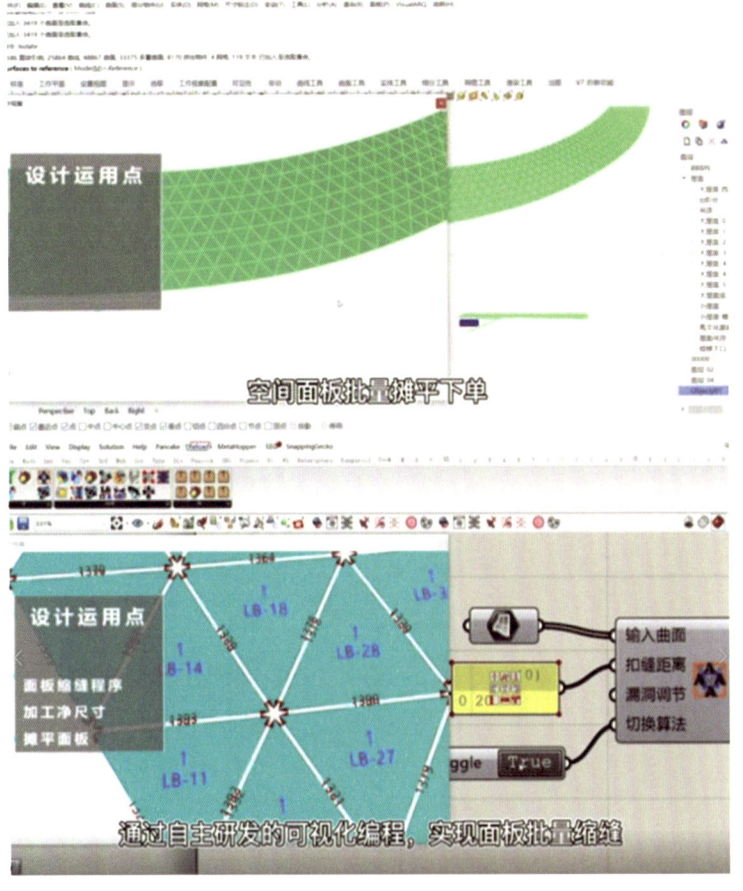

图 13　空间面板摊平批量下单

针对本项目整体造型复杂、多曲面、范围广、测量控制点位多，放线精度要求高以及钢结构会因卸荷沉降而产生位移和变形的特点，采用三维扫描及专业团队测量放线，采用先进的三维扫描仪分批次扫描屋面钢结构，获取钢结构测量数据，将数据录入专用软件，形成屋面钢结构数据点云模型；点云模型与 BIM 模型比对，分析误差，调整幕墙测量放线；根据模型及修正后的放线图进行现场控制点位及细部放线（图 14）。

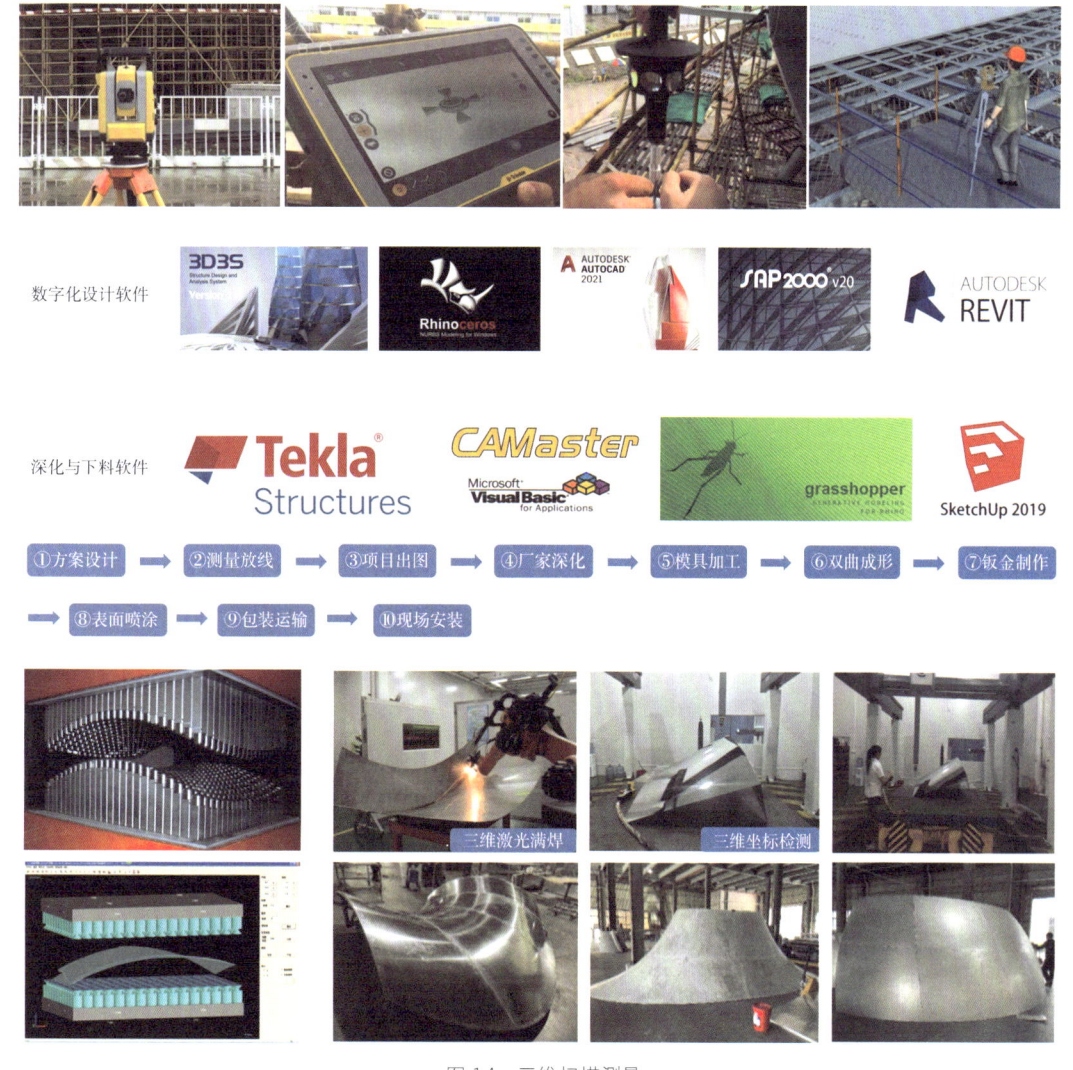

图 14　三维扫描测量

安吉"两山"文化艺术中心舍弃传统幕墙的常规建造理念，充分应用参数化设计和数字化建造技术来保证幕墙完成效果及精度，从而实现本项目追求的幕墙品质及建筑美观度，实现对项目的全过程控制。

1 项目概况

嘉兴南湖未来广场（图1、图2）位于浙江省嘉兴市中轴线，南湖区南湖大道以东、中环南路以南，东侧为海盐塘水系，南侧为刘门桥港。项目本着创新、协调、绿色、开放、共享的新发展理念与这座城市的历史文脉传承共振，建筑性质为文化类公共建筑，由科学技术馆，妇女儿童活动中心和青少年活动中心三个场馆组成，建筑面积约17万 m^2，幕墙面积7.59万 m^2。按照嘉兴市全面提升城市品质与能级，塑造"红船魂、国际范、运河情、江南韵"的城市新风貌的总目标，项目意为打造成一个文化休闲与亲子活动中心，亦是一个文化传承与创新的基地，为这座城市注入文化的力量和青春活力。建筑效果由 MAD 建筑事务所设计完成，创作灵感来源于马蒂斯作品《跳舞》（图3），作为一座公园中的景观建筑，建筑师通过优美的曲线运用，将"三个场馆"通过50多万片叠拼、围合而成的白色陶瓦双曲面屋面，以"手拉手"的形式连接在一起。抱合成圆的中央圆形草坪，让建筑的大体量消融其间，毗邻南湖，呼应了江南水乡传统筒瓦屋顶的同时，也更为经济节能。以圆形草坪为中心，人和建筑在此互动、共享，这里将成为更开放、更亲和、更具活力的新型城市空间。建筑采用大跨度异形空间网壳结构，配以弧形白色陶瓦曲面幕墙屋面，结合各层退台空间绿化，形成错落有致的建筑群落，从而塑造出嘉兴文化地标的大气风范。

嘉兴南湖未来广场项目幕墙工程幕墙体系均为复杂异形曲面，主要系统有叠片式陶瓦屋面、双曲铝板檐口、自由曲率无机水泥板吊顶、双曲玻璃采光顶，以及弯弧玻璃幕墙，各系统之间有近千种交接形式。主体为复杂异形网壳结构（屈曲约束支撑体系）及钢框架结构。本文主要阐述在设计和施工过程中通过 BIM 智能建造技术实现超大异形曲面屋面、檐口及吊顶造型构造设计，提前消化结构偏差与沉降带来的影响，解决不同系统间交接面的安装精度使其完美融合。

图1 南湖未来广场鸟瞰图

图2 南湖未来广场屋面分布图

图3 马蒂斯作品《跳舞》

2 主要幕墙系统简介

2.1 叠片式陶瓦屋面系统

本项目屋面为双曲异形复杂陶瓦屋面，总面积约 27 000m²，共由 50 万块平板陶瓦与弧形陶瓦根据不规范法线叠片式拼接成双曲弧面。屋面同时包含 2 万多个陶瓦支撑支座、众多水沟、异形天窗、双曲鱼眼造型、消防救援窗等系统。

通过自主研发的一套适应曲面变化、构造合理、安装简便的屋面陶瓦系统。屋面面材为 150mm 宽弧形陶瓦，165mm 与 185mm 两种宽度平板陶瓦以适应弧瓦间 30mm 的宽度变化，标准瓦长度 600mm，面板下侧设计有横竖交错的铝合金主次龙骨，主龙骨通过分离式铝合金支座与钢底座机械连接，钢底座下侧为屋面保温防水系统，由 2mm 厚聚氨酯（脲）、4mm 厚 SBS 改性沥青防水卷材＋岩片、100mm 厚 SBS 专用复合贴面防水保温泡沫玻璃一体砖、0.8mm 厚 YX-38-150-900 镀锌压型钢板组成，钢底座通过穿入保温防水层的圆管固定在压型钢板下的钢檩条上，钢檩条通过支座焊接在主体网壳上（图 4 ~ 图 6）。

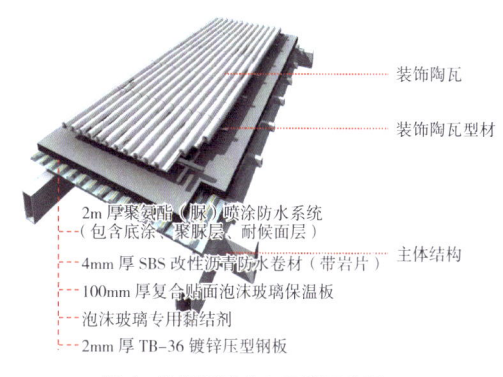

图 4　陶瓦屋面节点三维示意图

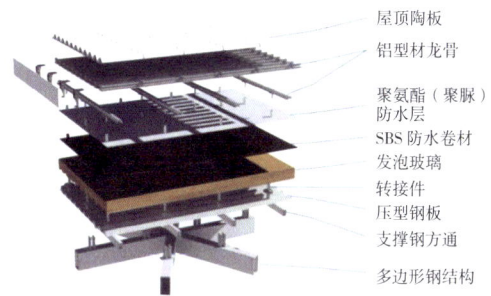

图 5　陶瓦屋面节点三维分解图

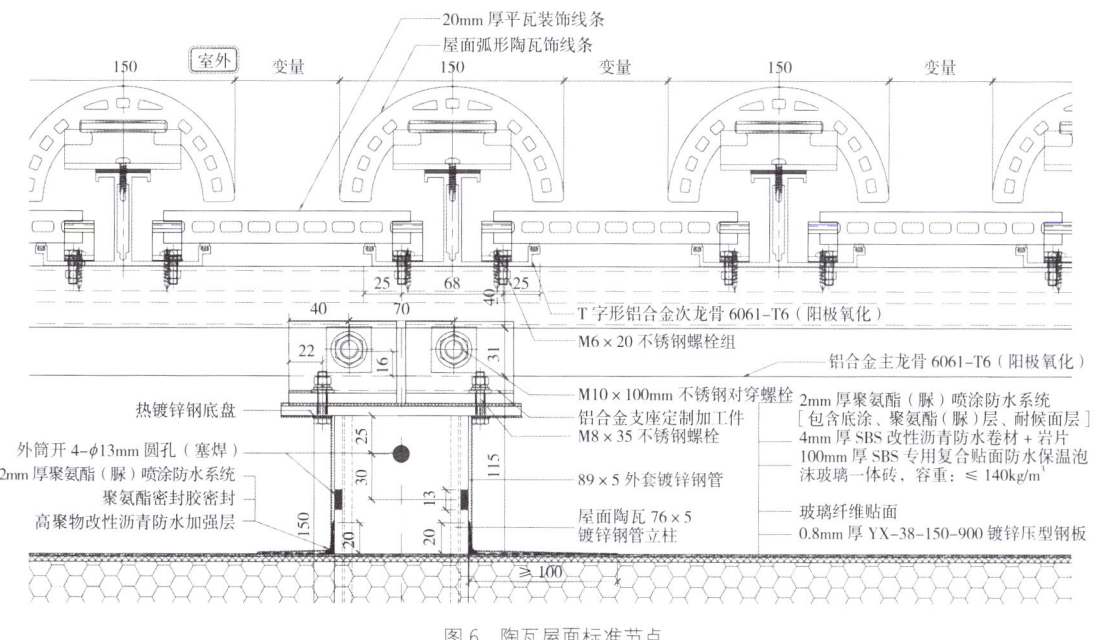

图 6　陶瓦屋面标准节点

2.2 双曲铝板檐口系统

本项目屋面内外圈檐口采用异形双曲开放式铝板设计，3mm厚氟碳喷涂铝单板通过插接式的铝挂件固定在龙骨上，方便前期安装的同时也满足后期拆卸维修，铝板接缝处不打胶并且可视面挂件通长设置，颜色同铝板色，铝单板与龙骨间内衬1.5mm厚铬化铝板防水层，使得流畅的曲面造型更加干净整洁的同时保证了防水的功能效果（图7）。

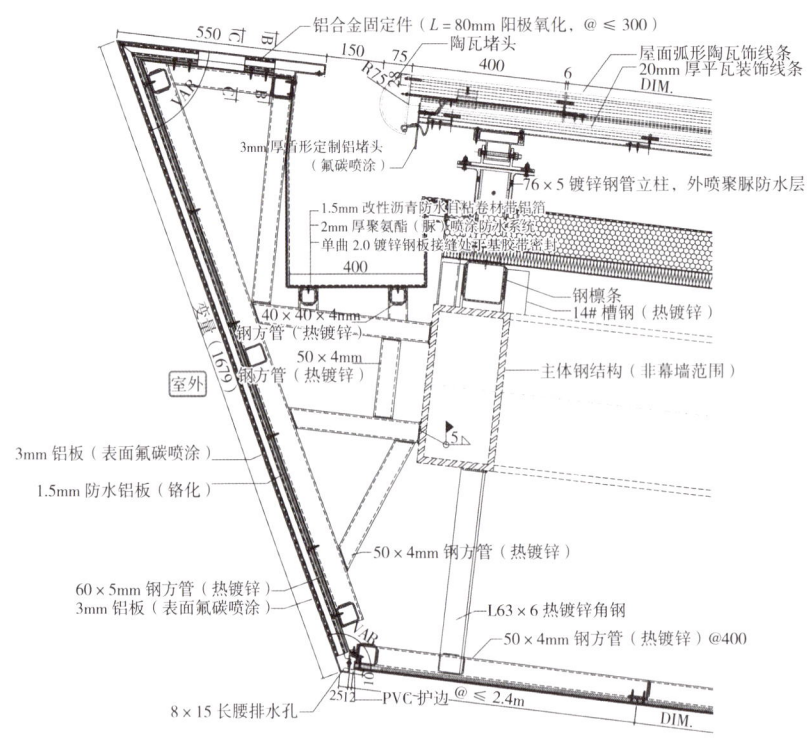

图7 屋面铝板檐口标准节点

2.3 自由曲率无机水泥板吊顶系统

本项目屋面檐口与玻璃幕墙间吊顶区域，连廊吊顶区域大面积采用自由曲率无机水泥板，面材基层采用12.5mm厚无机水泥板，板块标准宽幅2.4m×1.2m，外涂加固涂料；一道防水腻子+网格布；两道外墙腻子；两道底漆；一道中间漆；两道弹性面漆。通过角度渐变密布的钢龙骨实现效果上的优美曲率（图8）。

图8 无机水泥板吊顶图

2.4 玻璃幕墙

本项目玻璃幕墙竖向采用明框扣盖加压板形式，横向采用进槽式做法，根据弯弧半径的不同分为直面与弯弧两种，直面玻璃采用8mm+1.52mmPVB+8Low-E+20Ar+8mm+1.52mmPVB+8mm全超白钢化夹胶中空玻璃，弯弧玻璃采用8mm+1.52mmPVB+8mmLow-E+20Ar+8mm+1.52mmPVB+8mm全超白热弯钢化夹胶中空玻璃。立柱横梁采用T形钢龙骨，根据跨度不同，T形钢立柱规格由140mm×80mm×20mm×16mm到200mm×80mm×30mm×20mm多种规格，受力形式为下端坐立式（图9、图10）。位于各馆山包位置高度较高的玻璃幕墙则采用矩形管钢立柱，受力形式为上端吊挂式。

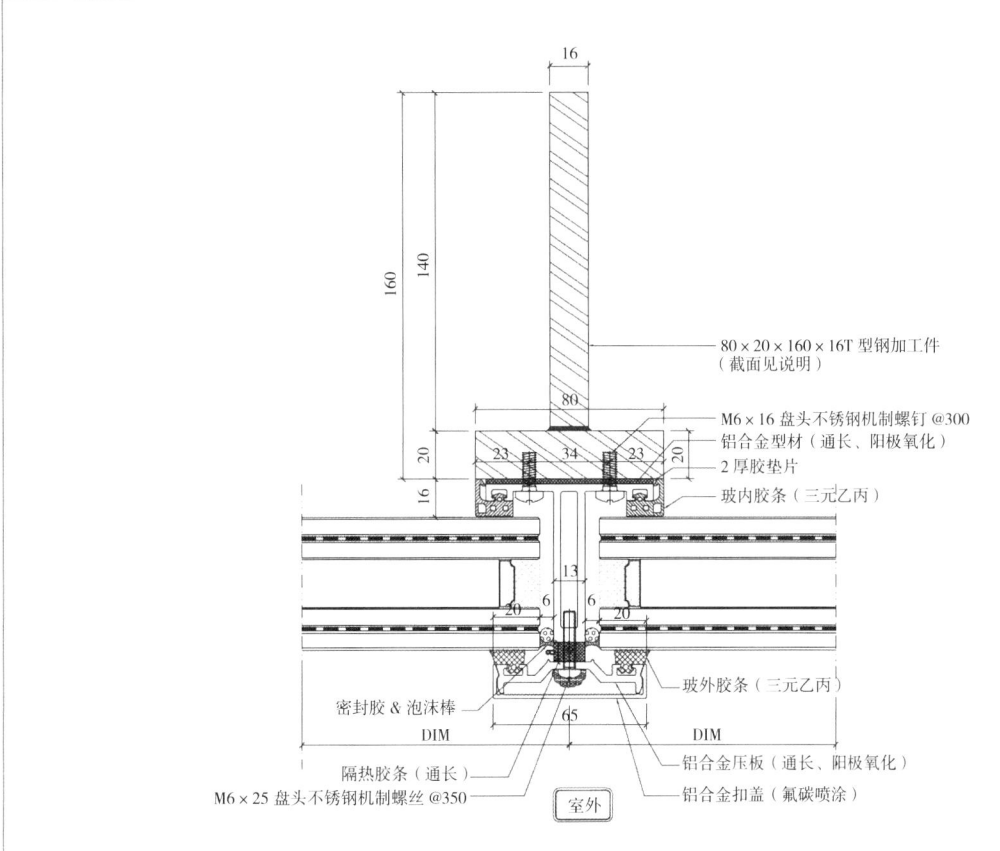

图9 玻璃幕墙标准横剖节点

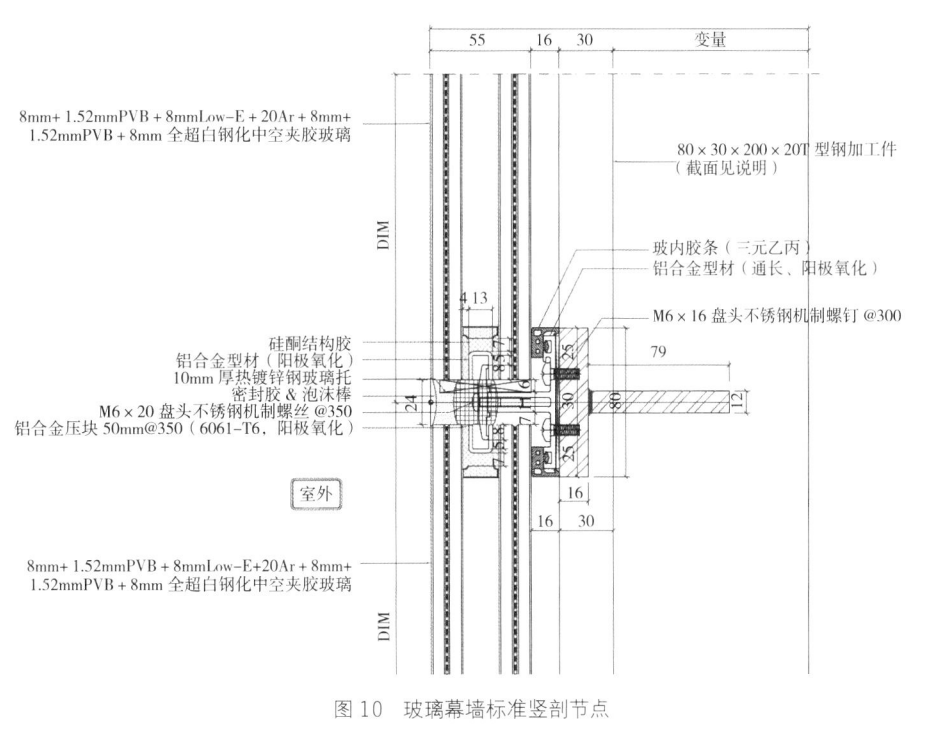

图10 玻璃幕墙标准竖剖节点

2.5 双曲玻璃采光顶

各馆存在形状各异的玻璃采光顶,以妇儿馆二层采光顶(图11)为例,面板采用8mm+1.52mmPVB+ 8mmLow-E+20Ar+8mm+1.52mmSGP+8mm全超白钢化夹胶中空玻璃,玻璃采用热弯与冷弯两种工艺以适应扭曲程度不同的曲面造型,主龙骨采用梯形弯曲钢龙骨,次龙骨采用T形钢龙骨,外饰面65mm宽扣盖型材表面氟碳喷涂。

图11 妇儿馆玻璃采光顶

3 数字化BIM智能建造技术的应用

幕墙公司设计团队通过技术创新和细节把控,围绕"数字化、参数化、信息化"三化理念,将工业技术、信息化技术与建筑幕墙进行有机融合寻找建筑艺术与建筑技术的完美契合点。项目总体技术路线,遵循"研发、设计、制造、服务"高度集成的专家型新生产与服务体系,运用新型建造方式,以绿色化为目标,以智慧化为技术手段,以工业化为生产方式,以工程总承包和全过程智慧服务为载体。在项目前期采用参数化设计对建筑表皮进行参数化和有理化分析,深入调研各类材料特性,通过样板先行策略,从设计、生产、测量、安装、品控等5个重点方面进行研究和全过程把控,提前解决技术难题,保证建筑效果的完美实现。

3.1 复杂异形陶瓦屋面成套智能建筑技术

如何将50万块陶瓦叠片拼接出顺滑的曲面,并能拟合好细节拼缝、吸收主体沉降、温度变形,如何使得屋面系统、双曲铝板檐口、无机水泥板吊顶、弯弧玻璃幕墙等系统完美融合是本项目设计重难点之一。通过数字化平台复杂异形陶瓦屋面成套智能建筑技术,完美解决了上述面临的难题。

(1)基于BIM模型技术的前期设计。

在实现建筑对顺滑曲线要求的前提下,采用数字化BIM分析出各部件之间拟合关系,精确控制面板之间的空隙与分缝,利用模型碰撞检测工具对幕墙、结构、机电与景观等各专业在协作深化工作过程中进行多轮模型的碰撞检查工作,在项目施工前提前发现并处理可能发生的碰撞问题,利用GH编程对原始陶瓦表皮进行曲率分析,提取对瓦效果影响关键数据,根据安装允许缝隙区间局部调整方案表皮,实现陶瓦安装合理化的同时不影响其建筑效果(图12、图13)。

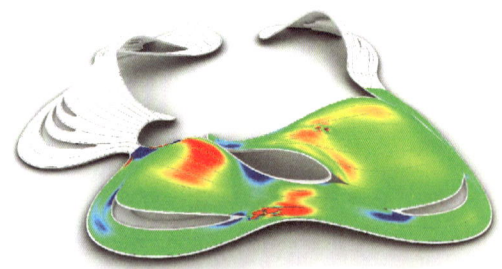

图12 数字化模型中的表皮曲率分析

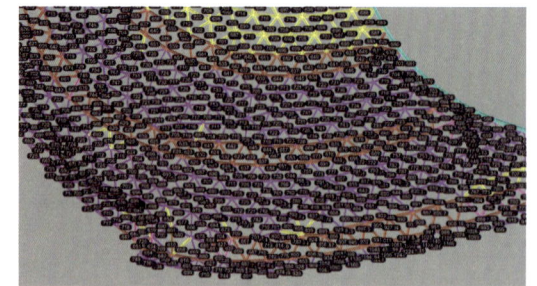

图13 利用GH程序对结构到陶瓦空间数据标记

(2)复杂异形屋面智能精准测量技术。

由于屋面主体结构为异形大跨度网壳结构,在施工前,需进行精确的测量和放线工作。根据实际施工情况建立屋面分区布置图,以钢结构原盘中心点复核主体结构确定构造控制界面,通过放样机器人的应用，将数据整体录入，直接提取数据打点放样，智能化识读、分析判断，整个放样过程中，不依赖于现场的轴网和标高线，自动打出激光点用以标识，较传统放样方法效率提升6倍（图14）。

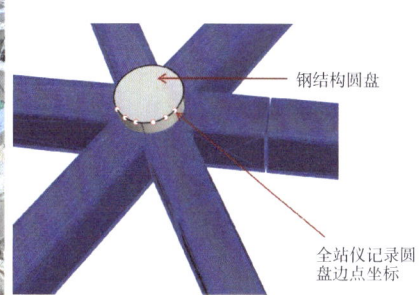

图14 现场施工测量照

（3）三维扫描数字仿真及正向纠偏技术。

在屋面主体结构安装完成沉降结束后，利用三维扫描技术在短时间内获取主体钢构的精确三维数据，通过生成的三维数字模型，运用数字仿真技术对整体幕墙模型进行空间分析及碰撞检测等测试，及时修改碰撞位置，保证建筑效果的同时也有效控制了工程造价，其次通过三维数据模型也为后期屋面的正向设计模型的建立及优化提供模型基础（图15）。利用正向设计生成支座定位图、檩条布置图，以及对幕墙节点进行优化调整，提前解决设计问题和施工中的潜在偏差，最终达到缩短施工周期、节省成本、提高建筑工程质量的目的。

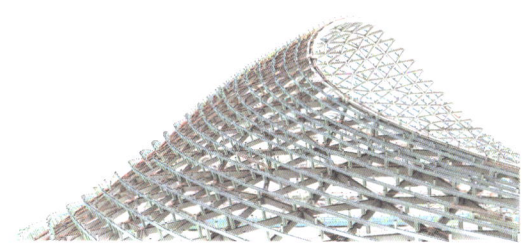

图15 根据现场测量数据局部钢檩条重建模型

（4）超大异形曲面安装建造技术。

① 精确测量放线：使用三维扫描技术对屋面进行精确测量和放线，以确保准确的加工数据，并确定铝合金起始位数据和陶瓦位置。

② 工厂加工：根据导出的加工数据，利用数控机床对铝合金及陶瓦材料进行精确加工，包括长度、孔位和陶瓦切角的准确加工。

③ 预先排序和标记：在施工前，对所有铝合金龙骨及陶瓦进行预先排序和标记。按照规模、尺寸和形状进行分类，并在每根龙骨及每块陶瓦上标记其在屋面上的具体位置，以确保顺利施工。

④ 灵活应用斜坡支架：对于倾斜度大的屋面，可以使用斜坡支架来提供有效而安全的工作平台。斜坡支架可帮助工人在陡峭的屋面上进行施工，并减少因倾斜度引起的施工难度。

⑤ 建立合作与沟通机制：确保施工团队之间有良好的合作和沟通机制，包括设计团队、施工人员。以保持施工过程的一致性和高效性。

3.2 复杂异形金属檐口智能建造技术

由于项目屋面檐口为异形双曲面金属铝板系统，面积达到了1.1万 m²，传统做法无法保证效果。幕墙公司设计团队基于装配式的模块化智能建造技术研究，形成一套"异形檐口智能建造系统"，成功解决复杂异形金属檐口的安装精度与效果差的难题。

（1）自主研发空间异形幕墙金属面板基于图形批量摊平的数字化加工方法，采用添加辅助线方式，对异形装饰面板进行批量排字，通过建立坐标系方式将空间面板摊平定位到平面目标位置，自动转正装饰面板的摆放角度及统一装饰面板的加工及安装方向。加工部门依据统一的分格面板加工图及分格面板的加工数据生产加工相应的分格面板。

（2）精确测量和放线：在施工前采用三维扫描技术进行精确测量，对檐口铝板和龙骨位置进行准确定位和放线。确保每个构件的尺寸、角度和位置满足设计要求（图16）。

（3）加工精度控制：在生产前，要明确加工工艺，采用先进的三维数控模具加工设备和技术，以确保檐口铝板的弧度与模型一致。

（4）提前预制：在工厂预制檐口铝板和龙骨，并在设计阶段就准确计算并加工好尺寸，以确保构件的精度和一致性。预制好的构件可以在现场直接安装，减少现场施工难度和时间（图17）。

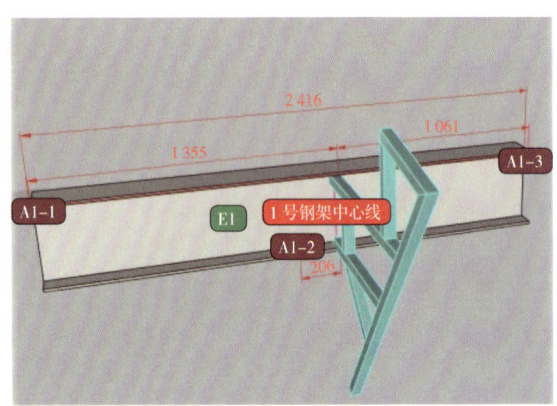

图16 檐口铝板与钢架下料模型

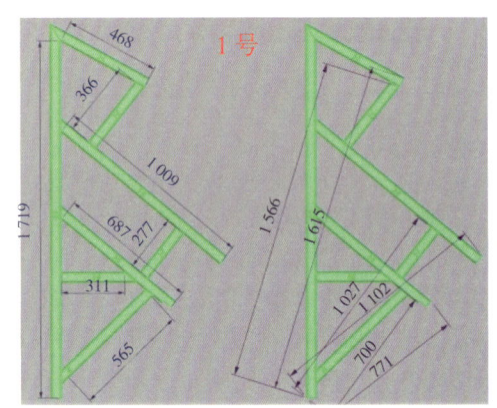

图17 檐口铝板钢架组装图

图18 现场加工完成的檐口钢架

（5）通过装配式优化设计，在工厂内预制檐口铝板龙骨，利用先进的数控设备确保加工精度。运输钢桁架至现场后，使用汽车吊按榀对钢桁架进行整体吊装，并辅助使用30m直臂高空车。这样可以简化现场施工过程，降低纠正和调整的难度，提高施工效率和质量（图18）。

3.3 大空间异形吊顶智能建造技术

本项目空间异形吊顶采用无机水泥板系统，面积约1.5万 m^2。通过基于装配式的模块化大空间异形曲面吊顶智能建造技术研究，形成大空间异形吊顶智能建造技术。

（1）大空间异面吊顶数字化测量及逆向建模技术。

吊顶水泥板利用主龙骨定位弧度曲线，为了实现顺滑曲面，需对钢结构进行精准测量。利用三维扫描技术获取主体钢构的精确三维数据，通过生成的三维数字模型，运用数字仿真技术对生成的模型进行空间分析及碰撞检测等。利用正向设计生成龙骨吊点图，然后进行横向龙骨布置图，提供精确数据以便于后续加工及安装。

（2）大空间异面吊顶装配式安装技术。

为了便于安装，将吊顶龙骨设计为单元钢架，加工厂根据模型导出龙骨及面板加工图进行加工及组装。同步现场根据模型数据,打点出主龙骨左右分格的中心位置。现场利用平台升降装置及升降车,进行单元钢架安装,最后完成面板的安装。极大减少了现场操作的工作量,提高了安装效率(图19、图20)。

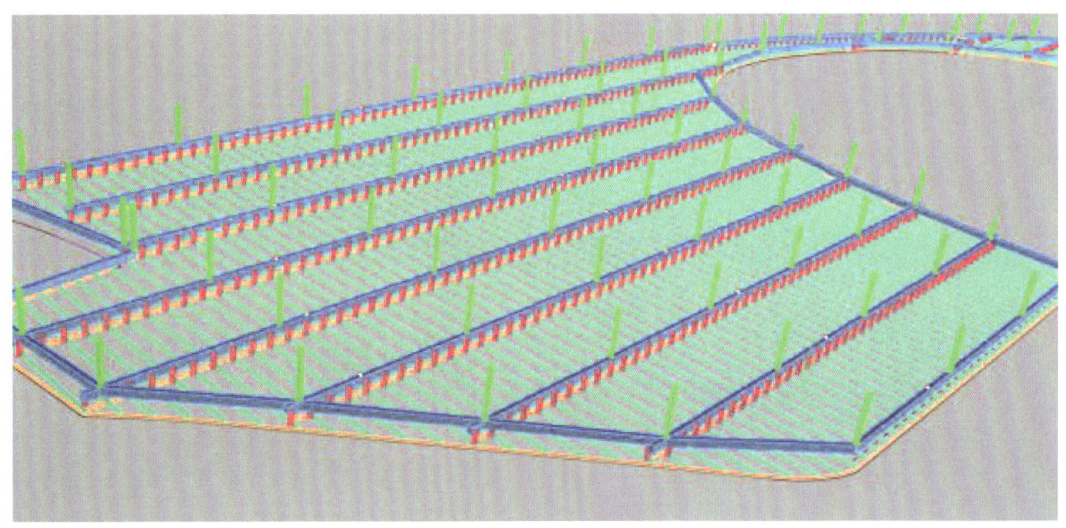

图19 局部吊顶钢架模型

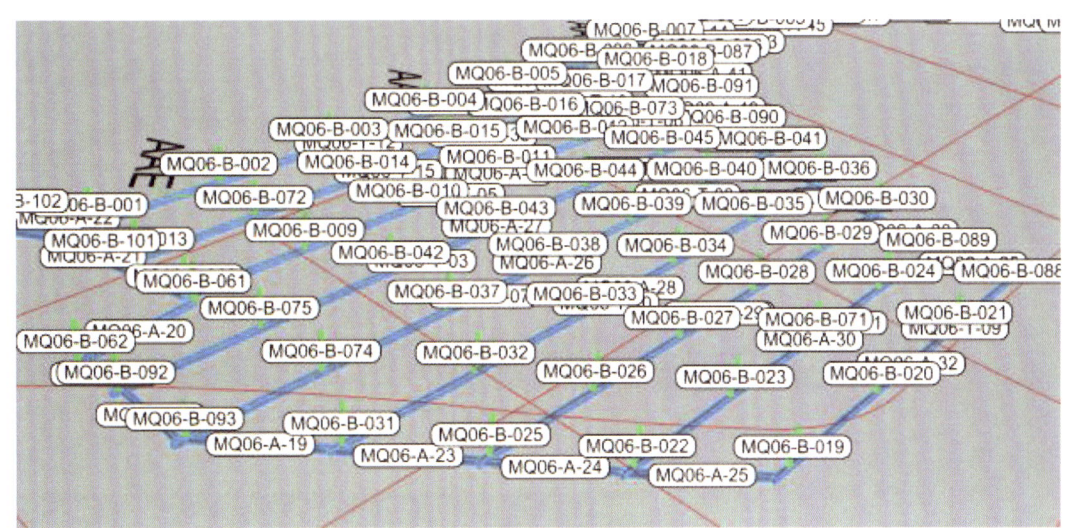

图20 局部吊顶钢架点位标记

本项目创建了高标准异形幕墙智能建造关键技术体系,自主研发7项创新技术,创造了多项国内首创技术,申请专利5项,装饰集团以绿色化、工业化、数字化技术赋能本项目,打造了高端文化场馆建筑。

1 项目概况

汇聚全球体育精彩、打造全球卓越体育城市。

上海久事国际马术中心项目作为上海体育发展"十四五"规划中的重大体育设施之一，也是上海打造世界一流国际体育赛事之都和全球著名体育城市的标志性建筑之一（图1）。

作为中国首座国际顶级标准马术赛馆，既可提供国际马联五星级赛事的比赛场地，也可立足上海城市中心发展中国马术行业。

图1　现场实景图

马术中心坐落于黄浦江畔世博文化公园区域，设计理念源自对空间环境及马术运动精神的尊重，摒弃常规体育场馆"高而显"的设计思路，转而将自然环境引入马术中心内部，力求在有限的用地条件下实现专业性的马术运动功能。

建筑设计理念取意"马术谷"，形态呈Ω马蹄形与山谷等穿插交错形成一体，与世博文化公园相融，成为彰显马术运动特色的文化地景（图2）。

图2　整体漫游效果图

马术中心主体建筑包含 1 个 90m×60m 的竞赛场地、热身场、训练场和高规格马厩等竞赛设施，以及约 5 000 个观众席、贵宾看台、空中包厢的一流观赛设施，致力于打造集赛事活动、马匹检验检疫、马术产业交流合作、马术文化艺术、青少年教育培训五大中心为一体的特色场馆。同时为满足不同类型、不同时间与天气条件下的马术赛事转播与灯光照明需求，马术中心原创设计了全球首个群控可升降灯光平台。

项目外立面装饰幕墙系统包括双曲异形 GRC/UHPC 系统、异形直立锁边屋面系统、双曲面屋面蜂窝铝板系统、双曲面陶棍吊顶系统、群控可升降灯光平台系统及多用途马厩开启门窗系统等共 30 余个系统，面积约 8.8 万 m^2。

上海国际马术中心外装饰幕墙具备形体复杂、实施技术难度大、国际标准要求高三大技术挑战。为完美的呈现这座地标性建筑的外装饰工程，上海建工装饰集团始终遵循"研发、设计、制造、服务"高度集成的专家型新生产与服务理念，在建造过程中不断寻找建筑艺术与建筑技术的完美契合点，将数字化、工业技术、信息化技术与建筑幕墙进行有机融合，坚持技术创新和细节把控。

2 项目幕墙系统形式

2.1 金属屋面系统

主材：0.6mm 厚压型底板 +50mm 厚吸音棉 +1mm 厚压型中板 +120mm 厚保温棉 +4mm 厚 SBS 防水卷材 +25mm 厚绝热棉 +1mm 厚直立锁边板（自下而上）。

本项目屋面直立锁边系统施工面积大，T 形码铝合金支座的施工是屋面板施工的关键程序，屋面直立锁边系统的安装精度直接决定着屋面板上面的蜂窝铝板的安装精度。另外直立锁边上面的蜂窝铝单板为开放式胶缝，因此屋面直立锁边系统板的防水也尤其重要（图 3、图 4）。

图 3　金属屋面安装流程　　图 4　高空压瓦机作业

2.2 蜂窝铝板系统

主材：20mm 厚铝蜂窝板（1mm 厚面板 +中间蜂窝层 +0.8mm 厚背板）。安装方式：铝合金云台系统。板缝：屋面 15mm 开放式。本项目屋面为双曲面，且屋面呈"Ω"马蹄形曲面造型，转角位置多、安装精度控制较为困难，为此要满足不同平面的相邻的 6 块蜂窝铝板交会于一点，须精准定位云台的位置（图 5、图 6）。

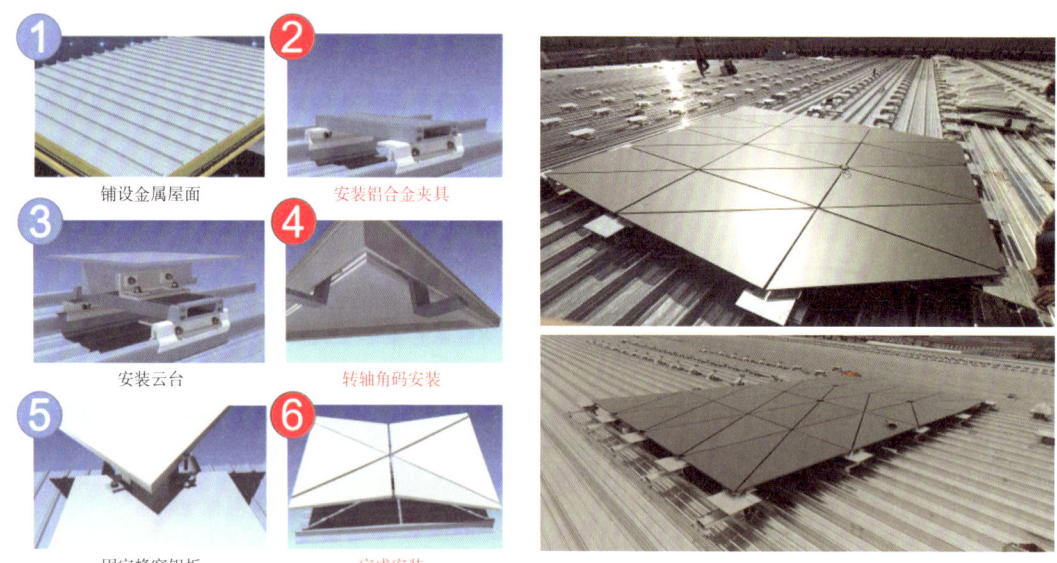

图 5　蜂窝铝板安装流程　　　　　　　　　图 6　蜂窝板安装实景图

2.3　GRC/UHPC 幕墙系统

面板：20mm 厚 GRC 纤维水泥板，钢架：80mm×60mm×5mm 钢方管、50mm×50mm×4mm 钢方管。

局部尺寸：约 8m×2m，重量：约 1.5t。板块造型比较复杂，种类比较多，施工吊装和安装、加工及施工过程中的产品保护也是施工中的重点和难点（图 7）。

图 7　檐口 GRC 板块

2.4 陶棍吊顶幕墙系统

主材：50mm×60mm×8mm 陶棍（内壁粘接防飞散膜），内衬：38mm×28mm 铝合金型材。间距约 150mm。吊顶格栅呈不规则形状，完成面此起彼伏，每根格栅长度不同，首尾端间距不同，安装完成后需保证表面平整、端部顺滑（图8）。

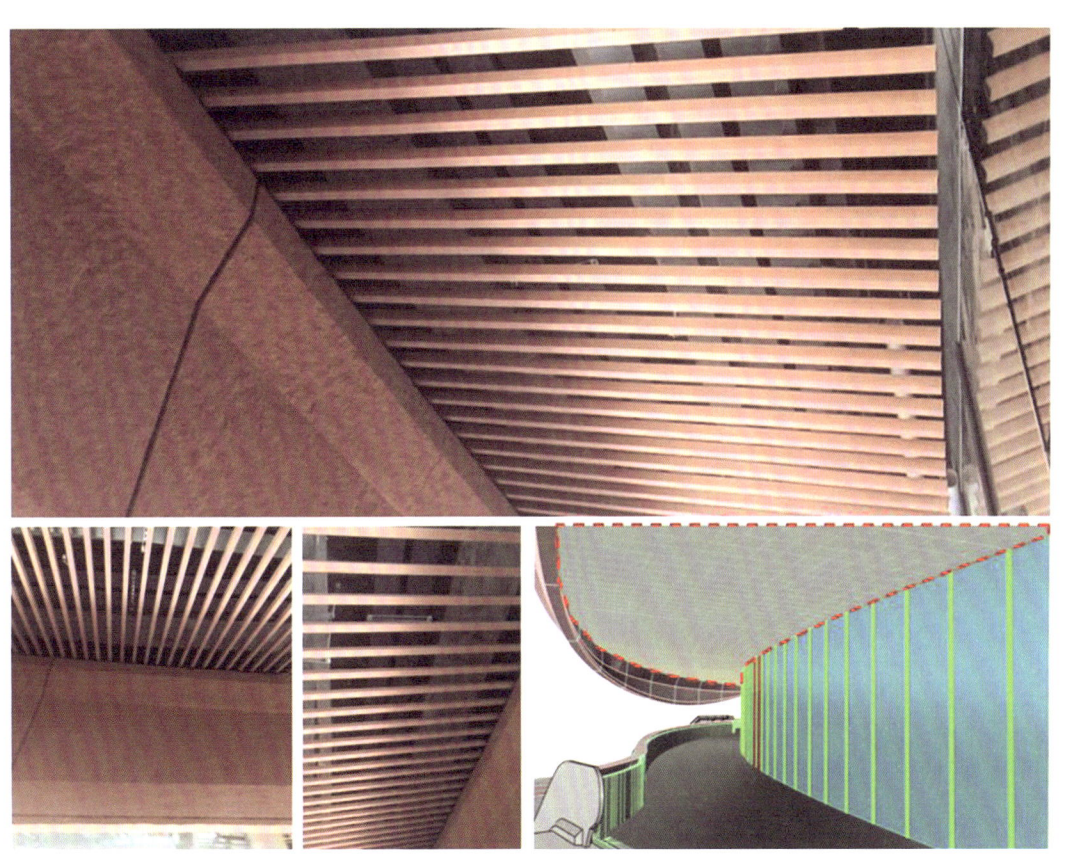

图 8 陶棍格栅吊顶

2.5 玻璃幕墙系统

技术路线：1F～2F、B1～B2 立面（主赛场、马厩、骑手岛）标准分格 1 200×3 000，层间：200mm 防火岩棉（容重 120kg/m³）+1.5mm 镀锌钢板；采用大跨度单块超白玻璃，竖明横隐，外观效果简洁通透（图9）。

图 9 玻璃幕墙模型及深化图

3 数字化技术在项目中的应用

3.1 策划阶段

在项目策划阶段通过可视化漫游展示、施工区域划分、重难点施工措施模拟及二维码可视化交底等方面进行可视化展示帮助项目参与者更好地了解项目概况，有利于提高后期施工质量（图10）。

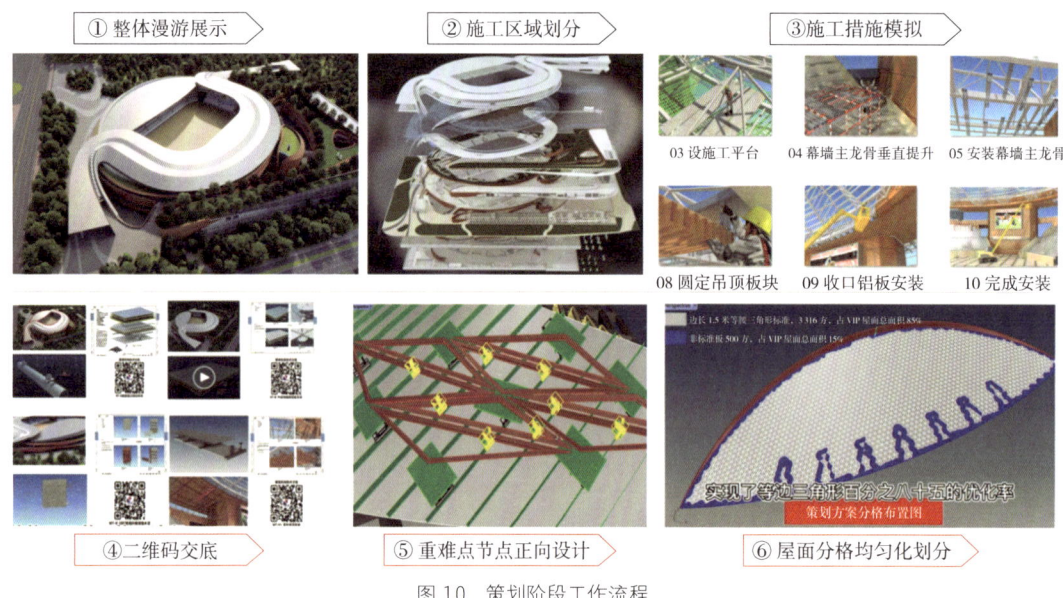

图10 策划阶段工作流程

传统的工程建筑平面图和结构平面图都是二维图纸，二维图纸表达异形模型太过碎片化（图11、图12）。

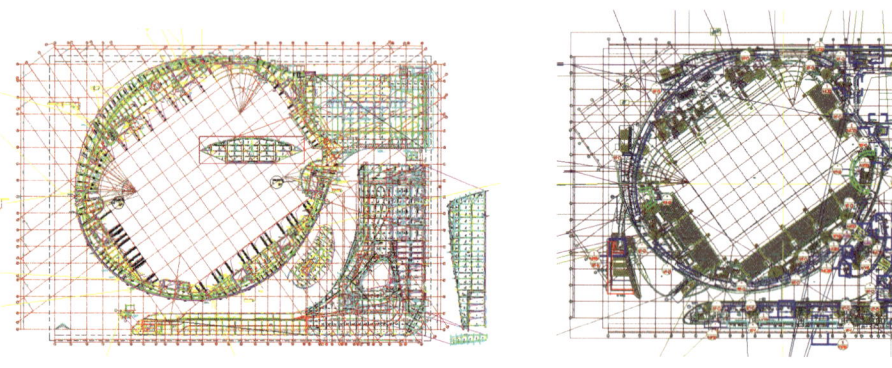

图11 建筑平面图　　　　　图12 结构平面图

例如在本工程GRC幕墙上，在土建结构模型上通过正向设计、深化GRC挂点模型、在钢结构模型上、深化屋面幕墙埋件模型（图13~图18）。

因此运用了BIM技术，在总包土建结构BIM模型现有专业数据上，进行幕墙BIM模型深度延伸。模拟出现场工况后再进行幕墙模型深化，以及模型优化的相关工作。

并将2G超大BIM模型分6部分文件分别存储，将设计意图完整、及时流转，实现施工全过程价值的延伸（图19）。

图 13 总包土建结构 BIM 模型

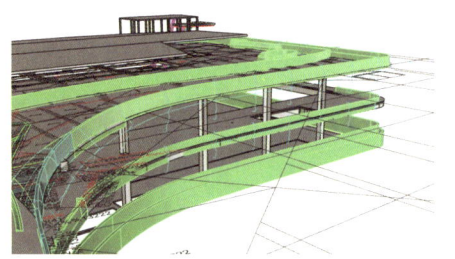

图 14 幕墙增加二次翻口结构

图 15 完成土建部位幕墙 BIM 模型深化

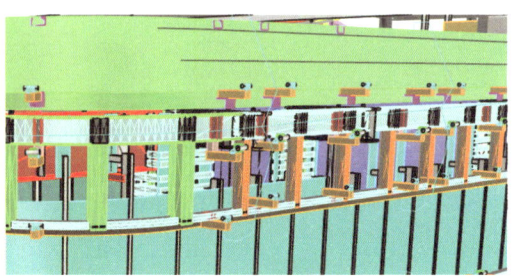

图 16 幕墙 GRC 挂点连接件 BIM 模型

图 17 转角 2m×8m GRC 挂点深化

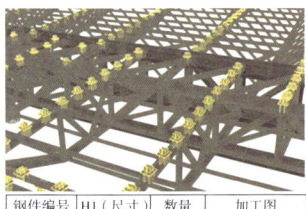

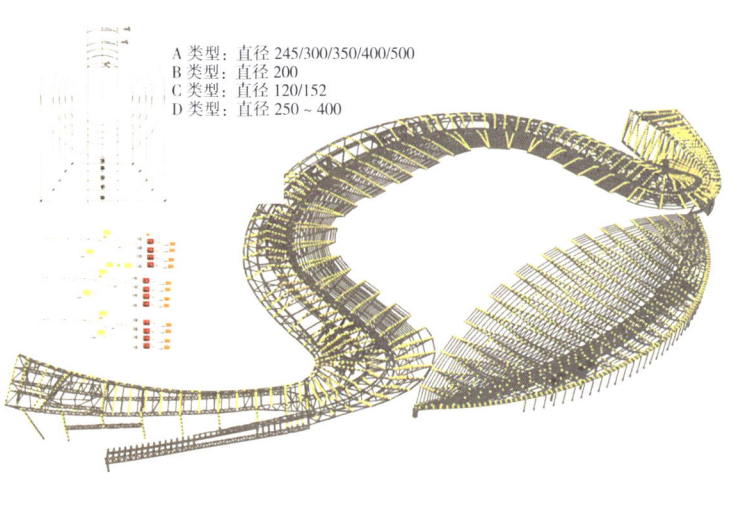

A 类型：直径 245/300/350/400/500
B 类型：直径 200
C 类型：直径 120/152
D 类型：直径 250 ~ 400

钢件编号	H1（尺寸）	数量	加工图
A-35	35	75	MSG-GJG-001
A-77	77	26	MSG-GJG-001
A-91	91	118	MSG-GJG-001
A-111	111	50	MSG-GJG-001
A-130	130	17	MSG-GJG-001
A-152	152	472	MSG-GJG-001
A-167	167	20	MSG-GJG-001
A-189	189	8	MSG-GJG-001

图 18 屋面幕墙埋件 BIM 模型创建

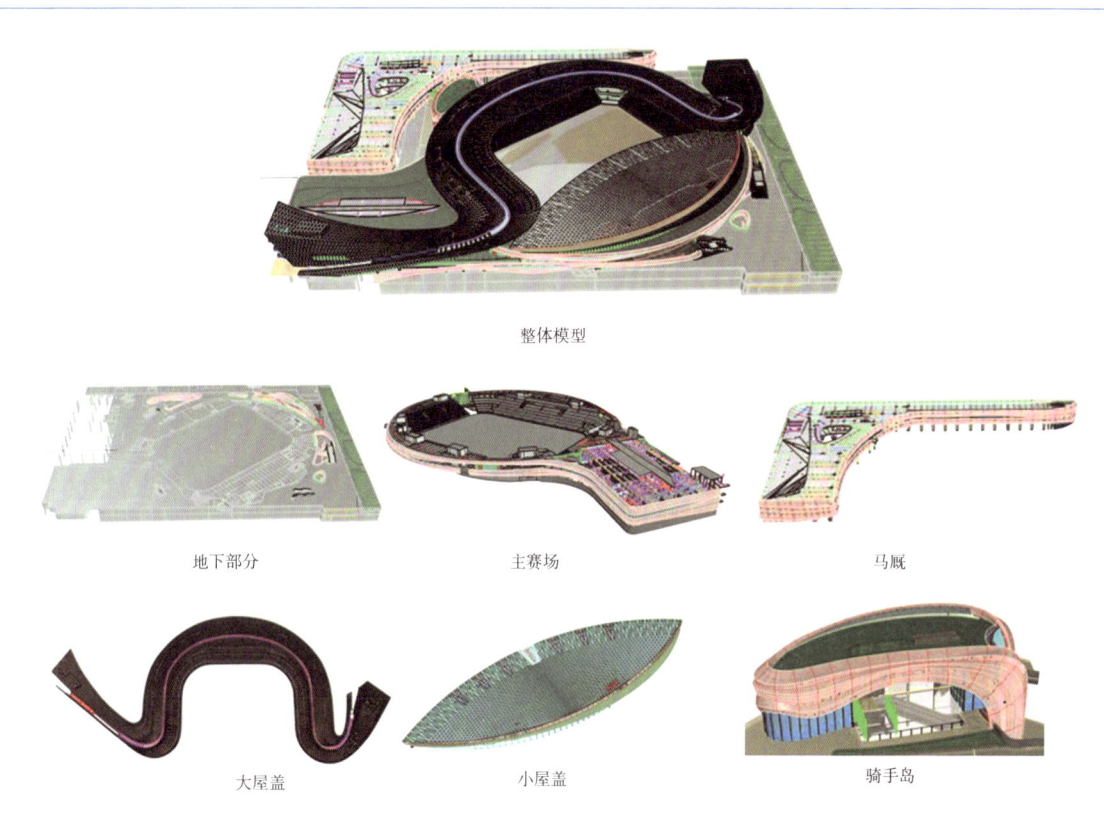

整体模型

地下部分　　主赛场　　马厩

大屋盖　　小屋盖　　骑手岛

图19　分区轻量化储存模型

图20　高空压瓦机工作图

3.2 施工阶段

3.2.1 大跨度双曲面金属屋面系统

本工程整个屋面为渐变曲面，曲面曲率变化大，看台屋面板最长长度约为45m，如何保障施工时长度方向没有接缝，同时包含对众多天沟、水箱、检修洞口的安装，防水要求高，施工难度大。

项目团队整合装饰集团技术资源和优势，通过大量的理论研究和试验验证，最终采用高空压瓦机将铝卷提升至屋面高度时再进行加工，使得加工与运输工作一气呵成（图20）。

3.2.2 超规格可开启升降灯架系统

为满足不同类型、不同时间与天气条件下的马术赛事转播与灯光照明需求，马术中心比赛主场馆原创设计了全球首个群控可升降灯光平台。首次运用的21个升降灯架，主体结构设计难度大，结构预留空间紧凑。灯架安装定位精度要求极高，同时在施工期间还要预留后期灯架机电检修的空间（图21～图24）。

图21 屋面21个灯架开启实景图

图22 灯架位置

图23 施工阶段增加检修

图24 现场完工照片

现场项目团队经过研究策划，最终采用全数字化测量技术对灯架安装进行精确定位，确保了灯架安装的位置及后期人员检修空间。

3.2.3 大体量双曲面蜂窝铝板系统

大型曲面金属屋盖外设双曲异形铝蜂窝板造型装饰板，异形曲面造型由三角形和梯形形状拟合而成，为保障拟合后效果的曲面顺滑、流畅，技术团队发明了一套可实现多功能无级调节的"云台"连接系统（图25），可实现曲面铝板的万向调节确保蜂窝铝板的安装精度。

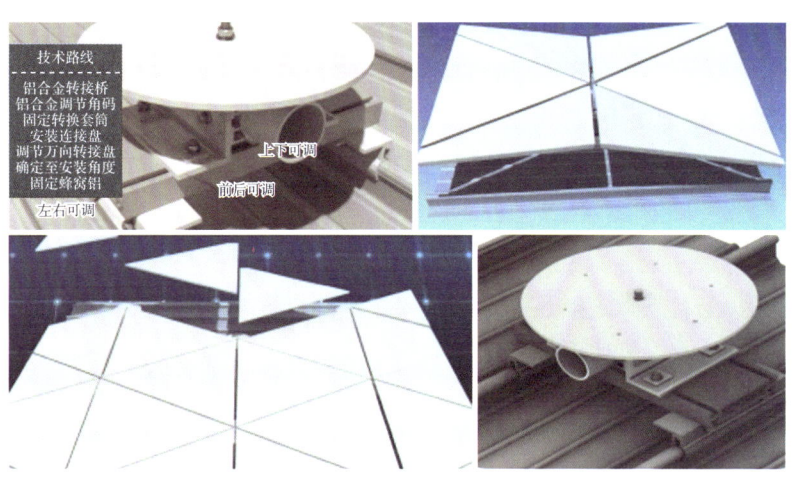
图25 无级调节"云台"系统

由于屋面曲面造型的特征，致使屋面 2.8 万块三角形蜂窝铝板的规格尺寸均不相同，对幕墙的加工及安装精度提出了极大的挑战。

为了突破技术挑战，技术团队自主研发出可视化编程系统对异形面板的进行批量运算，快速实现屋面异形板块的批量缩缝（图26）。同时自主研发完成空间面板批量加工的 3 种方法，并获得发明专利，该算法可针对不同的幕墙场景进行灵活选择，适用性强。为项目提质增效提供了坚实的技术支撑，也为行业未来类似工程的实践提供了很好的参考经验。

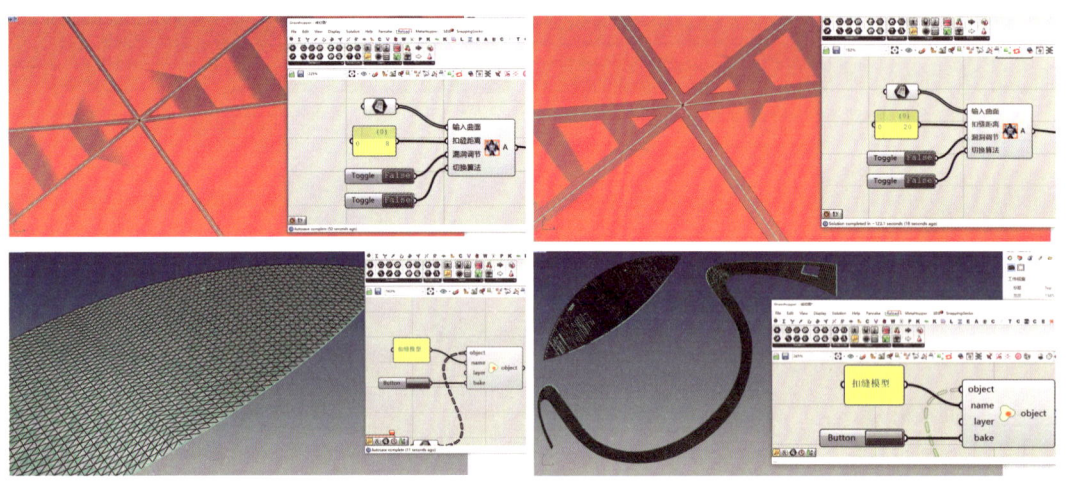

图 26　可视化编程批量缩缝系统

3.2.4　超规格大板块 GRC 幕墙系统

马术中心外立面采用超大异形双曲面造型 UHPC 及 GRC 板，整体面积约 1.7 万 m^2，相对于平板和单曲板，双曲板具有加工难度大、加工成本高、施工安装难度大等特点。通过参数化对 GRC 板块进行有理化分格划分，并对每块定制加工的 GRC 板块添加二维码数字身份，对 GRC 板块进行生产、加工、运输及安装等环节进行动态管控（图27）。

立面 GRC 板局部单块尺寸达到 $5m \times 4m$，面积 $20m^2$、重达 3t，巨型的 GRC 板块厚重尺度惊人，但却不失优美造型，面板表面迷离起伏的线条仿佛一幅流动的画卷，亦动亦静，叹为观止（图28）。

在马术中心主场馆相连的走道区域矗立这一座独立的"小岛"，名曰"骑手岛"，通过两边的空中连廊分别

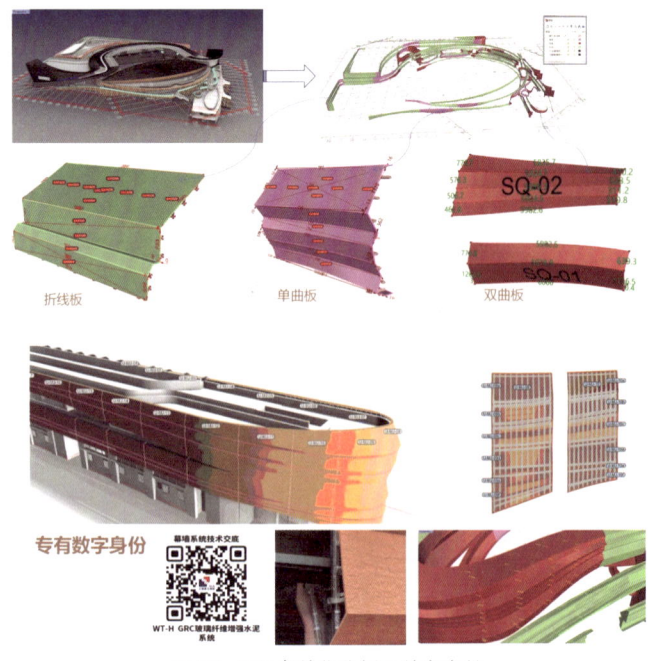

图 27　GRC 参数化分析及数字身份

连接着主赛场和马厩,是比赛区和后勤区的中转站(图29)。为了保证项目完美呈现效果,施工测量是效果成败关键。施工前对主体结构进行数字测量,确定主体结构实际位置,通过逆向建模,消除主体结构施工误差后,再进行幕墙龙骨模型的创建及定位,保证幕墙龙骨安装精度(图30、图31)。

骑手岛的外立面采用的是 1 500m² 的新型建筑材料 UHPC 装饰板,朴实的外观、自由扭曲的造型和细腻的质感呈现出一种独特的视觉效果,在周边厚重的 GRC 板映衬下更显突出与高贵。外形神似一座沉甸甸的冠军奖杯,而西南面玻璃幕墙上流动水幕,更似奖杯上一条无比璀璨的钻石彩带。与 GRC 装饰板同色的铝合金格栅吊顶,将建筑物的视觉效果由立面引入平面,使建筑物的外观更加浑然一体。

图 28　GRC 幕墙实景图

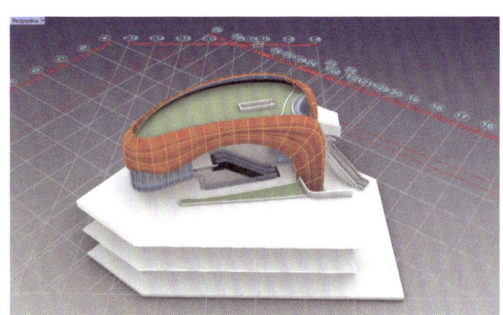

图 29　骑手岛 UHPC 模型及实景图

图 30　骑手岛钢构数字测量

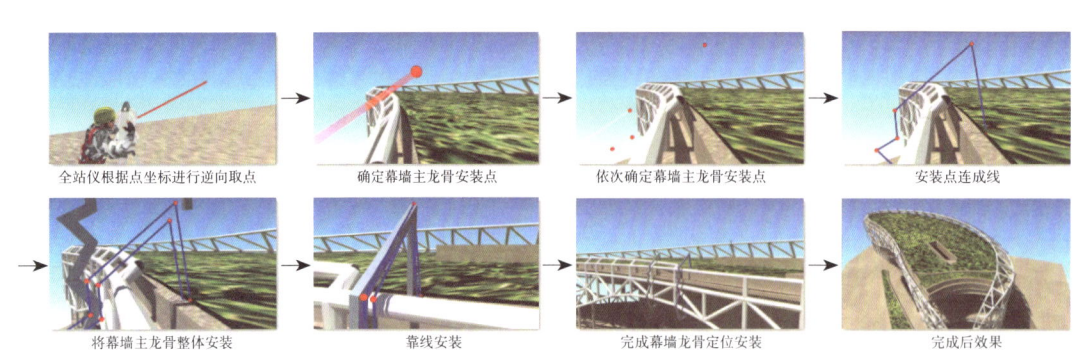

图 31　骑手岛幕墙龙骨数字测量定位

3.3　智慧工地管理

3.3.1　智能管控平台应用

"数字化、工业化、信息化"三化理念是上海建工装饰集团项目管理理念的核心，也是打造新质生产力的关键，公司始终围绕三化理念来打通全产业链条，为这座国际标准马术中心建设赋能。马术中心作为上海建工装饰集团数字智能管控平台的试点工程，在工程管理方面全过程运用数字智能管控平台（图32），通过自动化和智能化技术，极大地简化了管理流程，减少了人工操作提高了整体工作效率。

图 32　智能管控平台界面图

3.3.2　智慧工地企业看板

施工阶段通过智慧工地可实时收集、处理并展示工地上的各类数据，包括项目进度、质量、安全等方面的信息（图33）。使管理人员可以迅速获取工地实时状况（图34），及时做出准确的决策，为项目施工保驾护航。

智慧工地企业看板具备实时预警功能，能够针对质量、安全等方面的问题进行及时预警，帮助管理人员提前发现并处理潜在风险，降低安全事故的发生概率。

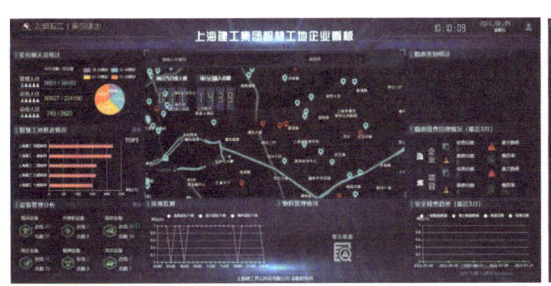
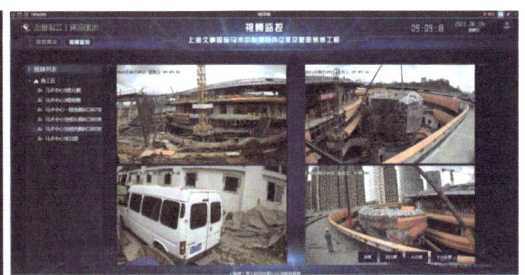

图33 智慧工地企业看板界面

图34 项目实时状况

3.3.3 720°全景图

通过对720°全景图的运用,可对设计方案进行预览和修改,以更好地满足业主和施工方的需求。同时施工人员也可以根据全景图对施工方案进行调整和优化确保工程质量(图35)。

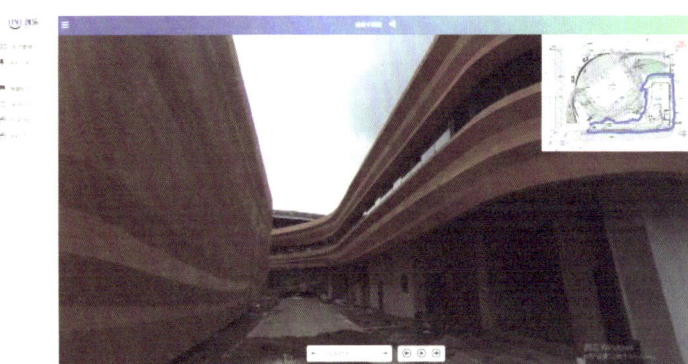

图35 720°全景图

3.3.4 幕墙机械管理系统

马术馆高峰期投入施工人员多,总体幕墙施工机械及登高设备使用量大,因此采用幕墙机械管理系统对施工机械及操作人员上岗进行规范化管理(图36)。

图36 主赛场施工机械现场图及机械管理系统应用截图

为保障上海国际马术中心外立面及屋面装修工程的高标准建造,始终坚持以绿色化为目标,以智慧化为技术手段,以工业化为生产方式,以工程总承包和全过程智慧服务为载体的新型建造方式。并在上海市第一届"数建杯"房屋建筑类项目BIM技术应用施工成果赛一等奖,获得上海数字城市建设成果赛总决赛二等奖。并在全国装饰协会举办的第五届全国装饰BIM大赛中获得幕墙组一等奖(图37)。

数字化建造是在全球新一轮科技革命和产业变革的大背景下,将数字技术与传统工程建造体系融合而成的创新发展模式。针对大型复杂场馆类幕墙项目,通过BIM模型为载体,运用BIM正向设计、数字化测量、面板加工等技术,将数字技术与工程建造相结合,实现大型复杂场馆类幕墙以技术创新和精细化管理为导向的精益化建造。

上海建工装饰集团以绿色化、工业化、数字化技术赋能上海久事国际马术中心,创建形成了高标准国际专业赛马馆异形幕墙智能建造关键技术体系,已自主研发13项创新技术,申请7项专利。运用多项国内首创技术,打造完成中国首座符合国际五星级标准的永久性马术场馆。为上海卓越体育城市建设增添一幅浓墨重彩的优美画卷。

图37 获奖证书

浅析 GRC 在上海迪士尼梦幻世界项目塔群中的应用

1 工程概况

上海迪士尼乐园，位于上海市浦东新区川沙镇黄赵路 310 号，于 2016 年 6 月 16 日正式开园，是中国内地首座迪士尼主题乐园，也是中国规模最大的现代服务业中外合作项目之一，是一座具有纯正迪士尼风格并融汇了中国风的主题乐园。

上海迪士尼乐园作为全球最大的迪士尼乐园之一，充满欢乐、梦幻与浪漫。"梦幻世界"是上海迪士尼乐园中最大的主体园区，宏伟壮丽的"奇幻童话城堡"便坐落其中（图 1）。

图 1　上海迪士尼奇幻童话城堡

2 外立面介绍

上海迪士尼奇幻童话城堡是乐园中标志性的建筑物，而城堡外观最有特色的地方是城堡的群塔，群塔塔身以主题抹灰（TCP）和艺术性装饰构件 GRC（玻璃纤维加强型混凝土）为主。本文主要介绍 GRC 构件在塔群中的应用。塔尖尖顶是纯金箔纸贴金，造型优美，熠熠生辉。其中又以 8 个大塔为典型。

8 个塔的位置（T1、T2、T3、T4、T5、T6、T7、T8）如图 2 ~ 图 10 所示。

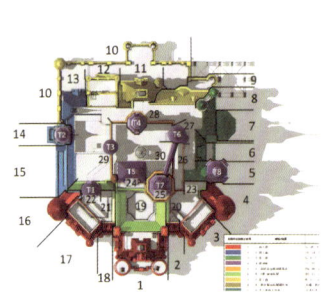

图 2　迪士尼城堡 T1～T8 位置图

塔尖高度：41.727m
金顶高度：3.356m
铸铜重量：486kg

图 3　一号塔（T1）

塔尖高度：39.844m
金顶高度：3.510m
铸钢重量：576kg

图 4　一号塔（T2）

塔尖高度：44.248m
金顶高度：3.107m
铸铜重量：289kg

图 5　一号塔（T3）

塔尖高度：65.800m
金顶高度：7.927m
铸铜重量：2 497kg

图 6　一号塔（T4）

塔尖高度：44.876m
金顶高度：3.443m
金顶重量：285kg

图 7　一号塔（T5）

塔尖高度：60.013m
金顶高度：5.131m
铸铜重量：702kg

图 8　一号塔（T6）

塔尖高度：69.008m
金顶高度：4.602m
铸铜重量：786kg

图 9　一号塔（T7）

塔尖高度：41.849m
金顶高度：3.861m
铸铜重量：677kg

图 10　一号塔（T8）

2.1 GRC 构件的应用

迪士尼装饰性建筑组件包括建筑装饰品（AO）和人造建筑构造物（MAI）：工厂预制，且经过预先表面处理的装饰品，位于室内或室外公共游客视线范围内的位置。指定用于梦幻世界城堡的 MAI、AO 类型需要多种材料，多种表面材料以及多种制造和安装工艺，其中包括但不限于 GRC、GRP、GRG。

2.1.1 材料及标准

2.1.1.1 耐碱玻璃纤维

GRC 产品使用的玻璃纤维应该是专门开发和配制的连续耐碱纤维纱，耐碱玻纤材料可包括无捻粗砂，短切砂和网格布，长度最适宜的范围是 25~51mm，氧化锆含量 >16%。该标准应该被指定者和其他相关部门所认可，并以适当的证书作支持，通常采用的是 Cem-FIL 和 NEG 玻璃纤维。按照迪士尼技术规格书文件 06 84 13 章节 2.04 D 的要求，GFRC 专用的耐碱玻璃纤维（图 11），耐碱玻璃纤维粗纱和耐碱玻璃纤维短砂应符合《耐碱玻璃纤维无捻粗砂》（JC/T 572—2012）的要求，耐碱玻纤网（图 12）应符合《耐碱玻璃纤维网布》（JC/T 841—2007）要求。

图 11 耐碱玻璃纤维

图 12 耐碱玻纤网

2.1.1.2 水泥

GRC 生产所用水泥（图 13）应符合下列标准规范的相关要求：
《波特兰水泥标准规范》（BS 12：1991）；
《波特兰水泥标准规格》（ASTM C150）
《通用硅酸盐水泥》（GB 175—2007）
《白色硅酸盐水泥》（GB/T 2015—2005），一类或二类，白硅酸盐水泥（28d 的抗压强度达到 42.5MPa）。

供应者应提供有效的质量支持证书。应该正确地贮存水泥，保持干燥，避免品质降低。

图 13 白水泥

2.1.1.3 细集料

细集料采用石英砂，石英砂应洗净除去可溶性物质，并保持干燥这样才有可能准确地控制水灰比。《混凝土用天然骨料规范》（BS 882：2002）中要求细集料颗粒形状是圆的或不规则的，并且是不含蜂窝的光滑表面。细骨料/砂土符合《普通混凝土用砂、石质量及检验方法标准》（JGJ 52—2006）要求，经过清洗的清洁干燥骨料：级配应能提供经过雇主认可的表面纹理效果。

喷射 GRC 要求的最大颗粒尺寸为 1.2mm，预混 GRC 要求的最大颗粒尺寸为 2.4mm。两种工艺情况下，通过 150μm 孔筛子的细颗粒面分数应低于砂子总质量的 10%。

石英砂应该符合下列标准规范：

硅含量＞96%，水分含量＜2%，可溶盐含量＜1%，烧失量＜0.5%，硫酸盐最大＜0.4%，氯离子＜0.6%。

2.1.1.4　水

水应该是清洁无杂质的（饮用淡水），并且应满足《制混凝土用水的试验方法》（BS 3148）的要求。

2.1.1.5　外加剂

由于外加剂（减水剂）能够提高 GRC 的性能，所以许可使用而且鼓励使用。应该按照供应者的推荐，严格使用外加剂，生产者必须保证外加剂的使用不会对最终产品有负面影响。外加剂应参考英国标准《砂浆外加剂》（BS 4887）、《混凝土外加剂》（BS 5075），或符合《混凝土化学外加剂标准规范》（ASTM C494）、《混凝土加气混合物标准规范》（ASTM C260）要求，如果 GRC 中含有钢筋、固定套管或相似的浇注部件，绝对不能使用氯化钙基的外加剂。防水外加剂：结晶型防水型涂料适用于水泥混合物，晶体填满于空隙内，且不减低水泥强度或耐化学性满足《水泥基渗透结晶型防水材料》（GB 18445—2001）。

2.1.1.6　掺合料

可以加入其他组成材料，如硅灰、偏高岭土（HRM）、粉煤灰、增强填料以改善混合物的性能。必须根据产品说明使用，生产者必须证实外加材料的使用不会对 GRC 的性能产生负面影响。必须符合：《混凝土外加剂》（GB 8076—2008）、《用于水泥和混凝土中的粉煤灰》（GB 1596—2005）符合生产商标准管理，与 GFRC 制品上的后续涂层相容，且经过业主批准。聚合物使用量不小于容量的 5%（氯化钙基化学制品不被接受）。

2.1.1.7　颜料

可以使用粉状颜料或分散体系以生产彩色 GRC，颜料应符合《硅酸盐水泥和硅酸盐水泥制品的颜料规范》（BS 1014）或《混凝土和砂浆用颜料及其试验方法》（JC/T 539）要求，买方必须理解颜色发生的变化，必须在可接受的变化范围内与生产者达成一致。

2.1.1.8　预埋件

根据《上海迪士尼度假区通用技术规格书》06 84 13 章节 2.07 B 条要求，用于连接 GRFC 与支撑框架的所有螺栓、螺母和垫圈应由根据《耐热钢棒》（GB 1221）标准的 316 型不锈钢或者 0Cr17Ni12Mo2 合金不锈钢制成，室内外露用途可使用根据《耐热钢棒》标准的 304 型不锈钢或 0Cr18Ni9 合金不锈钢，如图 14 所示。

图 14　预埋件

室外产品使用 316L 型不锈钢产品。检测设备使用 OLYMPUS DELTA-2000 系列手持式金属合金检测仪（图 15、图 16）。

2.1.2　制作工艺

GRC 的制作步骤分为原形制作，模具制作和产品制作三个步骤。制作原形之前，召开开工会，由业主工作人员到场交底，原形制作完成之后，业主对原型验收，验收通过之后根据原形制作模具。模具制作完成后，由业主对模具验收，验收通过之后使用模具生产产品。产品制作完成后，对产品验收（产

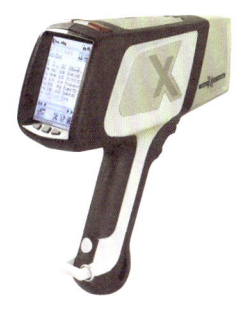

图 15　手持式金属合金检测仪　　　　图 16　OLYMPUS DELTA-2000

品组装验收），验收通过之后发货，然后现场安装。

2.1.2.1　原形制作

原形制作是指使用油泥、石膏、木材等容易制作各式造型的材料制作出尺寸大小 1∶1 的原型，用于制作 GRC 的模具（图 17 ~ 图 20）。对于复杂的造型，有时候，会同时使用油泥、石膏、木头等材料制作同一个原形。制作过程中，工匠需根据原始图纸的要求，使用各式各样的工具，仔细地按照图纸中标注的尺寸勾勒出图形中表达的造型。

图 17　木原形　　　　　　　　　　　图 18　泥原形

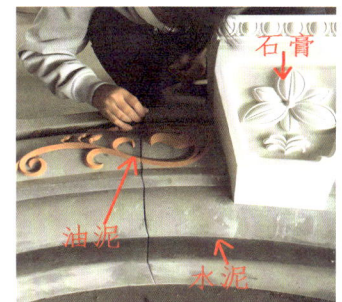

图 19　多种材料原形　　　　　　　　图 20　多种材料原形

2.1.2.2 模具制作

模具制作是指使用硅胶、GRP、木材等材料制作出用于生产GRC产品的母模（阴模/负模）。木模适用于尺寸较大，表面无肌理的产品，硅胶膜适合塑像或雕花等需要精雕细琢的产品。而我们使用的是硅胶+GRP材料组成的模具，适用于表面肌理细腻的产品如：仿木纹、仿石纹。模具制作步骤如下（模具制作图如图21所示）。

硅胶+GRP材料制作模具　　　　脱模后　　　　　　　　原形

翻模　　　　　　　　正面　　　　　　背面（木材加固）

图21　模具制作图

（1）在制作负模之前，负责人应检查确认原型的编号。

（2）做一底座台放置原形，用边框固定原形。

（3）主模表面要光滑，尽量做到无瑕疵，因此，制模表面不能有任何沙子。

（4）10min一次，给模具上三次蜂蜡，直到干为止。上好蜡后，用布擦去表面灰尘。用硅胶原料（掺入硬化剂）涂覆在原形表面，每一个产品至少刷三层硅胶，每一层硅胶的厚度为1mm，在刷硅胶的过程中，要求每一层固化后才能刷另外一层，在刷第三层时要在第二层上面加一层纱布来增加硅胶的强度。整个模具硅胶部分根据产品的大小不同的要求厚度控制在3～4mm。硅胶开始凝固时间为20min。多层涂刷片模，应遵循内、中、外同时固化为宜。固化剂用量相对少时，反应时间加长，反应充分，胶体就好，因此固化剂用量最好是内少外多。

（5）使用GRP原料——树脂（液态，黏稠状，加入固化剂）和玻纤网格布，在硅胶层的背后继续涂刷3～4遍，每次3～4mm，总厚度达到15mm。每一遍涂刷分为两道工序，第一道：使用刷子涂刷树脂，第二道：覆盖一层玻纤网格布。每遍间隔24h（根据环境温度改变）。GRP本身是强度较高的材料，但由于模具对强度要求很高，在GRP模的背后，还需要用木材等材料制作加强肋加固。

（6）脱模。清理模具表层，修补缺口。切除任何多余的材料。

2.1.2.3 产品制作

GRC产品制作分为面层和背层两层。

面层材料是不含玻璃纤维。适合做表面处理，做出各种艺术效果，面层厚度3~4mm，喷涂一层即可。具体配比如表1所示。

表1 面层配比

类型	水泥	石英砂 A：20/40# B：40/70#	水	外加剂	聚合物	色粉
F/C	40kg	40kg	12kg	200~700ml	2.5kg	

说明：根据天气情况，水可以±2kg调节。

背层材料添加玻璃纤维，喷涂4~5层，每层3~4mm。一般GRC产品总厚度在19~22mm，边缘和加强肋处除外（按照800mm间距设置背部肋梁）。背层配比见表2。

表2 背层配比

类型	水泥	石英砂 A：20/40# B：40/70#	水	外加剂	聚合物	纤维
背层	40kg	40kg	12kg	200~700ml	2.5kg	5.15kg

说明：根据天气情况，水可以±2kg调节。

（1）材料拌合。

为了得到均匀的料浆，我们应使用高速旋转搅拌机来搅拌原料，水和外加剂也很重要。配料组分的添加顺序也很重要，根据搅拌顺序，先将水和外加剂搅拌在一起，再加入水泥和砂用搅拌机慢慢搅拌2min，然后停止搅拌。

（2）GRC制作前的检测。

坍落度检测按《预制混凝土制品 玻璃纤维增强水泥的试验方法》（BS EN 1170-1：1998）。

这是对混合物喷射能力一个很有用的检测，在一个洁净、易清洗的平板中央放上充满料浆的橡胶管，轻轻搅动料浆使气泡冒出，顶部多余的料浆用铲子找平，慢慢竖直提起，料浆慢慢塌落下来。读取料浆到达的圆环数，根据自然天气情况，理想的数是4~7环，如图22所示。

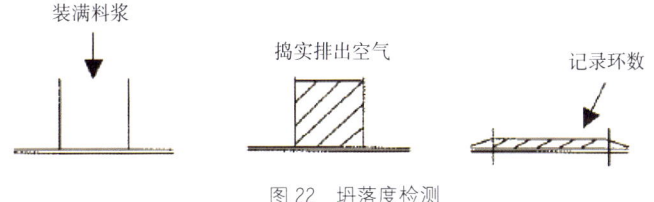

图22 坍落度检测

图 23 喷浆工具

喷射前检查（图23）

① 模具是否干净，是否已用适当的模具清洁物质近处理。

② 滚轴和泥刀是否已清洁干净。

③ 在贮料桶的混合物是否已进行过过滤。

④ 喷射压力是否在正确档位。

⑤ 袋式和贮料桶检测是否进行。

⑥ 喷枪是否操作正常。可以通过使用单个雾状涂层喷枪或是增加喷枪的雾化压力，以达到理想的雾化程度，注意不要在一点重复喷射和避免使用没有增强的雾状涂层，这会导致日后出现裂痕。

（3）喷浆和预埋。

① 正常的喷射涂层（每层厚3~4mm）的速度应该不能太快也不能太慢（图24）。

② 在后一层喷射前，前一层涂层都应该进行压实。

③ 每一层涂层的喷射都应从不同的方向进行喷射。

④ 主要的一点是当第一条喷射带没有喷射完之前，下一条就不能喷，这样会影响GRC的牢固度，而且会导致分层现象。

⑤ 根据图纸，埋入预埋件，预埋件周围须压实，用深度尺（图25）进行厚度控制。

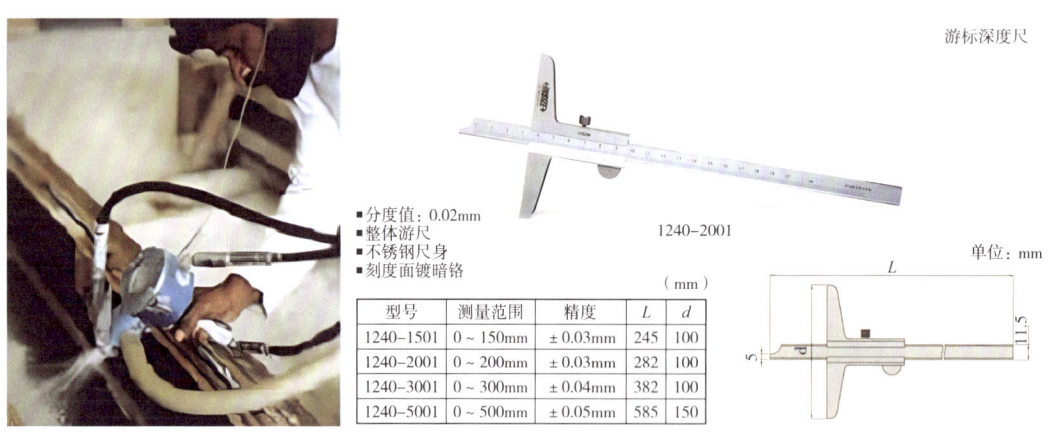

图24 喷浆示意图　　　　　图25 深度尺

（4）压实收光。

① 滚轴等作业工具在使用时要确保清洁。

② 要使用较硬的刷子，用于边部及内角部毛刺的处理。

③ 在生产过程中，滚轴、刷子和铲刀必须泡在水里。预防泥浆在表面凝固。

④ 按模具产品的形状顺序滚压，滚压操作要符合规范，不留死角，气泡要排空，以增加GRC密度，提高强度。

⑤压实后要用探针测量产品厚度，确保厚度误差在 ±1mm 以内，尤其是中间及阴阳角位置。
⑥收光后的产品表面要光滑无起伏，无飞边毛刺。

（5）脱模。

等到 GRC 构件达到一定的强度时，才能将它们脱模，以便它们能在脱模和搬运时有足够的强度，减少因强度不足造成的缺边掉角，一般情况下，温度在 20℃时，GRC 构件应在 12h 后再脱模。对于特殊的早强水泥混合设计可允许在达到规定的强度后进行脱模，但在低温状况下，必须延长时间直至强度足够后方可脱模。

（6）表面处理。

使用砂皮，白水泥，色粉，胶水，抹刀，钉子等工具对表面做进一步修饰，制作表面效果。仿木纹，仿花岗岩大理石，风化效果等（图26 ~ 图28）。

  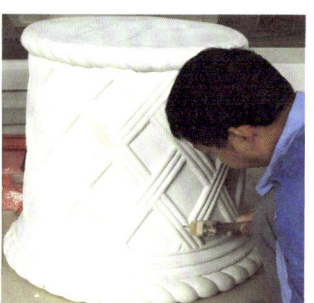

图 26　表面修饰工具　　　　　图 27　砂皮打磨　　　　　图 28　制作表皮效果

3　重难点分析

3.1　现场安装

GRC 构件现场安装的过程中通常会遇到 GRC 构件尺寸与现场建筑物尺寸不匹配的情况，导致 GRC 构件背后紧固件与建筑物上的预埋件无法正常连接。遇到此类情况，可以采取现场凿除多余砼和修改 GRC 构件尺寸的做法（图29）。为了提前避免此类情况的发生，有一些构件，例如城堡塔系列的 GRC 构件采取工厂预拼装和整体吊装的方法来避免此类情况发生。最大限度地减少了安装过程中的问题，尽量确保 GRC 构件在现场安装时一次性安装到位。根据迪士尼技术规格书 06 84 13 章节 1.06 H 条内容规定，施工前必须由具有中国地区执业资格的结构工程师编制施工计算书并签字盖章。根据《上海迪士尼

图 29　现场修正图例

度假区通用技术规格书》06 84 13 章节 1.07 F 条内容规定，焊接工作必须由经过《钢熔化焊焊工技能评定》（GB/T 15169—2003）测试，并经过供认的建筑或规范主管部门认证的具有有效资质的操作人员执行焊接作业。向雇主提交资质认证资料与证明以供审核。除非另经明确说明或者雇主批准，焊接作业应符合《钢结构焊接规范》（GB 50661—2011）、《建筑钢结构焊接技术规程》（JGJ 81—2002）或《钢筋焊接及验收规范》（JGJ 18—2012）中的适用要求。焊接工作须经雇主检查，安排焊缝接受由经过雇主认可的独立测试检验机构的检验与认证，以确认其关于适用要求的合规性。

产品预拼装是指在 GRC 产品出厂之前，将 GRC 产品安装在主钢和及次钢上的过程，目的是避免 GRC 运至现场后因为 GRC 背后预埋件位置和主次钢上的安装点位不一致而造成无法安装的情况以及 GRC 构件拼装完成后拼缝过大等情况，在工厂内对拼装后发现的问题做及时处理。若由于安装点位错误而造成预拼装无法完成则修改主钢上的安装点位，若由于构件尺寸问题造成拼缝过大或者无法拼装，则修改 GRC 构件尺寸，采用切割打磨或者重做的方式修改 GRC 构件尺寸，直到预拼装完成并通过业主验收为止。预拼装图例如图 30 所示（主钢由机施负责）。

图 30　7 号塔工厂预拼装

产品整体吊装是指经过工厂预拼装的 GRC 产品，分拆以后运至安装现场。在现场进行组装，分一段或多段将产品吊至安装点并安装的过程。其中以城堡的 8 个塔为典型。塔身 GRC 构件和内部主钢结构运至现场之后，在现场拼装 GRC，将 GRC 构件按照工厂预拼装的步骤拼装完毕，并在预先设定的吊点上系上吊索（图 31、图 32 中，1 号塔整体吊装）。现场使用 ZSL380 塔吊实施吊装任务。对于尺寸过大、质量过重的塔身，现场采取分段吊装的方式将塔身安装到位（图 33、图 34 中 4 号塔现场吊装）。塔身内部主钢结构底部均设有法兰盘，法兰盘之间用高强螺栓连接。螺栓和螺母根据 spec 文件 05 70 00 2.02 O 条所示，必须符合《不锈钢热轧钢板和钢带》（GB/T 4237—2007）、《不锈钢棒》（GB/T 1220—2007）和《不锈钢冷轧钢板和钢带》（GB/T 3280—2007）要求的不锈钢，对于室内位置：碳钢按照《金属及其他无机覆盖层钢铁上经过处理的锌电镀层》（GB/T 9799—2011）或者《紧固件　电镀层》（GB/T 5267.1—2002）镀锌，等级 Fe/Zn5，室外或与不锈钢接触处螺栓须满足《紧固件机械性能不锈钢螺栓、螺钉和螺柱》（GB 3098.6—2000）的要求，螺母须满足《紧固件机械性能　不锈钢螺母》（GB 3098.15—2000）要求。埋入建筑的主钢与塔身主钢是同一家企业生产加工的，且出厂前上下法兰已核对过位置，确认无误后，将下半段运往现场埋入主体结构，上半段运往 GRC 工厂做预拼装。因此，确保了现场吊装不会出现法兰对不上无法安装的情况。

图31　1号塔现场拼装

图32　1号塔整体吊装

图33　1号塔整体吊装

图 34　4 号塔分段吊装与法兰盘安装

3.2　拼缝处理

《上海迪士尼度假区通用技术规格书》06 84 13 章节 1.06F 条内容规定，施工深化图必须标明设计荷载参数、尺寸、相邻结构、材料、厚度、制造细节、所需空隙、现场连接、容限、颜色、表面材料、支撑方法、与水管和电气部件的整合，以及锚固。技术规格书 06 84 13 章节 2.03F 条规定对于 GFRC 的外露表面进行处理，使其与雇主样品相符，不含任何瑕疵、接缝痕迹、纹理、气囊、夹层或蜂窝，且颜色与质地均匀。以上两条表明，拼缝位置需在深化图上体现，拼缝处理需颜色、质感与相邻面相匹配。

对于 GRC 构件安装到位后留下的拼缝可分为两种。一种是 GRC 构件之间的拼缝，另一种是 GRC 构件和建筑主体之间的拼缝。前者使用打胶的方式处理（图 35），后者采用主题抹灰的方式处理（图 36），两者处理完毕后都须进行主题上色，

图 35　拼缝处理（打胶）

图 36 拼缝处理（主题抹灰）

以达到颜色和质感与相邻面相匹配的效果。

　　GRC 是一种以耐碱玻璃纤维为增强材料、水泥砂浆为基体材料的纤维混凝土复合材料，GRC 是一种通过模具造型、纹理、质感与色彩表达设计师想象力的材料。GRC 构件具有轻质高强、耐久性好、抗冲击性好、保温隔热性能好、易于加工和安装、环保可持续等多种优点。因此，在建筑装饰领域中得到了广泛的应用。同时，随着人们对建筑装饰要求的不断提高和环保意识的不断增强，GRC 构件的应用前景也将会更加广阔。

动态艺术类表皮数智建造技术

Digital Construction Technology for Dynamic Art Skins in Architecture

第 5 章

Chapter 5

5.1 环保类艺术幕墙数智建造技术

5.1.1 生态绿植幕墙

绿植幕墙作为一种新型的绿色幕墙系统,是将植物种植与幕墙系统进行装饰和功能性设计的结合。这种幕墙系统结合了植物的生长特性和建筑装饰的需求,不仅能够提升建筑物的美观性,还能提供一定的生态功能,将生命力注入现代城市中。绿植幕墙在夏季可阻隔太阳光对外墙的照射,减少热辐射降低热传导,能耗比常规建筑幕墙降低40%左右,并减少空调负荷15%以上;冬季,既不影响墙面得到太阳辐射热,又可减少热能耗约10%。此外,立体绿化还可以减少光污染,净化空气、除尘和防噪等作用明显(图5-1)。

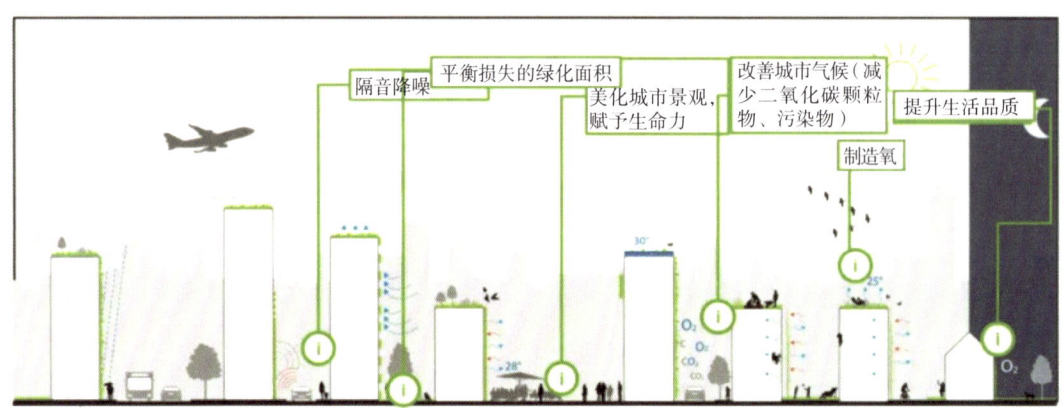

图5-1 绿植墙面和屋顶的作用(通过绿植外表皮带来荫凉,蓄积雨水,构建立体的海绵城市,Nicole Pfoser,2012)

5.1.1.1 绿植幕墙形式分析

1)附壁式

以吸附类攀缘植物为主,利用植物材料自身的吸附性沿墙面自行攀缘,以布满整个外墙墙面。

2)牵引附壁式

在墙壁上用固定的铁丝网或其他结构作为媒介进行牵引,与附壁式相比,此种方式的垂直绿化可对植物的伸展方向进行控制,防止对重要部位或设施的覆盖,相对覆盖速度较快。

3)附架式

通过搭建木架、金属网架等辅助设施,使植物攀缘在建筑墙面外的构架上,形成离壁式绿化,可达到对建筑的遮阳效果。

4)预制绿化墙

也就是我们常见的花墙,包括固定框架,栽培容器和浇灌系统,快速形成绿化墙面的效果。除了容器外,还可采用无纺布或毛毡层作为植物固定的材料。

5)建筑预留种植箱或种植槽

在建筑设计时即将植物种植部分留出,并设计灌溉系统,可种植藤本植物以外的灌木或草本植物,形成建筑与种植容器一体化(图5-2)。

5.1.1.2 装配化集成式立面垂直绿植幕墙系统

立面绿植幕墙装配化集采系统,它由墙面防水系统、绿植钢架系统、绿植系统、滴灌系统组成(图5-3~图5-6)。具体系统构造如下:

图 5-2 绿色幕墙实景图

(1)在预埋件上,通过钢转接件固定绿植系统钢架系统,它们由 140mm×80mm×5mm 竖钢管,50mm×50mm×5mm 横方管组成。

(2)通过螺钉固定每格绿植钢托板,以便固定模块式绿植系统。

(3)模块式绿植系统通过螺钉固定到上下钢横梁上,并穿好滴灌系统。

图 5-3 绿植幕墙效果图

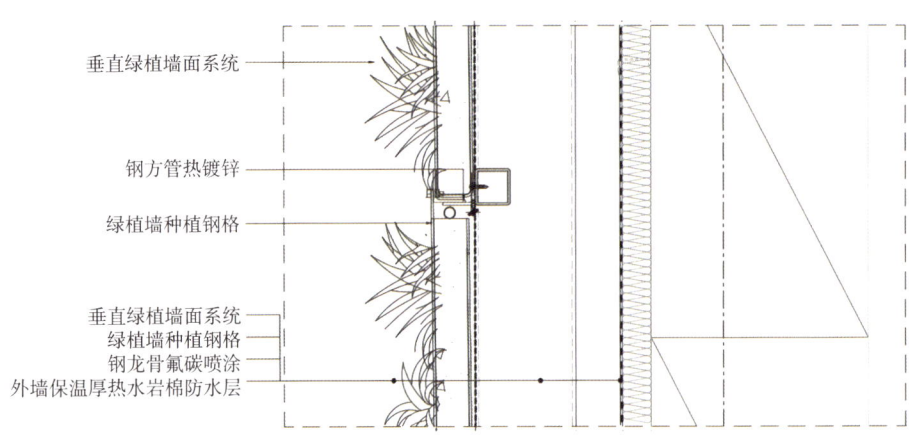

图 5-4 立面绿植幕墙系统节点图

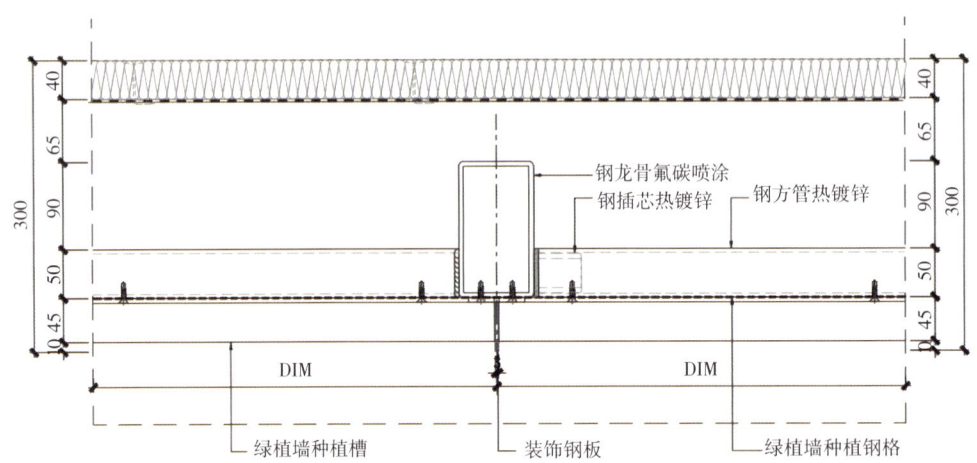

图 5-5 立面绿植幕墙系统节点图

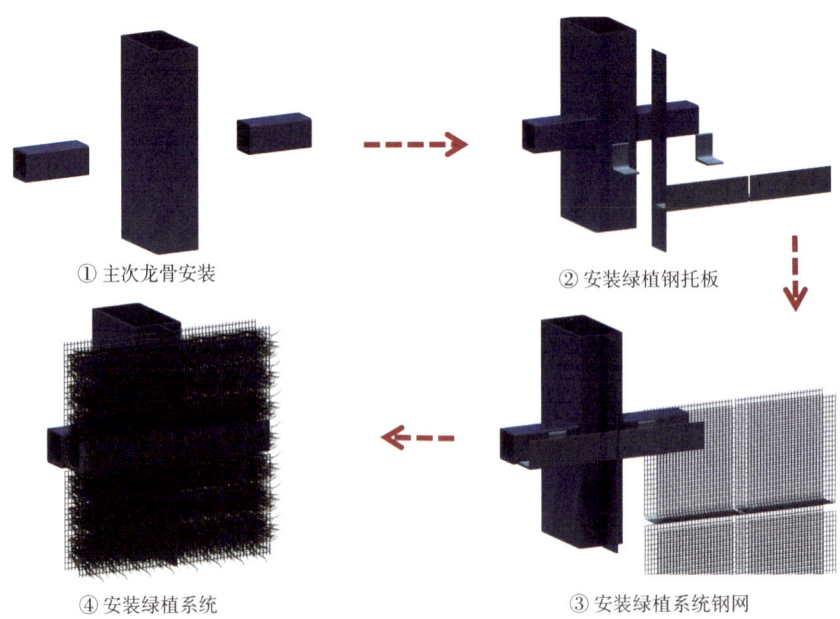

图 5-6 立面绿植幕墙系统安装顺序

5.1.1.3 装配化集成式屋面绿植幕墙系统创新设计

装配化集成式屋面绿植幕墙系统既可以应用在直立锁边金属屋面上,也可以应用在普通屋面上。它由直立锁边金属屋面防水系统、直立锁边转接夹具系统、不锈钢绿植盆系统、模块式绿植系统,滴灌系统集成组成(图5-7~图5-12)。

系统构造:

(1)直立锁边金属屋面绿植幕墙系统通过通长抗风T形件与钢檩条可靠连接。

(2)通过直立锁边转接夹具系统固定模块化钢绿植盆;当无直立锁边屋面位置,钢盆体系不变,直接将转接系统通过钢梁固定于主体结构钢梁上部。

(3)数字化建模,自动布置,根据屋面绿植盆排布情况,布置好滴灌系统,铺设模块式绿植系统。

(4)通过有限元计算,确定模块化种植盆。

图 5-7　屋面绿植系统模型图

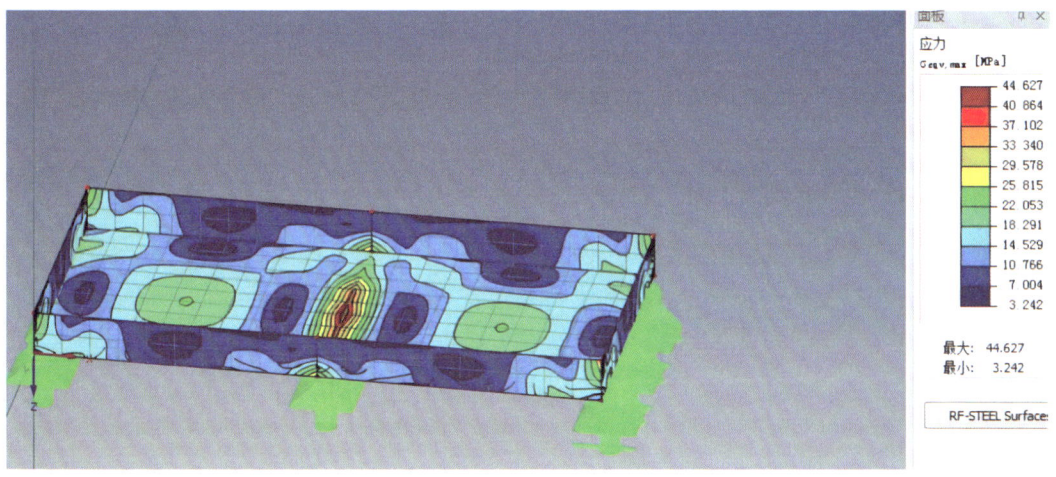

图 5-8　模块化种植盆有限元计算

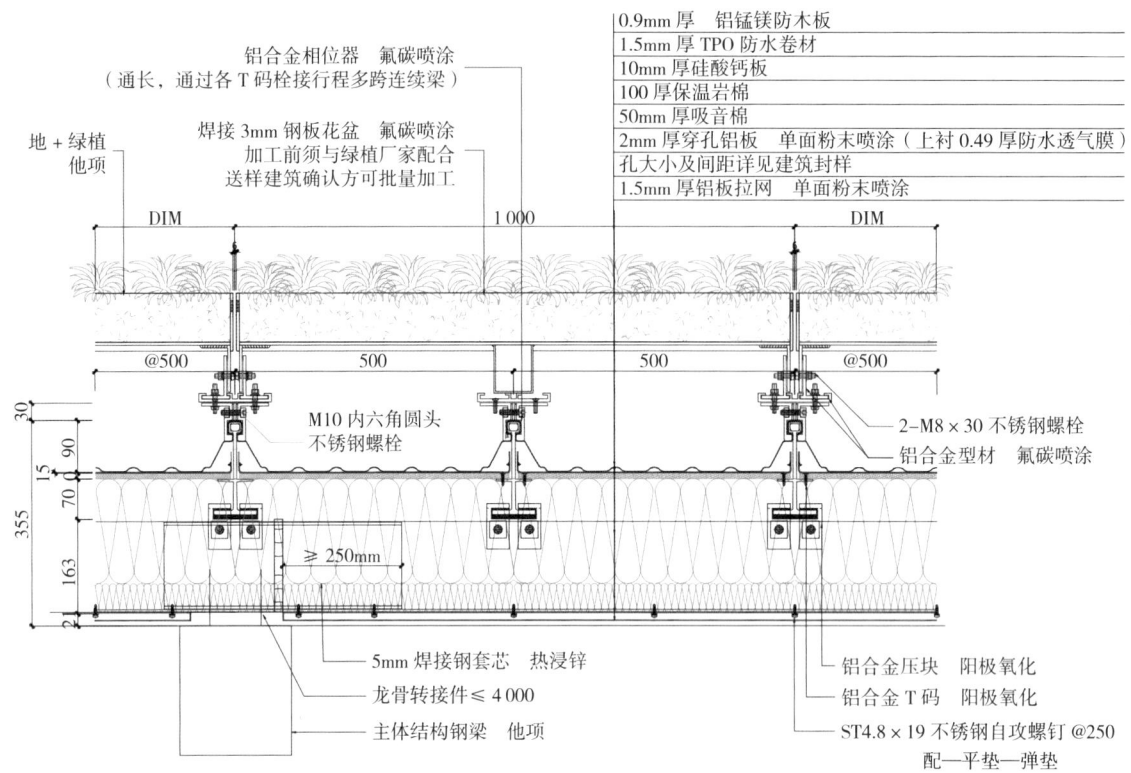

图 5-9　直立锁边屋面绿植幕墙系统节点图

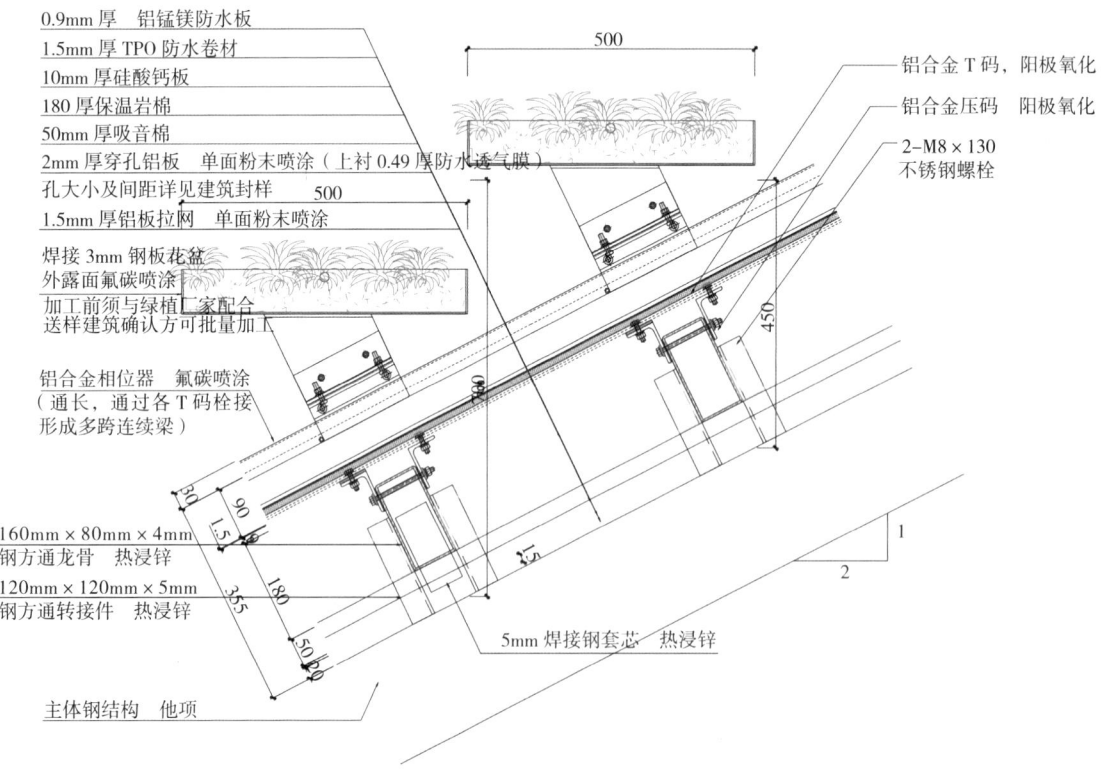

图 5-10　普通屋面绿植幕墙系统标准节点图

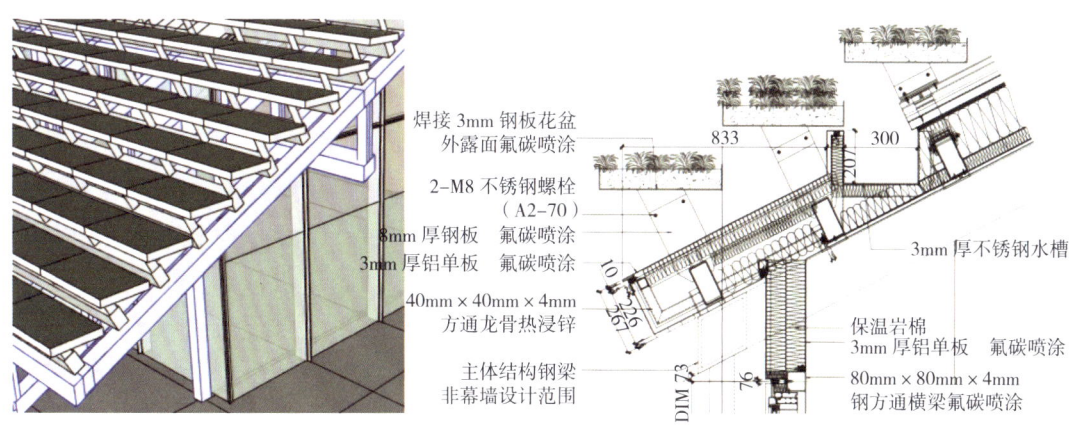

图 5-11　普通屋面绿植幕墙系统水槽处节点图

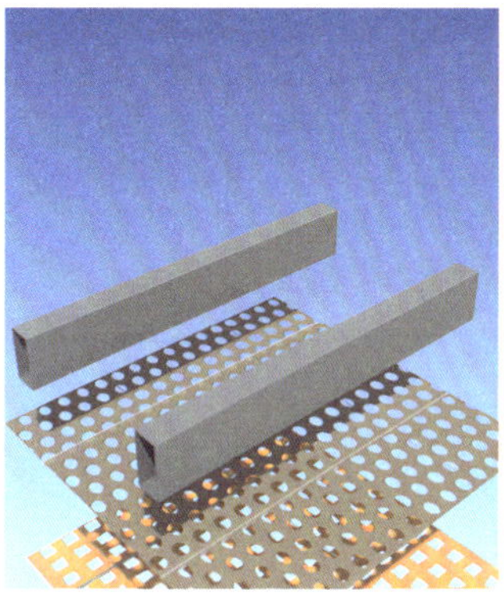

安装主龙骨	安装支座	安装保温防火棉板
安装防水卷材	安装屋面板	安装抗风件
安装转接件	安装花盆	种植绿植

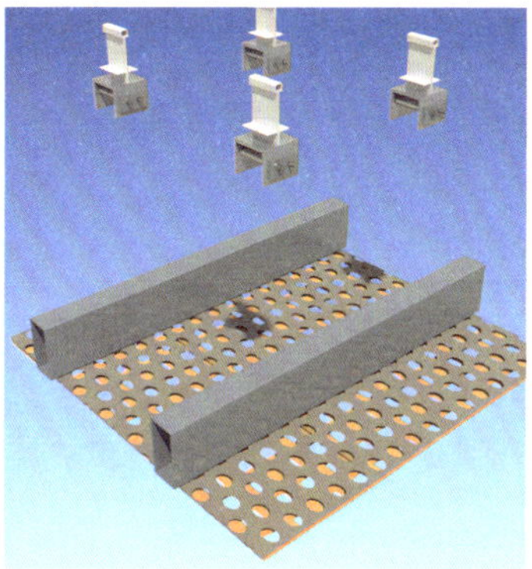

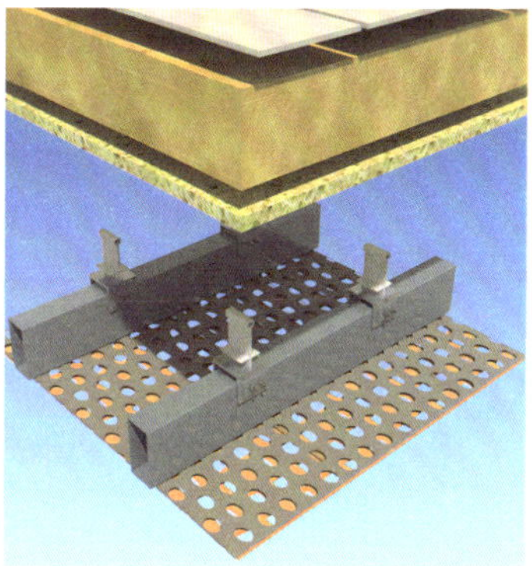

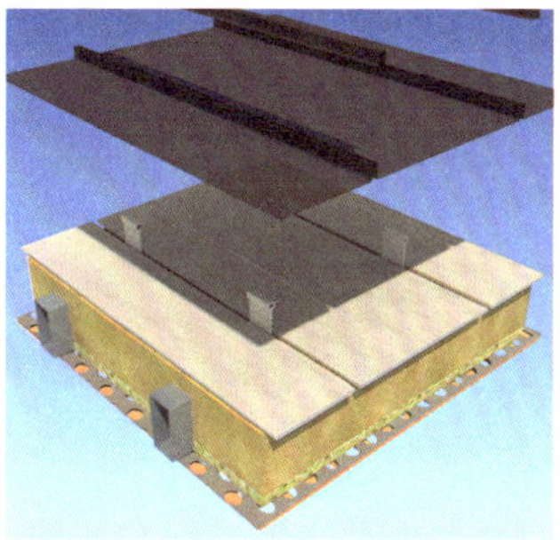

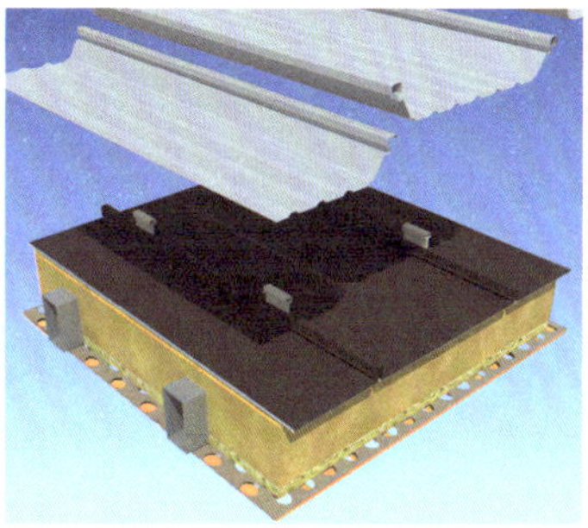

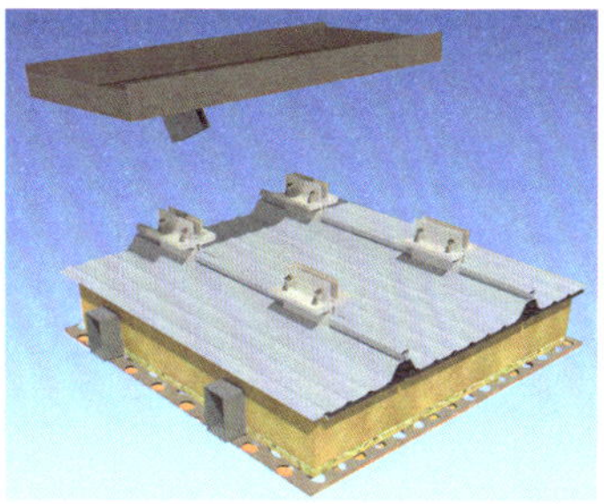

图 5-12　屋面绿植幕墙系统安装模拟

5.1.2 创意陶砖幕墙

5.1.2.1 创意陶砖幕墙简介

创意陶砖幕墙,这一充满艺术感和历史感的建筑元素,赋予了现代建筑独特的风格和魅力。近年来以陶砖作为基本材料,越来越多地被建筑师应用在外幕墙中,通过巧妙的设计和精致的工艺,将古老的陶艺与现代建筑完美结合(图5-13)。

图 5-13 干挂陶砖幕墙案例

陶砖是黏土砖的一种,是产品不断优化及传统技艺不断升级的产物。陶砖以纯天然陶泥为基本原料,通过高压模压成型、冷冻干燥,再经过 1 200 ~ 1 250℃ 高温烧造成的,具备低碳环保、没有辐射、颜色柔和、不容易产生光化学污染等优点。具有独特的工业风视觉效果,其导热系数低、耐腐蚀、抗冲刷,是一种性能和色泽稳定可靠的外墙材料。重量较轻,相对密度为 35kg/m² 左右,仅是天然花岗石重量一半。

陶砖的优点突出,一是颜色和纹理丰富多样,可以为建筑师提供广阔的设计空间,展现出各种不同的建筑风格和特色,这种灵活性使得陶砖幕墙在各种类型的建筑中都能得到广泛应用。二是陶砖具有出色的耐候性和抗老化性能,能够经受住风雨的洗礼和时间的考验,持久保持美观,为城市景观增添一份恒久的魅力(图5-14)。此外,陶砖幕墙还具有良好的透气性和防潮性,这不仅有利于建筑物的节能和环保,还能提高居住的舒适度和健康性。陶砖是一种充满魅力和实用性的建筑幕墙材料,它以其独特的外观、功能特点和环保性能,成为现代建筑中不可或缺的一部分。无论是在城市还是乡村,陶砖幕墙都能够为建筑物增添一份别样的风采,让人们感受到其独特的魅力和价值。

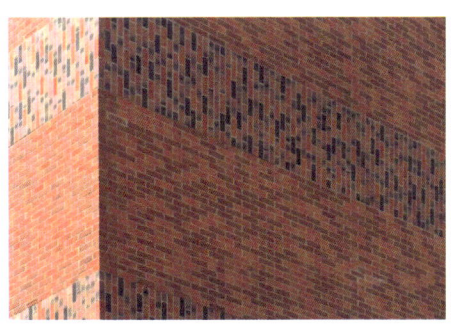

图 5-14 不同颜色的陶砖

陶砖物理性能参数方面的优势：

(1) 优异的抗冻融特性：在吸水饱和状态下，瓷质砖和陶土砖在 –15℃时循环冻融三次已全部冻裂，而陶砖却可以在 –50℃时抗冻融反复循环在 50 次以上。

(2) 抗光污染性能：陶砖能够将 90% 以上的光全部折射，有效减少光污染。

(3) 良好的吸音性能：由于陶砖通体富含大量均匀细密的开放性气孔，故能将声波全部或部分折射出去，起到室外降低噪声，室内消除回音的效果，是创造城市优良居住环境的绝佳材料。

(4) 良好的透气性、透水性：陶砖透气、透水的优越性在绿色文明的今天得到充分展示，其古朴的韵味与自然景观相融合，体现了人与自然的和谐对话。

(5) 良好的耐风化耐腐蚀性：随着工业污染的加重，雨水中的酸性在逐渐增加，很多建筑材料因为无法接受这个考验而被淘汰。纯天然的加工工序使得陶砖本身只含有少量的化学杂质，其内部结构也不易受到酸雨的影响，陶土抗碱腐蚀性的特性更其他材料无法与之相比的。

5.1.2.2 创意陶砖幕墙构造

1) 大面单元式干挂陶砖系统

大面造型陶砖单元干挂系统，陶砖整体预制构造节点如图 5-15～图 5-17 所示，能发挥陶砖本身抗压特性，结合钢架设置水平拉结点，保证墙体的稳定性，抗震能力强。其系统构造如下：

(1) 在预埋件上固定单元板块挂件钢托件。

(2) 在工厂焊制陶砖钢骨架，由 100mm × 50mm × 4mm 镀锌钢管和 100mm × 40mm × 4mm 镀锌角钢组成。

(3) 陶砖通过定制尼龙销钉卡子层层垒在钢架之间，通过砂浆嵌缝固定。

(4) 组成一榀陶砖单元架运输到现场，进行挂装再通过定制的连接块陶砖连接。

(5) 两个单元拼接处通过定制开口陶砖挂装。

(6) 转角处采用定制转角砖预制单元。

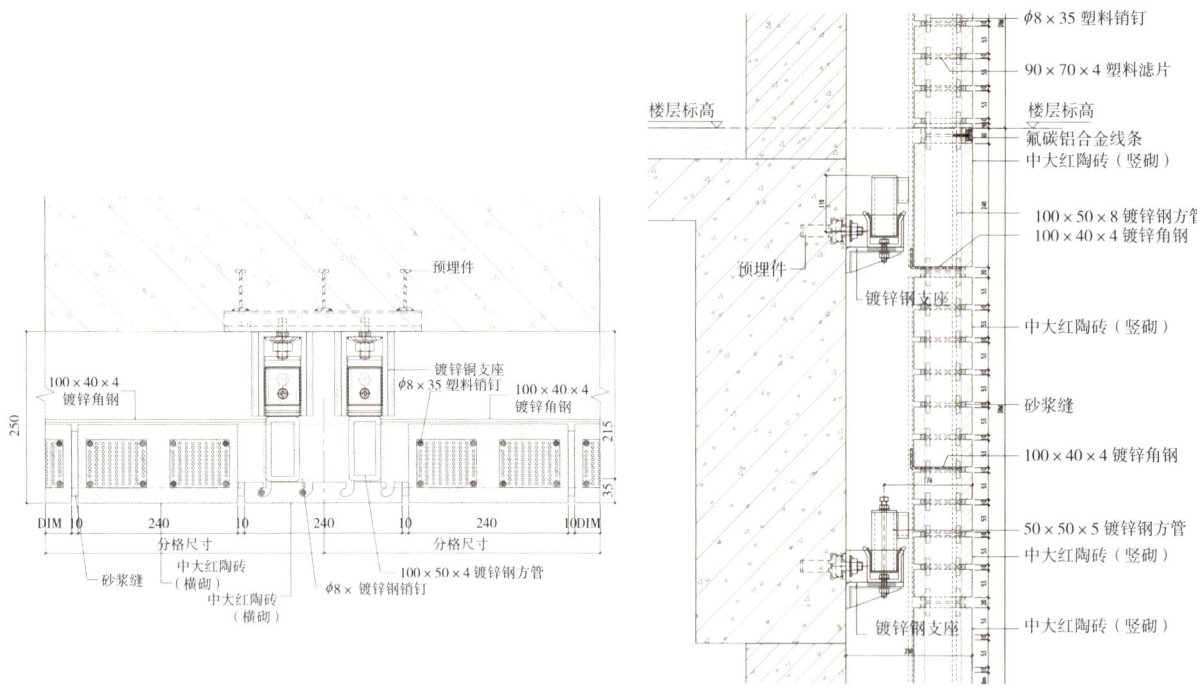

图 5-15 大面单元式干挂陶砖系统横剖节点　　图 5-16 大面单元式干挂陶砖系统竖剖节点

图 5-17 大面单元式干挂陶砖系统节点安装模拟

2) 镂空砖干挂陶砖系统

镂空造型陶砖单元式干挂系统，陶砖单元整体工厂组装、预制，再将整体板块现场干挂（图 5-18～图 5-20）。其系统构造如下：

（1）在预埋件上固定单元板块挂件钢托件。

（2）通过有限元计算，优化镂空板块和骨架模数，确定单元板分格、龙骨尺寸等。

（3）采用方管串接陶砖，陶砖设置方形镂空，镂空率提高，降低整个单元板块的重量，减少运输和安装难度。

（4）在工厂焊制陶砖钢龙骨架，每隔 6 匹砖设置镀锌钢板承受陶砖自重，采用超薄型螺栓连接。

（5）组成一榀陶砖单元架运输到现场，两个单元拼接处的陶砖最后安装固定。

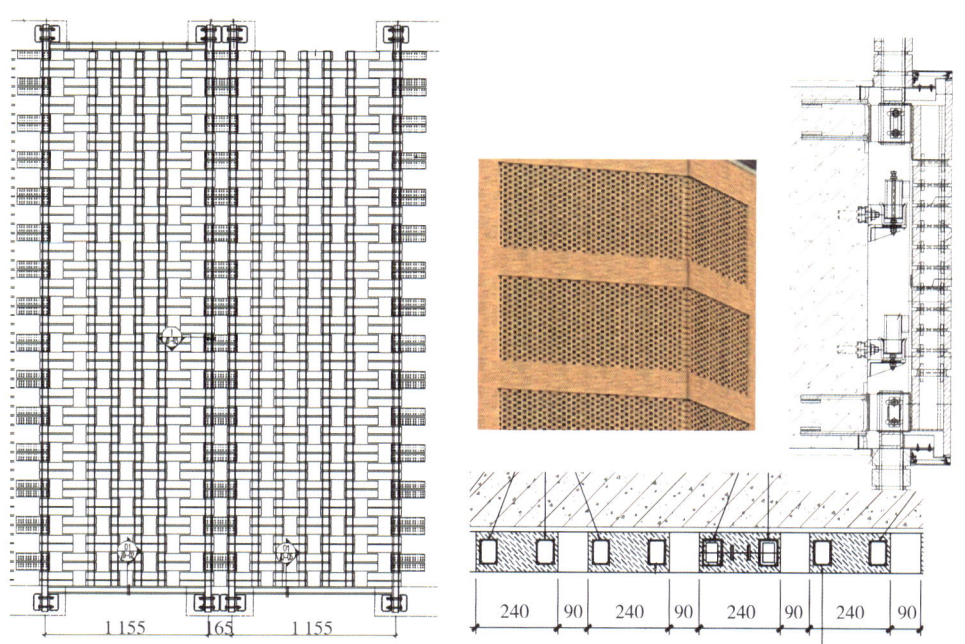

图 5-18　镂空单元式干挂陶砖系统节点

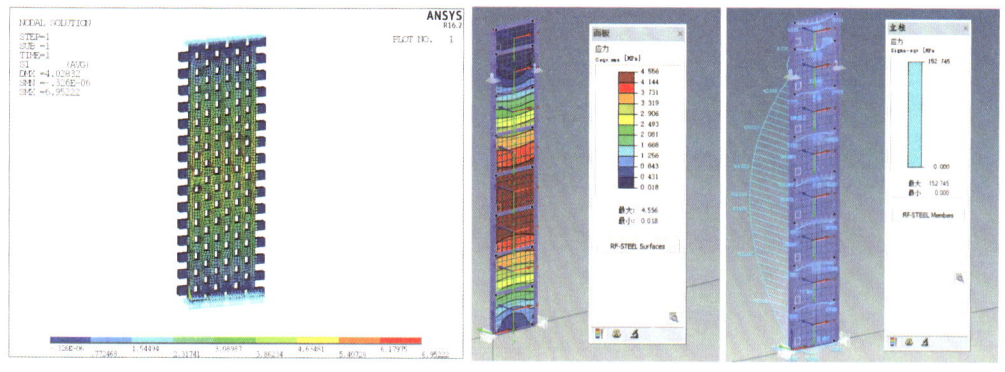

图 5-19　镂空板、龙骨整体有限元计算

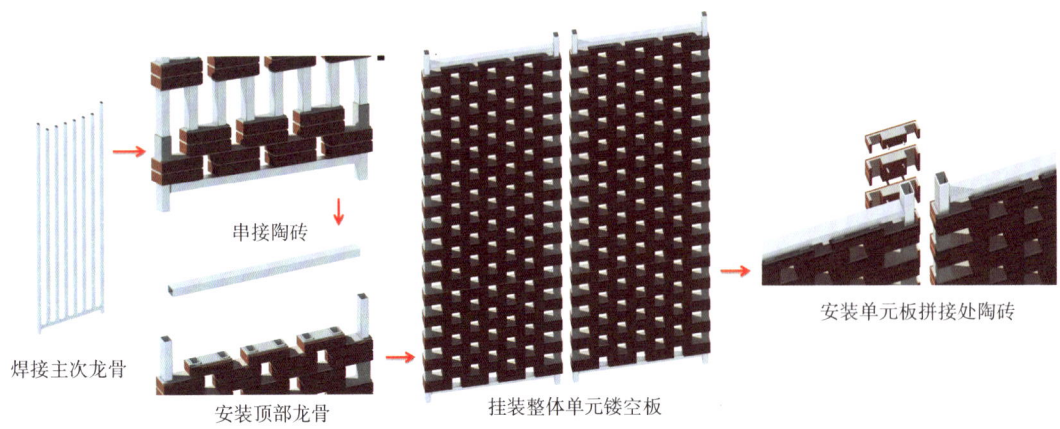

图 5-20　镂空板、龙骨整体有限元计算

3）造型柱单元式干挂陶砖系统

造型柱陶砖单元式干挂系统，陶砖柱内侧钢架为桁架系统，根据造型尺寸不同，计算后调整，安装采用整体吊装（图 5-21～图 5-24）。其系统构造如下：

（1）在预埋件上固定单元板块挂件钢托件。

（2）在工厂焊制陶砖钢龙骨架，形成整体桁架结构。

（3）采用镂空砖，减小自重。

（4）陶砖通过定制尼农销钉卡子层层垒在钢架之间，通过砂浆嵌缝固定应用销钉机械连接上下砖块孔洞，保证板块整体性。

（5）重构受力体系，使其符合单元幕墙结构特点，传力清晰。

（6）组成一榀陶砖单元架运输到现场，进行挂装。

（7）板块与主体梁连接，安全可靠，采用三维可调挂接件，有利板块施工。

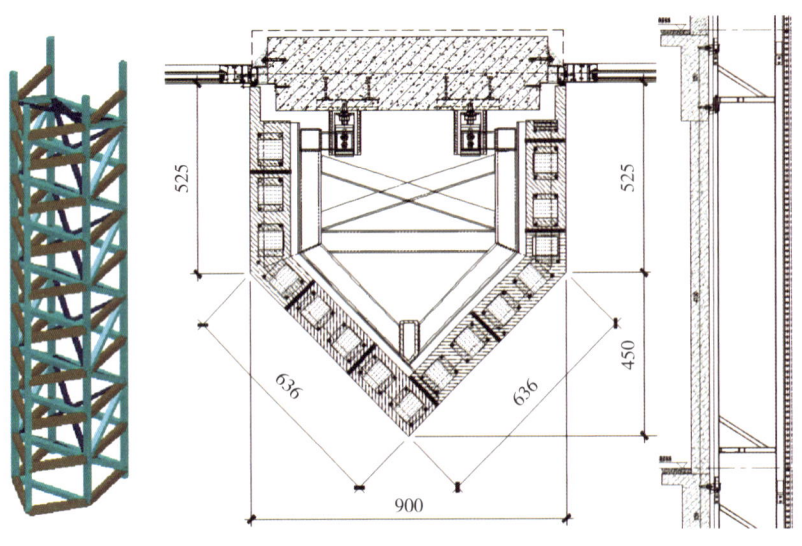

图 5-21　造型柱陶砖干挂节点

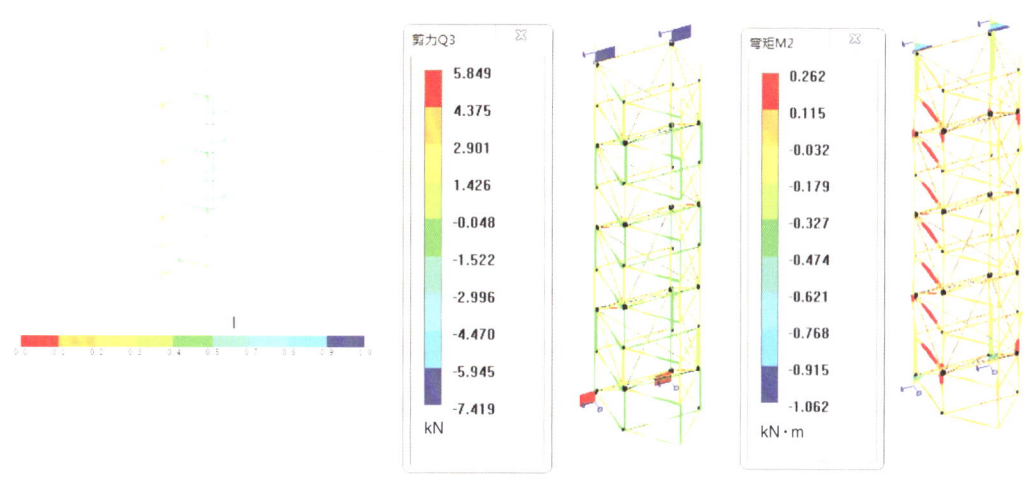

图 5-22 造型柱整体钢架有限元计算

图 5-23 陶砖造型项目建造过程照片

图 5-24 陶砖造型项目实景照片

5.2 金属类艺术幕墙数智建造技术

5.2.1 艺术类金属网板幕墙

图 5-25 金属网幕墙立面呈现效果

早在 19 世纪的德国，德国先以工业化来制造金属丝线编织网，法国建筑师多米尼克·佩劳率先将这种网状金属材料创造性地引入建筑饰面领域，他于 1989—1995 年设计建成的法国国家图书馆、1992—1999 年设计建成的德国奥林匹克自行车馆和游泳馆开创了大面积金属丝网应用的先河，在这之后，许多建筑师也尝试将这种材料用于建筑外墙饰面，如海墨特·扬 1993—2000 年设计建成的德国柏林 SONY 中心，金属网近几年已逐步被广泛应用于室内外装饰饰面。对于幕墙而言，不仅可以应用于屋顶设备的装饰遮挡，更被通过不同图案、材质、造型手法，成为点缀立面的新亮点（图 5-25）。

如何解决网帘满足收放要求，也是需要解决的关键问题之一。结合项链叠放的原理，网帘需采用环扣的形式，以达到不同倍数的褶皱效果（图 5-26、图 5-27）。

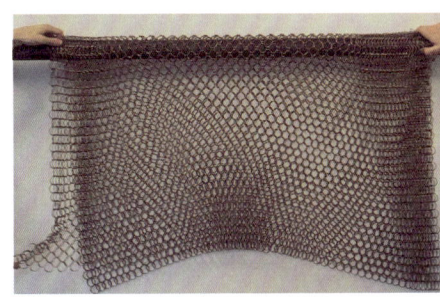 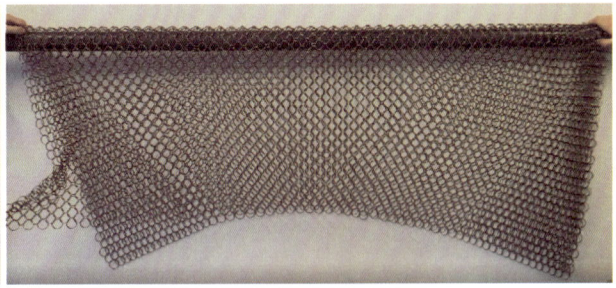

图 5-26 金属网帘安装示意

如果仅考虑垂直向的褶皱，则网的编织方式可有多种选择，其安装方式可借鉴室内窗帘的做法，将上下段通过连接件固定，再通过杆件与支撑结构固定。

图 5-27　金属网帘安装示意

5.2.1.1　艺术类金属网材料性能分析

用于建筑外饰面的金属网状材料一般多为耐候性好的铝合金、不锈钢、铜类丝网，具有高强度、高刚性、防火、防水、耐腐蚀等优点，金属网的纹理和颜色可以根据需要进行选择和定制，可以呈现出不同的视觉效果和风格，为建筑物增添独特的魅力（图 5-28）。

图 5-28　不同图案及颜色呈现不同效果

5.2.1.2 金属网的表面处理

应用于室外的金属网材质多选用铝合金、不锈钢、铜制材料，表面处理有以下几种：

（1）阳极氧化处理：阳极氧化是电解钝化工艺，用于增加金属零件表面的自然氧化层的厚度。可以提升抗腐蚀性和抗磨损性，和喷漆相比可以提供较好的附着力，和涂层相比可以展现其自身表面金属的光泽和色泽。

（2）喷漆：喷漆工艺让金属网拥有了更多颜色选项。

（3）粉末喷涂：是一种经济且方便的表面处理工艺，它可以轻易实现更多的颜色选项，同时更好地保护金属网表面，提升了金属网的抗腐蚀性和耐磨性。

（4）古铜做旧处理：装饰金属网的古铜做旧处理可以激发出其他涂料不能实现的方式形成编织丝网的纹理；金属涂层不会掩盖金属网的细节，而是更加突出它。古色古香的过渡使上面的黑色氧化层的更加突出了内层的镀色；通过视觉深度将焦点放在内层镀色上，上完色后进行电镀处理，用来完善变色过程完成（图5-29）。

（5）装饰电镀层：是金属网电沉积过程中形成的一层薄薄的铜、镍、铬。

阳极氧化处理　　　　　　　　　　　　喷漆处理

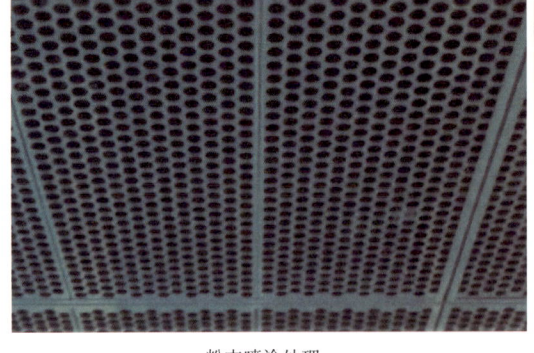

粉末喷涂处理　　　　　　　　　　　　古铜做旧处理

图 5-29　金属网表面处理方式

5.2.1.3 金属网的样式选型

（1）编织类丝网：以金属丝材、线材及绞线等通过机器编织而成的金属网。可以根据不同建筑风格，定制金属网图案、肌理（图5-30）。

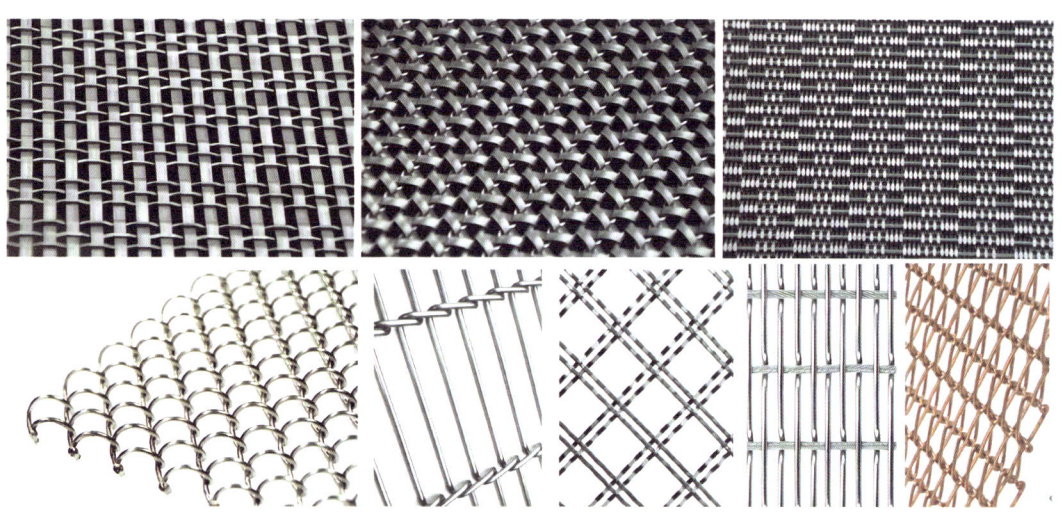

图5-30 编制类丝网款式

（2）拉伸型板网：以金属薄板为原料经过机械切缝、拉伸、压平等工序而成。除了常规拉网板型，可以根据不同功能、造型需求，定制孔的形状及穿孔率（图5-31）。

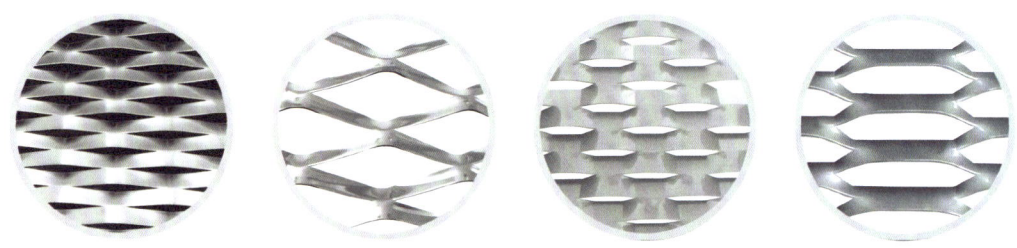

图5-31 拉伸型板网款式

（3）穿孔网板：以金属薄板为基材，通过机械冲压的方式形成各种孔洞，孔型多为常见的几何图形，可以根据造型需求定制不同孔形，如圆形、椭圆形、长腰圆形、长方形、六边形、菱形等（图5-32）。

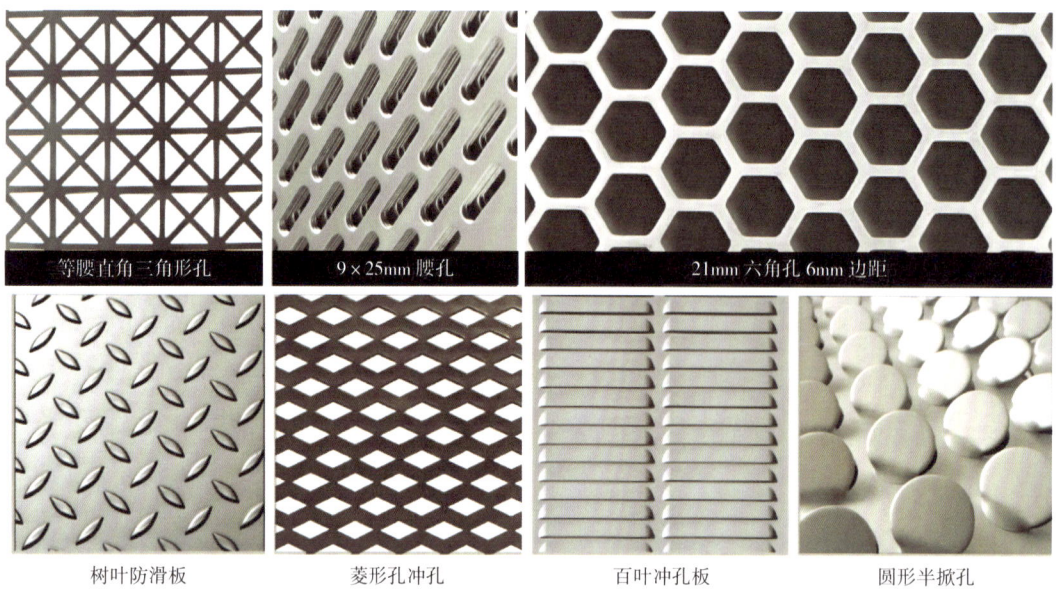

图 5-32 穿孔网板款式

5.2.1.4 艺术类金属网板幕墙构造

金属网的构造形式多种多样，一般根据网的类型和使用部位、造型需求有关（图 5-33）。

1）立面金属网幕墙系统

根据通风要求及立面效果，采用拉伸型铝板网，确定板网孔的形式及孔大小。

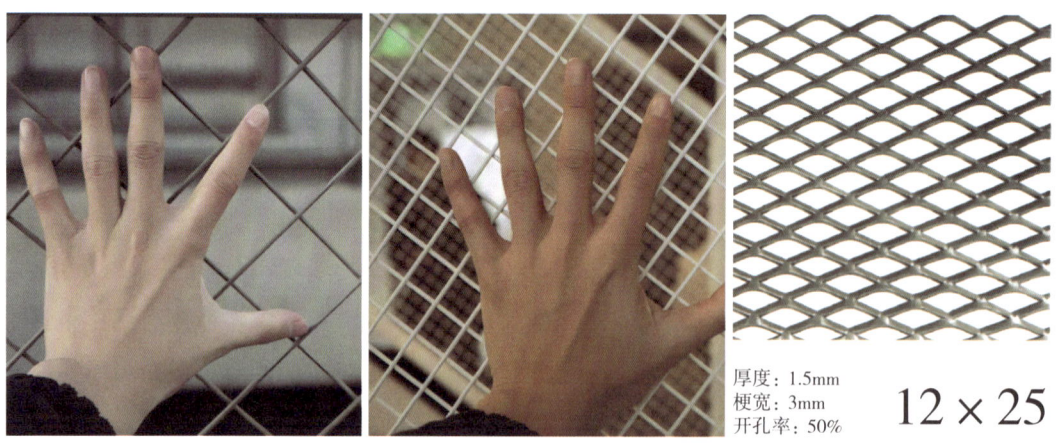

图 5-33 确定板网的形式及孔径选型

根据确定的网板形式，采用网包框的形式，将网预先固定在方管副框上，参照明框幕墙的方式，将网固定上墙（节点见图 5-34 左）；在安装穿孔铝板线条之前，先行固定金属网，再利用铝板的角码对金属网做二次固定，以确保金属网的牢固和张拉平整度（节点见图 5-34 右）。

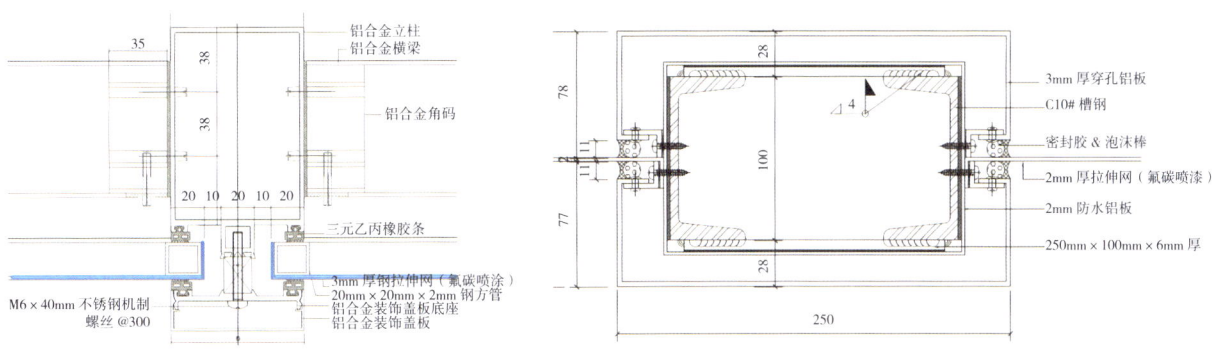

图 5-34 金属网安装节点

同时在楼梯间等功能性房间的部位，采用穿孔网板，并根据建筑师的设计要求，定制不同形式的图案造型，本系统可以应用在不同场景（图 5-35）。

2）吊顶金属网单元系统

金属网吊顶均采用拉伸型板网，根据机电专业的通风要求，选择合适的孔型和

图 5-35 金属网项目实景照片

穿孔率。金属网采用网包框的形式，未加修饰的设计，在点光源的照明下，能若隐若现地看到内部结构，以此产生别有洞天的视觉感（图 5-36）。

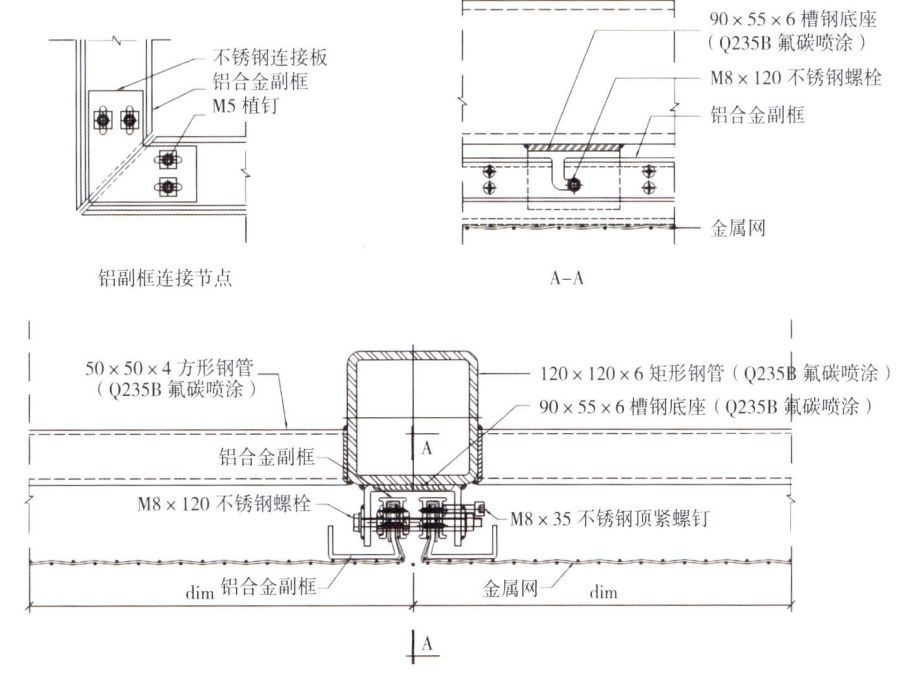

图 5-36 网包框式拉伸网板安装节点

该系统可以根据项目体型，采用三角形金属网拼装系统，金属网与角钢副框先行组框，再通过螺钉与吊顶龙骨连接固定（图5-37）。

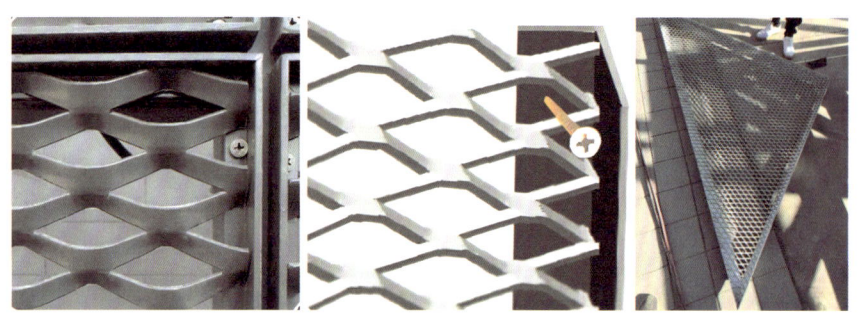

图5-37　金属网组拼照片

3）双层金属网帘系统

自主设计研发了一套双层金属网帘安装系统，可以模拟室内窗帘可折叠打开亦可完全垂闭的效果：采用双层金属网帘，并根据网幅宽度设置竖向不锈钢拉索，拉索上分布可调节滑轮，采用连接锁扣将金属网与滑轮固定，通过顶部拽引机控制金属网的收放（图5-38～图5-40）。

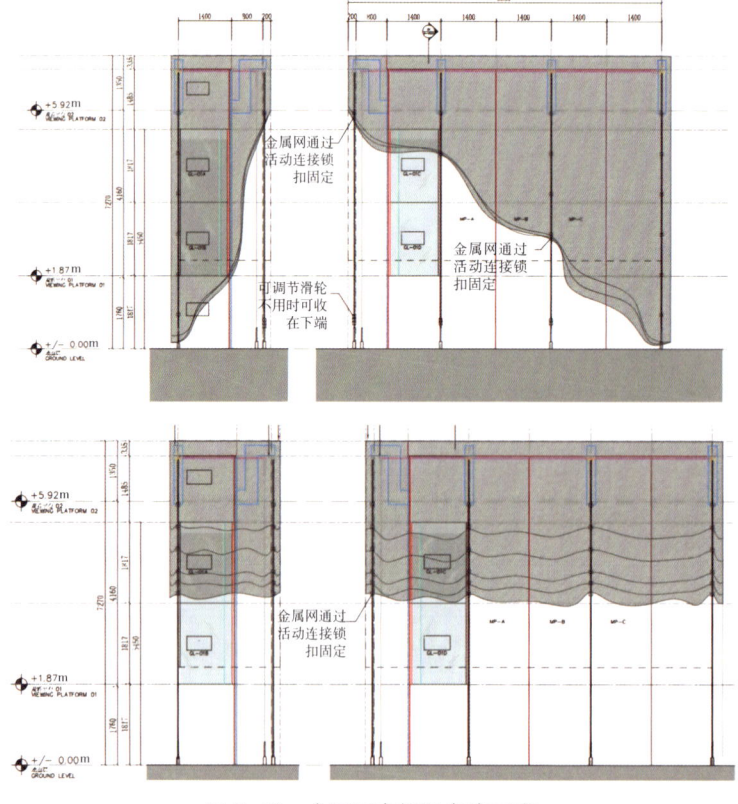

图5-38　金属网帘打开角度示意

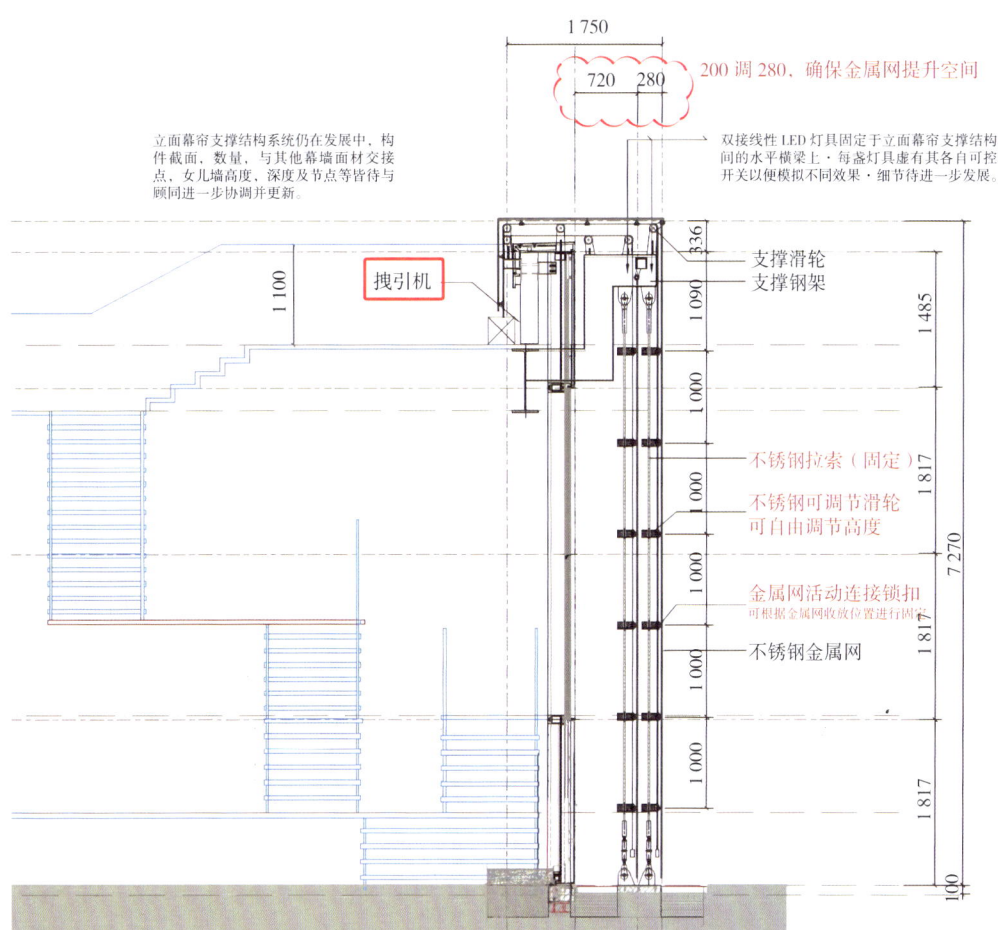

图 5-39　金属网帘剖面安装示意

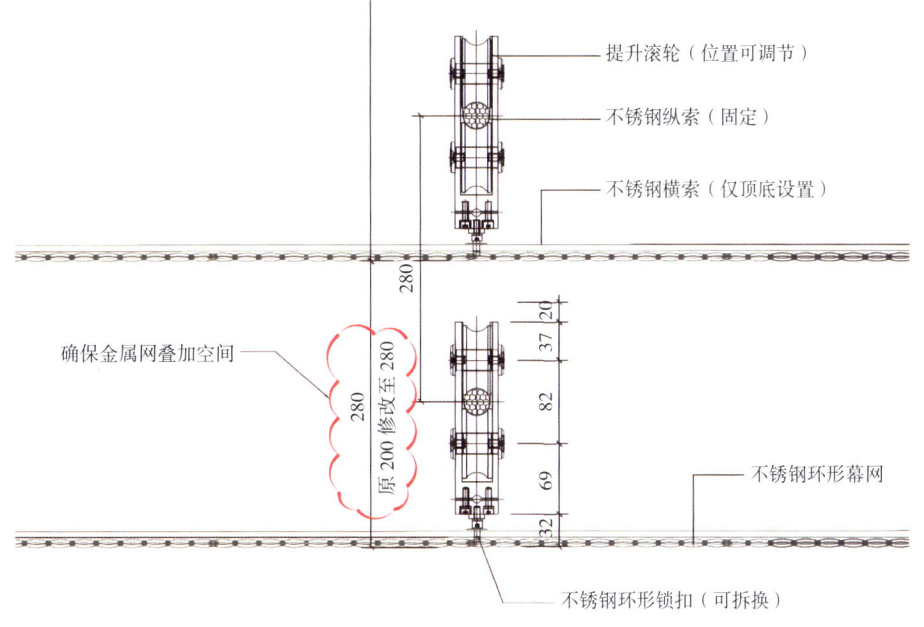

图 5-40　金属网帘安装节点

5.2.2 可透光泡沫铝幕墙

5.2.2.1 可透光泡沫铝幕墙简介

采用可透光泡沫铝板作为幕墙面板的幕墙系统称为可透光泡沫铝幕墙（图5-41）。泡沫铝板是在纯铝或铝合金中加入添加剂后，经过发泡工艺而成，同时兼有金属和气泡特征，是一种全新型战略功能结构材料。这些轻质面板能够用作建筑材料，并且可完全回收，是绿色低碳的建筑材料。

泡沫铝可以分为大孔径、中孔径、小孔径3种规格（图5-42）。

每种规格又分为单面开孔、双面开孔，以及自然铸造状态（双面闭合），多样化的规格可以为设计师多元化设计提供更多的发挥空间（图5-43）。

图 5-41　泡沫铝透光效果

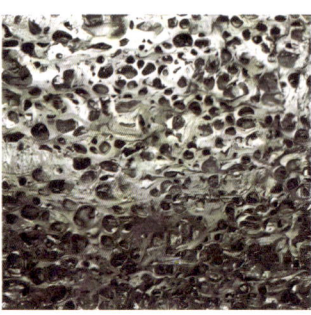
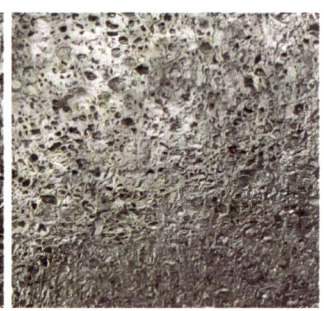

大孔径　　　　　中孔径　　　　　小孔径

图 5-42　泡沫铝的孔径规格

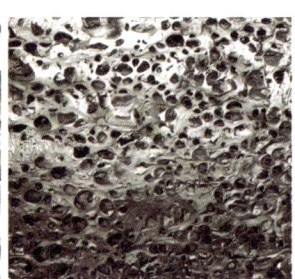
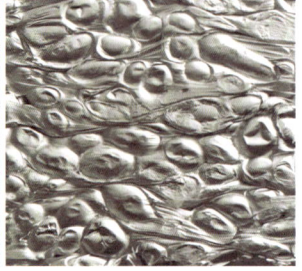

双面开孔　　　　单面开孔　　　　闭孔

图 5-43　泡沫铝开孔情况

不同孔径形态的泡沫铝：一般孔隙率越高，孔径越小，越利于吸声；相对密度相同时，孔径小的拉伸强度比孔径大的高；密度增加，抗压强度增加（图5-44）。

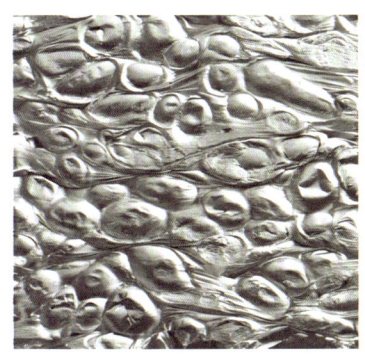 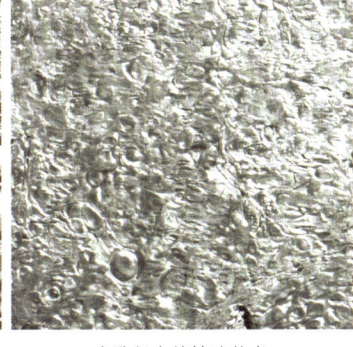 

大孔径自然铸造状态　　　　　中孔径自然铸造状态　　　　　小孔径自然铸造状态

图5-44　不同孔径的铸造状态

泡沫铝的性能优劣主要取决于其孔隙率、孔径、通孔率、孔类型、比表面积等孔结构参数。

5.2.2.2　可透光泡沫铝幕墙的特点

1）质轻

泡沫铝由于其结构特点，造就了它的密度很小，只有0.2～0.4g/cm³，密度为金属铝的0.1～0.4倍，除了要远远低于铝合金、钛合金、钢材等，甚至比木材的密度还要低。整体非常轻盈，让它成为轻量化应用的潜力发展材料之一，比如建材、汽车材料等。

2）吸音降噪

隔声性能（闭孔）：声波频率上800～4000Hz时，闭孔泡沫铝的隔声系数达0.9以上；吸声性能（微通孔和通孔）：声波频率在125～4000Hz时，通孔泡沫铝的吸声系数最大可达0.8，其倍频程平均吸声系数超过0.4。

3）工艺、颜色样式丰富

表面的处理工艺及色彩方案可以非常丰富，同样可以做喷涂（包括渐变幻彩等效果）、填充等。除了颜色，还可以利用气孔来实现光影变换的设计，设计自由度很高。炫酷的色彩+透光的效果，让产品的外观质感有了极大提升（图5-45）。

4）耐高温

泡沫铝拥有良好的电磁屏蔽性能、热性能（不燃烧及耐热等）；一般铝合金的溶解温度在500～700℃，泡沫铝即使加热到1400℃也不溶解。

图 5-45 不同颜色的泡沫铝

5）透光

泡沫铝除了被广泛用于建筑外幕墙之外，还可以用于机械制造、航空工业、汽车制造等领域（图5-46）。

图 5-46 透光泡沫铝幕墙

5.3 动态幕墙数智建造技术

5.3.1 风铃幕墙

5.3.1.1 风铃幕墙简介

风铃幕墙,也叫风动幕墙,其原理是利用动力学的风力来模拟风吹的效果,是一种充满灵动与美感的建筑幕墙。风铃以风为舞,以铃为歌,宛如一曲随风而动的悠扬乐章,在阳光的照射下,金属片闪耀着迷人的光泽,随着风的吹拂,它们如同音符般跳跃、舞动、发出清脆的声响,仿佛在诉说着属于它的故事。风铃幕墙的设计灵感源于日本的风铃,不仅融入了日本独特的文化元素,更赋予了建筑一种别样的生命力。除了美感与文化内涵,风铃幕墙还具有出色的环保性能,利用自然的风力来驱动,减少了能源的消耗,实现了一种绿色、环保的建筑设计理念。同时,由于其质轻柔软的特点,还大大降低了材料的浪费,减轻了对环境的影响。此外,风铃幕墙还具有很好的耐久性和抗腐蚀性,它采用了高质量的材料和加工工艺,确保了其在使用过程中的稳定性和可靠性,即使在恶劣的环境条件下,也能够持久保持其原有的美观和功能(图5-47)。

图5-47 风铃幕墙案例实景

1)风铃形式

风铃幕墙的风铃形式大致可以分为两种,水平轴飘动及垂直轴转动。

(1)水平轴飘动:采用金属拉索搭建结构,控制风铃片水平方向飘动(图5-48、图5-49)。

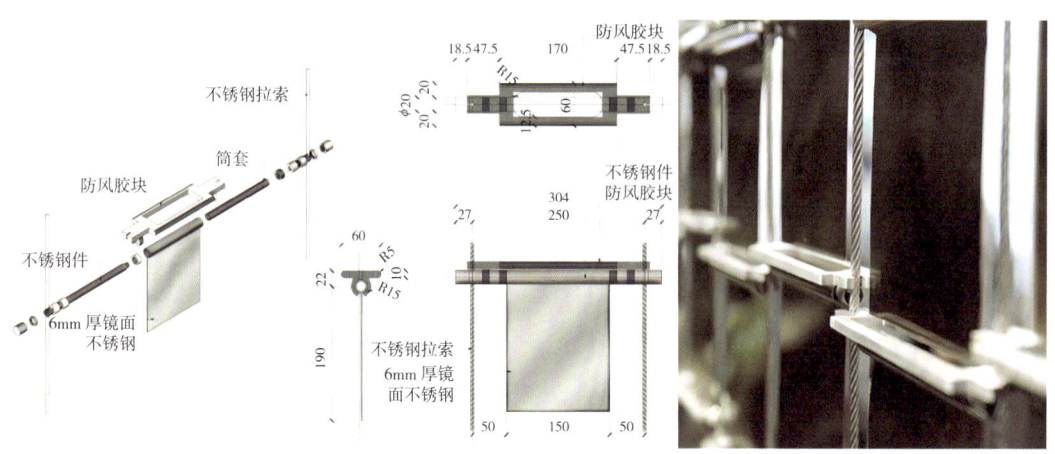

图 5-48 水平轴飘动形式风铃幕墙结构图

图 5-49 水平轴飘动形式风铃幕墙实景照片

（2）垂直轴转动：使用竖向金属杆搭建固定结构。风铃片串接后固定在金属杆上，随着风吹绕金属杆旋转（图 5-50）。

图 5-50 垂直轴转动形式风铃幕墙实景图

2)排列组合方式

风铃片的排列组合方式既有重叠排列,也有间隔一定的间隙排列。不同排列组合,在视觉营造、空间氛围,甚至听觉感触上都有不同的效果。

重叠式:铃片与铃片之间的排列在竖直向或水平向有重叠。当云起风铃的时候,除了看到风铃墙表面肌理的流动变化,他们之间的相互碰撞击打发出的清脆声音,在视觉和听觉上丰富感官体验(图5-51)。

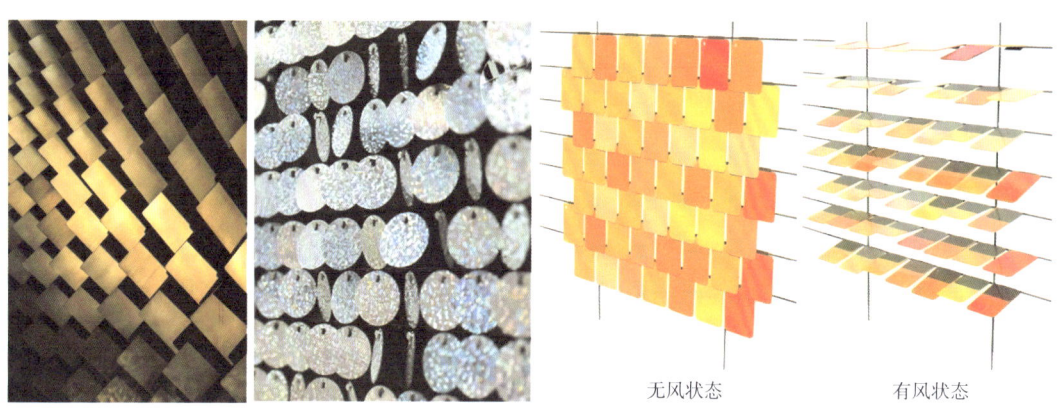

图5-51 重叠式风铃幕墙无风、有风状态示意图

不重叠式:风铃片有序或无序排列,铃片之间留缝隙,单边、中轴或四周固定,铃片之间不会发生碰撞(图5-52)。

图5-52 不重叠式风铃幕墙实景图

3)风铃片材料分析

(1)风铃片形状:形状多式多样,常见为矩形、菱形、多边形、圆形等,也可根据设计要求进行定制。

(2)风铃片材质及颜色:有不锈钢、铝板、铜材质、PET材质等(图5-53)。

图 5-53　不同材质风铃片

5.3.1.2　风铃幕墙构造

1）一种采用水平轴飘动式的新型风铃系统

风铃幕墙系统主要包括支撑钢架、不锈钢拉索、旋转轴、扭簧、固定钢索组件、风铃叶片等组成（图 5-54、图 5-55），具体系统构造如下：

（1）幕墙主龙骨 200mm×100mm×8mm 矩形管通过连接件与主体结构连接，与横向次龙骨 100mm×4mm 矩形管焊接连接，形成整体钢架。

（2）横向 ϕ15mm 不锈钢拉索采用 6mm 厚不锈钢板通过耳板与支撑钢架连接。

（3）将铝合金风铃片通过专用配件固定于 ϕ15mm 不锈钢拉索上。

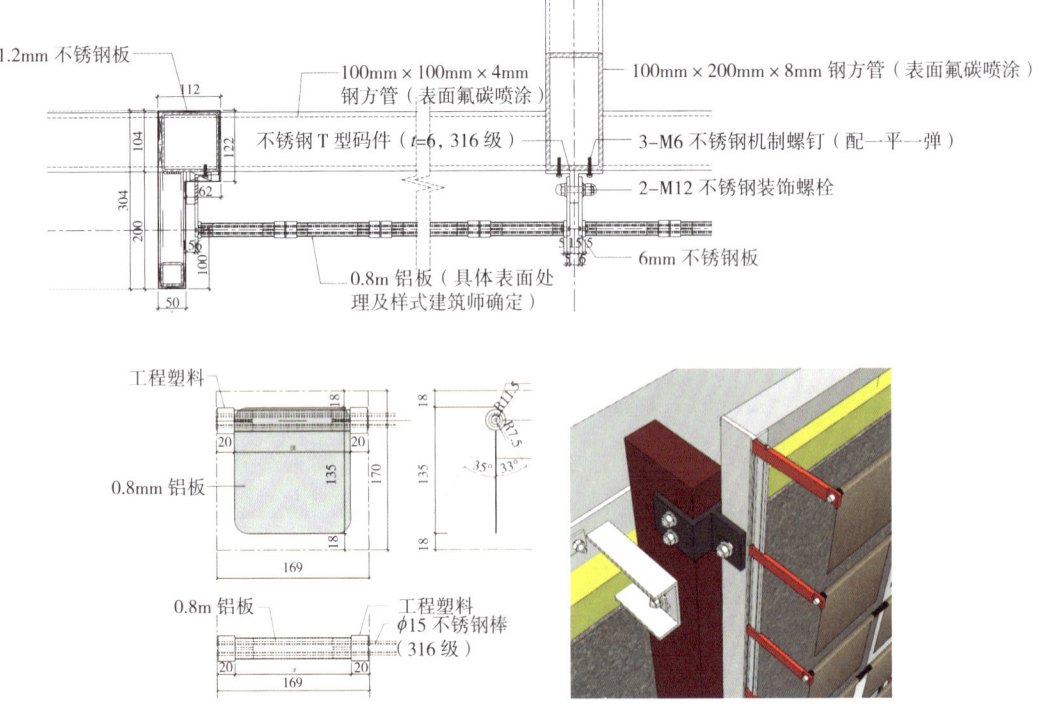

图 5-54　风铃幕墙安装节点

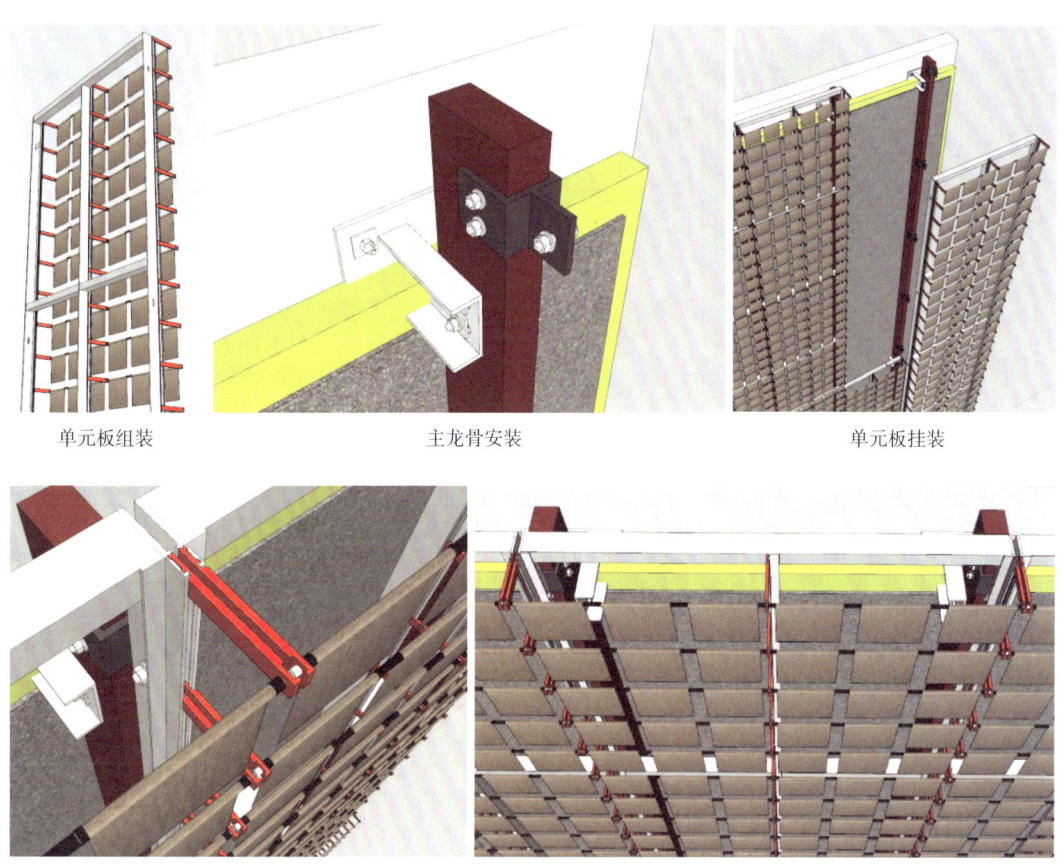

图 5-55 风铃幕墙安装工序模拟

2）适用于不同角度、不同风铃造型，且 360° 可调节的新型风铃系统

不锈钢索结构可根据项目情况做垂直向或水平向布置，通过固定钢索组件与风铃片连接件连接，连接件可根据角度定制，此系统适用于不规格、异形风铃幕墙（图 5-56、图 5-57）。

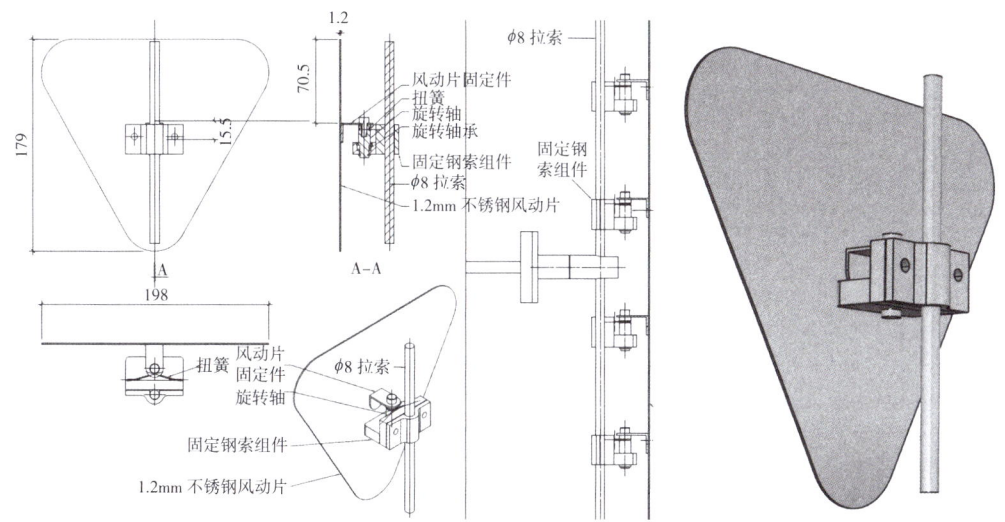

图 5-56 风铃幕墙 360° 可调节系统节点

图 5-57 风铃幕墙 360°可调节系统适用类型

3）一套适用于具象造型的风铃幕墙系统

通过不锈钢夹具、M5 不锈钢螺杆将风铃片固定，或此风铃装置利用风扇原理，外围 6 个小圆盘顺着旋转路径（箭头方向）倾斜一定角度，在风力作用下带动这个旋转装置顺时针旋转，配合渐变色彩喷涂，旋转时会产生绚丽的效果（图 5-58）。

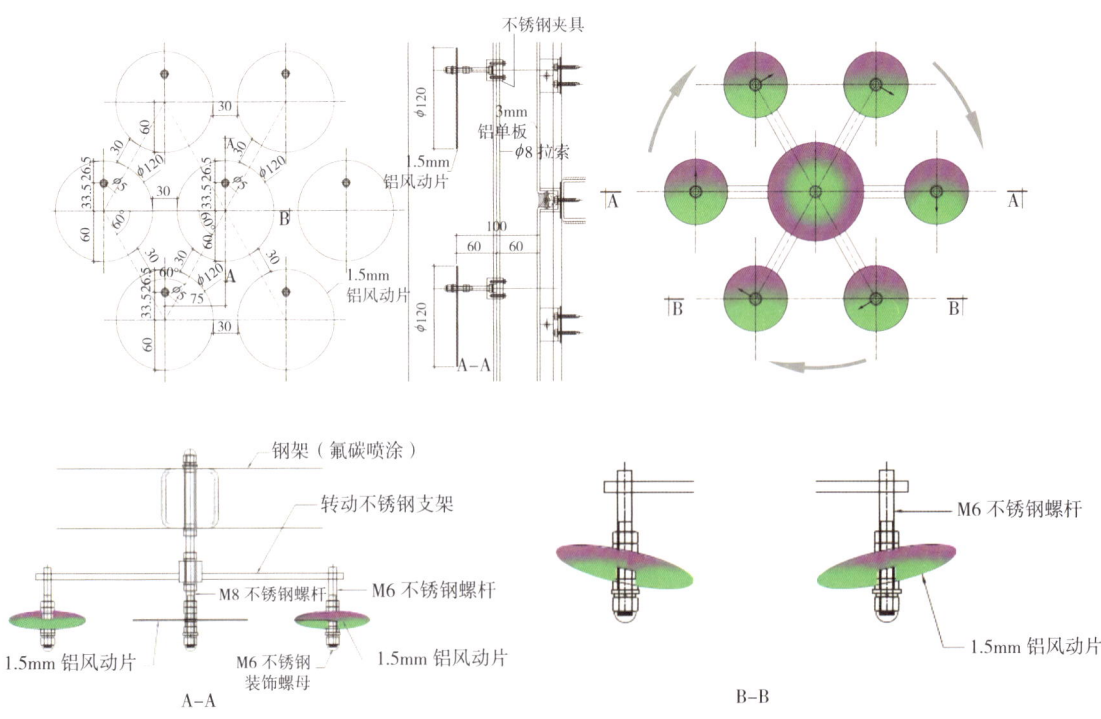

图 5-58 具象型风铃幕墙安装节点图

4）风铃幕墙应用

风铃幕墙应用案例（图 5-59～图 5-61）。

图 5-59　UR 概念店

图 5-60　北京中海·寰宇时代

图 5-61　布里斯班机场

5.3.2 呼吸式动态幕墙

5.3.2.1 呼吸式动态幕墙简介

呼吸式幕墙是由内外两层玻璃幕墙组成，可以在内外两层幕墙之间形成一个通风换气层的节能幕墙（图 5-62）。

呼吸式幕墙根据通风层的结构的不同可分为"封闭式内循环体系"和"敞开式外循环体系"两种。

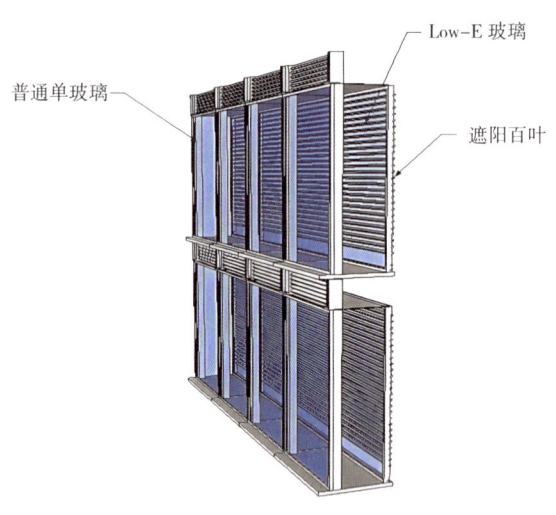

图 5-62　呼吸式动态幕墙

1）封闭式内循环体系呼吸式幕墙

封闭式内循环体系呼吸式幕墙，一般在冬季较为寒冷的地区使用，其外层原则上是完全封闭的，一般由断热型材与中空玻璃组成外层玻璃幕墙，其内层一般为单层玻璃组成的玻璃幕墙或可开启窗，以便对外层幕墙进行清洗。两层幕墙之间的通风换气层一般为 100～200mm。通风换气层与吊顶部位设置的暖通系统抽风管相连，形成自下而上的强制性空气循环，室内空气通过内层玻璃下部的通风口进入换气层，使内侧幕墙玻璃温度达到或接近室内温度，从而形成优越的温度条件，达到节能效果。在通道内设置可调控的百叶窗或垂帘，可有效地调节日照遮阳，为室内创造更加舒适的环境。

2）敞开式外循环体系呼吸式幕墙

敞开式外循环体系呼吸式幕墙（图 5-63）与"封闭式呼吸式幕墙"相反，其外层是

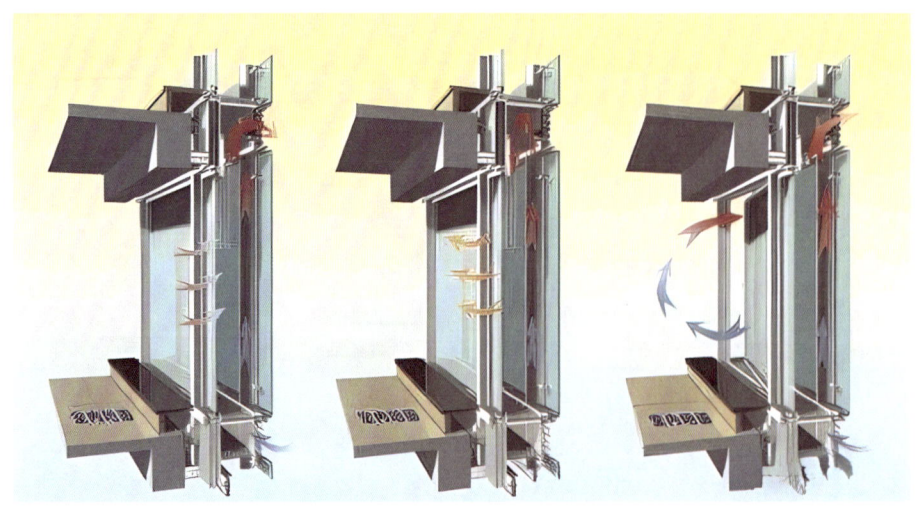

图 5-63　外循环体系工作示意图

单层玻璃与非断热型材组成的玻璃幕墙，内层是由中空玻璃与断热型材组成的幕墙。内外两层幕墙形成的通风换气层的两端装有进风和排风装置，通道内也可设置百页等遮阳装置。冬季时，关闭通风层两端的进排风口，换气层中的空气在阳光的照射下温度升高，形成一个温室，有效地提高了内层玻璃的温度，减少建筑物的采暖费用。夏季时，打开换气层的进排风口，在阳光的照射下换气层空气温度升高自然上浮，形成自下而上的空气流，由于烟囱效应带走通道内的热量，降低内层玻璃表面的温度，减少制冷费用。另外，通过对进排风口的控制以及对内层幕墙结构的设计，达到由通风层向室内输送新鲜空气的目的，从而优化建筑通风质量。

可见"敞开式外循环体系呼吸式幕墙"不仅具有"封闭内循环式体系"呼吸式幕墙在遮阳、隔音等方面的优点，而且在舒适节能方面更为突出，提供了高层超高层建筑自然通风的可能，从而最大限度地满足了使用者生理与心理上的要求。从使用上，换气层的出现，使呼吸式幕墙夏季节省制冷费用，冬季可节省取暖费用。同时遮阳百叶置于换气层，能有效地防止日晒又不影响立面效果。从舒适度方面，呼吸式幕墙的隔音性能可达到55dB，让室内生活与工作的人们有一个清静的环境；无论天气好坏，无须开窗换气层都可直接将自然空气传至室内，为室内提供新鲜空气，从而提高室内的舒适度。并有效地降低高层建筑单纯依赖暖通设备机械通风带来的弊病。

5.3.2.2 呼吸式动态幕墙的特点

1）呼吸式动态幕墙的突出特点是节能

呼吸式动态幕墙（图5-64）节能效果主要体现在以下几个方面：

（1）温室效应：在冬季，关闭通风层两端的进排风口，换气层中的空气在阳光照射下温度升高，形成一个温室，有效提高内层玻璃的温度，减少采暖费用。

（2）烟囱效应：在夏季，打开换气层的进排风口，空气在阳光照射下温度上升自然上浮，形成自下而上的空气流，带走通道内的热量，降低内层玻璃表面的温度，减少制冷费用。

（3）自然通风：通过对进排风口的控制以及对内层幕墙结构的设计，达到由通风层向室内输送新鲜空气的目的，优化建筑通风质量。

（4）节能效率：据报道，呼吸式动态幕墙的节能效果比单层幕墙高出约50%，是解决建筑节能的一个新的方向。

2）呼吸式动态幕墙的其他优势

（1）环保：外层玻璃选用无色透明玻璃或低反射玻璃，减少玻璃反射带来的"光污染"。

（2）隔音：双层或多层玻璃结构具有良好的隔音效果，减少外部噪声对室内环境的影响。

（3）美观：呼吸式动态幕墙可以设计成多种样式，增加建筑的视觉美感。

（4）适应性强：适合不同气候区域和不同建筑类型，能够适应多变的环境条件。

综上所述，呼吸式动态幕墙在节能、环保、隔音、美观和适应性等方面均表现出色，是现代建筑节能设计的重要选择。

图 5-64　呼吸式幕墙立面效果图

5.3.3　开合式采光顶

5.3.3.1　开合式采光顶简介

可自由打开、关闭的采光顶称为开合式采光顶（图 5-65），常用在商场、购物中心、体育场馆、酒店等场所。由于开启面积大，当屋面打开时，通风、采光效果极好，同时可以在室内营造各种室外场景。在四季温度变换中，开合屋面的使用可以大大降低空调的使用频率、降低场馆的能源消耗，以及空调使用对环境的影响。

开合式玻璃采光顶

温布尔登网球公开赛 1 号球场的膜结构开合采光顶

1 号球场的膜结构开合采光顶完全打开时　　　1 号球场的膜结构开合采光顶完全关闭后

图 5-65　开合式采光顶

5.3.3.2　开合式采光顶的特点

1）开合式采光顶移动形式

沿平行轨道移动是一种相对简单、技术成熟的开合方式，包括水平移动、空间移动和竖直移动。实际应用中多为活动屋盖向两侧开启，每侧可采用单个或多个结构单元（图 5-66）。

图 5-66 开合式采光顶开启与关闭状态

2）开合式采光顶的组成

开合式采光顶由以下几部分组成：

（1）支承结构。开合式采光顶直接支承于固定屋盖之上，是近年开合屋盖最常见的形式。活动屋盖荷载通过轨道传给固定屋盖，在沿轨道受力集中的部位应布置主桁架或采用相应的加强措施。

固定屋盖设计时，除需考虑结构自重、建筑屋面做法、天沟马道、照明音响等吊挂荷载及检修荷载外，还需要考虑活动屋盖的移动荷载。固定屋盖充足的刚度是确保活动屋盖顺畅运行的重要前提，应严格控制支承轨道主桁架与轨道梁的刚度，保证开合式采光顶运行过程中的变形不超过限值要求。

（2）围护结构。开合式采光顶的围护结构除应满足抗风、抗震、防水、密闭及遮阳等基本功能外，还应具备对变形的适应能力。建筑内部应尽量利用日光照明，优先采用透光性好的材料，可显著降低照明能耗。常闭状态的开合屋盖应考虑保温隔热等热工性能的要求，预防结露与冷凝水，必要时还应考虑场地的声学效果。屋面围护通常采用膜材、聚碳酸酯板等轻质材料，小型开合屋盖也可采用玻璃。

（3）驱动系统。驱动系统与控制系统分别属于机械工程与自动控制领域，是开合式采光顶的重要组成部分。驱动系统为活动屋盖运行提供动力，主要由行走机构（轨道、台车等）与驱动机构（电动机、减速器、联轴器、制动装置等）两部分组成。通常将活动屋盖安装在行走机构之上，通过动力装置驱动行走机构在轨道上移动。

（4）控制系统。开合屋盖结构的控制系统是实现活动屋盖开启与闭合动作的精密管控体系，具有监测、反馈及调节功能，向驱动系统发出各种运行指令，及时消除屋盖运行中出现的各种隐患。

5.3.4 动态视频幕墙

5.3.4.1 动态视频幕墙简介

动态视频幕墙俗称 LED 幕墙，是指将 LED 灯光与幕墙相结合，形成视频展示的屏幕，常见的有以下几种形式。

1）LED 媒体建筑幕墙

LED 媒体建筑幕墙是一种结合了 LED 显示技术和建筑幕墙设计的新型建筑装饰形式。这种幕墙不仅具有传统幕墙的隔热、隔音、保温等功能，还能提供丰富的视觉效果，成为城市夜景中的亮点。其原理是将 LED 光源分布在幕墙装饰线条中，并通过电脑程序控制使其整体呈现出动态画面，是一种现代建筑照明技术的应用。这种技术通常涉及 LED 灯具与建筑立面的结合，通过控制系统设计，使立面及其信息化的照明成为一个整体，从而实现动态图像和信息的展示（图 5-67）。

电脑程序控制 LED 光源的实现，通常需要以下几个步骤：

（1）硬件安装：需要将 LED 灯具安装在幕墙的装饰线条中。

（2）控制系统设计：需要设计一个控制系统，该系统能够接收来自电脑程序的指令，并控制 LED 灯具的亮灭、颜色变化等。控制系统可以是专用的 LED 控制器，也可以是集成在电脑系统中的软件应用。

（3）编程实现：通过编程实现动态画面的控制。这可以通过编写特定的程序代码来完成，代码中包含了动态画面的设计逻辑，以及与控制系统的通信协议。

图 5-67　LED 幕墙实景

2）LED 玻璃幕墙

LED 玻璃幕墙是一种将 LED 透明屏设计与玻璃幕墙系统相结合的建筑显示系统。它基于 LED 材料显示技术、多媒体技术和外墙形象的艺术设计创意视角，通过声音和图像等设计元素，构成一个新的幕墙艺术形式。LED 玻璃幕墙的显示背景是通透的，可以使广告画面给人悬浮在玻璃幕墙上的感觉，具有很好的广告效果和艺术效果。这种幕墙屏通常应用在商业大厦、酒店、商业街、机场、连锁店等各种玻璃橱窗等场合（图 5-68）。

图 5-68　LED 玻璃幕墙

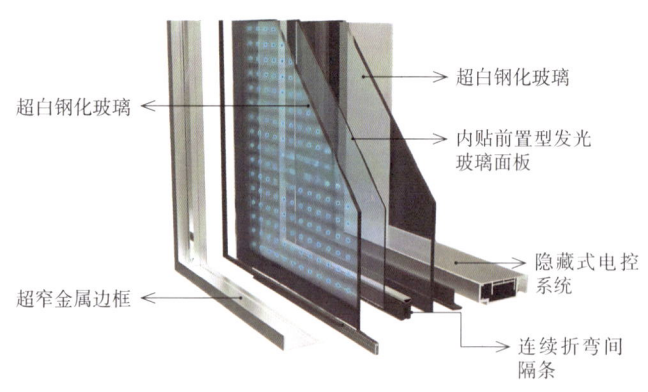

图 5-69　LED 玻璃构造

LED 玻璃又称通电发光玻璃、电控发光玻璃，最早产生于德国，我国于 2006 年研发成功。LED 玻璃需要夹胶玻璃及其夹胶玻璃制品，LED 灯具及其附件需要与 PVB 胶片结合。LED 玻璃既保持了玻璃超高通透性能，又能通过控制来呈现光电显示效果，实现视频播放（图 5-69）。

LED 玻璃有如下特点：

通透性高：LED 玻璃的通透率达 99%，透光率达 80%，不影响视线和采光。

安装方式便捷：安装方式与普通玻璃幕墙一致，可替代幕墙玻璃。

3）LED 显示屏

LED 显示屏是一种使用发光二极管按顺序排列而制成的新型成像电子设备。它具有亮度高、可视角度广、寿命长等特点，广泛应用于户外广告屏、体育场馆、交通指示、舞台背景等多个领域（图 5-70）。

图 5-70　LED 显示屏

5.3.4.2　动态视频幕墙的特点

（1）高透明度：动态视频幕墙采用高透明度设计，能够确保室内充足的自然光线，同时不影响室外的景观。这种设计使得建筑在保持现代感的同时，也确保了室内环境的舒适性。

（2）节能环保：与传统的户外广告牌相比，动态视频幕墙具有更低的能耗。采用先进的节能技术和环保材料，不仅降低了电力消耗，还减少了光污染和对环境的影响。

（3）创意无限：可以实现多种显示内容和效果，无论是文字、图片还是视频，都能以高清、流畅的方式呈现。这为建筑师和设计师提供了更多的创意空间，也让建筑成为城市中的一道亮丽风景线。

（4）互动性强：动态 LED 幕墙可以与观众进行互动，通过触摸、感应等方式实现人机交互。这种互动性不仅增强了观众的参与感，也为品牌宣传和产品推广提供了更多的可能性。

图 5-71　动态视频幕墙

（5）广泛应用：它们可以展示商业广告、品牌形象、文化信息、公益宣传等内容，提升建筑的档次和价值，吸引人们的目光和兴趣，增强人们的互动和体验（图 5-71）。

综上所述，动态视频幕墙凭借其高透明度、节能环保、创意无限、互动性强、广泛应用和技术成熟等优势，已经成为现代建筑设计中不可或缺的元素。

5.4 案例

言子书院

1 项目概况

奉贤新城言子书院得名于"敬奉贤人，见贤思齐"，与春秋时期孔子的弟子言偃来此地讲授儒家思想密切相关，"奉贤"之名不仅是对言偃的纪念，也体现了当地对贤人的尊重和敬仰。建言子书院为新时代颂扬中国传统文化场馆。书院的布局和建筑外立面装饰与周围郁郁葱葱的丛林，共同营造出深厚的文化氛围。本篇分享建筑外立面幕墙的设计和施工落地（图1）。

项目坐落于上海市奉贤区九棵树未来艺术中心的西北面，西侧临近沪金高速，位于望园东侧，金齐路南侧，航南公路北侧。建筑整体由何镜堂院士主创设计，以"言子的传学之路"为建筑空间秩序设计理念，传承言偃儒家礼运思想，以礼治国，见贤思齐。言子书院项目为包含多栋单体的地标建筑，集博物展览、教学、书院、学术交流于一体的复合功能性文化展览建筑，展现了对自然、人文的环境的极致追求。

项目总建筑面积 7 570 m²，幕墙 1.5 万 m²，主要幕墙系统有：开放式蜂窝石材、木纹转印玻璃幕墙系统、铝板幕墙系统、仿石铝型材"石砖"系统等。

项目平面布置见图2。

图1 鸟瞰图

图2 平面布置示意图

内庭节点
思源水院
贤人厅
入口节点
见贤前庭
礼仪广场

2 建筑立面表皮形式及分布

进入正大门，首先映入眼帘的是由一整块卡拉拉白大理石水刻而成的"言"，其尺寸达到 2.6m×2.6m，厚达 20cm。整体外立面采用白色石材幕墙（图3）。

图 3　石材幕墙效果图

转入见贤前庭后先见水，应"上善若水""夫水者，君子比德焉"；中间廊桥两侧为透明玻璃栏板，与见贤前庭的水融合呼应；抬头映入眼帘的是展厅，展厅外墙采用开放式蜂窝石材，斜吊顶部位采用整体式蜂窝石材，超 6m 高的玻璃圆点渐变彩釉在营造空间豁然开朗的同时，营造出从城市空间步入了一处世外桃源和文化胜地的代入感。

图 4　廊桥与展厅远景效果图　　　　图 5　展厅近景效果图

错落有致的单块玻璃重达约 1.5t，而外侧的装饰柱则用 6.4m 的圆弧形木纹铝板进行相互映衬，庄重不失美感（图4、图5）。

图 6　"木牍竹简"远景效果图　　　　图 7　"木牍竹简"细部效果图

贤人厅是后院空间的标志性建筑，整体外观设计细节汲取中国传统"木牍竹简"文化，采用一体仿石铝型材达到"石砖"的效果与现代风格融会贯通，呈现的古典美、对称美延展出儒家中庸的内涵（图6~图8）。

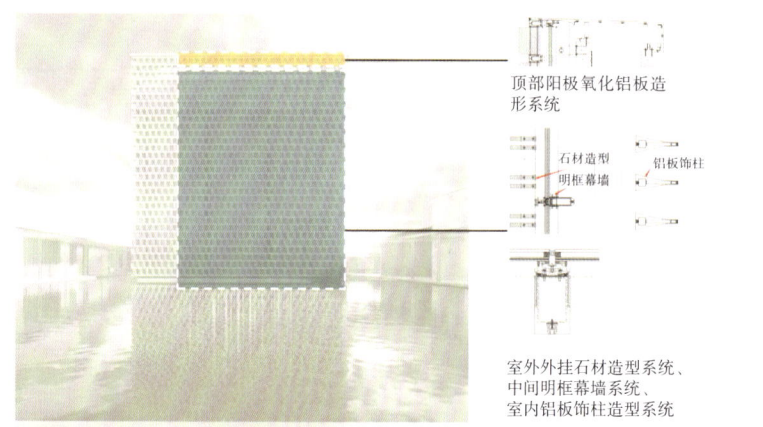

图8 幕墙系统效果图

贤人厅外立面采用三层元素：室外挂仿石铝型材造型+明框玻璃幕墙+室内铝板装饰柱造型系统。

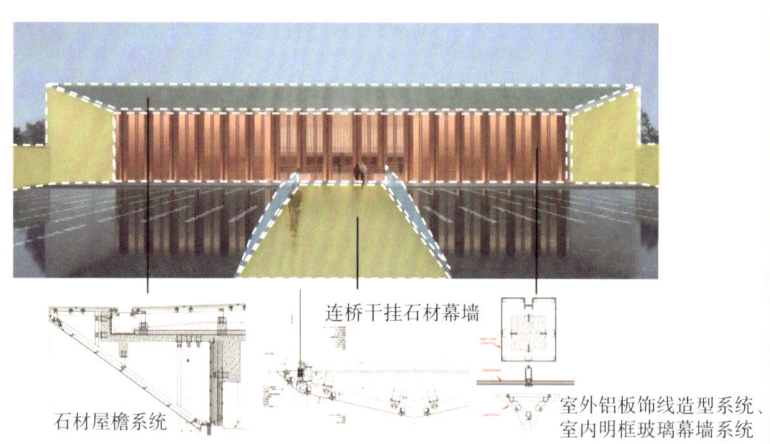

图9 幕墙系统效果图

见贤前庭外立面由明框玻璃幕墙+室外铝板整层通高铝板装饰造型系统组成，屋檐采用蜂窝石材幕墙系统。连桥左右为玻璃栏板，侧面和底部为干挂石材幕墙（图9）。

展厅和办公用房二层位置大悬挑雨篷，下表面采用25mm蜂窝铝板，表面阳极氧化，整体平整度和质感突出，雨篷整体采用超薄构造，营造舒适参观氛围（图10）。

 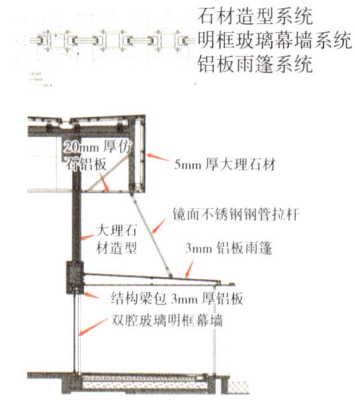

图10 幕墙系统效果图

3 项目技术重难点

项目外立面主要由蜂窝石材幕墙、玻璃幕墙、幕墙外特殊造型和大悬挑超薄雨篷几种类型组成。

本项目对外立面整体平整度要求严格、雨篷前端需做超薄视觉效果、特殊造型轮廓实现困难。以上既是项目建筑设计意图的重点，也是外装饰实现的难点，通过理论分析和做样品验证和改进，最终较完美实现建筑效果，以下对各难点做法做详细介绍。

见贤前庭玻璃幕墙外金属板造型（图11），进深500mm，宽度900mm，两侧呈弧形对称，通过铝材实现会有多条拼缝，无法满足建筑设计的整体效果要求，经多轮推敲和1:1做样，最终通过制作胎模方式对铝板进行找形，并焊接成整体后，连接在背负钢架中，既解决了14个造型的统一观感，也实现了整层高度一块铝板的整体观感，通过背负钢架实现装配式安装，可大幅提高安装效率。

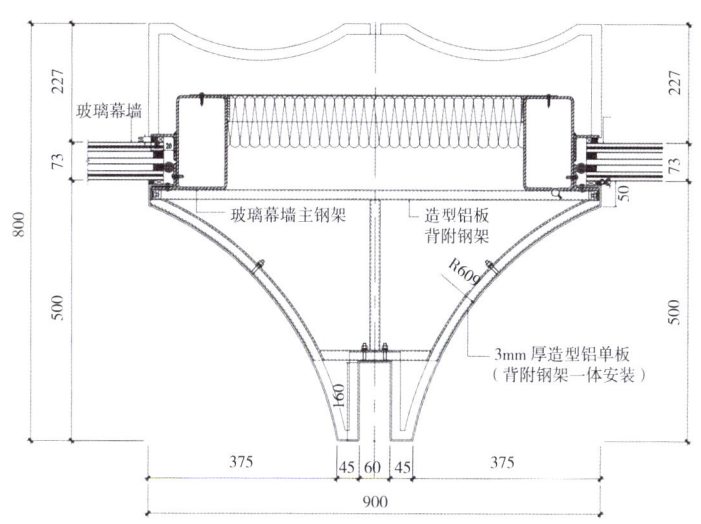

图11 幕墙系统节点图

金属雨篷最大悬挑5.5m，建筑设计要求前檐口须轻薄，经建模对比商讨前端仅允许120mm厚，雨篷支撑柱仅允许80mm直径，通过结构分析，此支撑柱仅作为装饰柱，雨篷金属板内主钢梁受力通过根部与预埋件连接，前端设置雨篷拉杆，通过简支梁受力方式减小雨篷钢梁规格，实现轻薄和雨篷下支撑杆件仅作装饰的目的（图12）。

贤人厅外立面造型，规律性强，数量庞大，按照建筑设计使用石材，幕墙龙骨规格会超出建筑师要求，考虑造型宽度较小，石材面板连接点多会严重影响整体外观效果，经多轮分析探讨，通过巧妙设计铝材截面，铝材表面用木纹转印，经1:1实样安装，无论从色彩还是造型上均能较好地实现建筑意图（图13、图14）。

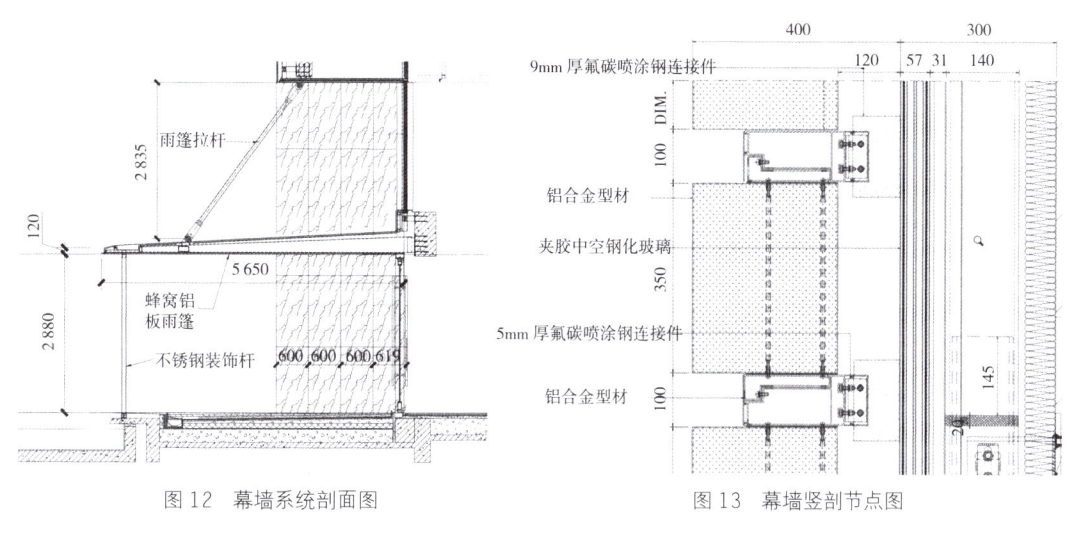

图12 幕墙系统剖面图　　　　图13 幕墙竖剖节点图

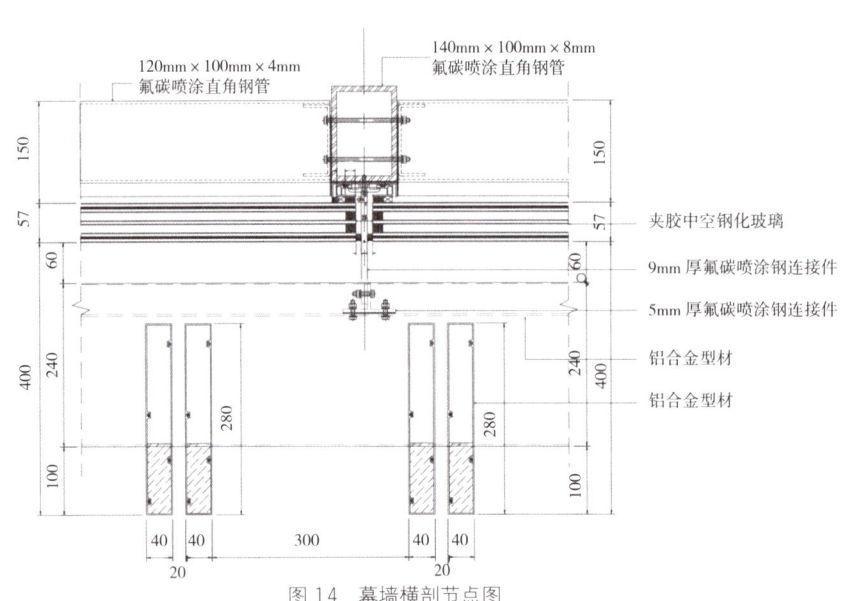

图 14　幕墙横剖节点图

言子书院与奉贤博物馆、市级文保单位沈家花园形成"一总馆两分馆"相辅相成的文化体系，共同展现出奉贤新城深厚的历史底蕴和文化底蕴。项目幕墙设计过程为满足建筑设计要求，几经设计论证和1∶1实样确认等环节，最终呈现出的效果实现了何院士的设计意图。设计过程是幕墙设计师职业生涯中一段值得骄傲的记忆，经过施工团队最终呈现的幕墙效果是一个不可多得的艺术佳作。

江苏南京园博园绿植幕墙——建筑与自然的交融

1　项目概况

近年来新材料、集成式、绿色、自由曲面，已经成为建筑大师们表达设计理念的重要手段，如何用创新的幕墙技术和产品来实现这些建筑设计理想，都需要我们不断地探索和实践。

江苏园博园主展馆区前身是一片1970年代的水泥厂区，以修复生态，织补城市功能为理念，创造绿色美好的城市新型公共绿化空间为目标，外立面采用"轻介入"的设计，使废弃的工业厂房重生为绿意盎然的现代园艺展馆。上海建工装饰集团幕墙工程公司承建了主展馆的外立面设计深化与施工任务。项目采用了大量新技术、新工艺、新材料，通过幕墙与自然环境的融合，植入功能，突出"再生"，打造集展陈展示、办公会议、休闲服务为一体的绿色现代化园艺展馆（图1、图2）。

图 1　项目鸟瞰图

图 2　夜景鸟瞰图

2　项目主要幕墙系统形式

2.1　金属屋面上附种植槽绿植屋面系统

屋面绿植系统采用长型盆栽形式，通过专利铝合金连接件有效固定于直立锁边屋面上。屋顶绿化及立面垂直绿化系统与绿植滴灌技术紧密结合，植物能充分得到阳光与水分，使建筑充满生机。

立面的玻璃板块均匀且简洁通透，在屋顶及立面绿植的映衬下，整个建筑迸发出工业与自然和谐之美（图 3）。

图 3　种植屋面系统

2.2　竖明横隐玻璃幕墙系统

该系统立柱跨度较高，且不能吊挂于屋面钢梁且立柱间距较大，幕墙主受力立柱及横梁均采用钢型材（图 4）。

图 4　竖明横隐玻璃幕墙系统

2.3 三角形不锈钢颤动板系统

不锈钢板由于本身强度高，可用于高层和超高层建筑；因其韧性大，可做折弯或弯弧加工，可实现较多建筑外观效果，这是普通金属板不容易实现的；其耐腐蚀性强，后期维护方便（图5）。

3 项目技术特点及重难点

3.1 项目技术特点

本项目系统多，新材料应用较常规项目应用范围广。下面将各主要系统技术特点简要介绍。

主要幕墙系统1：金属屋面上附种植槽绿植屋面系统（图6～图9）。

屋面钢花盆系统

固定于直立锁边屋面上部，在屋面板顶部通过螺栓连接通长的铝合金相位器形成多跨连续梁受力体系，在相位器上部安装铝合金挂槽与预制的钢盆连接（钢盆的加工须与绿植厂家配合并送样后批量加工），直立锁边屋面以上钢盆之间须加设钢网（表面处理同花盆可视面）。

图5 不锈钢颤动板系统

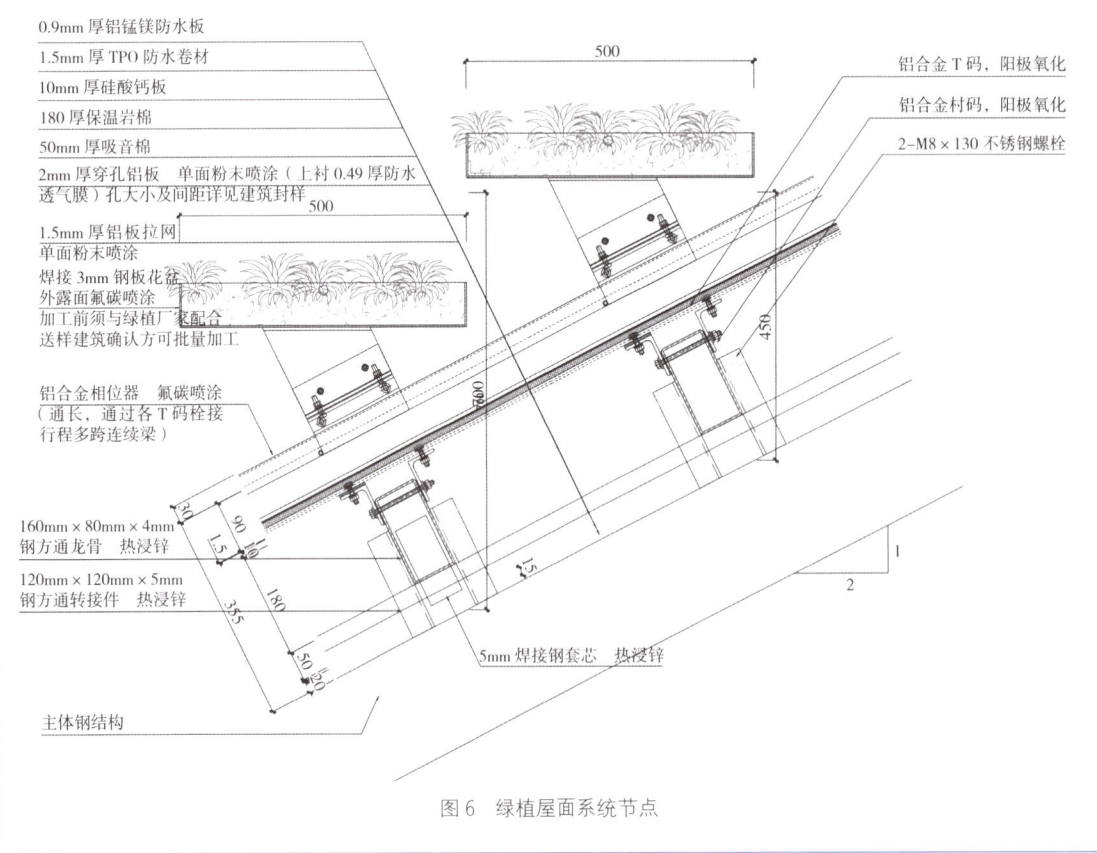

图6 绿植屋面系统节点

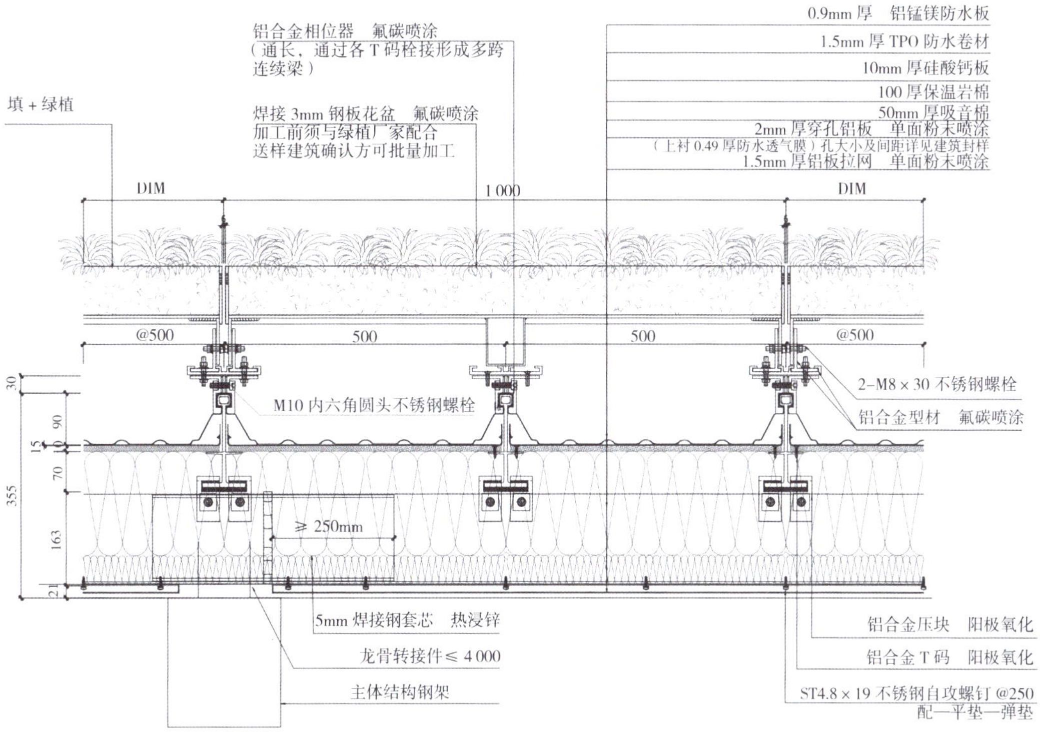

图7 绿植屋面系统节点

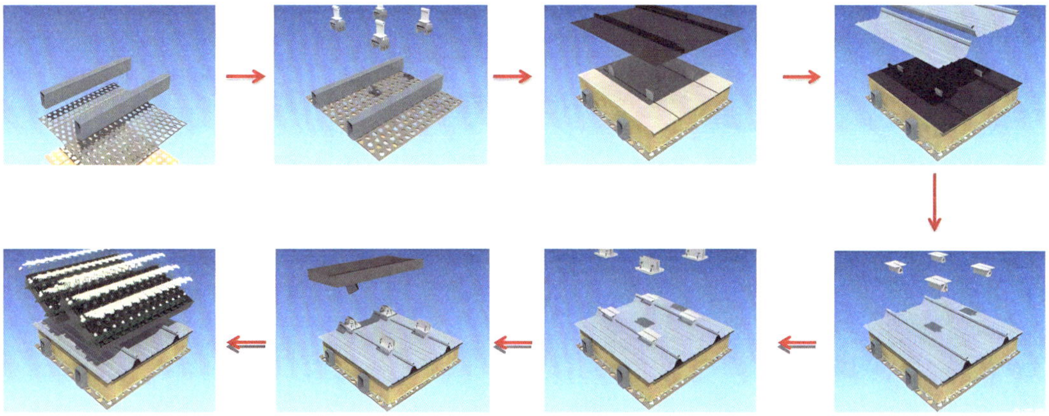

图8 屋面绿植安装流程图

图9 SU模型及实物

主要幕墙系统2：竖明横隐玻璃幕墙

固定玻璃面板选用12中透光Low-E+12Ar+12彩釉。开启扇及门玻璃面板选用6中透光Low-E+12Ar+6彩釉钢化中空玻璃。不透明玻璃幕墙部分内侧为2mm铝单板封堵，中间填充100mm厚保温棉，满足传热系数K≤0.6W/（m^2·K），满足防火要求；玻璃幕墙上部跟楼面或屋顶交界处非实体墙部分，防火保温隔声要求，中间填充150mm厚保温棉，内部用1.5mm热浸锌钢板封堵（图10）。

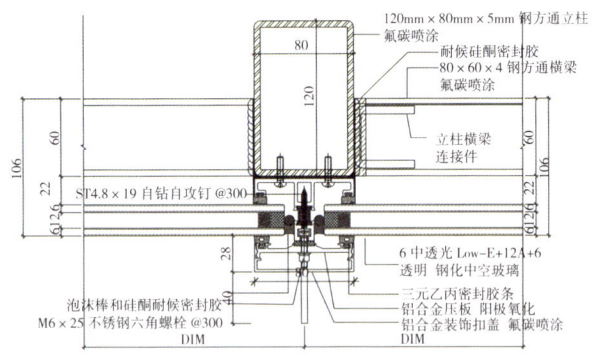
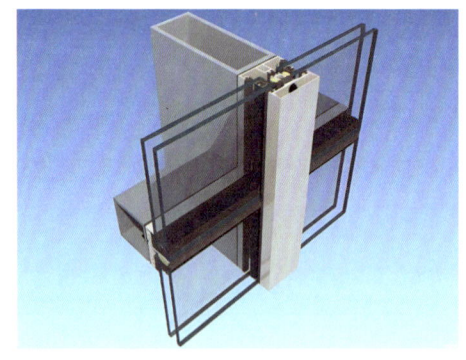

图10 竖明横隐玻璃幕墙节点与透视图

主要幕墙系统3：三角形不锈钢颤动板系统

建筑师的设计意图是，用几百个8m×6m×6m超大三角形不锈钢板，在风力等组合作用下实现整体的颤动效果，且每一大板块中还要同时包含镜面波纹（实体）不锈钢板和镂空不锈钢板。要实现这种视觉效果面临两个问题，第一如何保证每一个超大三角形板块不变形，第二每一块不锈钢板如何在风力等作用下达到无规则方向颤动的效果。这两块是本系统的重点和难点（图11、图12）。

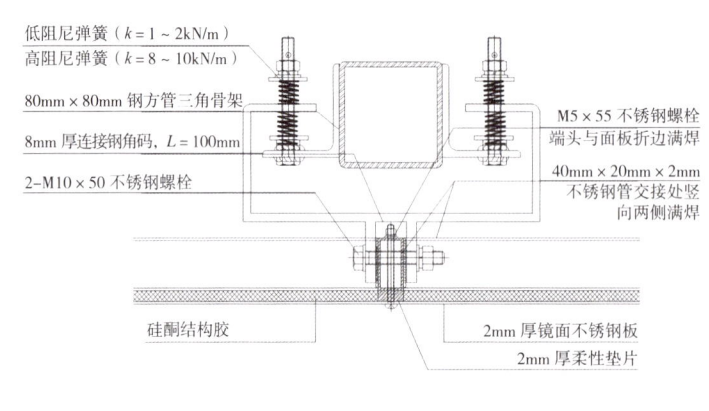

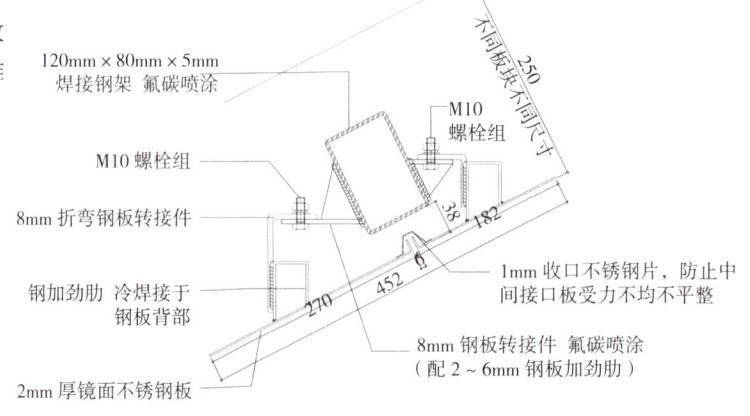

图11 节点图

图 12　SketchUp 模型图及实物

3.2　系统重难点

三角形不锈钢颤动板系统

当时条件之下，对于保证大规格 8m×6m×6m 不锈钢板块不变形是几乎不可能实现的。在建立了此处 BIM 模型后，将原先 8m×6m×6m 的一个大三角形不锈钢板块。分段优化为三个小三角形板块，按照这个思路将整个 BIM 模型中的所有大三角形板块全部优化，使其相对标准化。

经过结构有限元计算后，采取了面板和背负钢架结合的形式，对于背负钢架和小三角形不锈钢板块的连接方式，我们避开了会因受力集中导致不锈钢板块变形的焊接或者是植钉的方式，采用的是少量螺栓和结构胶的方式将不锈钢金属板和背负钢架相连，在满足其连接强度同时保障了板块不变形（图 13、图 14）。

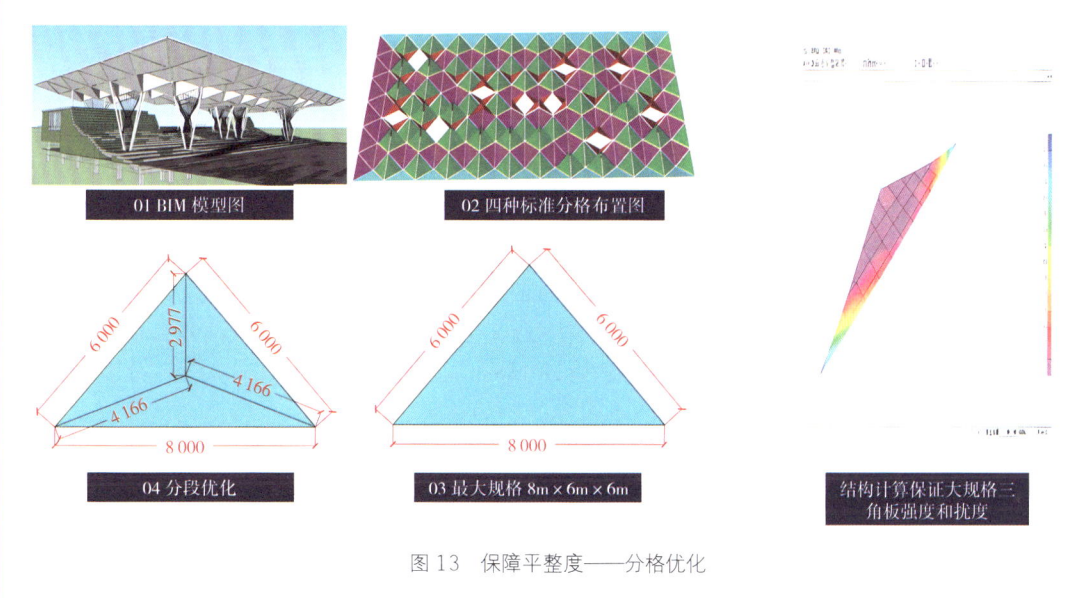

图 13　保障平整度——分格优化

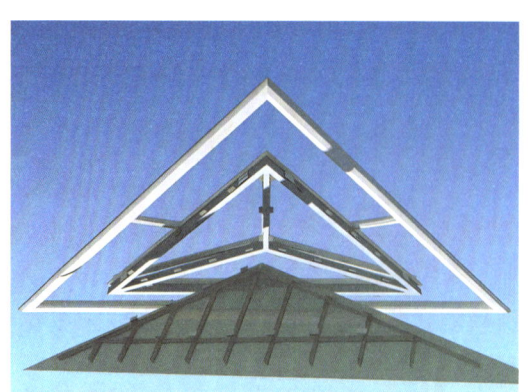

图 14　面板与背负钢架结合

实现所有不锈钢板块在风力等作用下，实现无规则方向的颤动，我们设计了通过高低阻尼弹簧和不锈钢螺栓，在不锈钢板发生颤动时给其回弹力和约束力，来实现不锈钢板块的无规则方向的颤动（图15）。

江苏园博园主展馆区目前已圆满交付，对外开放，项目通过先进的设计理念结合多项新材料、新技术、新工艺，实现了建筑与自然环境的融合，在山林地貌的背景中打造了一座浑然一体又不失科技感的园艺展馆精品。

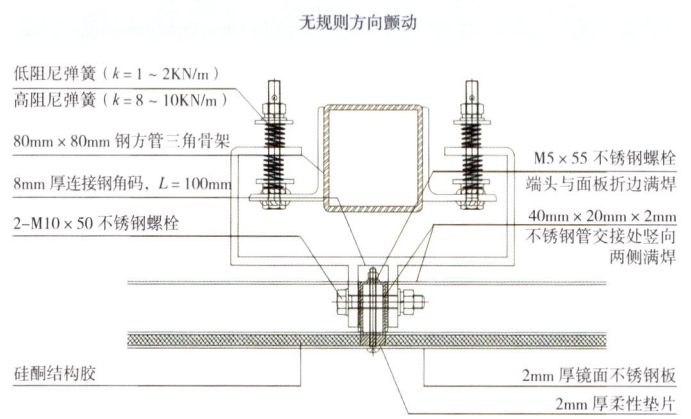

图 15　节点示意图

上音歌剧院项目装配式 UHPC 幕墙设计与应用

1　工程概况

上音歌剧院坐落于上海音乐学院（汾阳路校区）的东北角，是上海首个专业歌剧演出场所，现代建筑与历史建筑汇集地。本工程地处知名的淮海路商圈，建成后将继上海大剧院、上海文化广场、东方艺术中心、世博演艺中心之后成为上海滩又一地标性的剧院工程，项目建成后，将成为国际音乐文汇开放性实践平台、亚洲歌剧文化交流中心，为上海国际文化都市建设增添亮丽色彩。项目总建筑面积 31 926.42m²，地下 3 层，地上 5 层，幕墙面积约为 20 000m²。主舞台建筑高度 34m，其余部分建筑均不大于 24m（图 1）。

UHPC 超高性能混凝土是一种具有高强度、高韧性、孔隙率低的超高强水泥基材料，通过提高组织成分的细度与活性，使材料内部的孔隙与为裂缝减到最小、以获得超高强度与高耐久性。该材料用外幕墙在上海为首次采用，在国外已有很多成功案例。

图1 上音歌剧院鸟瞰图

2 UHPC幕墙系统简介

面板材料：UHPC板

横竖龙骨应用：采用热镀锌钢龙骨

防水板：2mm厚铝单板、不锈钢板

结构体系：UHPC面板自重通过中挺传递到钢龙骨上，钢龙骨通过埋件固定在结构上，单块板块重量约300~700kg（标准板块1 200mm×4 000mm）

2.1 标准板块挂件设计

标准板块挂件三维图与现场照片见图2~图7。

图2 挂件三维图

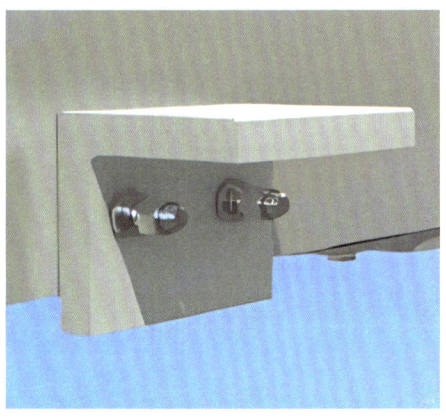

图3 L形锯齿角码底座固定

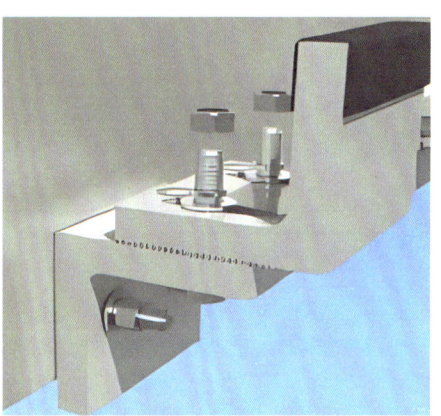

图4 L形锯齿托码通过螺栓连接

图 5　L 形挂件固定在板块上

图 6　组合三维可调挂件

图 7　现场照片

2.2　镂空板块挂件设计

镂空板块挂件设计见图 8 ~ 图 12。

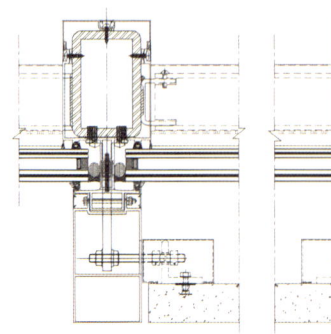
图 8　横向节点

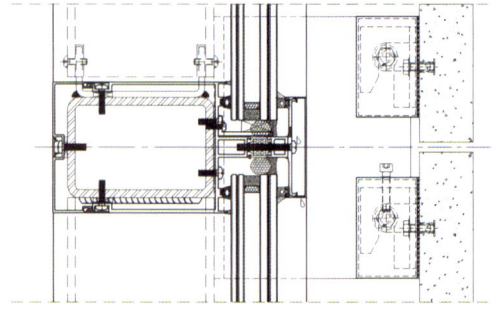
图 9　竖向节点

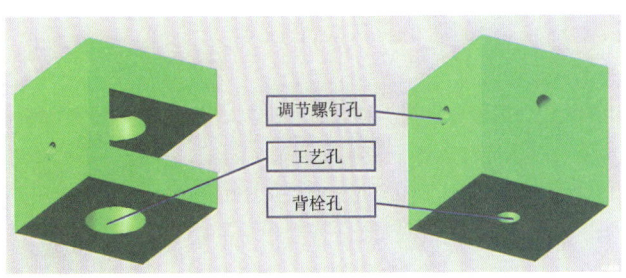

图 10　六面体挂件三维图

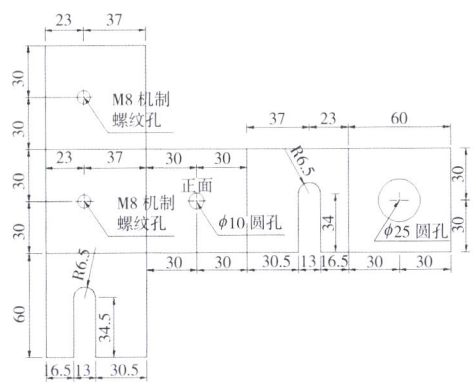
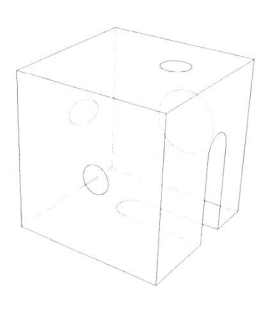

图 11　六面体挂件加工图

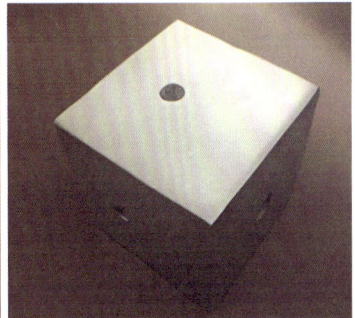

图 12　现场照片

2.3　板块制作

板块制作见图 13 和图 14。

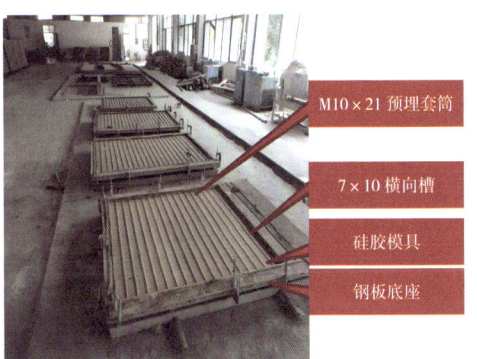
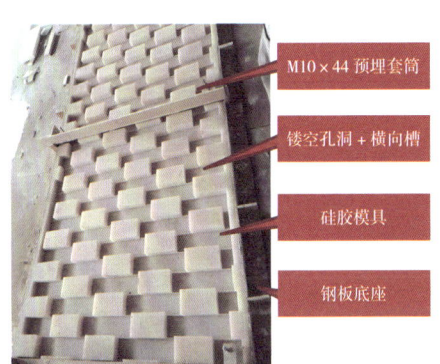

图 13　35mmUHPC 开槽板硅胶模具　　图 14　55mmUHPC 镂空开槽板硅胶模具

3 UHPC幕墙工程设计与施工创新运用技术

3.1 施工创新——超大板块运输

上音歌剧院共有4个大门，编号分别为1号大门、2号大门、3号大门、4号大门。4个大门不能覆盖各个施工面的施工要求，所以需要从每个大门口往每个施工面运输板块。由于UHPC板超大及超重，用人力无法有效的解决。项目部自行制作了一个人字移动架，专门用于UHPC板的运输，利用汽车吊把UHPC板吊到人字架上，在人字架把UHPC板捆绑好后运输到各个施工面（图15）。

图15 超大板块运输

3.2 施工创新——超大板块安装

安装流程：板块运输→安装准备→板块起吊至首层→吊篮升至安装位置→再起启动吊具→吊至安装位置→板块安装→松钩（图16~图20）。

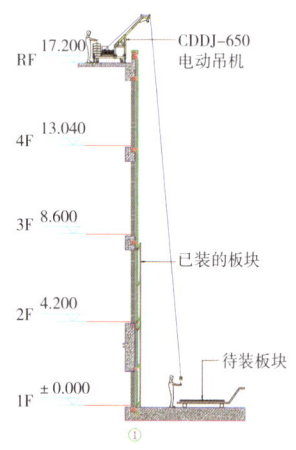

图16 钢丝索及固定支件与板块连接

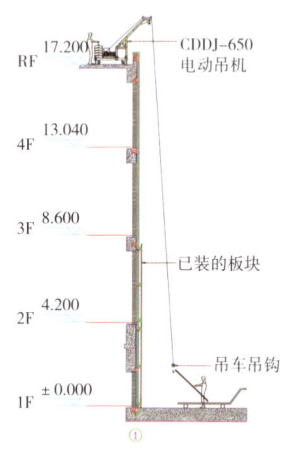

图17 板块两侧导向索（或导向绳）固定后，起吊

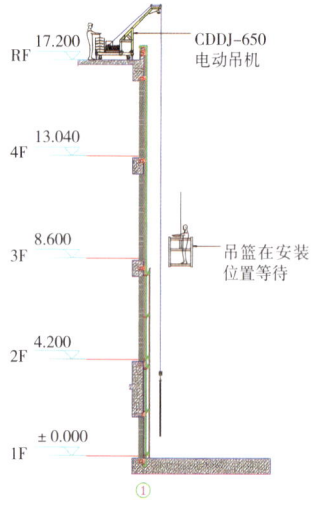

图18 吊篮降至安装点

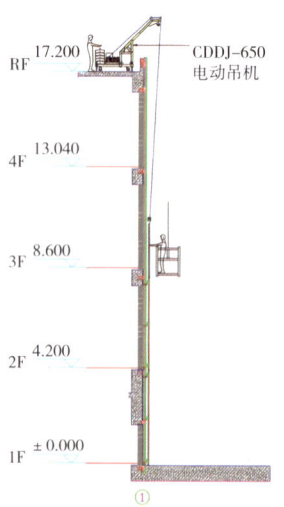

图19 板块起吊到安装位置，4名工人配合安装

图20 现场安装照片

本工程在UHPC板在安装过程中发现，因为面板过高（高度4m），安装点位多（6个点位），安装难度大。为保证安装精度，则需要2名工人在下面配合上方吊篮2名工人施工调整安装位置，所以采用了"双层吊篮"系统。

UHPC挂板不仅为建筑带来更好的视觉整体感，超低的吸水率和超强的耐久性更保证了建筑表皮的长期视觉和使用效果。UHPC挂板丰富和细腻的肌理及质感为建筑表皮带来不同的风格和多变的表现形式。

中山大学深圳校区项目幕墙设计与分析

1 项目概况

中山大学深圳校区位于深圳市光明新区公常路以北，康弘路以东，羌下二路以西，与东莞黄江接壤的猪婆山、猪公山周边区域。东北侧紧邻东莞市，距离光明综合服务区中心约3km，距离光明办事处约35km，距离光明新区管委会约5.3km，距离公明中心区约5.5km。本项目设计灵感源于"凤引九雏"的典故，园区绿景幽幽，建筑群端庄有致，俯瞰整个学校园区，确有凤凰展飞之意（图1）。

图1 鸟瞰图

学校园区由多栋建筑组成，国际学术交流中心、图书馆、公共教学楼实验区和学生综合服务中心、教工综合服务大楼组合成凤凰的身体，食堂和医理工文四大组团则为凤凰的羽翼。

其中综合服务大楼为位于校园入口广场的北面，建筑北侧紧靠猪婆山，是校园中轴线的重要标志性建筑物（图2）。建筑外立面大面积采用了中大红陶砖外幕墙，这种设计凸显了岭南特色，并体现了"百年中大、一脉相承"的办学理念。

2 项目幕墙系统形式

项目外立面主要包含玻璃幕墙、陶砖幕墙、石材幕墙等（图3、图4）。

（1）幕墙系统1——位于立面的玻璃幕墙系统：结构形式为铝合金构件式幕墙，玻璃为中空LOW-E钢化（夹胶）玻璃，型材表面氟碳喷涂。下边缘距室内地面大于1800mm的幕墙开启扇设置电动开启装置。

竖向为明框，外凸100mm的铝合金装饰条，横向为隐框式。

此幕墙系统的主要构件：

采光区部位：6mm+1.52mmPVB+6mm+12A+6mm钢化夹胶中空Low-E玻璃。

立柱尺寸：70mm（宽）×155mm（深）。

图2 综合楼实景照片

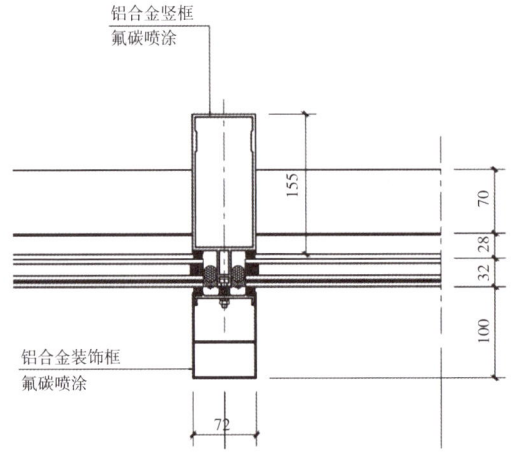

图3 玻璃幕墙横剖节点

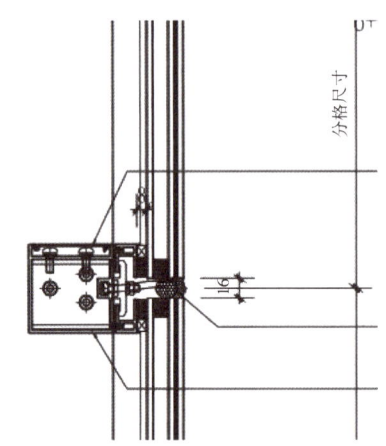

图4 玻璃幕墙竖剖节点

（2）幕墙系统2——位于立面的中大红陶砖幕墙系统：大面陶砖采用主体结构承重，水平荷载由钢材框架承担，陶砖柱采用主体结构承担自重和水平荷载，陶砖柱转角均采用整块陶砖，陶砖立面均为错缝形式（图5、图6）。

（3）幕墙系统3——位于立面1F的石材幕墙系统：采用背栓式花岗岩干挂系统，框架为热浸镀锌钢龙骨，其中倾斜面采用蜂窝复合石材（图7）。

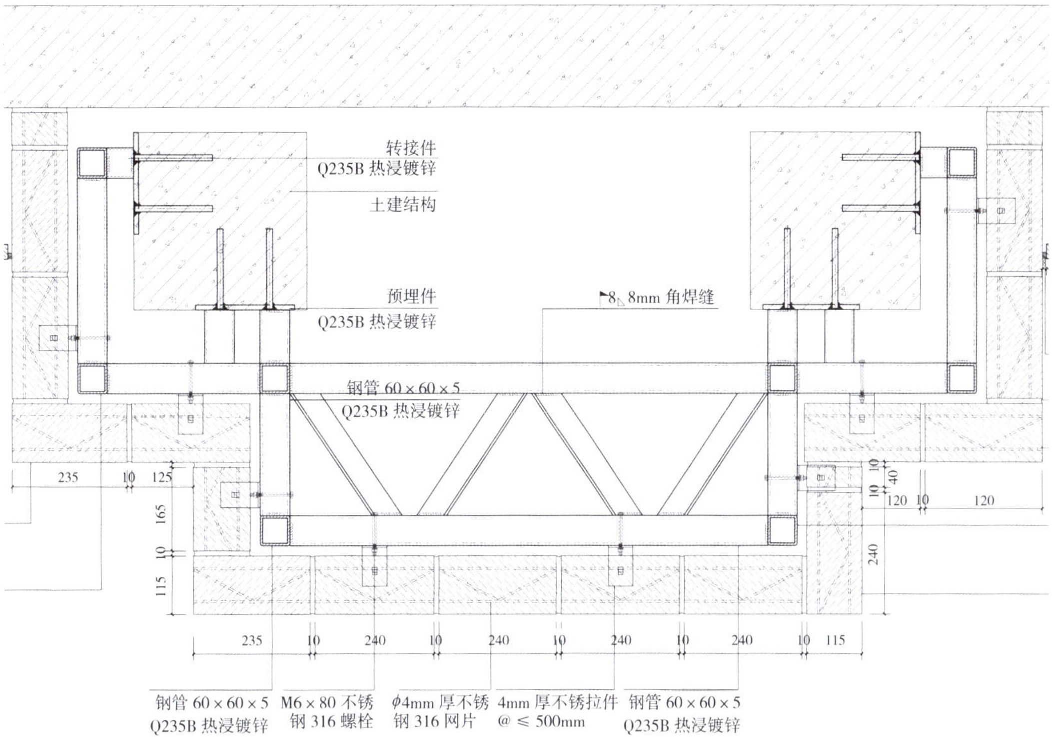

图 5 陶砖横剖节点

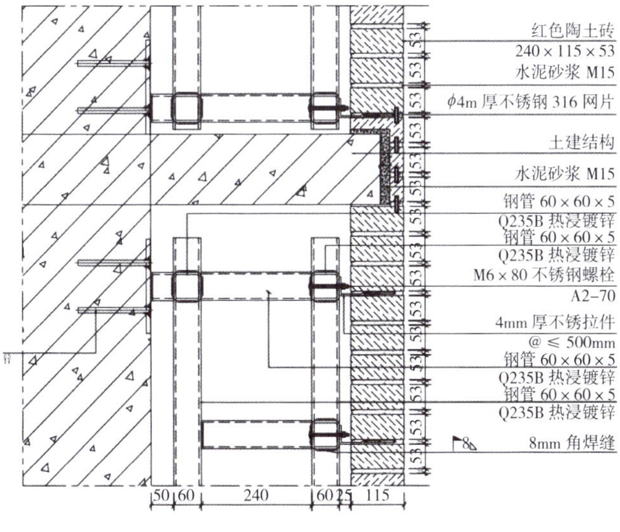

图 6 陶砖竖剖节点

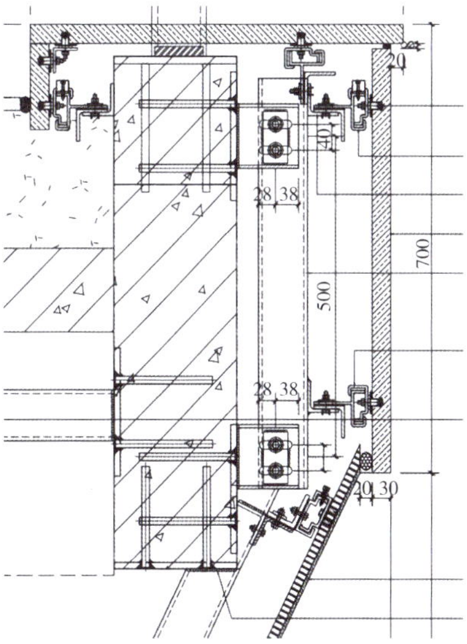

图 7 石材幕墙竖剖节点图

图8 各系统立面分布示意图

上述各系统立面分布如图 8 所示。

3 项目技术重难点

3.1 陶砖幕墙色差的控制

陶砖规格为 240mm×115mm×53mm 穿孔砖，采用 M15 级低碱水泥砂浆。陶砖墙外转角采用整体砖，样式及颜色由建筑师及业主确定。强度等级不低于 M25，陶砖砌筑完成后进行勾缝处理，勾缝样式及颜色由建筑师及业主确定与陶砖颜色保持一致。为防止陶砖幕墙立面出现色差，需从以下几个方面控制施工质量：

（1）材料选择与预处理：选择色差较小的陶砖材料，并在施工前对陶砖进行预排版，对有色差的板块进行筛选或重做。

（2）施工工艺：施工时应注意安装的精度，确保板块之间的拼缝宽窄统一、横平竖直，以减少色差的视觉影响。

（3）质量控制：实施样板先行制度，确保样板的色差在可接受范围内，并在大面积施工前进行检查，以便及时调整。

（4）环境控制：施工环境的光照和湿度应保持稳定，以减少环境变化对色差感知的影响。

3.2 石材幕墙的施工质量控制

由于石材幕墙均在近人尺度，对石材幕墙的施工质量细节把控显得尤为重要，需从以下几个方面进行把控：

（1）安装精度控制：石材安装的垂直度、平整度、标高和位置应严格控制，以确保幕墙的整体稳定性和美观性。使用专业工具进行测量和校正，确保安装精度符合设计要求。

（2）防水和防腐措施：幕墙的防水设计应充分考虑，特别是石材接缝、螺丝孔等部位应采取有效的防水措施。金属材料应采用不锈钢、铝合金或热镀锌钢材，以防腐蚀。

（3）质量检测和验收：施工过程中应进行每道工序的质量检测，并对完成的分项工程进行自检和验收。质量记录和验收工作是确保施工质量的重要环节。

（4）维护与保养：施工完成后，应提供石材幕墙的维护与保养指导，定期检查石材的外观和结构，确保幕墙长期保持良好状态。

最终完工效果如图 9 所示。

图9 霞光中的效果

幕墙智能制造技术

Intelligent Manufacturing Technology for Curtain Walls

第 6 章

Chapter 6

6.1 BIM 正向设计技术

6.1.1 BIM 正向设计技术简介

BIM 在建设工程及设施全生命期内，对其物理和功能特性进行数字化表达，并依此设计、施工、运营的过程和结果的总称。BIM 正向设计通常是指"先建模，后出图"的设计方法，是对传统项目设计流程的再造，是以三维 BIM 模型为出发点和数据源，完成从方案设计到施工图设计的全过程任务。区别于先二维设计、后建三维 BIM 模型的"逆向"翻模行为，BIM 正向设计以 BIM 模型为中心，实现设计的数字化和信息化，可以提高项目设计的沟通效率（图 6-1）。

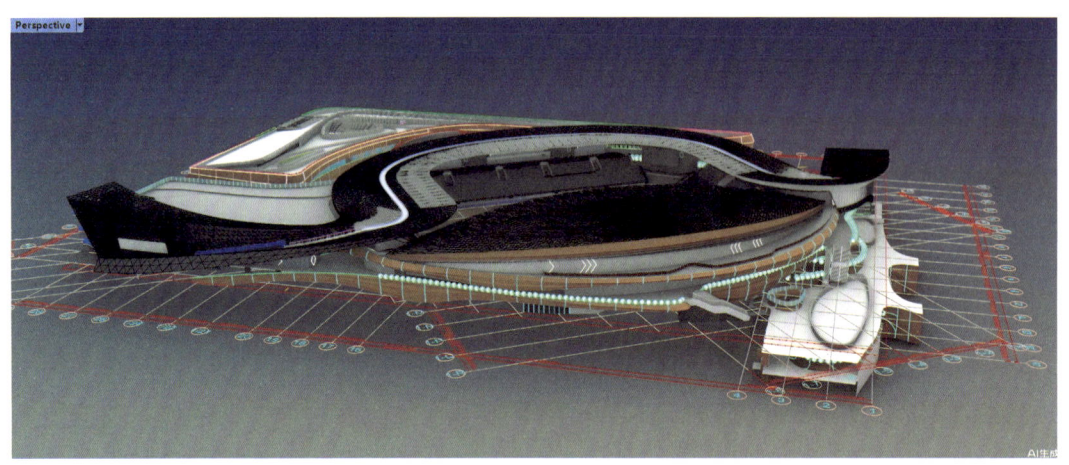

图 6-1 BIM 建模

6.1.2 幕墙工程 BIM 正向设计的作用

（1）可视化沟通：利用 BIM 设计的可视化特性和 BIM 可视化成果，让幕墙专业和其他专业件基于可视化成果进行沟通，提高效率，辅助决策。

（2）三维协同：以 BIM 模型或图纸作为提资条件，开展专业间、专业内的协同工作，提高沟通效率，提升设计质量。

（3）设计优化：通过 BIM 模型开展全专业设计核查与各阶段分析模拟。梳理并修正设计的错漏碰缺问题，对可能存在的碰撞、错位问题进行优化。

（4）绿色性能模拟：对建筑及周边环境的风、光、声、热条件进行模拟与分析，根据分析结果，逐步推进设计调整与方案优化（图 6-2）。

（5）质量管控：基于 BIM 正向设计逻辑，对 BIM 设计模型、施工图图纸、各项设计成果进行平台化、系统化的管理。通过三维审图、云端协同校审等方式，进一步提升模型精度、提高图纸质量，最大程度上保证"数据同源，图模一体"。

图 6-2 绿色性能模拟

6.1.3 BIM 正向设计现阶段的发展特点

（1）释放创造力与解放生产力：BIM 正向设计允许设计师将更多精力投入到设计本身，而不是图纸绘制和校对修改上，从而提高设计效率和质量。

（2）设计问题的前置化：BIM 正向设计通过模型驱动的设计流程，使得设计问题在早期阶段就能被发现和解决，减少了后期的设计变更和返工。

（3）全专业整体化设计：BIM 正向设计实现了所有专业在三维空间中的整体化设计，提高了专业间的协调效率和设计质量。

（4）全三维无死角设计：BIM 正向设计通过三维模型进行设计优化、工程算量、造价控制和出图等，提高了设计的精确度和完整性。

（5）质量管控：BIM 正向设计通过平台化、系统化的管理，提升模型精度和图纸质量，确保数据的一致性和完整性。

（6）技术与政策的推动：政策的推广和技术的进步共同推动了 BIM 正向设计的发展，使得其在设计、施工、运维等全生命周期中的应用越来越广泛。

（7）信息化与数字化的融合：BIM 正向设计与云计算、大数据等现代信息技术的结合，提高了项目管理和数据协同的效率，促进了设计行业的数字化转型。

6.2 VR 技术在幕墙工程中的应用

虚拟现实技术（简称 VR）在近年来是一种比较常用的技术，它包含多种技术如：计算机图形学、多媒体、人工智能等。虚拟现实技术可以产生一种沉浸式逼真的虚拟环境，与用户产生交互，带给用户更多的沉浸感、体验感。鉴于虚拟现实技术可以带给用户更加逼真的虚拟环境，所以往往用于教育培训、展示等多种场景。并且近年来虚拟现实技术与应用取得了很好的进展。因此将虚拟现实与幕墙行业结合起来更加有现实意义。

幕墙工程属于建筑行业的范畴，建筑施工行业存在施工人员多、施工现场多等情况，而且幕墙的安装有别于传统的建筑建造行业，所以需要对工人进行安全及技术相关的培训。采用 VR 虚拟现实技术，提高了工人的技术实力同时也解决掉了一些安全隐患。VR 技术在幕墙工程培训中的应用目前处于探索阶段。相关技术的研究与开发主要借重于 Unity 与 3DSMax 建模软件。

Unity 是利用交互的图形化开发环境为首要方式的软件，是一款用于创建三维视频交互、建筑可视化、实时三维动画等类型互动内容的多平台综合型三维开发工具。在场景交互、AI、动画、UI 制作、粒子效果、VR 开发等方面提供了简单易用的功能接口，可使用 C# 语言进行脚本编辑实现自定义功能开发。3DSMax 是一款基于 PC 系统的三维动画渲染和制作软件，其通用性很强，对 PC 的性能要求不高，其具有强大的角色动画制作功能，在 3DSMax 中可以采用堆叠式的建模步骤，使得模型的制作具有非常强大的弹性（图 6-3）。

图 6-3　软件界面

1）优势

虚拟现实技术在应用具有以下优点：

（1）可视化与沉浸感。

例如，设计师和客户可以身临其境地感受幕墙在建筑上的实际呈现效果，像上海中心大厦的幕墙设计过程中，通过 VR 技术能让人直观感受到不同设计方案的差异。

（2）提前发现问题。

可以在虚拟环境中提前检测到幕墙与建筑结构或其他元素可能存在的冲突，避免实际施工中的返工，比如某大型商业综合体的幕墙工程，借助 VR 发现了一些设计不合理之处及时进行了调整。

（3）高效沟通。

各方人员能基于 VR 体验进行更有效的沟通和交流，减少理解偏差，如同一个幕墙项目的团队成员可以通过 VR 共享设计思路和意见。

（4）精准设计。

帮助设计师更精准地把握尺寸、比例等细节，确保幕墙设计符合要求，在一些高端写字楼的幕墙设计中，VR 确保了每一块幕墙板块的精确安装。

2）应用

VR 技术在幕墙工程中的应用目前处于探索阶段，应用场景主要在以下方面：

提升设计展示效果：VR 技术可以将设计方案以三维立体的形式展现给客户，使客户能够更加直观地理解设计意图，提高客户满意度。

施工模拟与培训：借助 VR 技术，施工人员可以在虚拟环境中模拟幕墙施工过程，提前熟悉施工流程和操作细节，提高施工安全性和质量。还可解决幕墙安装与

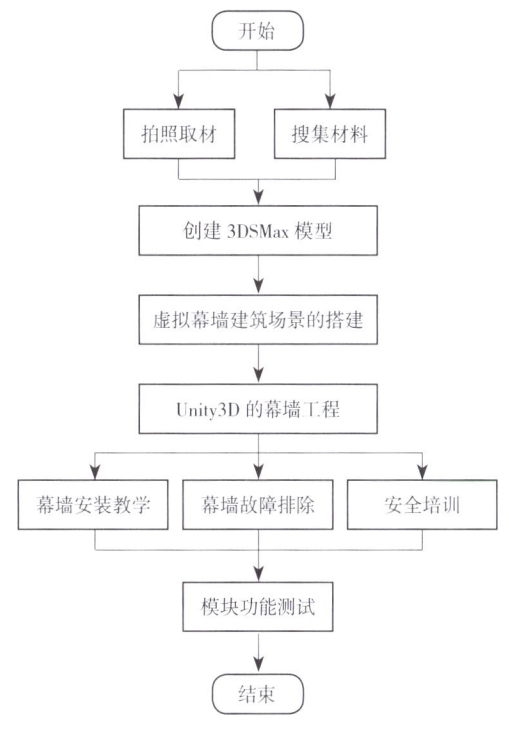

图 6-4　工作流程图

图 6-5　VR 技术应用

故障排除以及相关安全意识的培训。主要为了提高幕墙安装工人的技术实力，以及相关幕墙安装的故障排除，提高工人的安全意识，降低事故发生率（图 6-4、图 6-5）。

6.3　智能成本管控技术

BIM 技术近年来一直受到建筑行业的高度重视。BIM 技术可以充分收集项目全生命

周期各个阶段的信息,有效缩短工程施工时间,节约建设成本,有效提高各参与方的决策效率和项目质量。BIM 技术的应用对设计单位和施工单位越来越起到不可替代的积极作用。

利用人工智能算法对 BIM 数据进行分析和预测,例如预测成本超支风险,提前采取应对措施来保障成本控制目标的实现。

BIM 技术主要通过不同类型的软件进行信息集成,实现 BIM 的 N 维应用。具体来说,它是一个软件集群,结合我国现阶段 BIM 应用情况,常用的软件及它们之间相互协调关系如图 6-6 所示。

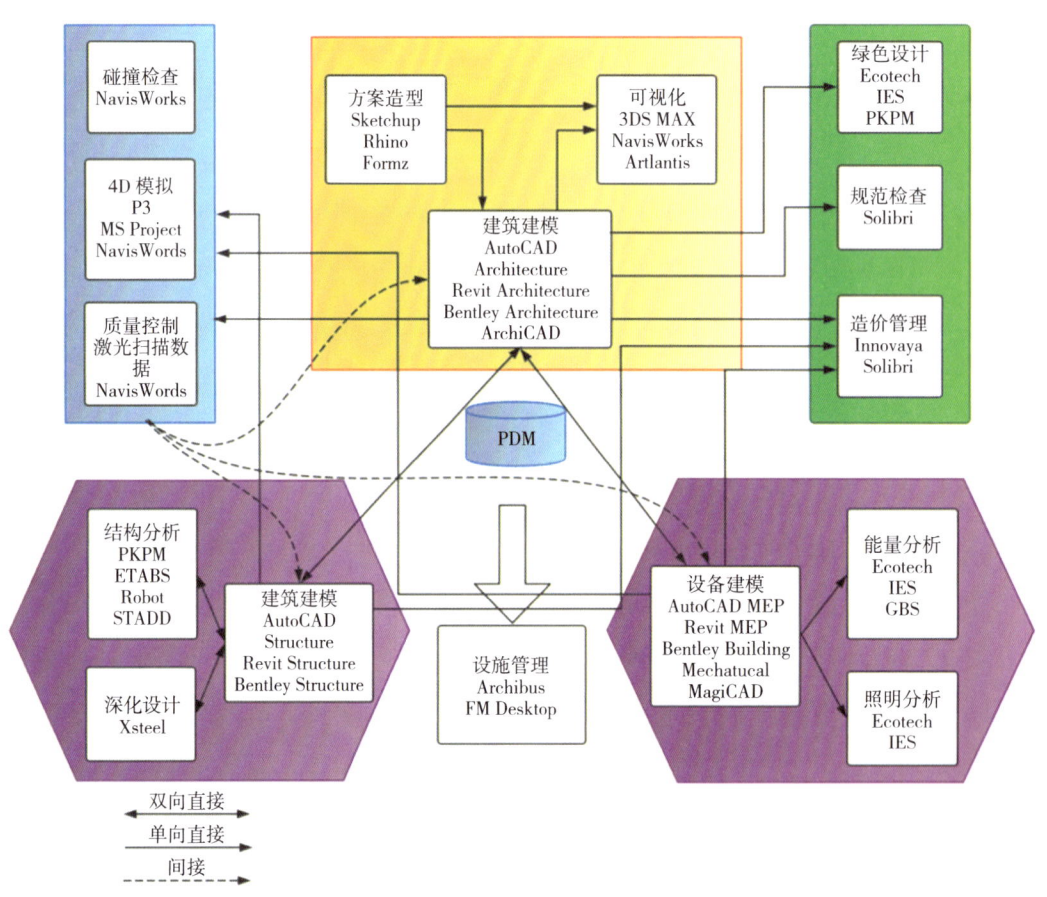

图 6-6　BIM 常用软件之间的协调关系

图 6-6 中的实线表示数据信息可直接互用,虚线表示数据信息可间接互用,箭头表示互用数据信息的方向。BIM 相关软件在建设项目的应用,呈现以下几个特点:

1) 仿真性

BIM 技术在建设项目管理工作中呈现出比较明显的仿真性特点,通过提前发现可能存在的各类问题,及时采取有效的控制措施,消除可能的风险隐患。例如,优化设计方案，提高设计质量与精度；对项目重难点节点进行模拟，直观了解施工工序，验证复杂建筑体系的可建造性。

2）可视化

可视化特点，即在建设项目管理工作中通过使用三维立体模型，能够使较大的危险问题得以避免，能够优化项目管理流程，提高建设项目管理的针对性，确保建设项目管理工作的真正落实。例如，由于BIM模型的可视化，非专业出身的工作人员可以借助该平台对项目有更清晰的了解，能够对简化后的各个部分以及各构件更了解，更清晰地理解相关图纸问题，及时直观有效地解决问题（图6-7）。

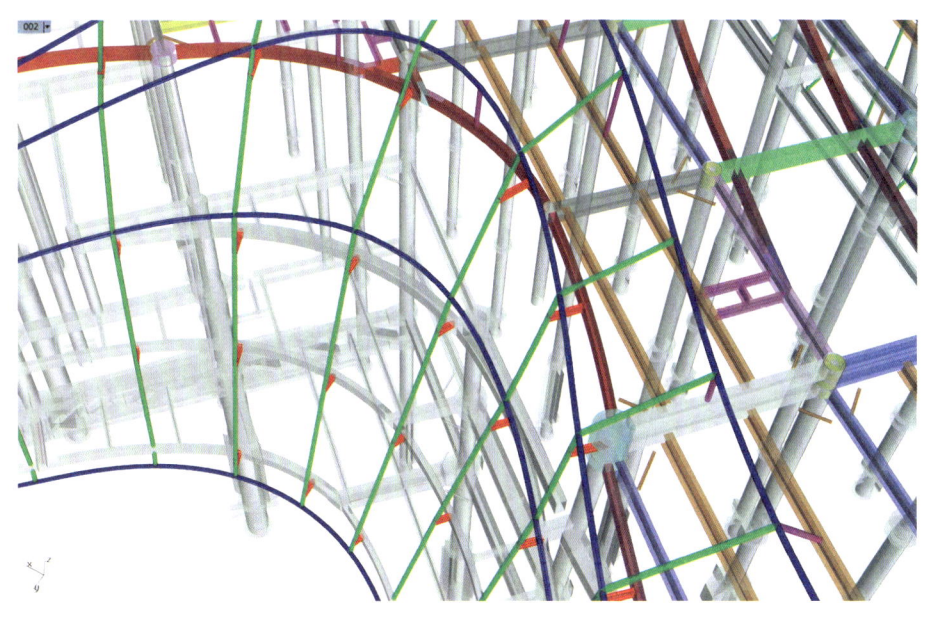

图6-7 可视化模型

3）协调性

BIM技术在建设项目各阶段协调上具有明显的优势。设计单位通过模型将各专业不同系统联系在一起，提前完成模型优化，减少因设计变更引起的成本增加；施工单位通过BIM技术对项目整体进度进行试验操作，合理调配资源，保证实施过程的有序进行。

4）可出图性

BIM技术的可出图性体现在基于相关软件进行传统的平、立、剖及详图的输出外，还可以输出BIM应用方面的图纸。例如，各专业BIM模型整合后，利用碰撞检查功能，出具不同专业间的碰撞检查报告，碰撞检查修改完毕后出具管线综合排布图。

5）信息完备性

信息完备性，主要表现为BIM技术可以展现建设项目的3D几何信息与拓扑关系两方面。另外，还可以描述完整的工程信息。例如，项目名称、结构类型、材料款式、安装类型等设计信息；进度状态、成本控制、质量安全问题等施工过程中的信息；工程安全性能、材料性能等维护方面信息。

6.3.1 优势

项目成本控制一直是我国建筑行业的一个大难题，传统模式的对于成本管控可视性弱，不易协同，以及横道图、网络计划图自身存在缺陷，所以项目管理者对进度计划的优化只能停留在部分程度上，即优化不充分。随着 BIM 技术的应用，上述问题可以得到大幅改善，BIM 技术在成本控制中有以下优势：

（1）速度快。

传统成本控制往往是基于二维图纸进行施工算量再配合表格的方式，这样做不但工作量大，而且速度慢，反应用也不及时。导入 BIM 技术之后，通过对原有的 BIM 3D 模型加入 4D（时间）和 5D（成本）两个维度之后，可以形成一个数据信息丰富，与工程关联度极为敏感的 BIM 5D 模型，因为与进度也产生了关联，也可以称之为成本数据库。这样就可以大大提高成本数据信息的汇总及分析能力，快速导出分析报表，快速及时作出成本调整，制定方案。而且周期短，工作量小，效率极高。

（2）准确率高。

面对海量的图纸及成本相关信息，再通过手工计算进行一一校对，准确率可想而知。而 BIM 技术就不必如此，建立 BIM 5D 模型之后，可以随时将与成本相关的数据进行填充，模型可以及时作出计算与分析，既有时效性，而且准确率还高。通过总量统计的方法，消除累积误差，成本数据随进度进展准确度越来越高（表 6-1）。

表 6-1 应用 BIM 技术与传统工程量计算方式对比

	BIM 技术工程量统计	传统工程量计算
算量方式	BIM 模型提取	算量软件或 Excel
效率	高	低，且耗费人工、时间多
人员能力	建模人员的建模识图能力要求高	算量人员水平对算量结果影响大

（3）分析能力强。

传统的成本控制与分析都是基于二维工作模式，缺乏更多维度的相关数据及信息，而且基于人脑的分析能力也是有限，经常是分析数据不全面，缺少有力数据作支撑，基本上都是走形式。而通过 BIM 技术建立 BIM 5D 模型之后，不但可以将工程中所有的信息纳入其中，尤其是与成本相关的信息可以进行可视化的展示之外，还可以扩展更多的维度，加入 4D（时间）及 5D（成本），汇总分析更多种类、更多统计分析条件的成本报表。

（4）提升控制能力。

在传统模式下，企业对成本控制往往都是经验谈以及拍脑门，缺乏数据支持，导致成本浪费现象严重。而导入 BIM 技术之后，通过建立 BIM 5D 成本数据库，再通过互联网及云端等全新技术，让企业成本部门可以随时对项目中的成本变动进行了解，通过云端进行数据共享，企业总部成本部门、财务部门就可共享每个工程项目的实际成本数据，实现了总部与项目部的信息对称，总部成本管控能力大为加强（图 6-8）。

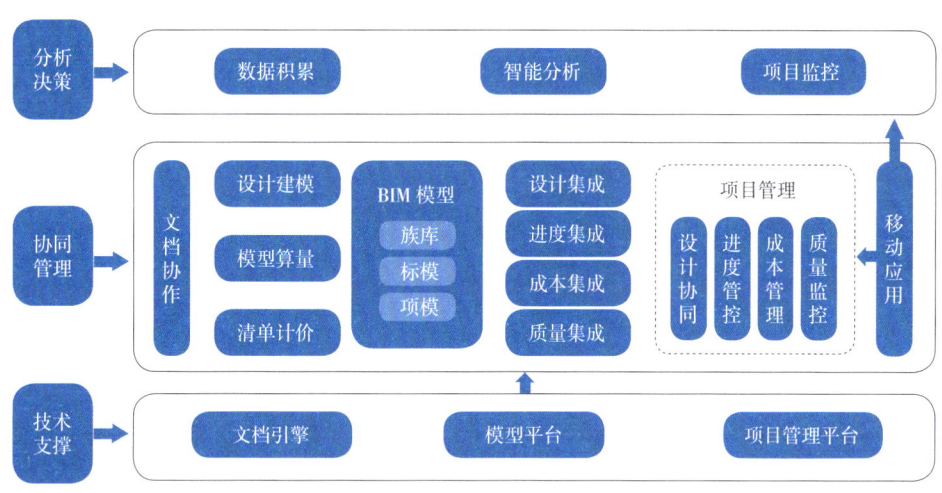

图 6-8　项目管理导图

6.3.2　应用

某大型办公楼项目。在项目初期，通过 BIM 技术构建了精细的三维幕墙模型，包含了幕墙面板、龙骨等主要构件。

在工程量计算方面，利用 BIM 模型自动统计各类构件的数量和规格，相较于传统人工计算大大提高了准确性和效率，避免了漏算和错算，从而为准确编制成本预算提供了坚实基础。例如，通过模型准确计算出了所需钢材的数量，在采购时能够更好地把握采购量，避免浪费和不足。

在施工过程中，通过 BIM 技术进行施工模拟和进度管理。能够实时对比实际成本与预算成本，及时发现成本偏差。比如，在某一阶段发现幕墙面板材料的成本超出预期，通过分析 BIM 模型，发现是由于部分位置面板材料变更所致，于是及时跟进变更手续，从而控制住了项目的材料成本的风险。

同时，基于 BIM 模型还能对材料和设备的采购进行精细化管理。可以精确计算出每个施工阶段所需材料的种类和数量，实现精准采购，降低库存成本。并且通过与供应商的信息共享，及时掌握材料价格波动，在合适的时机进行采购，进一步节约成本。

整个项目过程中，借助 BIM 技术有效提高了成本控制的效果，实现了成本的优化和合理分配，确保了项目在预算范围内顺利完成。

6.4 施工智能模拟技术

幕墙施工智能模拟是一种利用先进的计算机技术和虚拟现实技术，对幕墙施工过程进行模拟的方法。这种模拟可以帮助施工人员提前发现并解决施工中的问题，避免施工质量事故的发生，提高施工效率和质量。

幕墙施工智能模拟的技术原理主要基于三维建模技术、计算机仿真技术和虚拟现实技术。三维建模技术用于建立幕墙施工的三维模型，计算机仿真技术用于模拟幕墙施工过程，虚拟现实技术用于将三维模型和动画以逼真的方式呈现给用户。

在实际应用中，幕墙施工智能模拟可以作为幕墙施工方案的评估工具，帮助设计人员选择最优的施工方案，减少施工成本。通过 BIM 技术对幕墙工程进行全生命周期的数字化管理和模拟，可以实现施工过程的完全模拟仿真，提高施工质量和效率（图 6-9 ~ 图 6-11）。

图 6-9　脚手架施工示意图

图 6-10　面板安装模拟

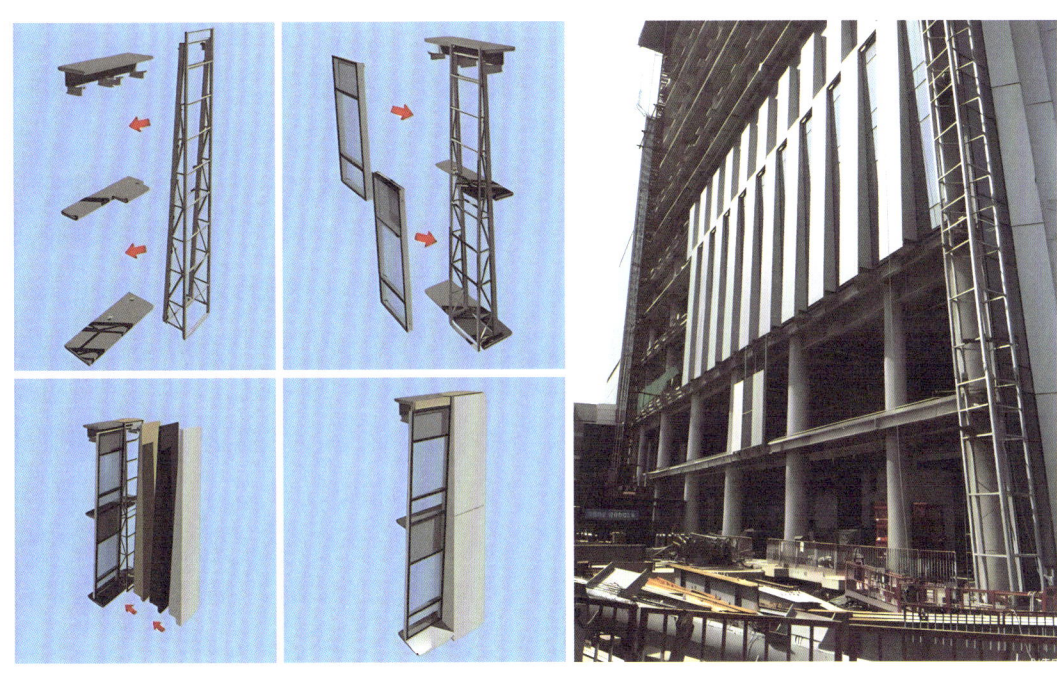

图 6-11 幕墙施工模拟

随着技术的不断进步,幕墙施工智能模拟将向更加智能化、自动化、集成化、协同化的方向发展。未来的幕墙施工智能模拟系统可能会与其他新技术,如物联网、大数据、云计算等技术相结合,形成一个更加智能、高效的幕墙施工管理系统。

幕墙施工智能模拟是一种利用现代技术手段提高施工效率和质量的有效方法,它在实际工程中的应用已经取得了显著成效,并且在未来有着广阔的发展前景。

幕墙施工智能模拟相较于传统施工具有多方面的优势:

(1)提高施工效率:通过BIM技术建立的三维可视化模型,可以实现对施工方案的实时、交互和逼真模拟,有助于施工团队全面了解整个施工过程,避免遗漏,提高施工效率。

(2)减少材料浪费:BIM数据模型的完整性和连续性可以精确拆分工程量,及时制订采购计划,做到对材料用量的动态对比分析,保证施工过程中对材料供应的及时准确控制。

(3)精确控制施工质量:智能模拟可以对施工过程中的复杂节点进行三维解析,提前做好相应的施工方案及技术交底,通过可视化施工工序模拟来指导现场施工(图6-12),有利于质量、成本和进度的控制。

(4)优化设计方案:BIM技术可以在设计阶段进行材料选择和性能分析,帮助设计师选择合适的幕墙材料,并进行性能分析,如隔热、隔音、防水等方面的评估,以提高幕墙的功能性和可持续性。

(5)促进项目管理:BIM技术可以实现项目的精细化管理,通过对项目施工全过程

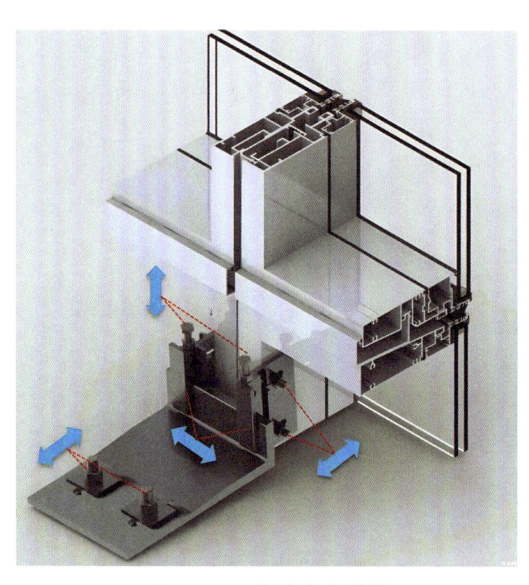

图6-12 幕墙安装模拟

数据模型的不断更新维护,得到项目完整的数据库,有利于竣工后对项目运营系统、物业管理提取必要的数据,服务于业主。

(6)改进施工安全:智能施工机器人可以在各种条件下工作,不受外界环境的影响,无间断不休息地工作,可以比人工做得更精准,减少施工事故的发生。

综上所述,幕墙施工智能模拟通过提高施工效率、精确控制施工质量、减少材料浪费、优化设计方案、促进项目管理和改进施工安全等方面,显著提升了幕墙施工的整体水平和质量。随着技术的不断发展和普及,幕墙施工智能模拟将在未来成为建筑行业中不可或缺的一部分。

6.5 构件物流管理平台

BIM技术具备三维可视化特点和协同管理的功能,是利用三维数字技术建立起来的一种工程数据模型。BIM技术可将工程建设的各种要素用图表的形式表示出来,使其更加直观地呈现在物流管理人员的面前。

在工程项目现场的管理工作中,工程构配件往往种类繁多、数量庞大,对管理而言,是一项复杂而艰巨的考验。传统的管理方法缺乏信息化工具的支持,导致采购不合理、浪费等问题频繁发生。因此,为提高管理效率、减少资源浪费,采用专业的工程构配件管理系统进行信息化建设显得尤为重要。

采用数智化建造构配件物流管理平台需从以下几方面着手:

(1)在幕墙加工工厂,将幕墙板块进行二维码编号,并对设计下单、板块加工、板块运输和安装环节进行信息化管控,精准统计和展示加工进度与安装进度,支撑项目精准把控(图6-13)。

(2)在设计阶段,项目部基于BIM模型进行模型下单,每一个板块都生成了自己的身份编码。工厂在加工过程中,通过身份编码打印出身份二维码,并粘贴到加工的板块上,精准地做到了一物一码。通过配置PDA,开发专属移动应用,工厂在组框完成,板块落架环节可以进行快速扫码,更新加工状态,做到了生产进度的实时掌控。板块在出厂运输前,相关负责人使用PDA设备进行扫码装车,实时更新板块的运输状态,送达后可以进行批量扫码签收。

图 6-13 现场实施

（3）利用专属移动应用 App 进行构配件管理。

安装过程中，同步配置 PDA 设备，可以快速扫码安装，实时更新板块的安装状态。

系统中增加了日报功能，可以对当前的工作情况汇总后主动推送给相关负责人（图 6-14）。

图 6-14 利用专属移动设备进行构件管理

（4）BIM模型实时进度展示。

BIM模型进度展示将BIM的模型和现场的安装进度相结合使项目进程更加细致可视化，可在3D的BIM模型上清晰直观查看当前的实时安装进度，已安装和未安装的区域采用建模方式呈现，形象进度一目了然。

（5）视频监控。

在项目现场，通过安装视频监控，对项目的形象进度展示进行进一步补充，视频同步接入系统，助力一站式多角度查看施工进度详情（图6-15）。

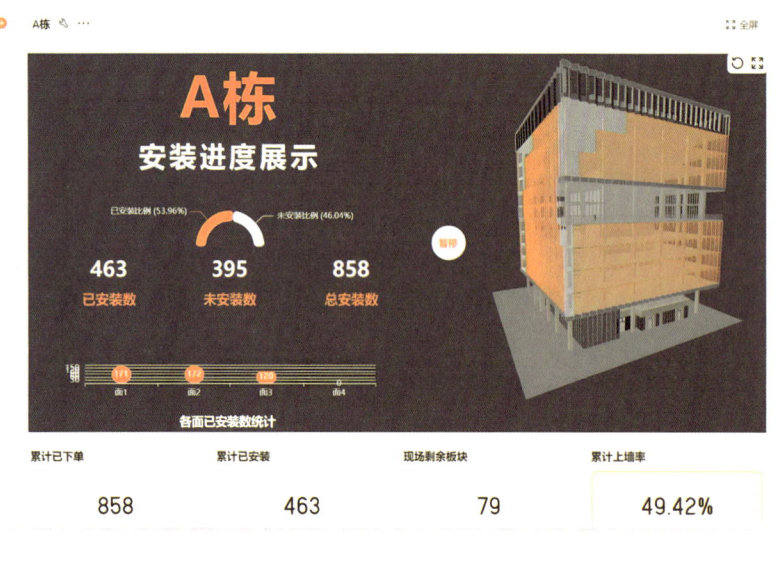

图6-15　现场摄像头多角度监控

6.6　可视化协同管理平台

可视化协同管理平台是一种新型的用于帮助项目团队更加高效协同管理工具。它是将工程实施过程中的信息进行收集、整理、处理、存储、传递与应用,为工程的规划、决策、组织、指挥、控制、检查、监督和总结分析提供及时、可靠的数据依据,从而保证工程管理的准确与高效。

幕墙工程可视化协同管理平台可以在以下几个方面发挥重要作用:

(1)建模与可视化:快速生成精确的幕墙三维模型,有助于设计师更好地理解设计方案并优化设计细节。同时,模型可用于虚拟漫游、光线模拟等可视化功能,提升建筑设计品质。

(2)结构分析与性能评估:利用 BIM 软件,可以对幕墙结构进行力学分析、热工性能评估等,确保幕墙的安全性和节能性(图 6-16)。

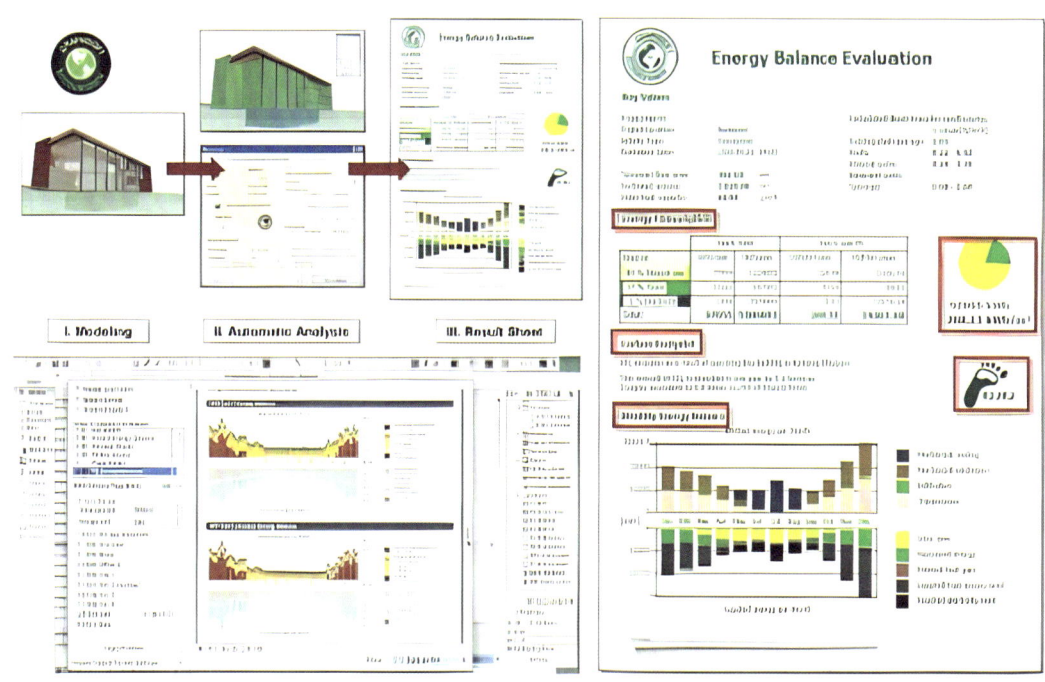

图 6-16 结构分析与性能评估

(3)材料清单与采购:BIM 模型自动生成幕墙材料清单,方便采购人员准确订购材料,降低库存成本(图 6-17)。

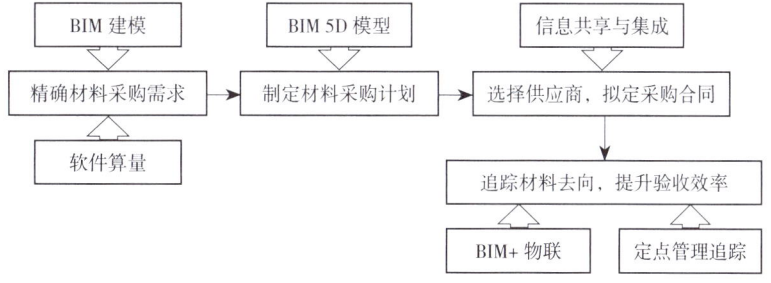

图 6-17 材料采购工作流程

（4）施工进度与质量控制：通过BIM模型，施工单位可以制订合理的施工计划，实时跟踪工程进度，及时调整施工方案。同时，BIM技术有助于监控施工质量，减少质量问题的发生（图6-18）。

随着建筑行业的不断发展，BIM技术在幕墙工程中的应用前景广阔。未来，幕墙工程信息化管理平台将更加注重数据的集成和共享，实现更高效的协同工作，以及更精准的施工管理和质量控制。

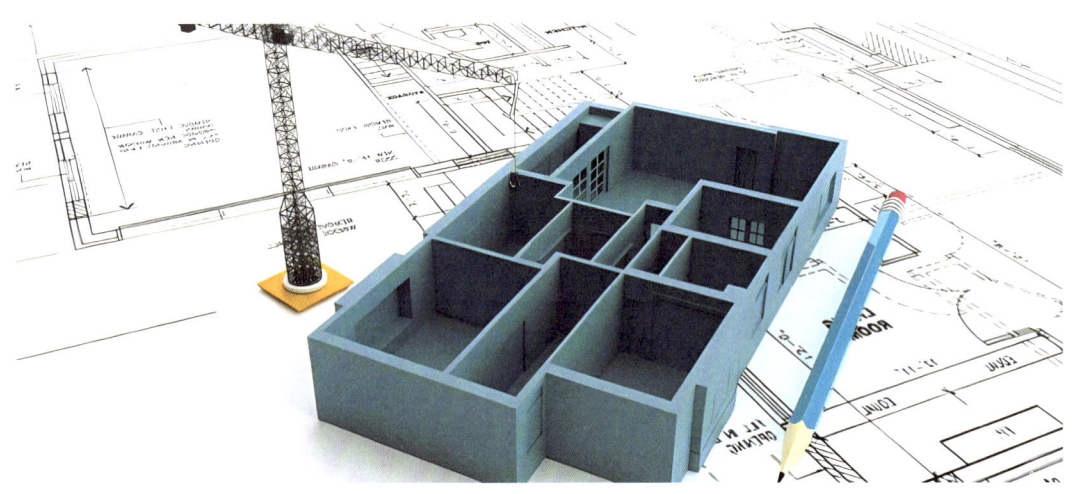

图6-18 施工进度与质量控制

综上所述，幕墙工程可视化协同管理平台是一种集成了多种先进技术的管理工具，它能够显著提高幕墙工程的管理效率和质量，是现代建筑工程不可或缺的一部分。

6.7 智慧工地管控平台

6.7.1 智慧工地管控平台简介

工程智慧工地管控平台（图6-19）的核心是改进工程中人、机之间、各级管理层之间的交互方式。建立互联协同、安全监控、数据收集、经验共享等信息化生态圈，并将数据进行实时分析，实现工程的远程监控和智能管理。

以物联网技术为核心，利用传感网络、远程视频监控、地理信息系统、物联网、云计算等新一代信息技术，依托移动和固定宽带网络，打造智慧工地管理平台。围绕智慧工地管理平台，整合视频监控、智能安全帽、实名制系统、环境噪声扬尘监测、安防监控、升降机监控、物料管控、临边防护、工程进度施工管理等专项管理业务，实现智慧化、统一化的远程监控、自动监督、调度指挥，进一步提升建设工地监督管理水平，促进建设工程科技创新。

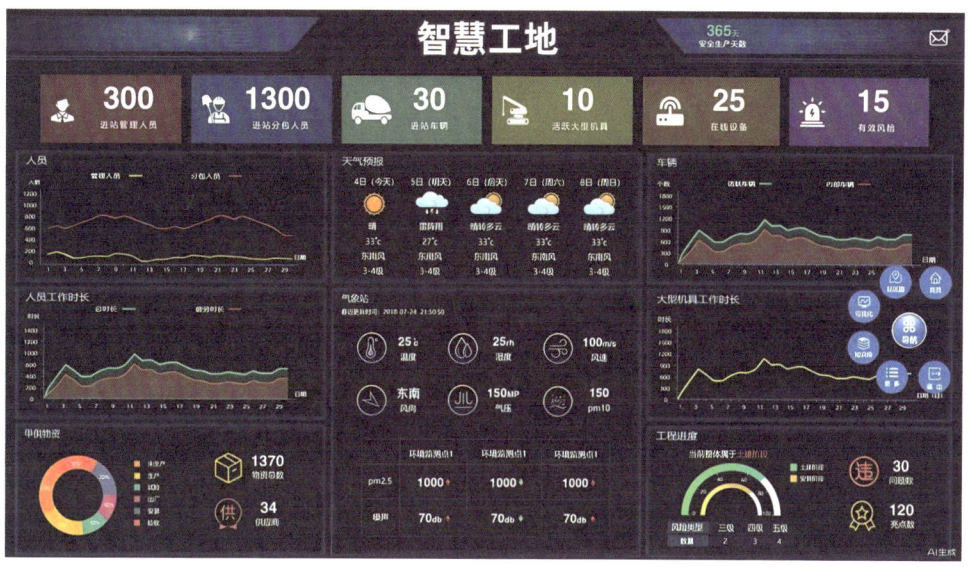

图 6-19 智慧工地平台界面

装饰工程智慧工地的终极目标是以"互联网+"为手段，管控项目质量、监管作业安全、降低施工成本、减少环境污染，解决建设施工过程中的各类问题。

6.7.2 工程智慧工地管控平台核心功能模块简介

（1）人员定位与管理：利用定位技术如射频识别（RFID）、蓝牙等，对工地人员进行实时定位和管理，包括进出记录、考勤管理、区域限制等，以提高人员安全和管理效果。

（2）施工监控：通过视频监控、摄像头和无人机等技术，实时监测工地的安全状况、人员活动和设备运行情况，以提高施工现场的安全性与效率（图6-20）。

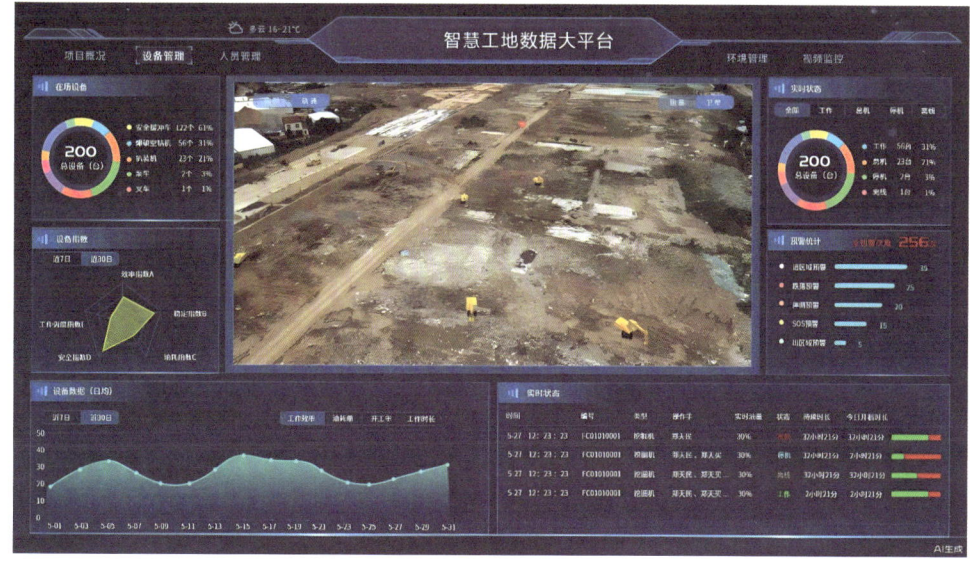

图 6-20 施工监控界面

（3）安全预警与管理：通过传感器、监测设备等，实时监测工地的环境和设备状态，及时预警潜在的安全风险，通过预警信息和报警系统提醒管理人员采取相应的措施。

（4）物资管理：利用 RFID、条形码等技术，实现对施工材料和设备的追踪、盘点和管理，提高物资使用效率、防止丢失和浪费，通过视频监控对材料堆场状况进行实时反馈。

（5）环境监测与管理：利用传感器监测工地环境的空气质量、噪声、振动等指标提供实时的环境数据，方便管理人员对施工环境进行监管和调整（图 6-21）。

（6）利用信息技术和智能化手段来管理和维护工程项目的相关文件、资料和信息以实现档案的数字化、集中化和便捷化管理（图 6-22）。

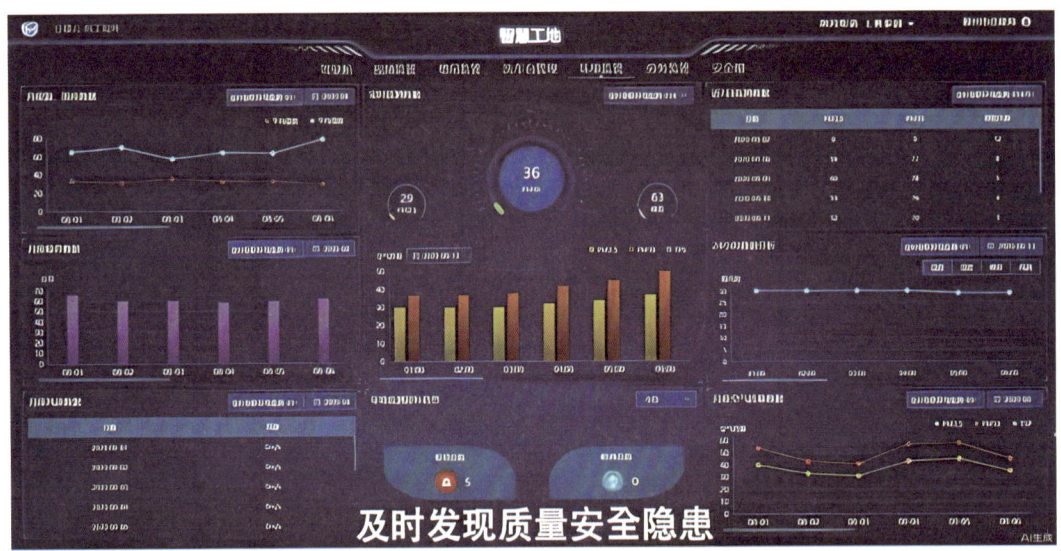

图 6-21　环境监测界面

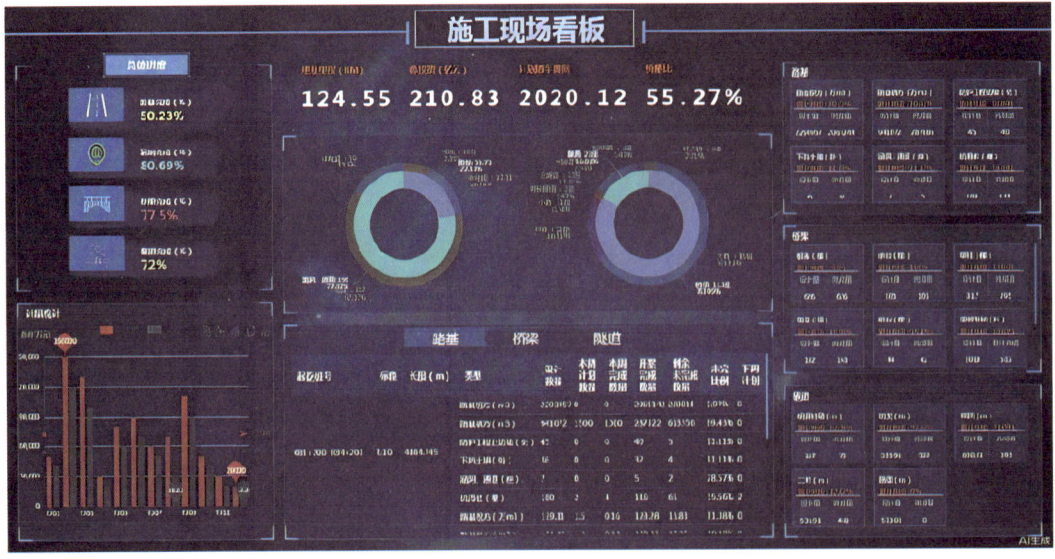

图 6-22　数字化管理界面

6.7.3 工程智慧工地管控平台关键技术

（1）信息服务平台开发技术。

采用主流管理平台、大型关系数据库技术（SQLserver2008）、主流软件开发技术和现代网络通信技术，充分考虑与其他信息系统的开放互联、多源数据接口、数据之间的关联，以及网络环境的开放性的基础上，形成以完备的工地各项信息数据库为基础，以开放的专题系统数据信息服务平台为依托，集成系统的其他相关应用，建成信息化建设的重要空间基础智慧工地运行管理平台。

（2）统一的基础平台和应用平台。

充分考虑到工地各部门的业务需求，充分保证数据的共享和功能互操作。同时，平台具备良好的可维护性和扩展性。因此，本系统采用统一的基础平台。包括操作系统平台数据库平台、信息系统平台和应用平台。采用统一平台，可避免不必要的系统间数据的转换、功能的接口以及系统升级扩展时大量的维护工作量，保证系统的一致性和稳定性。

（3）基于物联网技术的数据传输终端。

装饰工程的周期短，不适合大规模部署固定机位的监控和传感设备，信息收集主要应用便携式可移动设备，采用有线无线混合网络，实现施工现场信号全覆盖：采用最新无线通信技术，具备低功耗、传输稳定、信息全面、功能完整、报警方便、方便携带等特点，安全性高。

（4）基于关系数据库的空间与非空间数据一体化管理技术。

基于关系数据库统一管理空间数据与非空间数据可以有效地实现空间与非空间数据关联和集成。而且由于空间数据与非空间数据都以数据表或视图的形式存贮，可以方便地采用数据库逆向工程的方法自动提取元数据，因此，可以方便地实现基于元数据信息资源管理。

（5）人工智能技术。

人工智能技术已经被广泛运用到建筑行业中，包括设计、材料配比、质量检测等环节均应用到机器学习算法的一些成果，而AI图像识别在施工人员管理及安防方面的表现，更是跨越式的发展，目前已经是非常成熟的技术解决方案。

6.8 三维数字扫描及测量技术

随着建筑技术的不断进步，幕墙施工作为建筑外装饰的重要组成部分，对施工精度和效率的要求越来越高。传统的测量方法已难以满足现代建筑对复杂形状和精细结构的需求。因此，三维激光扫描仪作为一种先进的测量技术，逐渐在幕墙施工领域得到广泛应用。

三维激光扫描仪通过发射激光束,快速获取物体表面的空间坐标数据,生成高精度的三维模型(图6-23)。在幕墙施工中,它可以实现以下几个方面的创新应用:

(1)精确测量:三维激光扫描仪能够快速、准确地获取幕墙各部分的尺寸数据,包括长度、宽度、高度以及角度等,为施工提供可靠的依据。这不仅提高了测量的精度,还大大缩短了测量时间。

(2)复杂形状处理:对于曲面、斜面等复杂形状的幕墙,传统测量方法难以准确获取数据。而三维激光扫描仪可以轻松应对这些挑战,精确测量出复杂形状的尺寸,保证施工质量。

(3)碰撞检测:在幕墙安装过程中,由于设计误差或施工误差,可能导致部件之间发生碰撞。三维激光扫描仪可以实时监测施工现场的情况,及时发现潜在的碰撞问题,避免施工事故的发生。

(4)施工指导:通过与BIM(建筑信息模型)软件的结合,三维激光扫描仪可以生成与设计模型相匹配的施工模型,为施工人员提供直观的施工指导。这有助于施工人员更好地理解设计意图,提高施工效率和质量。

(5)质量控制:在幕墙施工完成后,可以利用三维激光扫描仪对施工成果进行全面检测,确保施工质量符合设计要求。对于不合格的部分,可以及时进行整改,保证整个工程的质量。

总之,三维激光扫描仪在幕墙施工中的应用为施工带来了革命性的变化。它不仅提高了施工精度和效率,还降低了施工风险,为幕墙施工的高质量发展提供了有力支持。随着技术的不断进步和成本的降低,相信未来三维激光扫描仪将在幕墙施工领域得到更加广泛的应用。

1)工作原理

幕墙三维激光扫描仪的工作原理基于激光测距技术,其核心组件包括激光发射器、接收器、旋转轴和数据处理单元。

激光发射器产生特定波长的激光光束,并通过发射光学系统将其定向发射出去。当激光束遇到物体表面时,会发生反射,反射回来的激光光束被接收器捕捉。

接收器通常包含多个光电探测器,用于接收从不同方向反射回来的激光信号。这些探测器将接收到的光信号转换为电信号,并传输给数据处理单元。

数据处理单元接收来自探测器的电信号,并根据激光束的发射时间和接收时间计算出激光束的飞行距离。由于激光发射器和接收器之间的相对位置是已知的,因此可以通过测量激光束的飞行距离来确定物体表面的位置。

旋转轴使激光发射器和接收器能够在水平或垂直方向上旋转,从而扫描周围环境。通过控制旋转轴的转速和角度,可以实现对大范围区域的连续扫描,从而获取大量的点云数据。

点云数据是由数以万计的点组成的集合,每个点都包含了其在空间中的坐标(X、Y、Z)以及可能的颜色信息。通过对这些点云数据的处理和分析,可以生成物体的三维模型,或者进行各种测量和分析任务。

精度
利用双轴补偿器和角测量功能,Focus^S 系列进行精度更高、距离更远的扫描。

现场补偿
利用现场补偿功能,用户可在现场验证和调整 FOCUS^S 的补偿,确保最佳的扫描数据质量。

配件扩展区
配件扩展区允许用户使用各种三维激光扫描配件来支持各种项目。

温度
更大的温度范围允许在具有挑战的环境中完成扫描。Focus 激光扫描仪能在低至 -20℃,高达 55℃ 的温度环境下工作。

IP 防护等级 -54 级
采用密封设计,工业标准异物防护(IP)等级认证达到 54 级,Focus 激光扫描仪能在高微粒浓度和潮湿环境下使用。

紧凑便携
Focus 激光扫描仪的尺寸为 230mm×183mm×103mm,重量仅为 4.2kg,是目前市场上最小最轻便的扫描仪。该设备配备有防水和符合人体工学设计的手提箱,最大限度地保证便携性。

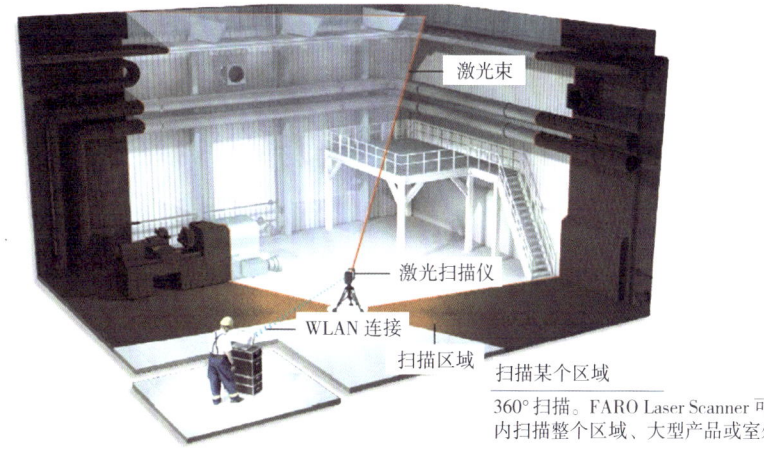

360° 扫描。FARO Laser Scanner 可在短时间内扫描整个区域、大型产品或室外装置。

图 6-23 激光扫描仪

图 6-24 激光扫描仪工作实景

2）工程应用

采用三维激光扫描仪进行三维建模的过程主要包括以下几个步骤：

（1）数据采集：使用三维激光扫描仪在现场对目标对象进行扫描，获取大量点云数据（图 6-24）。这些数据反映了目标对象表面的几何形状和位置信息。

（2）数据预处理：将采集到的原始点云数据进行清洗和优化，去除噪声和错误点，确保数据的准确性和完整性。这一步可能包括数据去噪、配准（将不同扫描面的数据融合在一起）等操作。

（3）点云编辑：对预处理后的点云数据进行进一步编辑，如填补缺失数据、平滑处理等，以改善点云的质量，为后续建模工作提供良好基础。

（4）网格化：将优化后的点云数据通过网格化算法转换成多边形网格模型。网格化是将点云数据转化为可编辑的三维模型的关键步骤，生成的网格模型由顶点、边和面组成。

（5）模型优化：对生成的网格模型进行优化，如简化模型拓扑结构、减少面数、提高渲染效率等，同时保持模型的细节和精度。

（6）纹理映射：如果需要，可以将拍摄的照片或图像数据映射到三维模型上，赋予模型真实世界的外观和质感。这一步可以提高模型的视觉效果，使其更接近实际物体。

（7）导出模型：将优化后的三维模型导出为常见的 CAD 或 3D 建模软件支持的格式，如 STL、OBJ、FBX 等。这样，就可以在其他软件中进一步编辑或使用该模型了（图 6-25）。

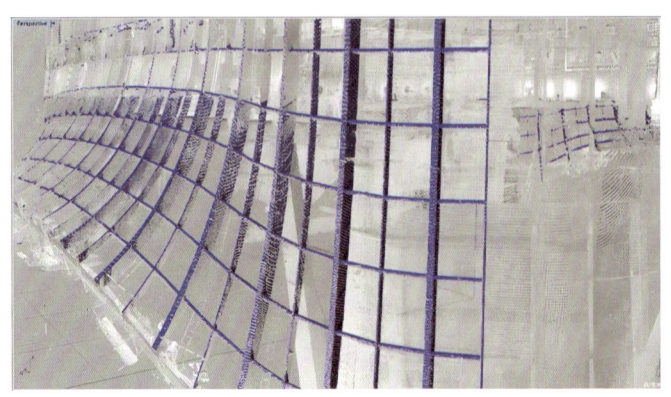

图 6-25 导出模型

6.9 案例

滴水湖南岛会议中心参数化设计

1 工程概况

滴水湖南岛会议中心位于上海市浦东新区申港街道南岛1号，项目总用地面积约4 800m²，总建筑面积约6 561.06m²。毗邻造型别致的皇冠假日酒店，会议中心以"果实"为概念，与皇冠假日酒店、游艇俱乐部"花""叶"的形态相协调，形成统一有序、相映成趣的南岛风貌，象征着"金秋十月，开花结果"。滴水湖南岛会议中心不仅需要满足国际会议的高标准，也需要满足后期酒店运营需求（图1）。

滴水湖南岛会议中心幕墙工程幕墙主要系统有屋顶开放式铝板系统、下层屋面封闭式铝板系统、竖明横隐玻璃幕墙系统，各系统之间有近千种交接形式。以下主要阐述在设计和施工过程中通过BIM智能建造技术实现建筑结构在三维空间的模拟，同时还为异形空间造型与结构的衔接提供技术支撑。

图1 滴水湖南岛会议中心效果图

2 主要幕墙系统简介

2.1 屋顶开放式铝板系统

本系统为双曲异形复杂铝板屋面，总面积约为3 100m²，从上到下构造依次为：开放式铝板—铝龙骨—槽钢—带板圆管支座—防水卷材—反射型防水透气膜—压型钢板—保温棉—吸音棉—隔气膜—压型钢板—工字钢檩条—主体钢结构，其中，槽钢作为连接件，尺寸为变值，根据结构和外皮位置进行调整（图2）。

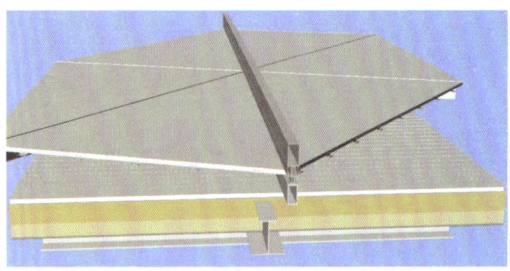

图2 屋顶开放式铝板节点三维示意图

2.2 下层屋面封闭式铝板系统

本系统位于屋面与玻璃幕墙间吊顶区域，铝单板的材质和颜色与建筑整体相协调，展现出塔楼独特的外观效果。这些铝单板通过不同大小和形状的孔洞图案，实现了吸音和通风的功能，并营造出现代、科技感的外观效果。同时，铝单板还经过精细的涂装，形成了丰富多样的颜色和纹理，增加了建筑的视觉吸引力（图3）。

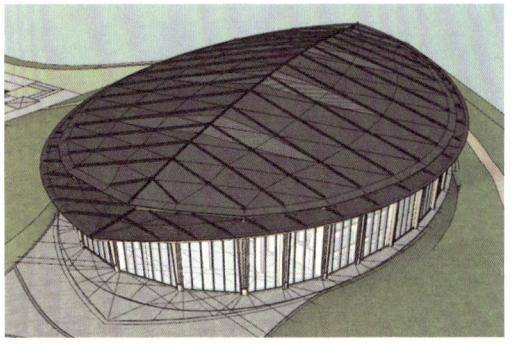

图3 下层屋面封闭式铝板系统

2.3 玻璃幕墙

本项目玻璃幕墙竖向采用明框扣盖加压板形式，横向采用进槽式做法，铝合金盖板与龙骨之间设置断桥隔热条；本系统位于一～三层外立面玻璃幕墙系统。玻璃8+2.28PVB+8/Low-E+12Ar+8+2.28PVB+8 mm全超白钢化夹胶中空玻璃。竖龙骨350×130×10定制直角方钢（Q235B），横龙骨100×60×5定制直角方钢（Q235B），拼接组装完成之后整体现场安装完成，采用吊挂式体系（图4、图5）。

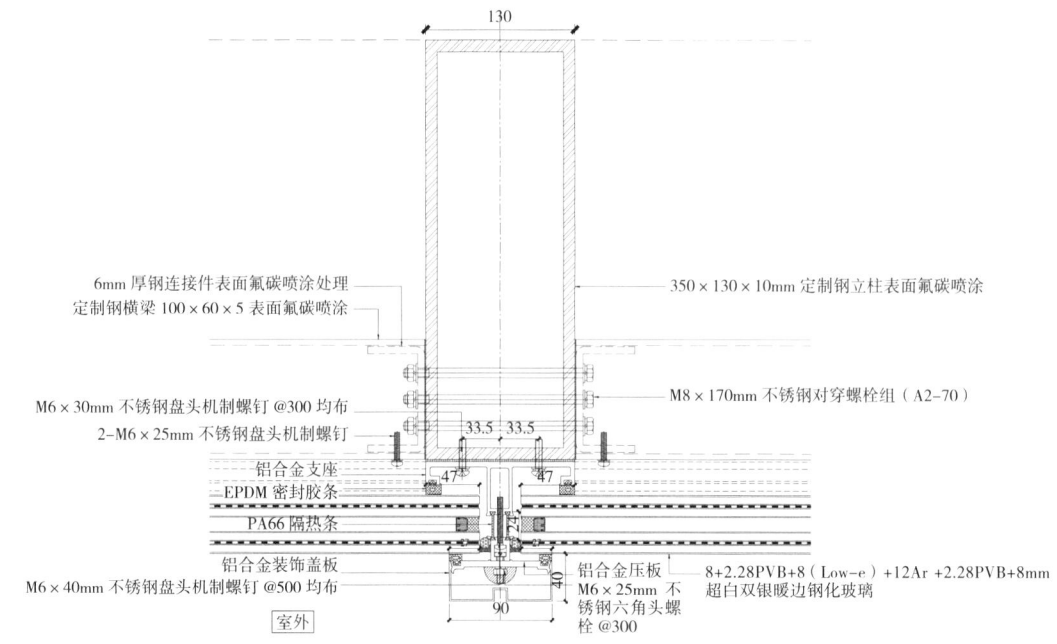

图4 玻璃幕墙标准横剖节点

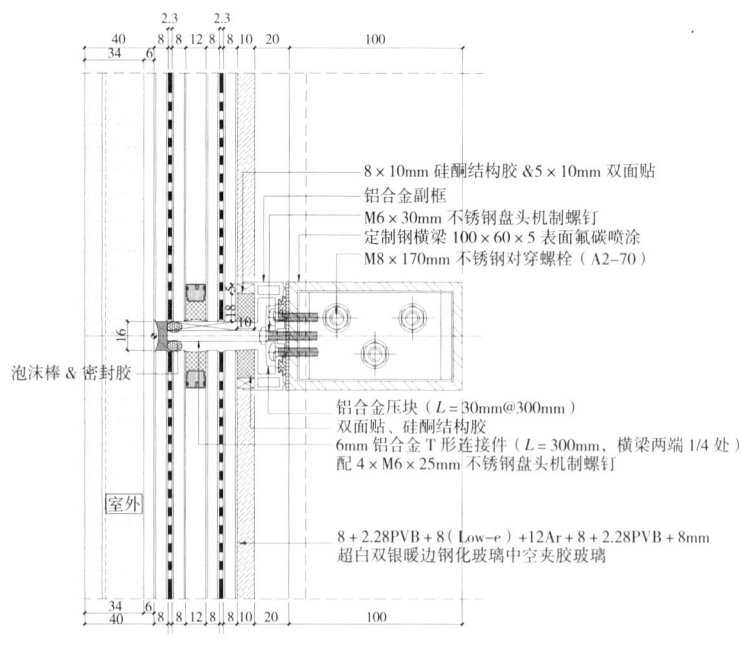

图5 玻璃幕墙标准竖剖节点

3 数字化BIM智能建造技术的应用

新工具的出现，催生了新的工作流程，这一流程以我们的经验和理想来看，是一个沟通成本更低、效率更高、差错率更低的流程，这需要大家共同探索，不断深造。BIM之类软件是辅助工具，应用时联系项目特点进行系统优化，更加事半功倍。可视化：所见即所得，项目设计、建造、运营过程中的沟通、讨论、决策都在可视化的状态下进行。成本控制：BIM模型可精确提取工程量信息，实现成本控制，通过提高效率、提高利用率来减少经济价值的浪费，提高了社会效益；协同管理：各参建方在项目规划、设计、施工、运维全过程通过一个信息模型协同工作。

3.1 全数字化下单

1）基于BIM模型技术的前期设计

整个项目共计4 000块左右不规则异形、双曲铝板，尺寸随着建筑物的流线性基本不一致，同时需要区分灰色铝板、仿木纹铝板、穿孔铝板、半穿孔铝板（图6），借助Grasshopper、Rhinoceros、Excel、CAD等软件配合使用、筛选，直接导出加工图与数据，大大减少了工作量，两周内完成大部分的出图工作，出错率低。

图6 异形屋顶现场图

2）参数化加工出图

由于屋面主体结构为异形大跨度钢结构，主龙骨通长做龙骨断开，通过槽铝连接。其中，次龙骨从斜切到直切进行了优化，使得加工下料安装运输更加方便。优化后，龙骨加工数据借助Grasshopper出尺寸到Excel使得设计更加方便提高了出图质量，同时也方便了工程量的统计（图7、图8）。

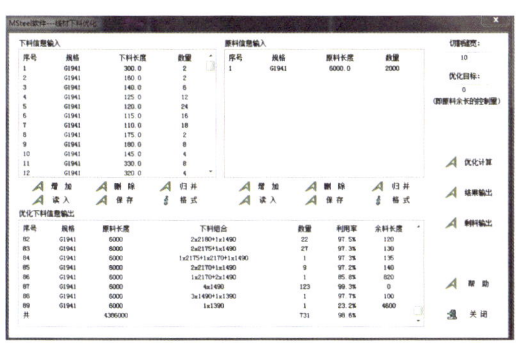

图7 材料套裁图

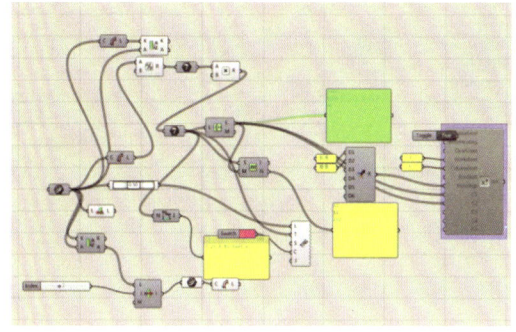

图8 犀牛GH插件图

3）复杂异形屋面智能精准测量技术

屋面定位系统采用全站仪，既能测角度也能测距离，借助Grasshopper和Rhino系统化出来的模型坐标点及编号图，导入现场全站仪中测得现场三维坐标点。或者根据现场测绘已完成且偏差较大的钢结构点位，数据提取并导入到Rhino模型中，实现依据现场结构完成外皮的下单。

本项目时间较为紧急且现场施工控制较好，主要采用第一种。

3.2 成本控制智能建造技术

本工程幕墙结构还采用Rhino+Grasshopper技术，对屋面2 500多块异形带角度翘曲铝板进行精确编号，便于工厂顺序加工及现场顺序施工，减少二次搬运，使得本项目的设计和施工的成本管理更加清晰明了可控，降低了项目实际操作难度，提高了工作效率，解决了常规无法入手异形建筑的问题（图9~图11）。

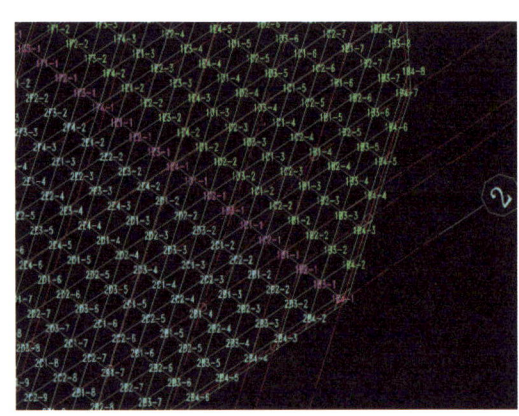

图9　钢架编号平面图

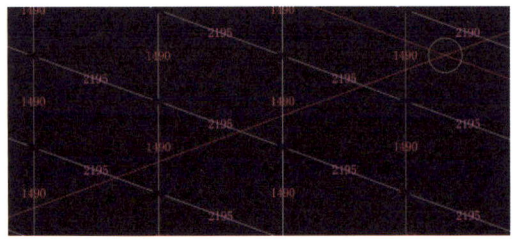

图10　钢架编号平面图

图11　现场屋面钢架图

1）屋面龙骨长度统计

既要统计每个种类的长度及数量，同时也需要进行套料统计提料根数（本项目6m每根），借助Grasshopper更加便捷；同时根据本项目特点进行了优化归类，方便了加工及施工，比如优化归类后90mm×45mm龙骨1490mm的根数有942根，原1488mm、1489mm、1490mm、1491mm、1492mm每种一两百根不等，难以区分。

2）屋面型材工程量统计

通常的型材统计方式和型材类似，出每种长度及数量给到加工厂进行机加工，套料得出需要根数进行提料。比如屋面支座则可以直接Rhino选取得出数量。

滴水湖南岛会议中心在BIM上的应用使得本项目的设计和施工的成本管理更加清晰明了可控，提高了工作效率，解决了常规无法入手异形建筑的问题，并降低项目实际操作难度，在难以实现的地方借助Grasshopper和Rhino配合使得设计加工施工工作可实施，经深入的项目实践验证，可实施性较强，并且可推广使用到其他项目上。利用建筑信息模型（BIM），以数值化及参数化为主要概念，持续提供实时的项目信息，包括设计、管理、明细表及成本等信息，维持项目信息高质量、可靠性及协调能力，可有效提升营建项目整体的效能。

卓然股份（上海）创新基地项目幕墙工程数字化运用

1　项目概况

卓然股份（上海）创新基地项目是闵行区重大工程项目之一（图1、图2），依托长三角地缘经济优势与产业集聚效应，建设石化行业数据中心，以数智创新推动产业链延伸和产业生态的协同发展，对助推区域转型升级、拉动区域产业经济发展都将起到积极的促进作用；该项目建筑外观新颖有特点，UHPC板飘带灵动自然，主入口异形双曲大雨棚大气磅礴，"Z"字形造型铝板造型独特，空中连廊高空俯瞰置身云端，星空吊顶梦幻出奇感受科技之光，玻璃幕墙既通透又遮阳，彰显现代主义风格，通过采用BIM建模和数字技术，使得各幕墙系统相互结合，提升了建筑的审美价值，展现了幕墙的独特的魅力。

卓然股份（上海）创新基地项目幕墙工程项目位于虹桥国际中央商务区，总建筑面积约10.2万m^2，主要建设内容包括三栋办公楼、一栋公寓楼和一栋商业楼，是一个以产业集聚效应为载体，融合活力、时尚元素，并实现生态、科技杂集的办公园区。

图1　卓然股份（上海）创新基地鸟瞰图

图2　立面图

2　项目幕墙系统形式

2.1　UHPC板飘带系统

UHPC的设计融合了功能与形式、材料与工艺的美学。UHPC板具有高强度、高韧性、防爆、耐磨、防弹等特性，同时其细腻的外观质感、纯净的色彩以及独特的肌理效果，使其在建筑设计中展现出独特的魅力（图3）。

本项目UHPC飘带系统横跨1#楼，空中连廊，2#楼建筑，将各楼相互串联起来；面板采用20mm厚UHPC面板，龙骨采用60mm×4mm钢方管桁架，通过180mm×100mm×8mm钢通与主体结构梁或柱连接，面板通过定制的铝合金挂件系统与龙骨相连。本项目HUPC系统与玻璃幕墙完全脱开，独立存在。

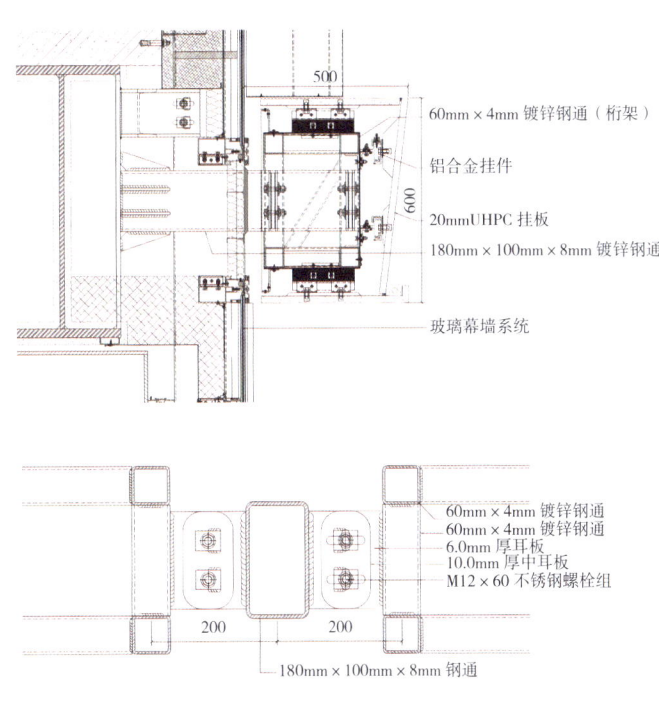

图3　UHPC系统连接详图

2.2 主入口异形双曲大雨棚系统

通过合理的结构设计和施工工艺提升建筑的审美价值，异形双曲大雨棚入口拱形跨度24mm，宛如一只展翅的雄鹰（图4~图6）。

本项目异形大雨棚位置位于1#楼主入口，采用热弯玻璃工艺，全隐框玻璃系统，玻璃与玻璃附框连接，附框与主体钢结构机械连接。有3%坡度向外自然排水。面板采用8TP+1.52PVB+8TP钢化夹胶玻璃；大雨棚钢龙骨采用铝合金型材包饰，均采用弧线曲面造型。

图4 异形大雨棚立面图

图5 异形大雨棚侧面图

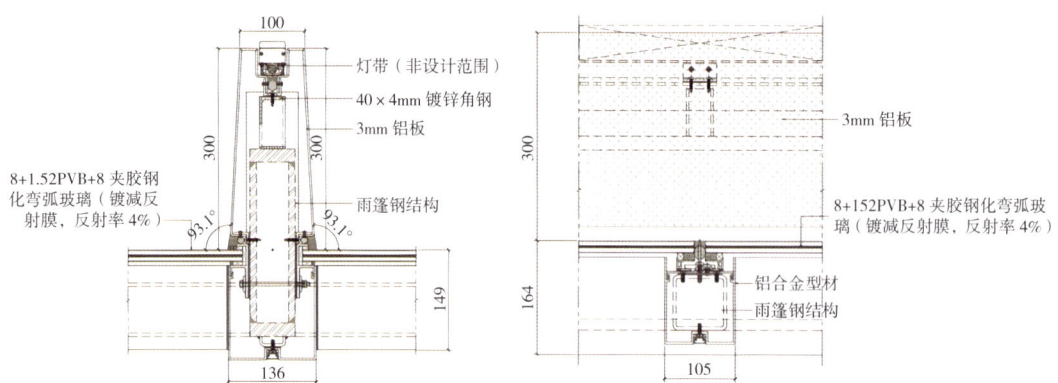

图6 隐形大雨棚节点详图

2.3 "Z"字形造型铝板系统

"Z"字形造型铝板，通过弯曲和折叠技术创造出具有流线型和立体感的建筑造型。铝单板作为一种独特的建筑装饰材料，在现代建筑美学中扮演着重要的角色。其轻质、耐用性强、多样化的表面效果以及可持续性优势都使得铝单板成为建筑设计中不可或缺的元素（图7、图8）。

本项目铝板采用3mm厚氟碳喷涂铝板，铝板分格由造型而定；主龙骨采用80mm×60mm×4mm热浸镀锌矩形钢管，Q235B；次龙骨采用50mm×4mm热浸镀锌钢方管，Q235B；主梁80mm×60mm×4mm通过5mm钢转接件与玻璃幕墙立柱连接。

图7 造型铝板立面图

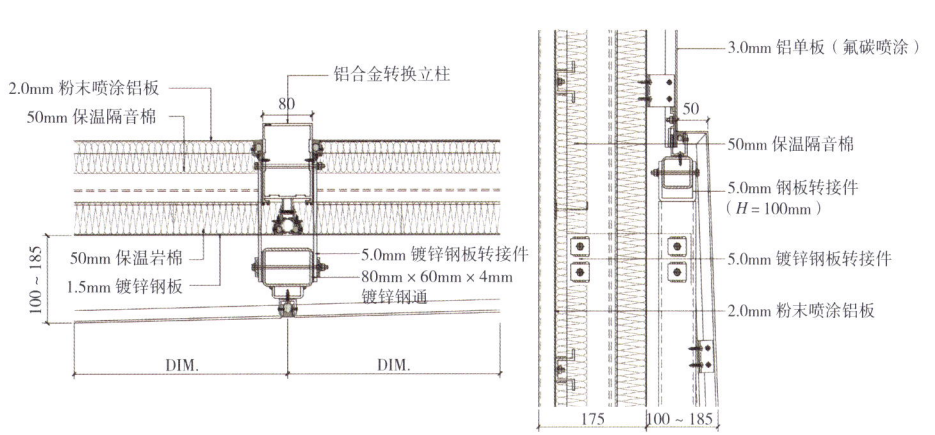

图 8 "Z"字形铝板幕墙详图

2.4 空中连廊系统

空中连廊受到很多业主和建筑师的青睐加强了建筑之间的联系，在高层的连廊中，可以体会到漫步云端的感觉（图 9、图 10）。

图 9 空中连廊鸟瞰图

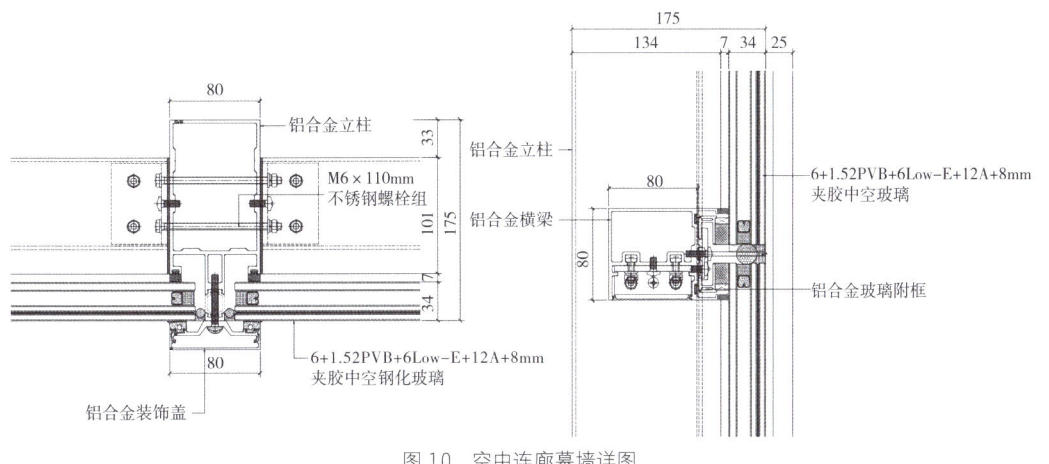

图 10 空中连廊幕墙详图

本项目玻璃配置采用 6HS+1.52PVB+6HS（Low-E）+12A+8TP 外夹胶中空超白玻璃，立柱龙骨采用为铝合金 6063A-T5，横梁为铝合金 6063-T5 级；表面处理：铝材室内可视粉末喷涂，室外可视氟碳喷涂，其他不可视位置为阳极氧化处理。转接件采用 14# 槽钢 Q235B，表面热浸镀锌。紧固件采用 M12 螺栓，A2-70。

星空吊顶采用穿孔铝板，在穿孔板里面安装 LED 灯来创造出星空般的效果，营造出高级感科技感；

本项目星空吊顶铝板采用 4mm 厚穿孔铝板，材质 H3004-24，表面处理为氟碳喷涂，主龙骨采用 180mm×12mm×80mm×8mm T 型钢，氟碳喷涂；次龙骨采用 100mm×80mm×8mm×6mm T 型钢，氟碳喷涂；转接件采用 110mm×60mm×8mm 钢件 Q235B，表面热浸镀锌。紧固件采用 M12 螺栓，A2-70。在穿孔铝板内置 LED 屏幕，可设定不同的发光效果（图 11、图 12）。

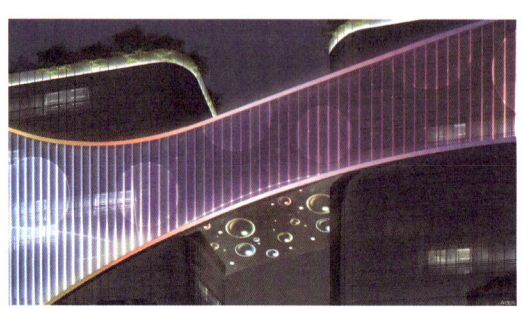

图 11　星空吊顶夜景图

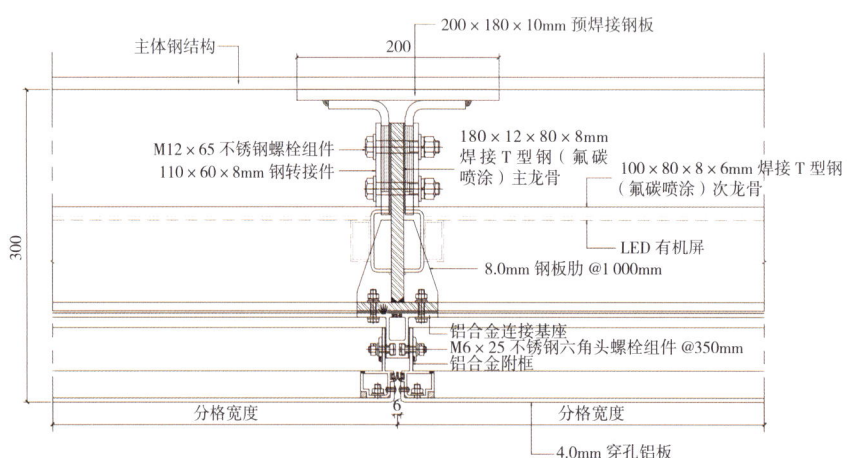

图 12　星空吊顶详图

3　数字化技术在项目中的应用

数字化技术在项目中的应用非常广泛，涵盖了多个行业和领域，在建筑施工领域数字化技术通过生产管理数据化和智能制造，实现生产进度追踪、优化生产。

（1）本项目全程采用 BIM 建模下单通过 3D 模型展示幕墙的详细设计，使得设计师、施工人员和业主都能更直观地理解设计意图和幕墙的结构细节（图 13）。

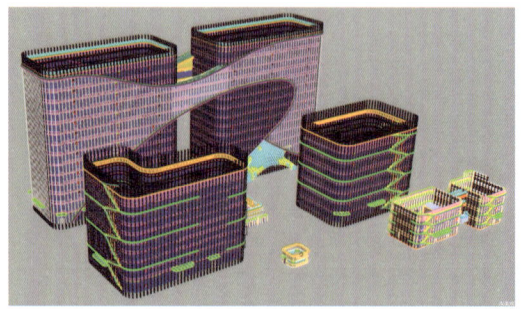

图 13　BIM 建模

（2）充分利用 BIM 优势，进行数字化处理，提取数据，制成材料清单；本项目玻璃幕墙系统在进行模型数据提取之前，BIM 工程师制定一套模型元素编码规则。这些编码规则根据项目需求而定，按照构件类型、材料、功能等进行分类编码。通过制定编码规则，可以使提取的数据更加准确、一致，并方便后续的数据分析和管理，提高工作效率（图14、图15）。

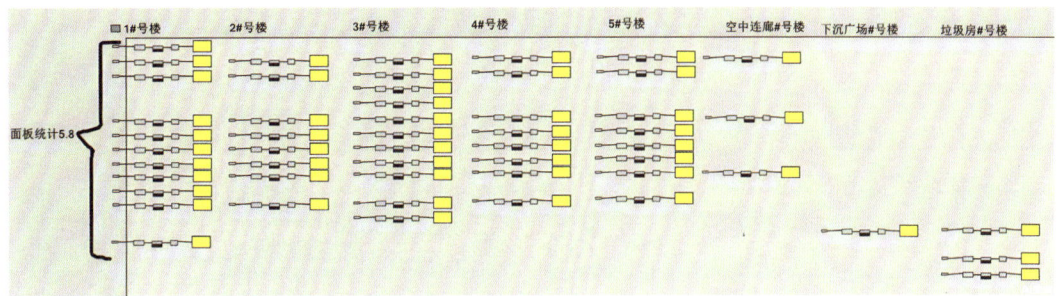

图14　GH电池数据分析面板

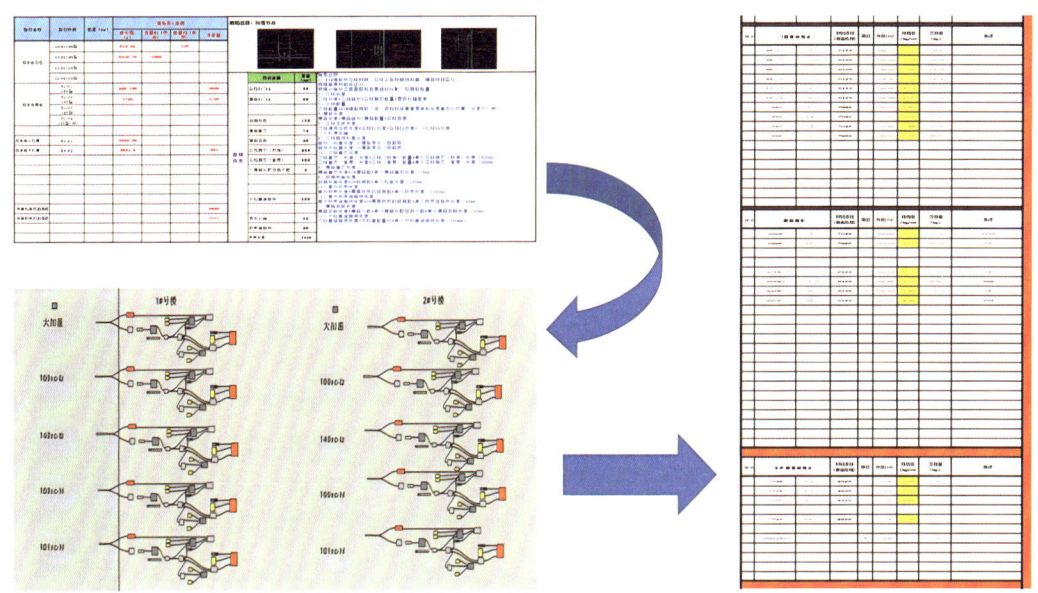

图15　BIM提取数据

（3）本项目主入口异形大雨棚玻璃，均为双曲面，第四点翘曲值范围从0~1033，为确保雨面板的顺滑过渡，且色调统一，所有玻璃均采用热弯玻璃制作，避免玻璃在冷弯的情况下，产生初始应力，导致玻璃受荷载时强度能满足规范要求。故施工时需确保钢架施工精度，考虑工厂预拼装、安装完成复测、调整、测量各玻璃控制点位的数据，重新建立玻璃面板模型后下单、安装。施工前，应对各板块的第四点容许翘曲值进行计算，避免现场在压接时不超过容许的变形值（图16、图17）。

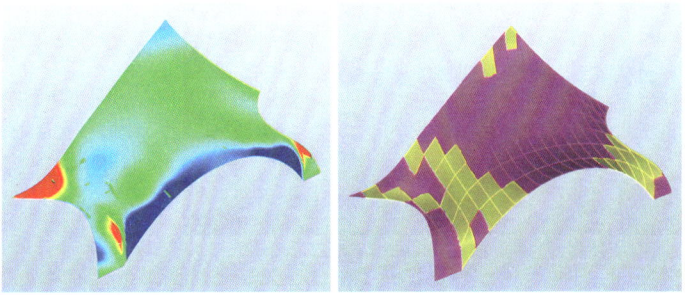

图16　面板板型分析

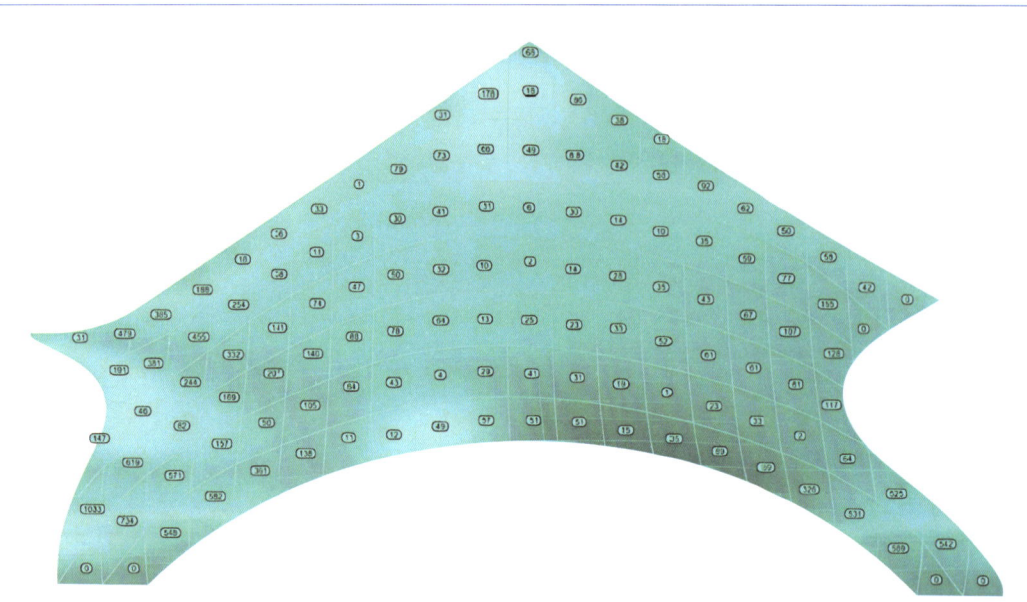

图 17　面板板型翘曲值分析

图 18　三维激光云点扫描

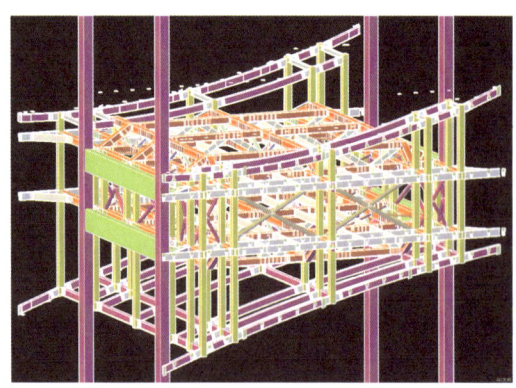

图 19　根据数据建立 BIM 模型

（4）在幕墙施工过程中，现场结构的复测非常重要，在幕墙设计中，结构之间的协调性和冲突性是一个重要的问题。BIM 技术可以通过碰撞检测功能，在设计阶段就发现并处理潜在的结构碰撞问题，从而降低施工风险，提高施工质量。

本项目根据 BIM 技术可以提高数据计算的精准度，空中连廊采用三维激光云点扫描技术，根据建筑物的特点快速获取被测量对象表面三维坐标数据，快速建筑物体的三维影像模型。扫描完成后自行拼接点云数据，生成三维点云模型，进行深化后开始下料加工（图 18、图 19）。

在设计阶段采用 BIM 技术，各个设计专业可以协同设计，可以减少缺漏碰缺等设计缺陷。通过各专业分析软件，有效解决一系列设计问题，找出综合性能平衡点，提高整体建筑性能。本项目在数字化处理中运用 BIM 技术，三维激光扫描技术，得到了很好的实际锻炼经验，在以后承接其他项目积累了很好施工经验；随着科技的不断发展，BIM 技术也在不断进步和完善，未来人工智能、大数据、云计算等，这些新技术的应用将为 BIM 技术带来更加广阔的应用前景和发展空间。

张江机器人谷单元幕墙项目数字化设计

1 工程概况

张江机器人谷一期平台项目,作为科技创新的标志性工程,旨在构建一个集研发、生产、展示于一体的现代化机器人产业园区(图1、图2)。该项目幕墙设计以提升建筑品质、彰显科技特色为主要目标,通过创新的设计理念和先进的技术手段,打造独具特色的幕墙系统。本次幕墙设计遵循科技、绿色、人性化的设计理念,注重与机器人谷整体风格的协调统一。幕墙设计采用了现代简约风格,通过流畅的线条和创新的材料应用,营造出科技感十足的建筑形象。同时,幕墙设计还充分考虑了功能性和实用性,确保建筑的使用性能得到充分发挥。

上海张江机器人谷一期平台项目位于浦东新区张江上海市浦东新区康桥工业区东区H04-13地块,本工程共分为1#厂房、2#厂房、3#厂房、4#厂房、5#下沉庭院。工程总建筑面积约110,357.4m^2,建筑面积79,852.9m^2,地上计容面积为78,160.9m^2,建筑类型主要为四幢满足机器人产业生产需求的高标准厂房。

工程的结构类型、建筑高度、层数、建筑层高:

1#厂房幕墙标高:钢框架结构、38.10m,共6层,首层7.8m,二层7.4m,标准层4.5m。

2#厂房幕墙标高:钢框架结构、54.50m,共9层,首层7.8m,2~3层7.4m,标准层4.5m。

3#厂房幕墙标高:混凝土框架结构、41.90m,共8层,首层5.5m,标准层4.5m。

4#厂房幕墙标高:框架剪力墙结构、59.70m,共12层,首层5.5m,标准层4.5m。

各楼栋分布如图1所示,立面效果如图2所示:

图1 楼栋分布俯瞰图

图2 立面效果图

2 幕墙系统介绍

本工程单元幕墙为竖明横隐单元式玻璃幕墙(图3、图4),竖向装饰线条呈90°~45°渐变倾斜;单元幕墙标准分格尺寸:3#厂房:1 200mm×3 100mm;4#厂房:1 820mm×2 300mm。面材为全超白半钢化夹胶中空(氩气)双银Low-E玻璃(内片全钢化),HS6+1.52PVB+HS6Low-E+12Ar+FT8mm;龙骨型材:断桥隔热铝合金型材。其他材料1.5mm镀锌钢背板;建筑硅酮结构胶、密封胶;上悬窗五金;层间部位铝背板,60mm保温岩棉(带单面铝箔),200mm防火棉等表面处理。对如何利用BIM技术对单元板块的型材信息的存储、板块的建模、加工明细表的导出以及加工图的导出分别进行阐述。

图 3 单元幕墙立面效果图

图 4 局部立面效果图

3 BIM 数字化技术的应用

（1）依据型材开模截面先深化处理，然后将截面及开孔数据存储到 Grasshopper 数据中心（图 5）。

（2）用参数化手段利用 1 存储的数据，将单元板块分楼栋分层建模（图 6、图 7）。

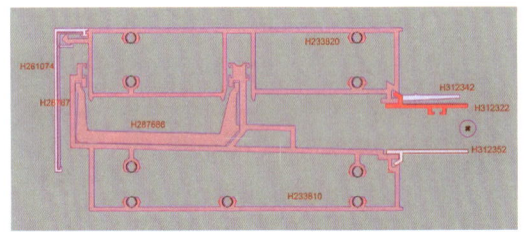
图 5 单元幕墙上下横梁截面图

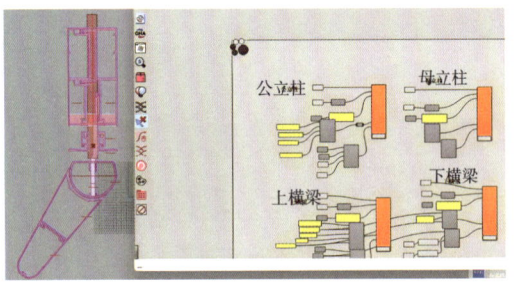
图 6 储存数据

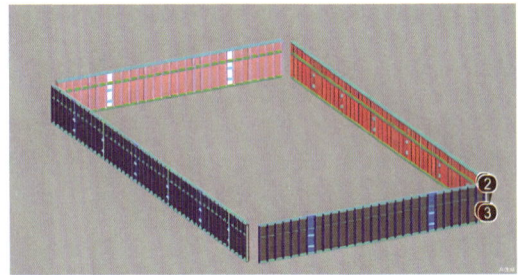
图 7 分层建模

（3）先将建好的模型先按板块编号，接着将每跟加工件也编号，另外将辅材也添加属性数据（图 8、图 9）。

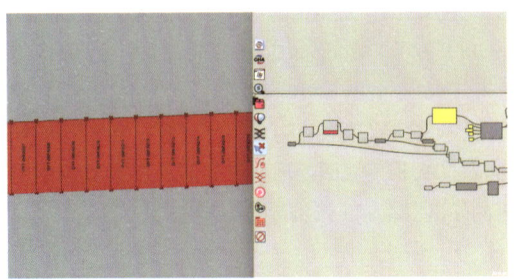
图 8 板块编号

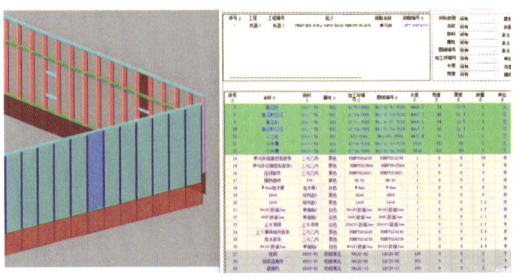
图 9 加工件编号及辅材属性添加

（4）利用 GH 参数化手段将板块将组装明细表导出（图 10）。

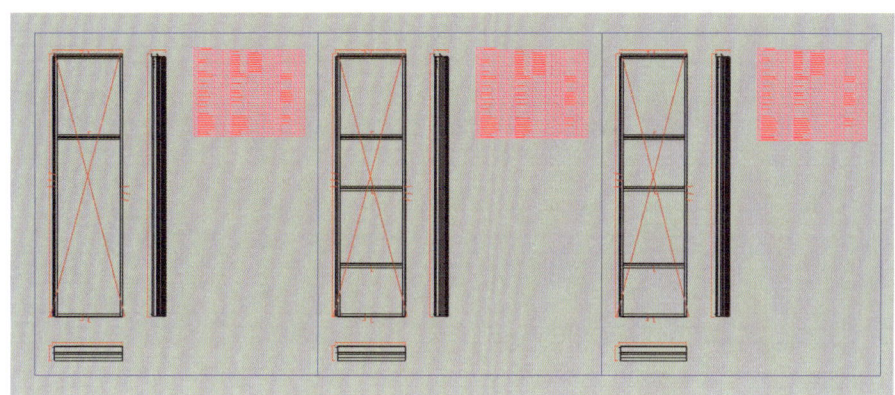

图 10　单明细表导出

（5）利用 GH 参数化手段将各杆件型材数据导出（图 11）。

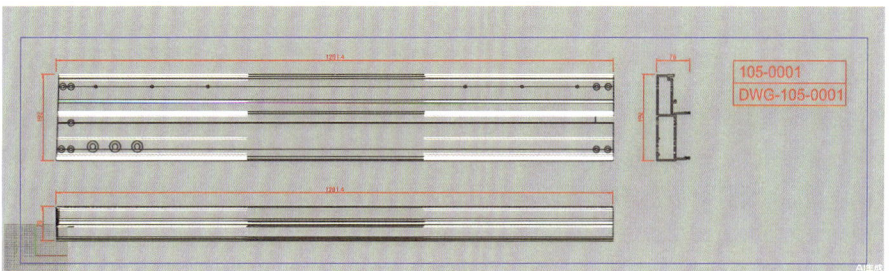

图 11　型材数据导出

（6）利用 GH 参数化手段将板块装配明细表及工序明细表导出，并整理发往加工厂（图 12、图 13）。

装配明细表

文档类型编码		工程名称	机器人	工程编号	机器人									明细表编号	ZPMX-DYT-03FA001		
组装件名称	单元体	组装件编号	DYT-03FA001	长L（mm）	1200	宽W（mm）	4500	厚T（mm）					250	装配图编号	DWG-DYT-03FA001		
函数栏																	
序号	名称	物料编码	工程属性编码	加工件编号	图纸编号	长度L（mm）	宽度W（mm）	厚度T（mm）	A（mm）	B（mm）	C（°）	D（°）	数量	单位	自由项1	自由项2	自由项3
1	公立柱	6063-T6	180	105-0001	DWG-105-0001	4473.4	76	192					1	支	H233770	105	21.986
2	母立柱	6063-T6	180	XC-02-0001	DWG-XC-02-0001	4473.4	44	192					1	支	H234010	XC-02	18.114
3	上横梁	6063-T6	180	XC-09-0001	DWG-XC-09-0001	1188	203	88.2					1	支	H233810	XC-09	6.475
4	上横梁护边	6063-T6	180	XC-12-0001	DWG-XC-12-0001	1188	49.5	9.4					1	支	H312352	XC-12	0.383
5	下横梁护边	6063-T6	180	XC-13-0001	DWG-XC-13-0001	1180	49.5	13.4					1	支	H312322	XC-13	0.437
6	中横梁	6063-T6	180	XC-17-0001	DWG-XC-17-0001	1099	192	80					1	支	H248943	XC-17	4.776
7	下横梁	6063-T6	180	XC-10-0001	DWG-XC-10-0001	1099	207.6	44.7					1	支	H233820	XC-10	4.688
8	垫高料	6063-T6	180	XC-03-0001	DWG-XC-03-0001	4468.1	14	29.5					2	支	H470309	XC-03	2.015
9	垫高料压线	6063-T6	180	XC-04-0001	DWG-XC-04-0001	4467.7	40	22.1					2	支	H261064	XC-04	2.08
10	装饰线条			3#LXC-06	LXCJG-06	4480							1	支	H469019		
11	装饰线条			3#LXC-07	LXCJG-07	4480							1	支	H469029		
12	装饰线条			3#LXC-08-001	LXCJG-08	4480			33.2	60.1	52.8	43.2	1	支	H287146		
13	100厚保温岩棉												1.4	平方米			
14	单元体插接密封胶条	三元乙丙	黑色			0	0	0					18	米	YSMFT024239		
15	单元体对接密封胶条1	三元乙丙	黑色			0	0	0					9	米	YSMFT012564		
16	压线胶条	三元乙丙	黑色			0	0	0					9	米	YSMFT024021		
17	隔热垫块	PVC	黑色			0	0	0					9	米	GR-01		
18	Φ8mm泡沫棒	泡沫棒1	白色			0	0	0					9	米	Φ8mm		
19	18×8	结构胶2	黑色			0	0	0					9	米	18×8		
20	14×8	结构胶1	黑色			0	0	0					4.8	米	14×8		
21	8×18(胶面)mm	单面贴3	白色			0	0	0					12	米	8×18(胶面)mm		
22	8×8(胶面)mm	单面贴1	白色			0	0	0					12	米	8×8(胶面)mm		

图 12　装配明细表

					工序明细表								
文档类型编号		WBS元素号	3	工序号	003	库存地点	工地	工厂	工厂3	明细表编号	工序明细表		
序号	名称	物料编码	工程属性编码	加工件编号	图纸编号	长度L (mm)	宽度W (mm)	厚度T (mm)	数量	单位	自由项1	自由项	自由项
1	单元体			DYT-02FA001	DWG-DYT-02FA001	1200	1288	250	1	个			
2	单元体			DYT-02FA002	DWG-DYT-02FA002	1200	1288	250	1	个			
3	单元体			DYT-02FA003	DWG-DYT-02FA003	1200	1288	250	1	个			
4	单元体			DYT-02FA004	DWG-DYT-02FA004	1200	1288	250	1	个			
5	单元体			DYT-02FA005	DWG-DYT-02FA005	1200	1288	250	1	个			
6	单元体			DYT-02FA006	DWG-DYT-02FA006	1200	1288	250	1	个			
7	单元体			DYT-02FA007	DWG-DYT-02FA007	1200	1288	250	1	个			
8	单元体			DYT-02FA008	DWG-DYT-02FA008	1200	1288	250	1	个			
9	单元体			DYT-02FA009	DWG-DYT-02FA009	1200	1288	250	1	个			
10	单元体			DYT-02FA010	DWG-DYT-02FA010	1200	1288	250	1	个			
11	单元体			DYT-02FA011	DWG-DYT-02FA011	1200	1288	250	1	个			
12	单元体			DYT-02FA012	DWG-DYT-02FA012	1200	1288	250	1	个			
13	单元体			DYT-02FA013	DWG-DYT-02FA013	1200	1288	250	1	个			
14	单元体			DYT-02FA014	DWG-DYT-02FA014	1200	1288	250	1	个			
15	单元体			DYT-02FA015	DWG-DYT-02FA015	1200	1288	250	1	个			
16	单元体			DYT-02FA016	DWG-DYT-02FA016	1200	1288	250	1	个			
17	单元体			DYT-02FA017	DWG-DYT-02FA017	1200	1288	250	1	个			
18	单元体			DYT-02FA018	DWG-DYT-02FA018	1200	1288	250	1	个			
19	单元体			DYT-02FA019	DWG-DYT-02FA019	1200	1288	250	1	个			
20	单元体			DYT-02FA020	DWG-DYT-02FA020	1200	1288	250	1	个			
21	单元体			DYT-02FA021	DWG-DYT-02FA021	1200	1288	250	1	个			
22	单元体			DYT-02FA022	DWG-DYT-02FA022	1200	1288	250	1	个			
23	单元体			DYT-02FA023	DWG-DYT-02FA023	1200	1288	250	1	个			
24	单元体			DYT-02FA024	DWG-DYT-02FA024	1200	1288	250	1	个			
25	单元体			DYT-02FA025	DWG-DYT-02FA025	1200	1288	250	1	个			
26	单元体			DYT-02FA026	DWG-DYT-02FA026	1200	1288	250	1	个			
27	单元体			DYT-02FA027	DWG-DYT-02FA027	1200	1288	250	1	个			
28	单元体			DYT-02FA028	DWG-DYT-02FA028	1200	1288	250	1	个			
29	单元体			DYT-02FA029	DWG-DYT-02FA029	1200	1288	250	1	个			
30	单元体			DYT-02FA030	DWG-DYT-02FA030	1200	1288	250	1	个			
31	单元体			DYT-02FA031	DWG-DYT-02FA031	1200	1288	250	1	个			
32	单元体			DYT-02FA032	DWG-DYT-02FA032	1200	1288	250	1	个			
33	单元体			DYT-02FA033	DWG-DYT-02FA033	1200	1288	250	1	个			
34	单元体			DYT-02FA034	DWG-DYT-02FA034	1200	1288	250	1	个			
35	单元体			DYT-02FA035	DWG-DYT-02FA035	1200	1288	250	1	个			
36	单元体			DYT-02FA036	DWG-DYT-02FA036	1200	1288	250	1	个			
37	单元体			DYT-02FA037	DWG-DYT-02FA037	1200	1288	250	1	个			
38	单元体			DYT-02FA038	DWG-DYT-02FA038	1200	1288	250	1	个			

图 13 工序明细表

近年来，随着建筑行业的发展，各种新的设计理念和许多极具特色的建筑如雨后春笋般层出不穷。BIM 技术经过多年开发，也越来越适合幕墙的建模，尤其在可视化、碰撞检测以及加工生产等多方面得到了很好的应用。本文针对单元幕墙的板块建模和加工数据导出进行了简要阐述。大大提高设计效率以及加工数据的准确性，有效保障了工程的顺利完成和完美呈现。

第 7 章

Chapter 7

城市更新项目表皮数智建造

Digital and Intelligent Construction Technology for Urban Renewal

城市更新案例

上海市第一八佰伴整体装饰工程

1 工程概况

近年来，城市更新已蔚然成风，历史建筑的重生不仅具备故事性的时代特点，也促使文化和产业得到双重增值，同时为可持续发展提供了新的机遇。作为这一趋势的代表，上海第一八佰伴有限公司展现了历史建筑与现代商业的完美融合。

上海第一八佰伴有限公司是中国第一家中外合资大型商业零售企业。位于浦东新区张杨路 501 号，西邻浦东南路、杨家渡，东邻南泉北路、世纪大道。1995 年试营业，距今已有近 30 年历史。第一八佰伴（新世纪商厦）占地 2 万 m^2，总建筑面积 14.5 万 m^2，由高 99.9m 的 21 层塔楼及 10 层裙房组成。塔楼采用钢筋混凝土框架筒体体系，裙房采用钢筋混凝土框架体系，并设有二层整体地下室，基础形式为桩筏基础，肋梁上翻，并设置隔水舱。桩型采用钻孔灌注桩，桩径分为 1m 及 1m 2 两种。该设计同时符合当时的日本及中国的结构标准（图 1 ~ 图 6）。

为了提升建筑的商业价值和市民休闲体验，本项目进行了外立面改造，以维持原有主要标志性的建筑形象，同时增强沿街商业氛围，提升商业界面品质，打造上海城市形象更新和提升市民休闲体验的新地标。立面改造的具体范围如下：

（1）塔楼：红顶铝板外包，其余保留现状。

（2）裙房东南立面：上部楼层石材外包，增加外挑广告位，下部增设一二层商业橱窗及雨棚。

（3）裙房西北角立面：首层调整为橱窗幕墙，增设转角连续式雨棚。

（4）裙房北立面：上部楼层石材外包，增加外挑广告位。

（5）裙房东立面：上部楼层石材外包，增加外挑广告位，增设连续式雨棚。

外立面主要幕墙系统：石材幕墙、铝板幕墙（含广告位）、首层橱窗玻璃幕墙、铝合金装饰格栅、铝板雨棚、点支式玻璃采光顶。

图1 效果图

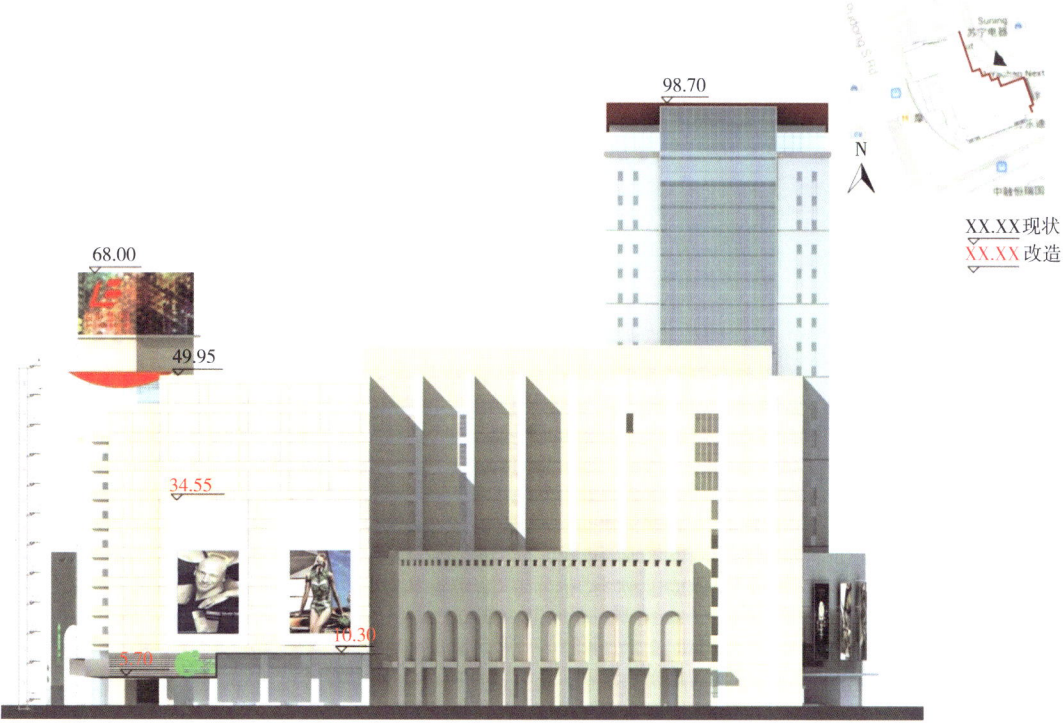

图2 建筑东立面图

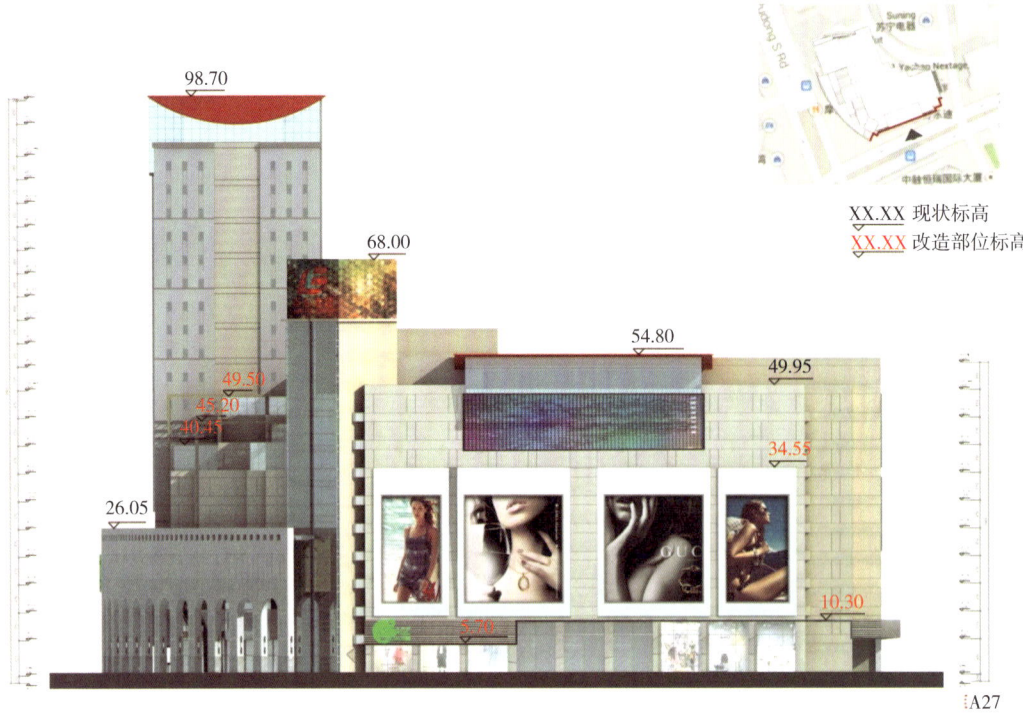

图 3　建筑南立面图

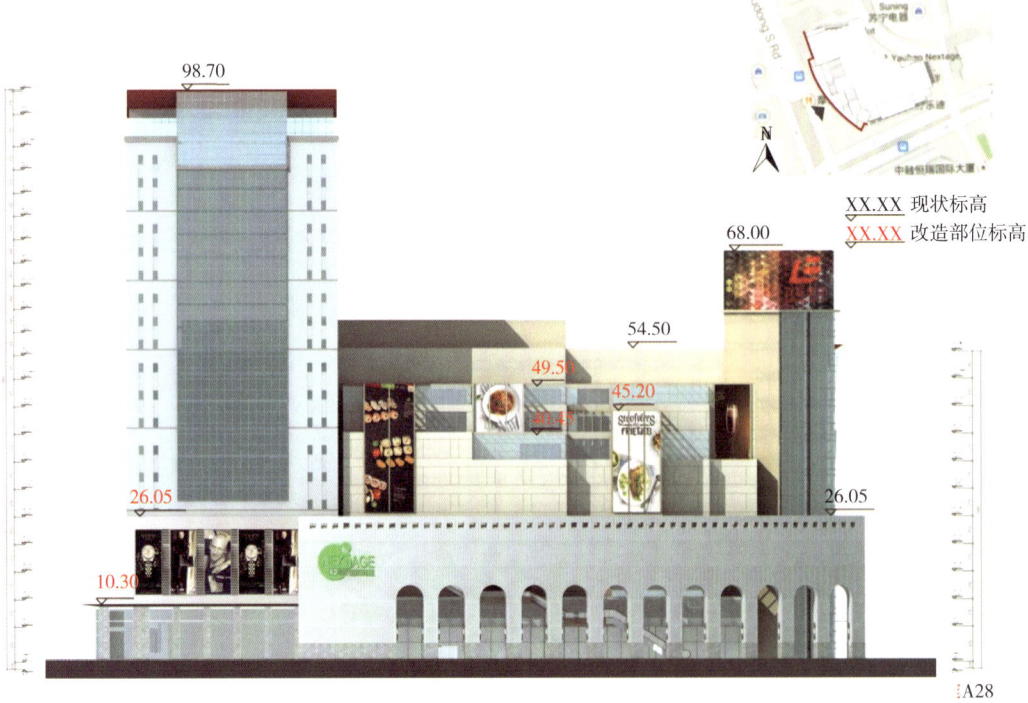

图 4　建筑西立面图

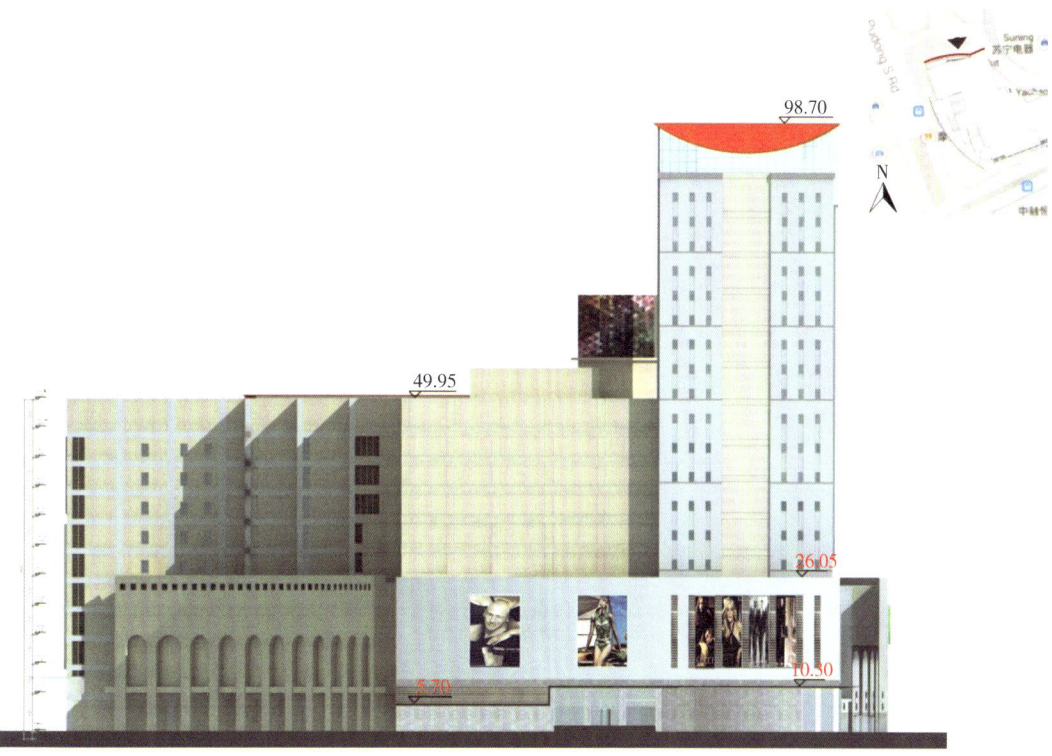

图 5　建筑北立面图

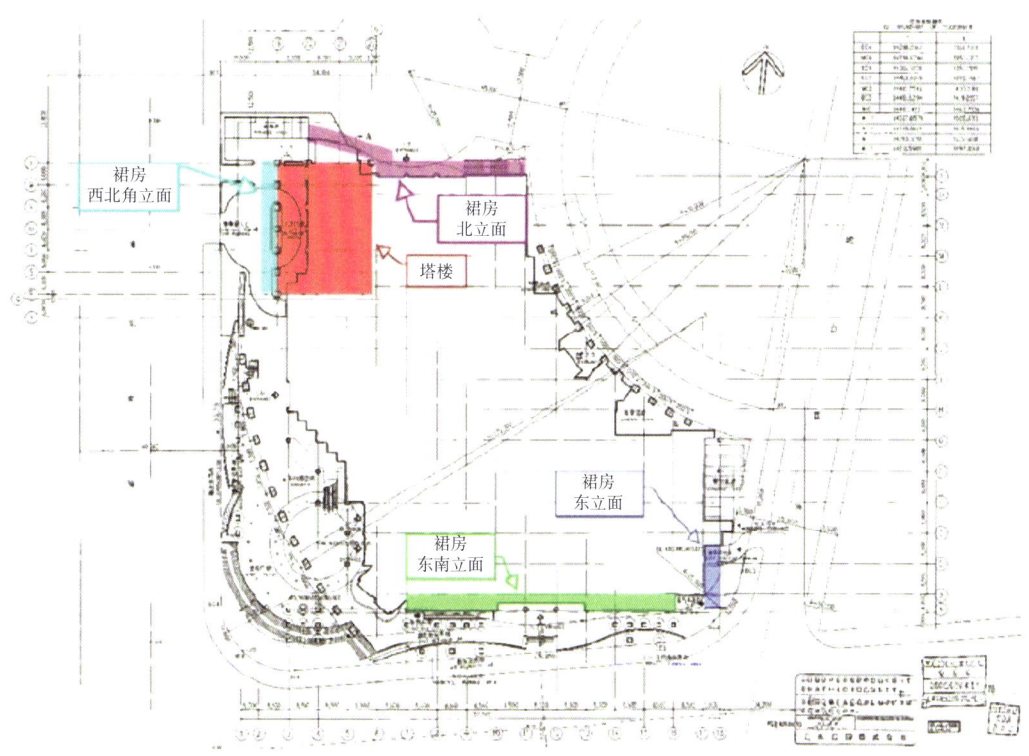

图 6　改造范围平面示意图

2 项目幕墙系统特点

2.1 石材幕墙系统

本系统面板采用30mm厚花岗岩，横向主龙骨采用120mm×60mm×5mm热镀锌钢管与50mm×50mm×5mm厚钢管组成的钢格构架，竖向主龙骨采用120mm×80mm×4mm热镀锌钢管，横向次龙骨采用63mm×63mm×5mm角钢（图7、图8）。

图7 石材幕墙位置

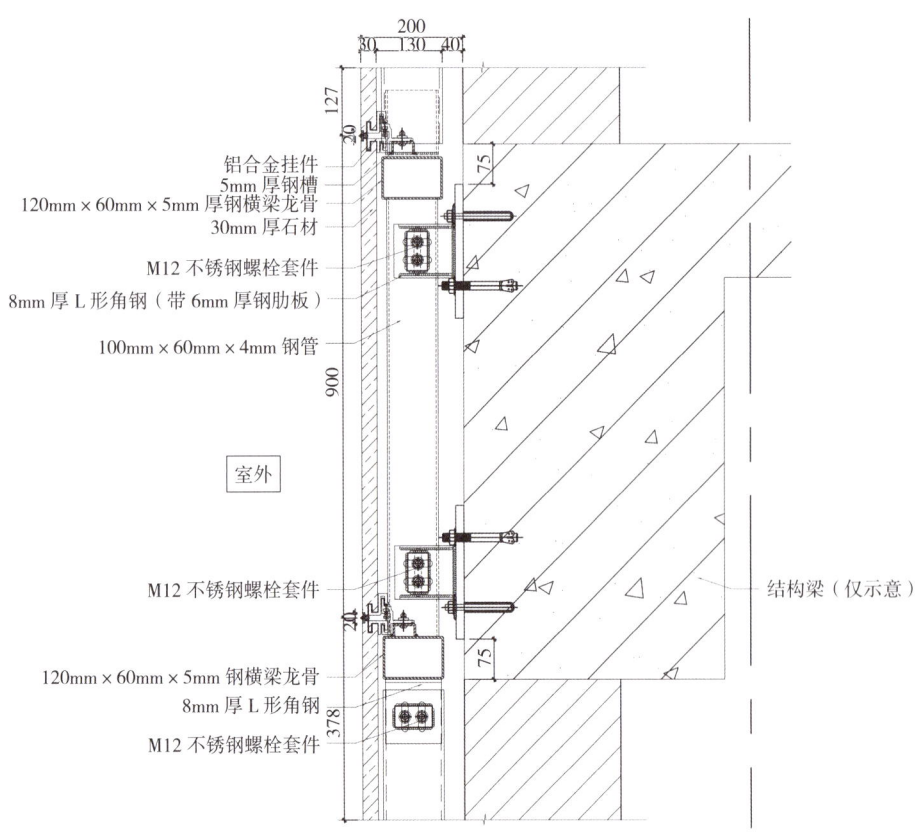

图8 石材系统节点图

2.2 铝板幕墙系统

本系统位于广告位位置，面板采用 3mm 厚铝单板，主龙骨采用 120mm×80mm×5mm 钢管，次龙骨采用 70mm×70mm×5mm 角钢（图 9、图 10）。

图 9　铝板幕墙位置

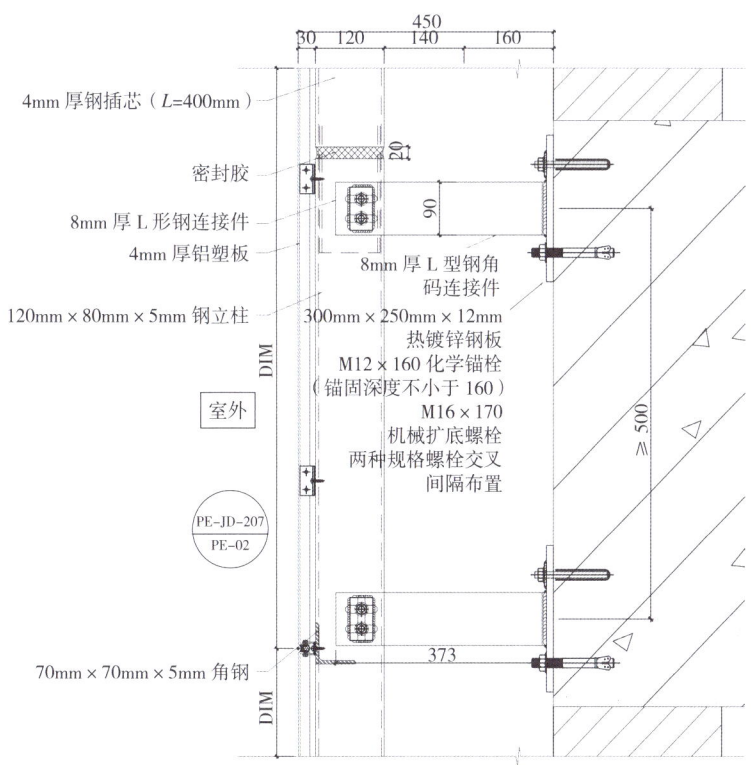

图 10　铝板系统节点图

2.3 首层橱窗玻璃幕墙

此系统玻璃面板为 12mm 厚超白钢化玻璃，玻璃肋采用 12+1.52PVB+12mm 厚超白夹胶钢化玻璃（图 11、图 12）。

图 11　橱窗位置

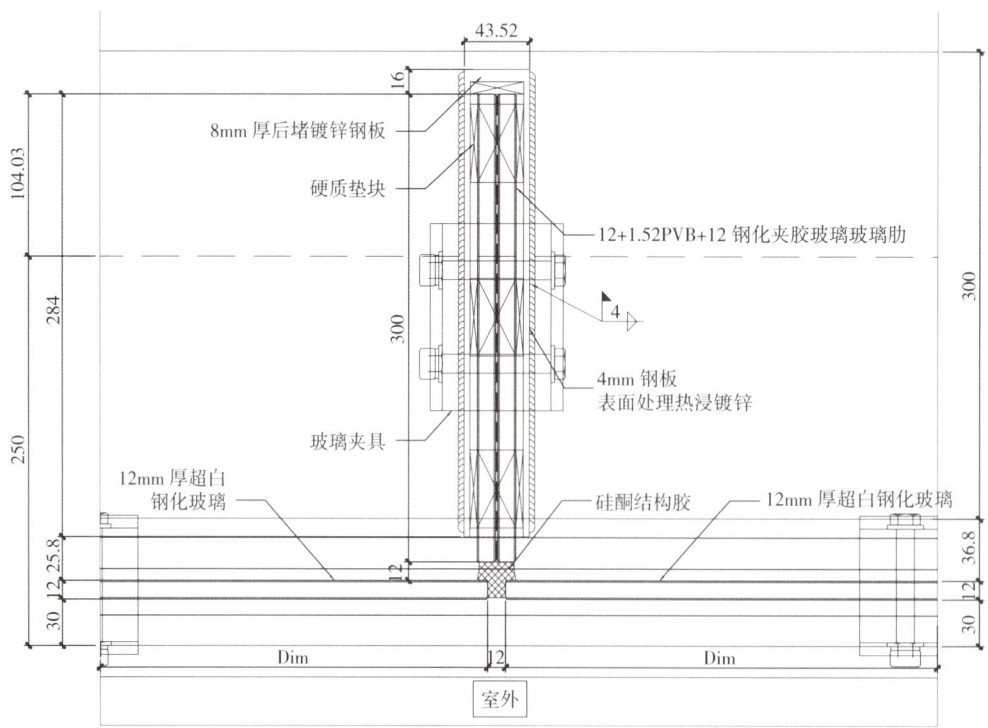

图 12　橱窗系统节点图

2.4 铝合金格栅

铝合金格栅采用截面 150mm×100mm 的铝合金型材，表面处理氟碳喷涂（图 13、图 14）。

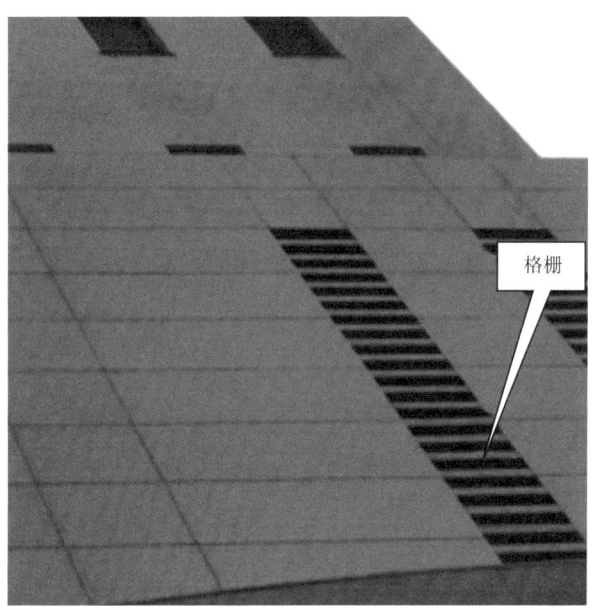

图 13　格栅位置

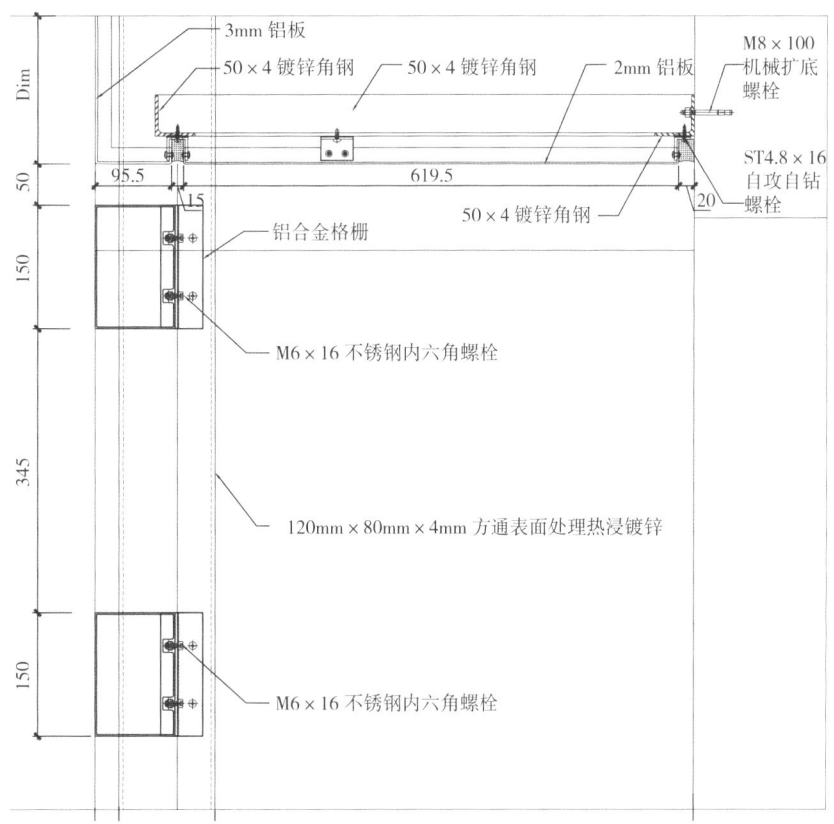

图 14　格栅系统节点图

2.5 铝板雨棚

铝板雨棚位于橱窗顶部,面板采用3mm厚铝合金板,表面处理为氟碳喷涂,雨棚的主支撑龙骨采用350mm×200mm×8mm×8mm热镀锌矩形钢管,水槽采用2mm厚不锈钢板(图15、图16)。

图15 雨棚位置

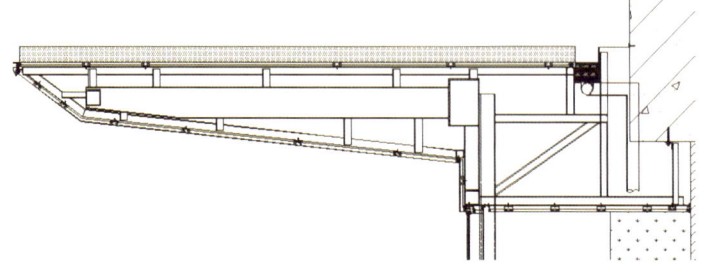

图16 铝板雨棚节点图

2.6 采光顶

采光顶位于大拱壁内庭部位,标高26m,面板为19+2.28PVB+19mm夹胶钢化玻璃,主要支撑结构仍采用原钢结构(图17、图18)。

图17 采光顶位置

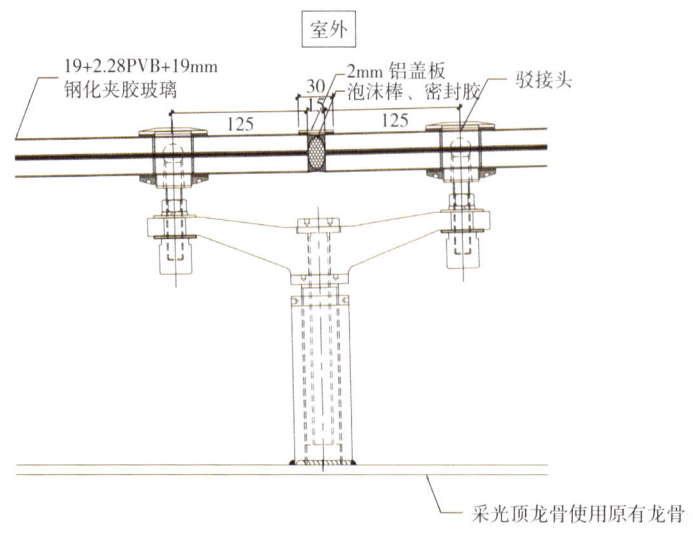

图18 采光顶节点图

3 项目重难点分析

（1）石材幕墙系统更新

重难点：考虑到原结构已使用二十余年，并且由于石材会传递较大竖向荷载，为避免对周圈梁进行加固，在改造时需确保竖向荷载均传递至结构柱。

应对措施：根据建筑现状，在保持外观整体效果的情况下，面板龙骨支撑点主要考虑结构柱受力。横向主龙骨采用组成的钢格构架，石材面板的竖向支撑龙骨采用120mm×60mm×4mm厚热镀锌钢立柱，横向钢龙骨采用63mm×63mm×5mm厚热镀锌钢横梁。在这种设计中，圈梁只承受水平荷载，竖向荷载由横向龙骨传递至结构柱。

石材幕墙龙骨先竖立柱，后上横梁，立柱定位后再装横梁，这样可以很好地保证横梁立柱的直线度和横梁的伸缩缝，安装顺序是先下后上，其中石材装饰柱钢架分段在地面焊制完成形成"钢架笼"，随后用吊篮运送至相应部位整体上墙安装（图19、图20）。

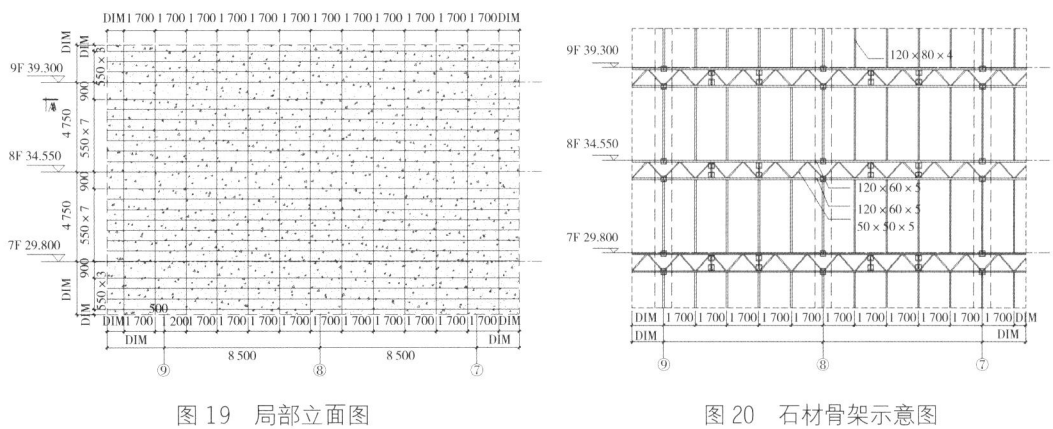

图19 局部立面图　　　　图20 石材骨架示意图

（2）橱窗幕墙系统更新

橱窗系统位于裙房西北角立面，面板12mm厚超白钢化玻璃，玻璃肋采用12+1.52PVB+12mm厚超白夹胶钢化玻璃，并增设转角连续式雨棚。

重难点：圈梁区域无法满足幕墙承载要求，同时为减少后置埋件对主体结构和墙体粉刷面的影响，圈梁上不得固定点，仅雨棚主龙骨通过后置埋件固定于结构柱上。

应对措施：在雨棚主龙骨根部橱窗位置增加250mm×200mm×8mm钢梁，作为橱窗上支点固定主梁。玻璃肋顶部位置增加钢梁固定玻璃肋。通过这种设计，使得雨棚、橱窗成为一个整体，橱窗所受荷载最终传递至结构柱（图21）。

通过精心策划和实施，本城市更新项目不仅成功克服了施工中的诸多难题，实现了外立面的大气通透设计，同时也保留了建筑的历史元素，增强了其文化价值和商业吸引力。项目的成功为今后的城市更新和历史建筑改造提供了宝贵的经验和技术支持，为上海的城市发展注入了新的活力（图22、图23）。

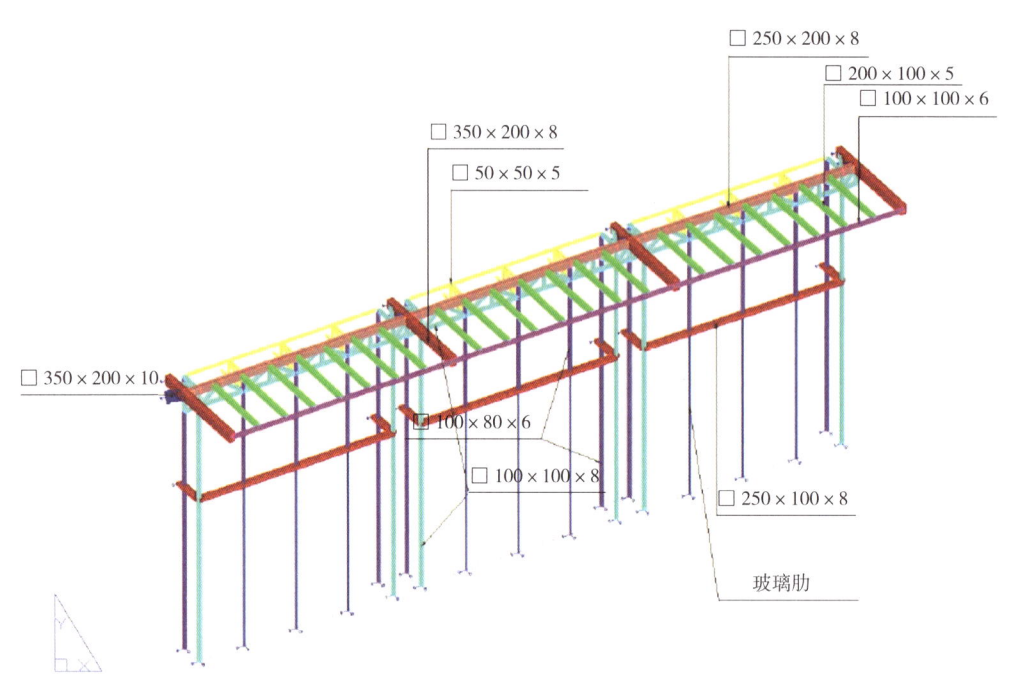

图 21　橱窗龙骨计算模型布置图

图 22　改造前实景照片

图 23　改造后橱窗效果图

百联曲阳购物中心调整装修外装饰工程

1　项目概况

百联曲阳购物中心项目位于上海虹口区，曲阳路街道，中山北二路 1818 号。建筑高度为 54.4m，地上 6 层，标准层高 6.0m，底部层高 6m。主体结构形式为框架结构及网架结构（图 1）。幕墙设计使用年限为 25 年，支撑结构的使用年限为 50 年，预埋件的设计使用年限同主体结构的使用年限。

本工程为老建筑幕墙整修，原幕墙主结构不变；如原幕墙结构有损坏或变形等问题，全部按原型材，原结构构件大小及受力原理更换。根据设计院节能的要求：本项目属商业室内有二次装修封闭,节能保持原设计要求,主要是将原10mm单片镀膜玻璃更换为6mm+1.14mmPVB+6mm的钢化夹胶玻璃,消防救援窗为8mm钢化白玻璃;根据立面建筑要求的消防、排烟、人防、安全散等原因增加防水铝合金百叶、开启窗、消防排烟窗、救援窗等功能设施。

本项目外立面玻璃幕墙更新玻璃及加固工作量:南立面更换幕墙玻璃8 500m²;北立面更换幕墙玻璃1 220m²;东立面更换幕墙玻璃2 750m²;西立面更换幕墙玻璃2 750m²;北面门窗及百叶维修约2 200m²;采光顶修补胶缝2 800m²;外墙真石漆及修补约8 690m²。

图1　项目立面整体效果

2　项目幕墙系统特点

本工程外立面幕墙整修根据区域及类型的不同,共可分为以下2个幕墙系统:

2.1　幕墙系统1:竖明横隐玻璃幕墙系统(构件式)——(原玻璃幕墙为隐框)

处于主体结构外,采用竖明框横向隐框玻璃幕墙,玻璃面板采用6mm+1.14mmPVB+6mm钢化夹胶玻璃、消防救援窗部位玻璃面板采用8mm钢化单玻璃,增加竖框外盖板(图2、图3)。

2.2　幕墙系统2:横明竖隐玻璃幕墙系统(构件式)——(原玻璃幕墙为隐框)

处于主体结构外(观光电梯处),采用竖隐横明框玻璃幕墙,玻璃面板采用6mm+1.14mmPVB+6mm钢化夹胶玻璃,增加横框室外盖板,玻璃面板通过铝合金压板用螺栓固定于龙骨之上(图4、图5)。

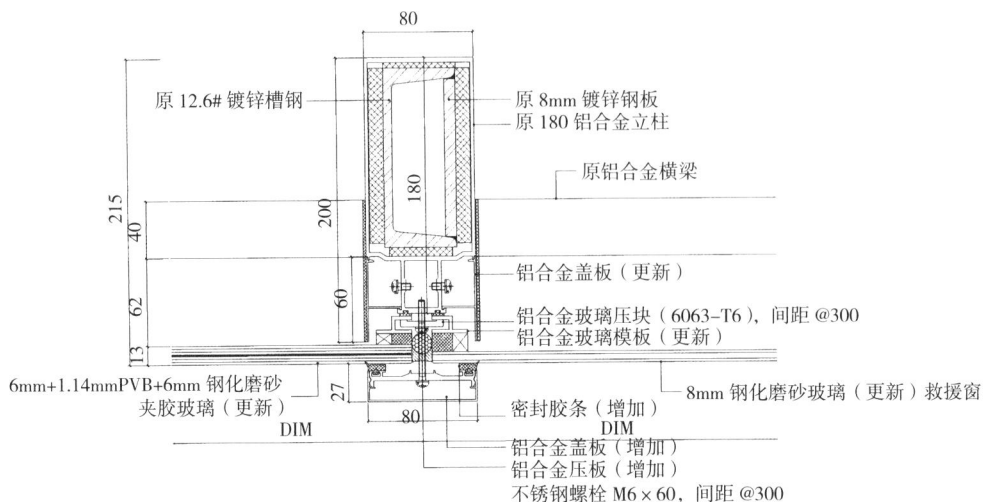

图 2　横剖节点图

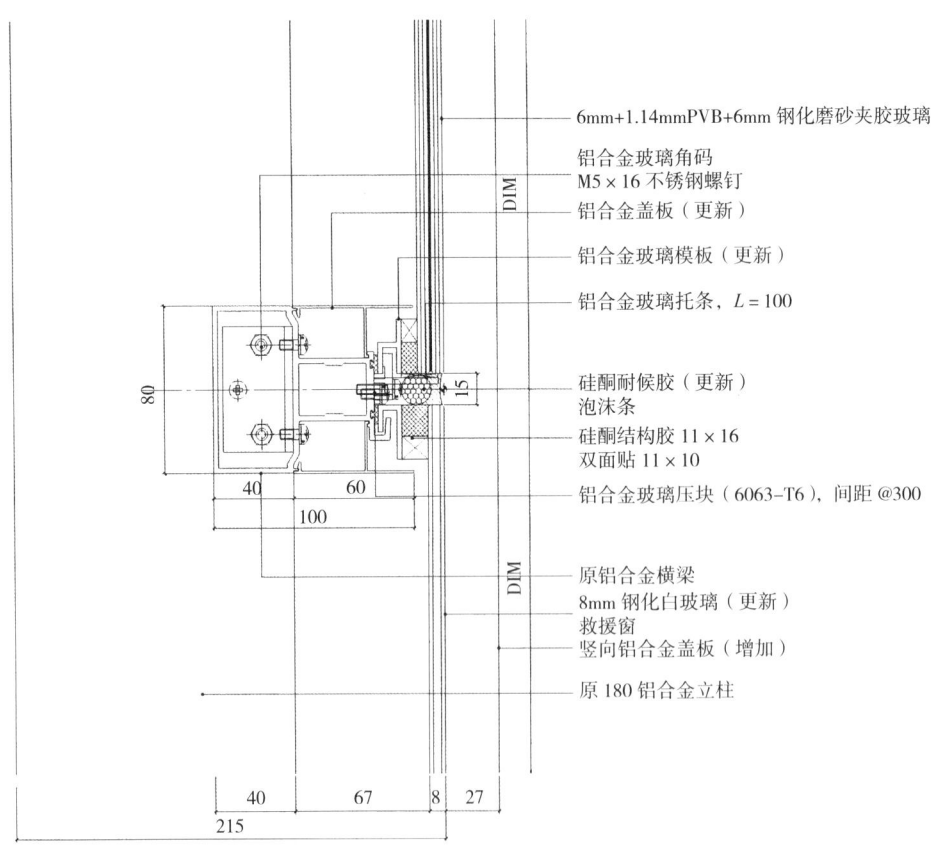

图 3　竖剖节点图

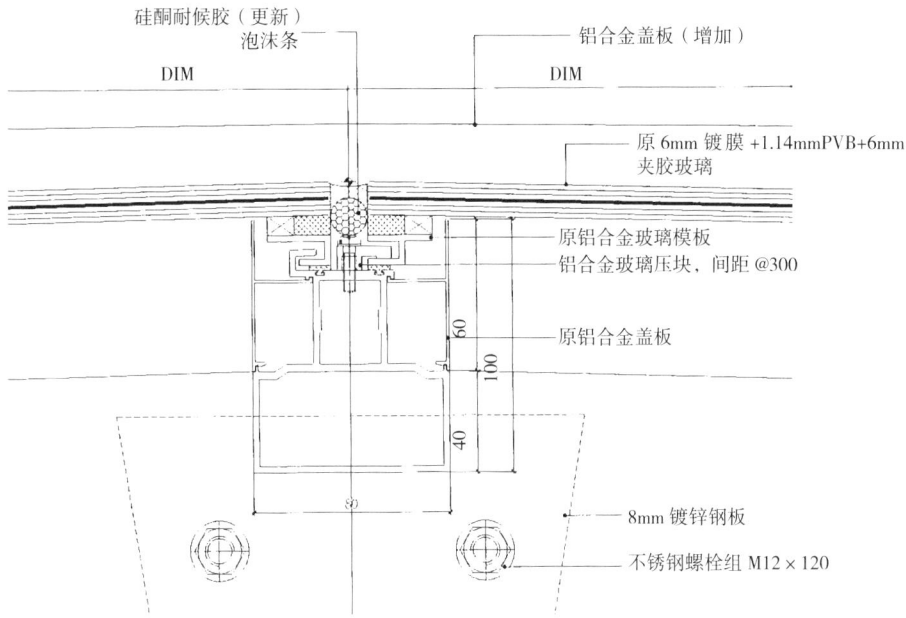

图 4　横剖节点图

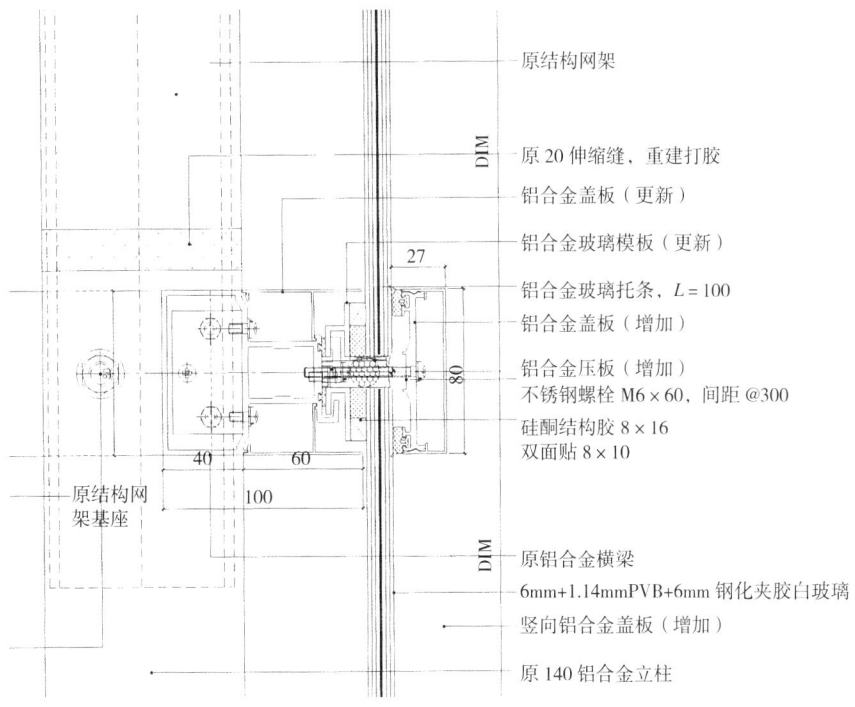

图 5　竖剖节点图

上述两个幕墙系统在东南立面分布如图6所示。

图6　东南立面

上述两个幕墙系统在西立面分布如图7所示。

图7　西立面

上述两个幕墙系统在北立面分布如图8所示。

图8 北立面

3 项目技术重难点及解决方案

本工程施工属于在繁华闹市区的高空作业,保证施工安全是本项目技术重难点。解决方案如下:

(1)严格控制材料、工具等不坠落,高空作业人员必须系好安全带。

(2)严格控制施工过程中的防火工作。

(3)各项施工作业必须严格按照相关操作规程实施:

① 玻璃幕墙整修施工顺序。

拆除旧幕墙施工准备检查→割除密封胶→拆除室内横向压板→吸盘固定→卸掉横向内压块→卸下玻璃→运输至指定地点。

安装新幕墙施工准备检查→调整整幅幕墙框架→中间验收→加固支座(固焊)→玻璃清洁→敷设弹性垫块→玻璃板块安装→隐蔽工程验收→打胶→饰盖安装→清洁→验收。

② 铝板幕墙整修施工顺序。

拆除旧幕墙施工准备检查→剔除密封胶及泡沫棒→不锈钢螺钉拆除→铝板板块拆除→现场清洁。

安装新幕墙施工准备检查→修整龙骨→检查加固支座(固焊)→焊接处防腐处理→隐蔽工程验收→铝板安装→打胶→清洁→验收。

③采光顶修补胶缝施工顺序。

施工准备检查→割除密封胶→玻璃拆除→龙骨检查修复→面板安装→隐蔽工程验收→打胶处理→检查→验收。

十六铺地区（中山东二路以东）综合改造二期工程

1 项目概况

本工程位于上海市中山东二路东沿黄浦江，北至东门路、南至复兴东路。主要幕墙系统为：明框框架式玻璃幕墙系统、钢铝结合框架式玻璃幕墙系统、石材幕墙系统、玻璃雨棚系统、铝合金门窗、玻璃栏板、采光顶。外墙装饰总面积约为 6 500 m^2。十六铺地区（中山东二路以东）综合改造二期工程为城市更新项目（图1）。

图1 项目整体立面效果

2 项目幕墙系统特点

2.1 沿街面一层横隐竖明玻璃幕墙体系

本系统幕墙隐框横梁选用 70mm×70mm×3mm 铝合金横梁；明框立柱选用 215mm×80mm×3.5mm 铝合金立柱；玻璃面板选用 6mm+1.14mmPVB+6mm+12A+8mm 厚的中空夹层钢化玻璃（图2）。

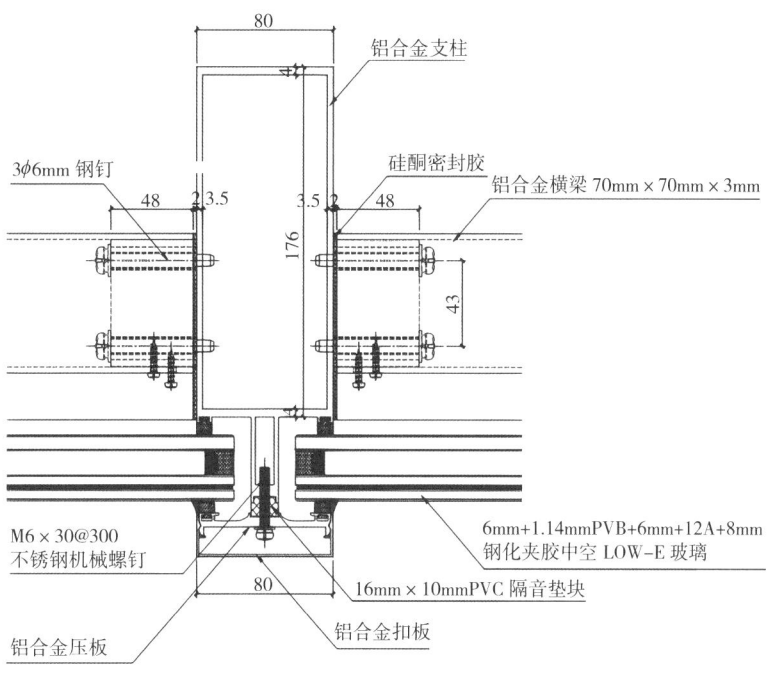

图 2　玻璃幕墙节点

2.2　沿江面横隐竖明玻璃幕墙体系瞭望塔、候船大厅处

本系统幕墙隐框横梁选用 70mm×70mm×3mm 铝合金横梁；明框立柱选用 250mm×65mm×8.0mm 矩形钢管；玻璃面板选用 6mm+1.14mmPVB+6mm+12A+8mm 厚的中空夹层钢化玻璃（图 3）。

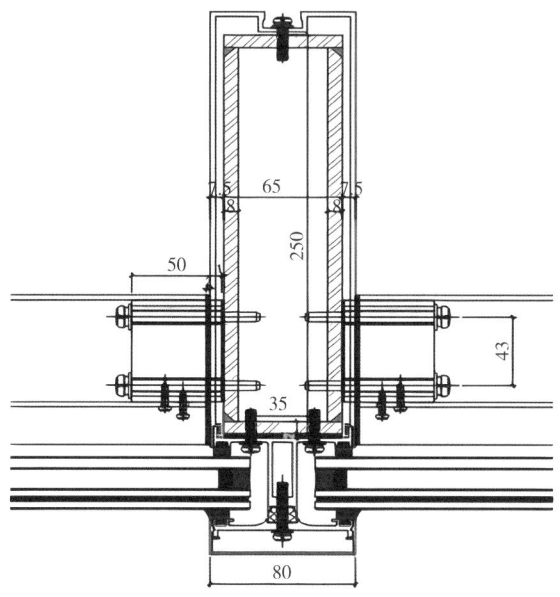

图 3　玻璃幕墙节点

2.3 点式玻璃雨篷

雨篷主梁选用焊接 H 型钢 200mm×100mm×6mm×8mm；玻璃面板选用 8mm+1.52mmPVB+8mm 厚的夹层钢化玻璃。

2.4 玻璃采光顶

主梁选用 160mm×80mm×6.0mm（Q235B）矩形钢管；次梁选用 80mm×4.0mm；玻璃面板选用 8mm+12A+6mm+1.52mmPVB+6mm 厚的 LOW-E 中空夹层钢化玻璃（图4）。

图 4　玻璃采光顶位置

2.5 干挂石材幕墙

石材面板为花岗石；立柱选用钢方管 120mm×60mm×4mm；横梁选用角钢 L50×5mm；石材挂接方式为背栓形式（图5、图6）。

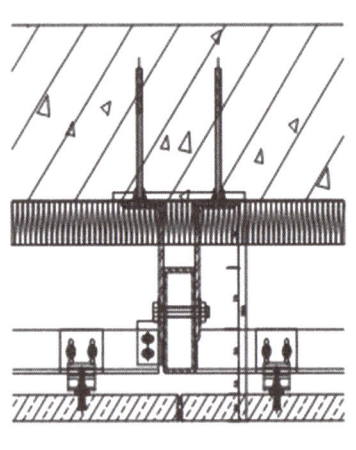

图 5　石材幕墙节点

图 6　石材幕墙位置

2.6 铝合金玻璃门窗

铝窗系统采用 55 系列；玻璃选用 6mm+12A+6mm 中空钢化玻璃。

3 项目技术重难点及解决方案

3.1 材料采购

重难点：本工程材料种类多，施工周期短，部分材料如玻璃、铝型材等加工周期长（25~30d），保证工程材料及时且保质保量地运输到现场是重难点。

解决措施：

（1）通过与国内很多大型的材料厂家有着良好的合作关系，尤其是幕墙材料知名厂商都是长期合作伙伴，签订了一系列的长期供货保障合同，尽早支付材料的预付款。并与材料厂商的供货合同上还设附加条款：对本工程幕墙工程项目进行优先供货，最大限度地保障本工程的施工周期。

（2）根据施工总进度计划，结合材料定额列出材料供应的需求量，做到大宗材料提前订料和及时采购储备。

3.2 材料加工及组装方面

重难点：本工程在加工精度方面的要求非常高，所以在加工精度方面尤其要慎重考虑钢材的加工精度、石材幕墙的加工精度，以及立面幕墙各个组件的加工精度问题。

解决措施：

（1）铝型材框架的加工切割主要使用数控加工中心，把加工偏差控制在允许范围内。

（2）框架的拼装过程，在框架的接口处打胶密封是非常重要的一道工序，关系到整个幕墙系统的防水、排水性。在拼装前，先将闭口型材内的铝屑倒出。

（3）加工阶段执行的是公司内控标准，并高于国家标准，做到"高标准、严要求"。铝型材加工前，操作者首先要将原材料全部拆除包装，进行100%的检查表面质量，合格后重新贴专用保护膜。严格执行"三检"制度。

3.3 现场施工

重难点：本工程幕墙施工现场安装阶段是影响整个幕墙工程施工进度的关键，针对本工程结构特点和现场条件，整个幕墙工程大致分为测量放线、埋件安放、转接件安装、龙骨及饰面材料的安装、清理等环节，每个环节的施工质量直接影响下一个环节。

解决措施：

（1）测量放线在进场后立即与总包等单位协调，由总包、监理等单位提供测量所需要基准数据，包括基准坐标点数据等。为满足本工程的测量精度要求，保证墙的水平及竖向安装精度，投入最先进的测量仪器及设备，确保测量定位的精度及幕墙工程的整体建筑效果，确保工程的质量等级要求。

（2）在进行竖框的安装施工时，用水平蜡线与两侧的钢线进行连接，作出一个虚拟平面，每当立竖框的时候，将竖框的前端面与蜡线和钢线对齐即可。这个环节的关键是钢线、蜡线的设置的精度直接影响到竖框的平面度。

项目改造取得了令业主方满意的效果，改造前后效果对比如图 7、图 8 所示。

图 7　改造完成后

图 8　改造前

Tx 淮海剧汇项目装修工程

1　工程概况

城市更新，作为 21 世纪城市发展的核心议题，不仅是对老旧城区硬件设施的翻新与升级，更是一场融合历史文脉、激活社区活力、推动经济社会全面进步的深刻变革。城市更新致力于在保留城市历史肌理的同时，引入创新科技与绿色理念，打造智慧、生态、人文并重的新城市形态。在 Tx 淮海剧汇项目装修工程项目中，对其外立面做整体修缮提升，推动淮海路中段商业主街及支马路向年轻时尚化转型。

本项目位于上海市黄浦区淮海路 523 号、527 号，建筑面积约 24 058m^2。本工程外立面装修范围为原建筑 1~6F 裙楼外立面装修：①北向立面 2~7F 玻璃幕墙，约 1 250m^2；②主入口玻璃幕墙，约 350m^2；③西副楼玻璃幕墙、铝板幕墙等，约 800m^2；南向立面玻璃幕墙、铝板幕墙、雨棚、装饰钢架等，约550m²；④主入口两侧名板幕墙，约1 500m²。

建筑用途：商业裙房与商业办公楼相结合的建筑。主要结构形式：钢筋混凝土框架结构。

外立面主要幕墙系统：玻璃幕墙、铝板幕墙、玻璃雨棚、装饰钢架等（图1、图2）。

图1　效果图及施工范围

图2　效果图及施工范围

2 幕墙设计重难点分析

2.1 后置埋件

Tx 淮海剧汇作为改造项目,后置埋件的埋设是重中之重,现场幕墙形式多样,结构形式多样,施工条件复杂、幕墙改造施工范围相对分布分散(图3、图4)。

针对此难点:①保留原分格,尽量使用旧有预埋件;②改造过程中合理利用原钢结构中原有连接点;③针对现场情况复杂幕墙分布相对分散合理分布龙骨。

图3 施工前期

图4 施工前期

2.2 系统 A- 竖明横隐玻璃幕墙系统

该系统为新建门洞洞口,消防系统维持原设计。面板采用 8mm 超白 +12mmA+8mm 超白夹胶中空钢化玻璃,龙骨采用明框铝合金立柱和隐框横梁,通过钢制转接件固定到主体结构上立柱受力形式为吊挂式,底层立柱通过钢插芯连接,横梁简支在两立柱之间,玻璃通过压板及副框固定在立柱和横梁上(图5)。

2.3 系统 B- 竖明横隐玻璃幕墙系统

本系统位置处于建筑的西北面主入口 2~9F 层,为改建玻璃墙面,背支撑龙骨及钢架为原有,消防系统维持原设计。面板采用 6mm 超白 +1.52mmPVB+6mm 超白夹胶钢化玻璃,利用现有龙骨及背后支撑系统,只更换玻璃与装饰扣盖(图6)。

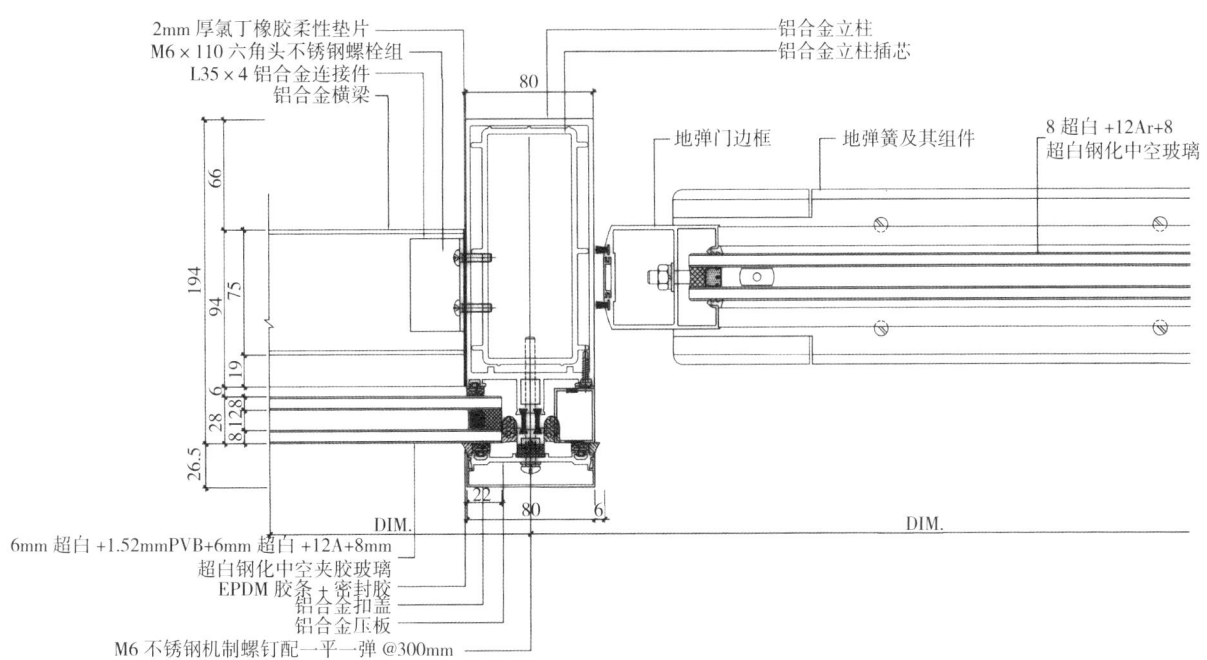

图 5 系统 A 节点

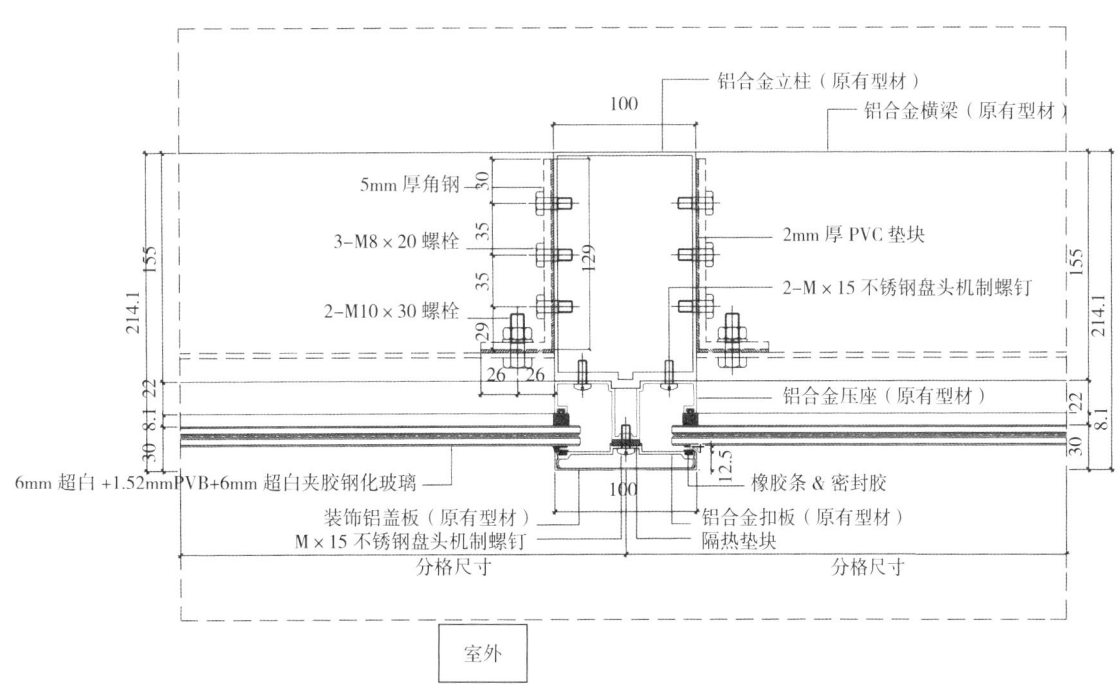

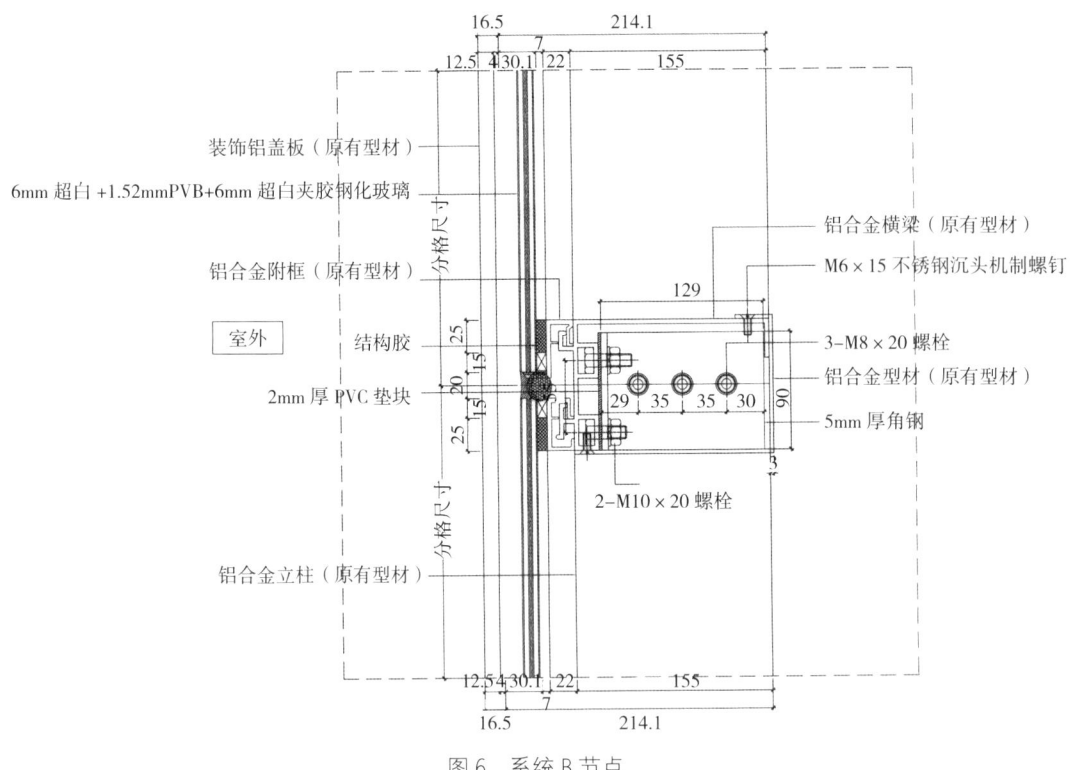

图 6　系统 B 节点

2.4　系统 C- 全玻璃幕墙系统

本系统位置处于建筑的西面 2F 层，为新建玻璃盒子（广告位），背支撑铜架与原主体结构连接，顶底连接钢架为新增，消防系统维持原设计。面板采用 10mm 超白 +1.52mmPVB+10mm 超白夹胶钢化玻璃，面板通过槽钢连接在主体结构的钢架上，面板采用硅酮结构胶连接，上端下端入钢槽，左右端在中间位置设不锈钢玻璃夹具支撑，夹具通过不锈钢板连接在主体结构的钢架上（图 7、图 8）。

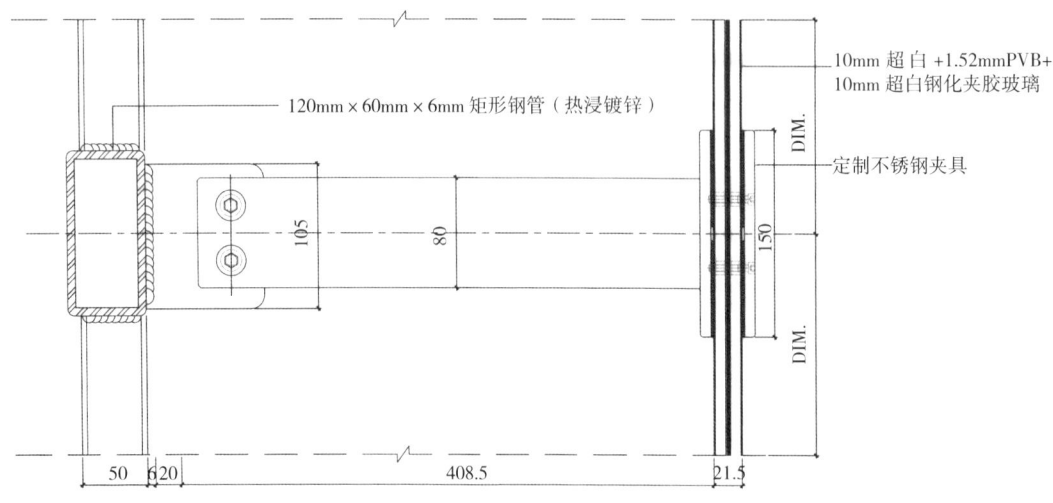

图 7　系统 C 节点

图 8　系统 C 现场效果

2.5　系统 D- 竖明横隐玻璃幕墙系统（仅更换玻璃）

本系统位置处于建筑的北面 2～6F，只更换玻璃，其余不变，消防系统维持原设计。面板采用 8mm 超白 +12A+8mm 超白中空钢化玻璃，龙骨采用原龙骨。仅更换玻璃，七层八层玻璃幕墙为新增项（图 9）。

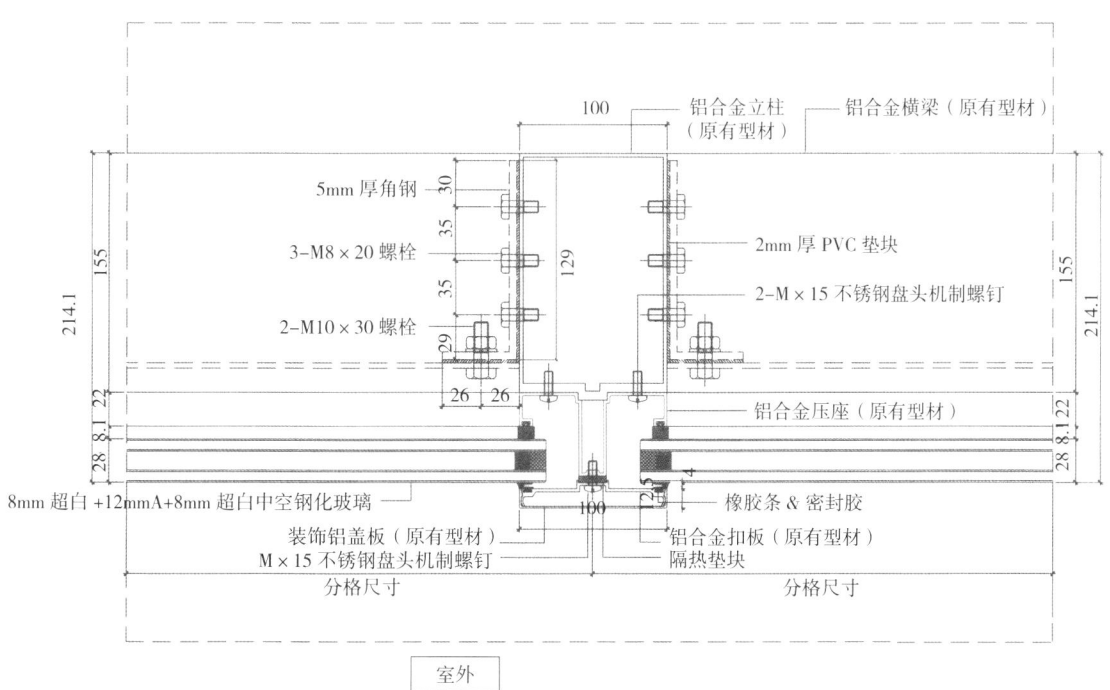

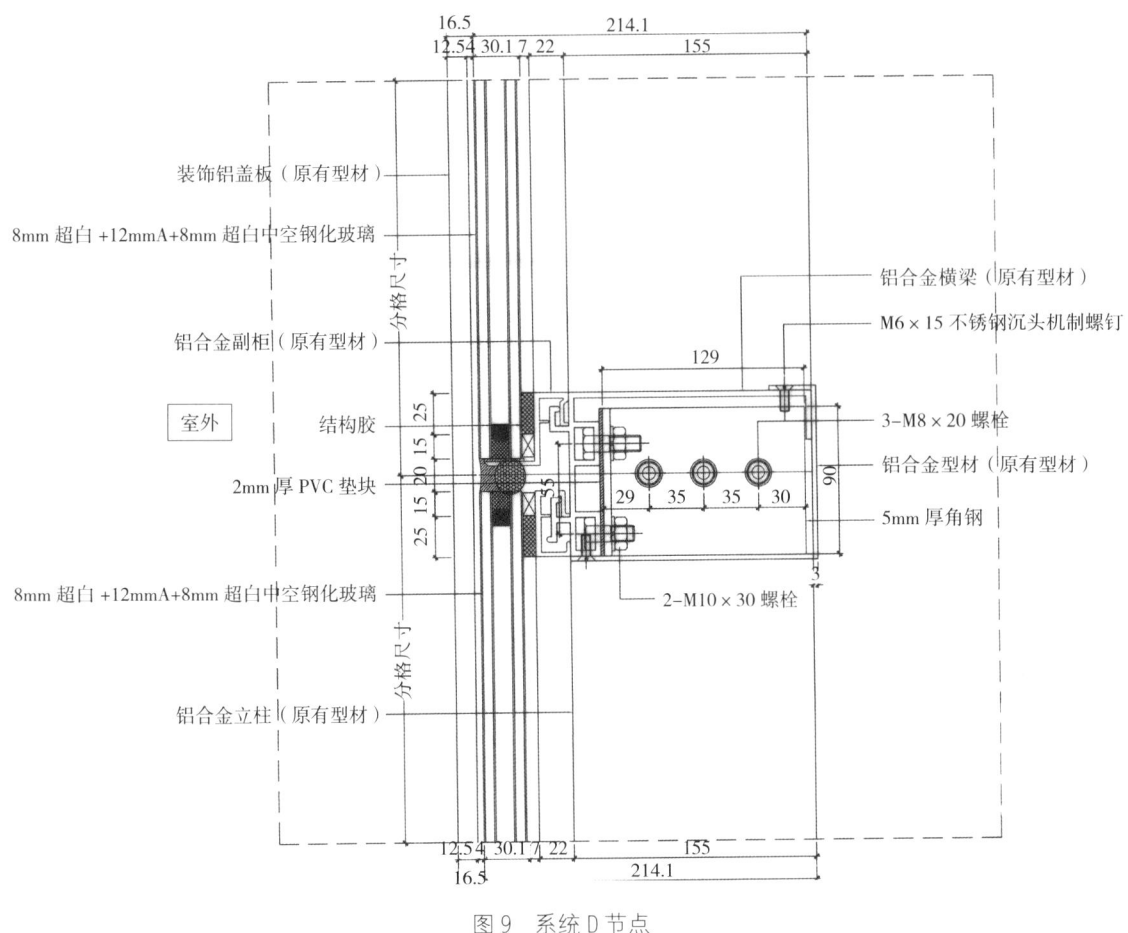

图 9 系统 D 节点

2.6 系统 E- 铝板幕墙

本系统在建筑四面均有分布，北面与西面位置仅重新喷涂，在 C 系统下端与南面入口处有新增造型（效果见图 8），消防系统维持原设计。面板采用 3mm 铝单板及 2mm 铝单板，表面氟碳喷涂，龙骨采用热镀锌钢管和角钢，通过钢角码连接到主体结构，面板通过铝角码固定到龙骨上。

2.7 系统 F- 玻璃雨棚

本系统位置处于建筑的东面 2F，消防系统维持原设计。面板采用 6mm 超白 + 1.52mmPVB+6mm 超白夹胶钢化玻璃，龙骨采用热镀锌钢管，通过钢角码连接到主体结构，面板通过硅酮结构胶粘副框，铝合金压块固定到龙骨上（图 10）。

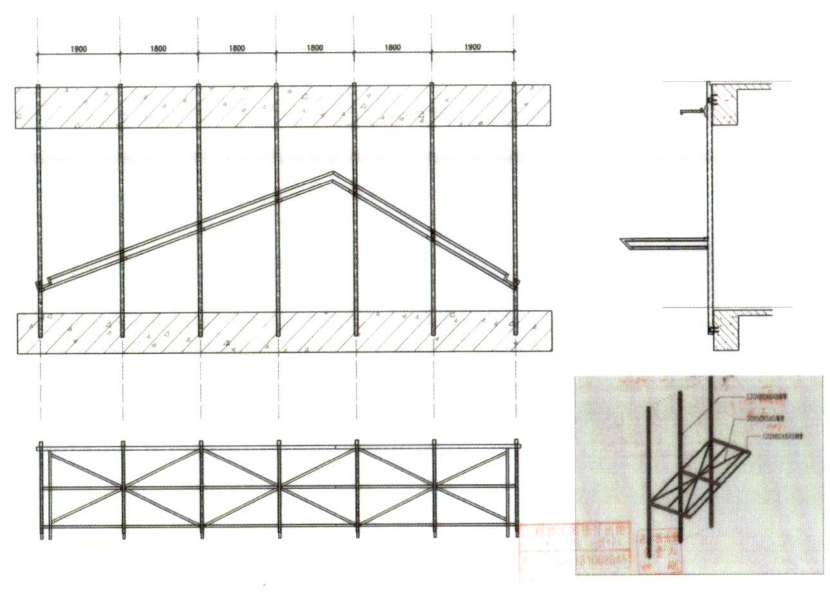

图 10　雨棚钢架

3　项目技术重难点及解决方案

3.1　旧楼改造现场情况复杂

本项目属于旧楼改造项目，项目位于市中心区域，周边商业发达，现场施工场地较小，周边人流量大，安全防护是本项目的重难点。

解决方案：针对此难点，经认真勘察现场，依据实际情况，参考既往类似项目施工经验，合理规划现场施工场地，严格依总承包规划要求，首先脚手架需做严密防护，防止高空坠物，其实是减少现场施工场地占用周期，一切材料尽可能在加工厂内完成，工人住宿由公司在场外统一安排，减少现场压力。

3.2　外幕墙与内装修同步施工

本项目为旧楼改造项目，外立面幕墙施工时，内装修也开始施工，对于现场材料运输及堆放将会是巨大压力。

解决方案：针对此项难点，施工计划垂直运输主要采用室内货梯进行幕墙材料的运输，考虑到本项目内外装同步施工，对于材料运输压力较大，可能现有室内货梯无法满足施工需求，同时在超大规划的材料室内电梯无法运送的情况下，设计在室外重新架设人货梯以满足室内外材料运输。

3.3 幕墙施工防火

本项目主要是框架幕墙，幕墙连接大部分主要靠焊接，特别是铝板幕墙较多，现场焊接作业量大，故防火措施是本工程重点、难点。

解决方案：①严格遵守消防管理规定，服从业主、总包对现场制定的消防管理体系和制度。②严格依国家相关规定配备相应的消防器材和设施，并使其保持正常状态，并接受安全部门的监督管理。③坚决服从总包安全生产协议书中有关防火安全的内容，无总包审批的动火证，严禁现场明火作业。④施工现场焊接作业，严格遵守"十不烧"规定，并配备现场防火监护员。⑤施工现场进行焊接作业时配备接火标准接火斗。

3.4 商场不停止运营

项目施工时，内部运营不停，施工时商场四周外立面脚手架满布，商场原有外立面装饰及广告视觉效果被遮掩，影响商场的美观视觉效果及广告效果；施工时施工人员可能进入商场内部影响商场正常运营，商场顾客可能进入施工区域影响正常施工；施工过程中用水量大，可能会影响商场的正常用电。

解决方案：①外立面封闭围护采用冲孔钢板以及不透尘安全网布，使施工面与外界完全隔离，冲孔钢板上进行喷绘图饰（商场广告），保持商场装饰前外立面装饰及广告效果。②将施工人员通道与顾客通道进行隔离，保证施工人员进出场不影响商场营业及运营管理。施工人员在现场集散地集结，有组织地通过安全通道进入施工区域，再由人货梯进入施工楼层。③商场电站单独设置一路作为施工用电，确保施工跳闸不影响商场运营。

外立面改造是一个复杂的系统工程，本项目通过精心的规划实施得以能够顺利推进并达到预期的效果，展现了新城市形态（图11、图12）。

图11 改造前

图12 改造完成后

上汽大众总部大楼外立面改造工程

1 工程概况

近年来在双碳、城市更新等系列政策的引导下，一些企业也开始关注到适应新时代的发展需在智能化、工业化、绿色化等方面做转型升级，如上汽集团通过大厦改造，向外界展示了其对于环保和智能化的重视，同时也充分体现"电动化、智能网联化、共享化、国际化"，打造高端品质空间，于时尚中融入雅致的文化深度，展现严谨秩序下力求不断创新的发展理念。

上汽大众总部大楼位于上海市静安区威海路459号及石门一路99号，是上汽集团总部的办公用房，建成于2001年，于2022年启动办公楼外立面翻新及内部装修升级改造，改造项目工程总投资7.2亿元，装修面积54 580m²（图1）。

图1 效果图

该项目由办公楼和综合楼组成，办公楼地上26层、建筑最大高度约106.5m、上部采用钢筋混凝土框架—剪力墙结构；综合楼上部通过设置防震缝划分为左、右共2个独立结构单元、上部均采用钢筋混凝土框架—剪力墙结构。办公楼并于2022年8月按丙类设防、B类建筑（后续使用年限40年）进行了抗震鉴定，鉴定报告表明：办公楼局部框架柱的承载力不满足相关规范要求、应进行抗震加固，幕墙形式改变后幕墙受力结构梁的承载力满足相关规程要求，装修改造不应增加原有建筑的面积。

该项目外立面改造面积约为 2.4 万 m²，改造范围为除裙房一层奥迪展厅外主楼、裙房、综合楼全部区域设计及施工（含外立面）。外立面主要幕墙系统有：框架玻璃幕墙系统、干挂石材幕墙系统、金属屋架铝板系统（图 2）。

塔楼 6 ~ 27F 采用框架玻璃幕墙系统，1 ~ 5F 采用干挂石材幕墙系统，综合楼主东面采用框架玻璃幕墙系统，西面采用石材幕墙系统，屋面采用金属屋架铝板系统。玻璃幕墙部分包含铝制装饰构件及泛光照明系统。

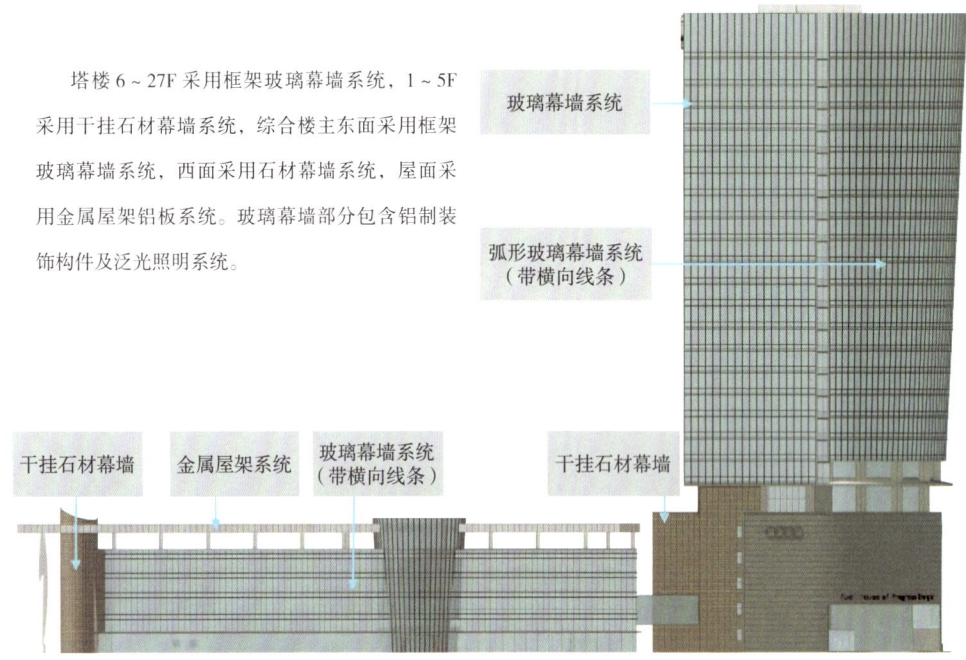

图 2 主要系统立面分布图

2 幕墙主要形式及设计重难点分析

2.1 塔楼弧形玻璃幕墙（带横向线条）

该系统为弧形倒锥造型，采用竖明横隐隔热型材系统外带横向装饰线条。立柱为单跨简支梁结构，通过板式后置埋件与主体结构连接。龙骨及面板均通过折线拟合成出锥形弧面，横向装饰线条与面板保持平行，通过连接件与横梁连接，每根型材设有两个连接点（图 3 ~ 图 5）。

该系统的重难点为线条拟合的顺滑度和安装的精度控制，基于折线弧的幕墙定外方案，采用线条与面板平行的方式控制水平 Z 轴方向进出定位，通过连接件上的长条孔调整 X 轴和 Y 轴上的定位，该构造解决了定位和安装精度的问题，同时实现了线条折线弧的顺滑度。

图 3 立面效果图

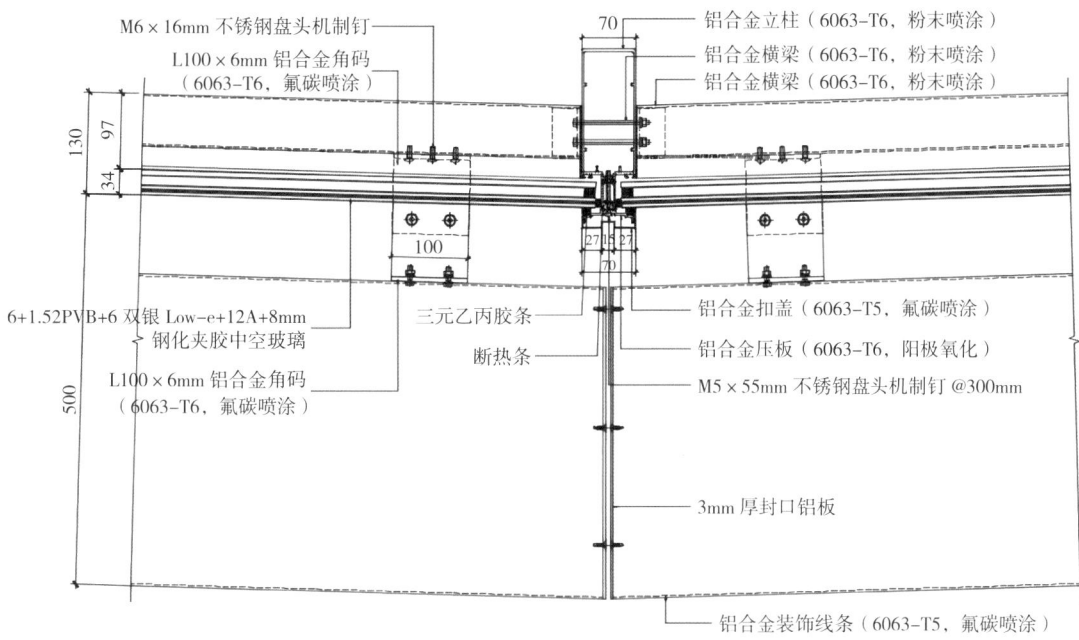

图 4　横剖标准节点

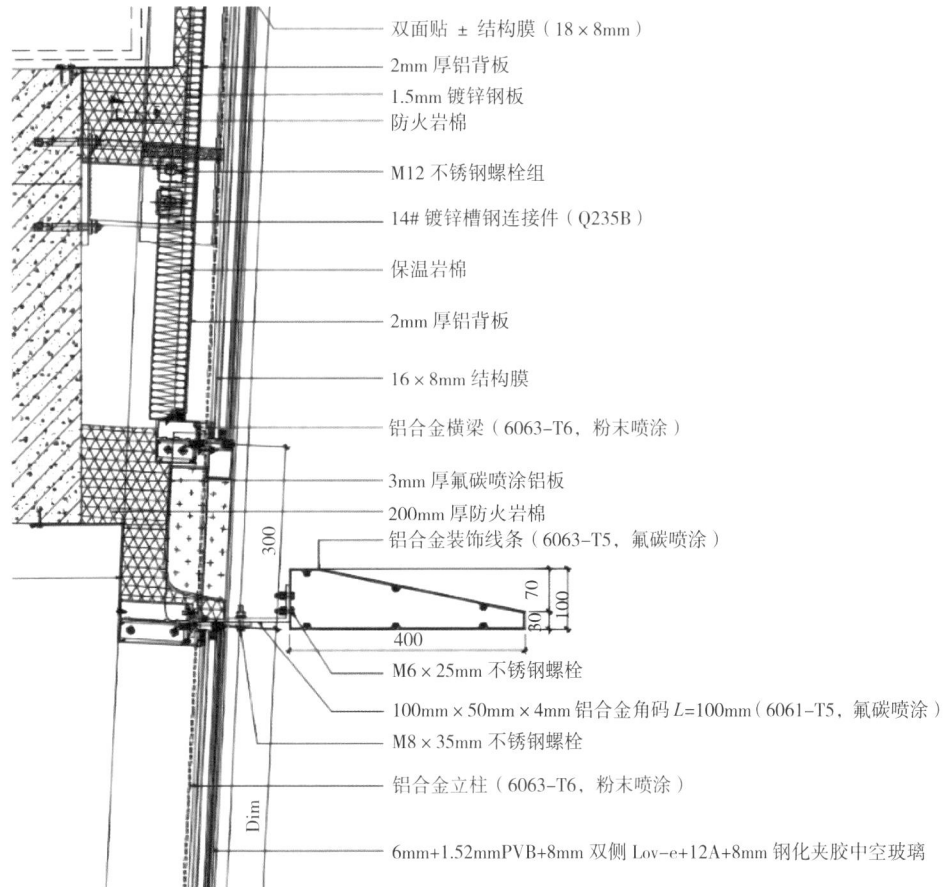

图 5　竖剖标准节点

2.2 综合楼裙房玻璃幕墙带横向线条系统

本系统采用直角钢立柱、横梁系统，通过铝合金转接型材固定玻璃面板，立柱通过板式后置埋件与主体结构连接（图6~图8）。

该系统的主要难点在装饰线条的固定和安装。由于该系统位于裙房，线条不宜有过多的拼接缝，根据每三个玻璃分格对应一段线条，将线条整段长度确定为3m。由此，在线条断开的位置在立柱上预先焊接6mm厚钢板，在玻璃安装完成后再进行铝合金线条的安装。

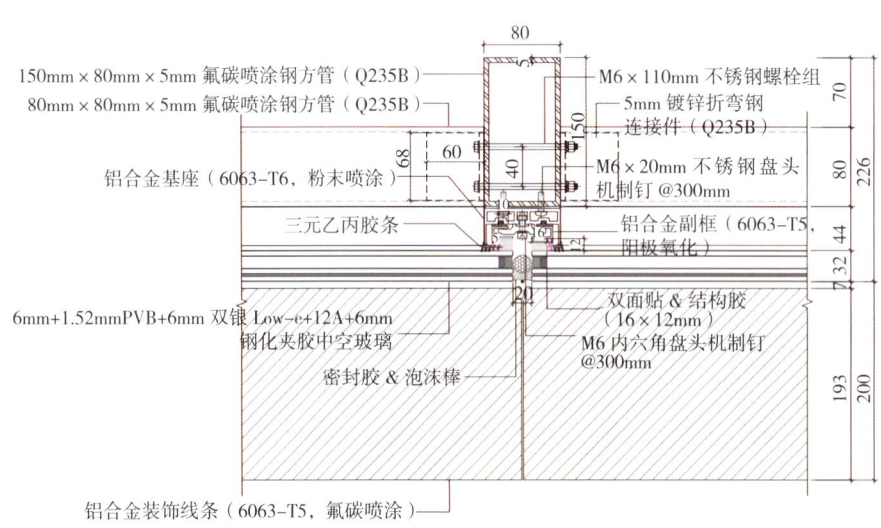

图6 幕墙标准横剖节点图

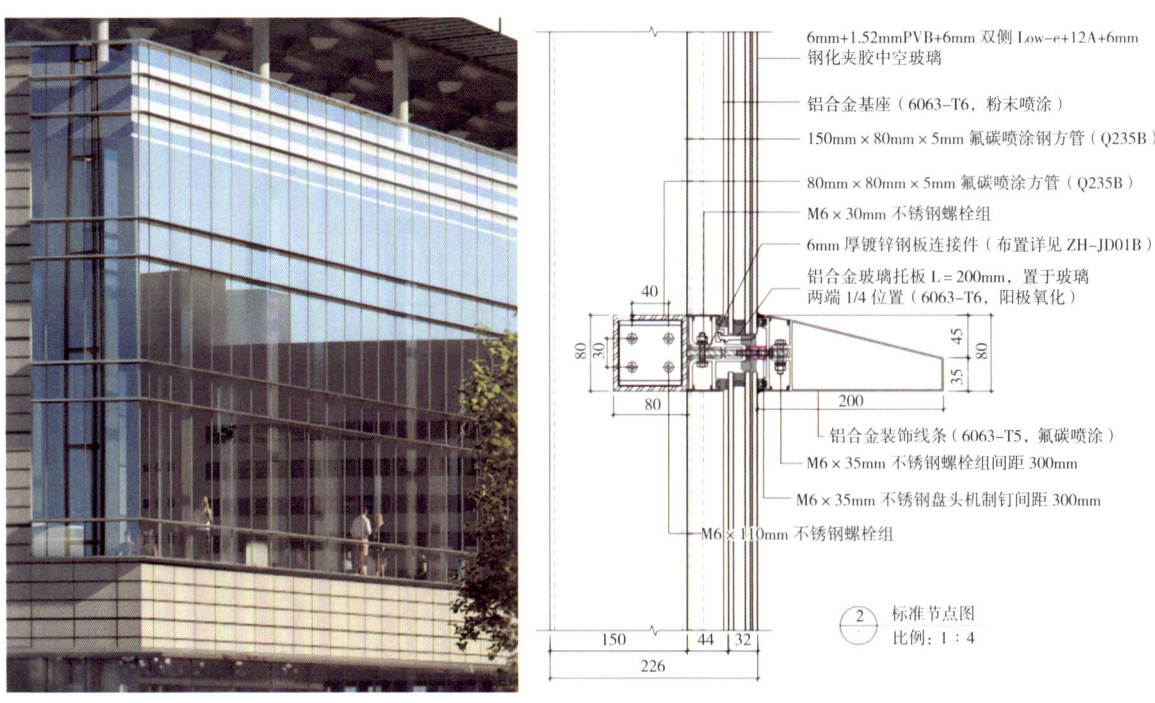

图7 幕墙标准横剖节点图

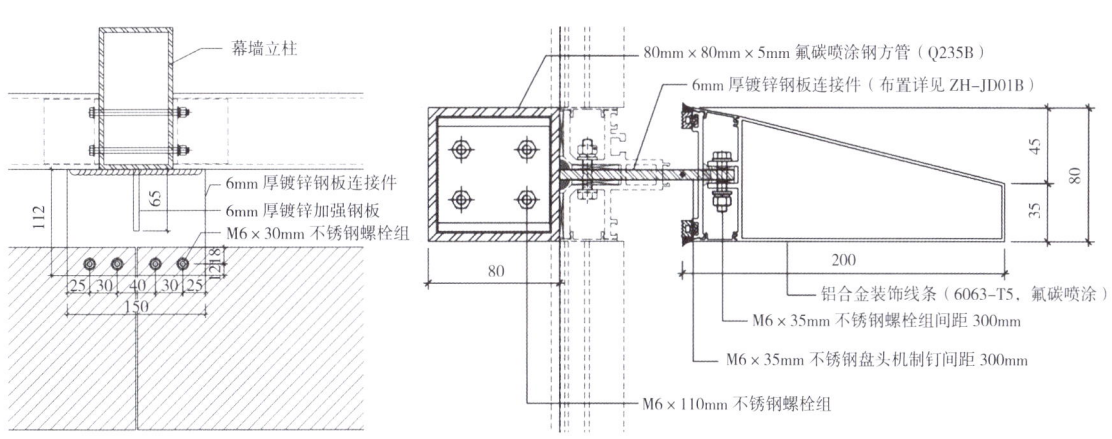

图 8　线条安装节点图

3　施工重难点分析

本项目位于上海市静安区威海路与石门一路交界处，地处市中心，周边存在住宅区、办公区、商业区等，外立面含有大量的拆除施工作业，施工过程中会产生噪声、震动、扬尘，通过 EPC 总承包不停业管理模式，从项目前期、设计、施工进行全方位的统筹和策划，来保障楼下奥迪展厅、周边居民以及其他楼栋的正常使用；其次楼层高，现场场地非常局限，由于外立面造型上扩下窄原因，悬挑脚手架设计施工难度非常大，通过 BIM 技术多次方案模拟对比，最终确定主楼 8 层以下采用盘扣式落地脚手架，垂直立面 8 层以上悬挑 4 次，上扩立面区域设置悬挑脚手架悬挑 6 次，搭设盘扣悬挑脚手架，保证外立面施工安全性，解决脚手架与外立面间距不宜过大且要保证幕墙施工空间的难题；幕墙改造设计在不突破原有高度的条件下，利用原有结构构架，在屋面增加钢结构，钢结构垂直运输受限，高空悬臂作业难度大，通过 BIM 技术进行正向设计与深化，使用 400kg 以下单构件分段等强度连接，在屋面组装小型起重设备，结合悬臂位置下方采用悬挑式作业平台进行施工。

经过专业团队的精心设计和施工，该项目将为上汽集团提供一个现代化、高效的办公环境。同时，也将为威海路上的都市风景增添一道靓丽的景观线（图 9、图 10）。

图 9　改造前　　　　图 10　改造后

五矿大厦安全隐患整改工程门窗改造采购与安装项目

1 项目概况

五矿大厦建于1993年,位于静安区光复路757号,隶属静安区不夜城商圈,紧邻苏州河,地理位置优越,交通便利。总用地面积:2 537m^2;大厦现由综合楼、辅楼组成。综合楼西南边与创智联合大厦贴邻,平面整体呈L形,地下一层,地上22层,混凝土框架—剪力墙结构,建筑高度为83.7m(室外至女儿墙高度)。辅楼主体结构为八层混凝土框架结构,建筑高度为24.0m(室外至女儿墙高度),建筑平面整体呈矩形,南侧紧邻五矿大厦综合楼,与综合楼主体结构脱开,设置分隔缝,缝宽约125m(图1)。大厦至今已使用25年,材料老化较为严重,其外立面安全存在诸多问题,如下:

找平层厚度偏大且局部黏结层、找平层存在相当程度的黏结缺陷,引起外墙饰面存在开裂、渗水以及脱开、空鼓等损伤,可能导致饰面砖脱落。

窗框四周及外墙阳角处的开裂、脱开、破碎等现象较为普遍。

幕墙顶层局部存在渗水,部分楼层开启窗把手存在松动、脱落现象。墙体系使用8mm单层钢化玻璃,热工性能差。

原立面整体色调为白色,综合楼底层裙房为黑色。

现状室外场地较为局促,东北侧车行道路一侧布置非机动车,场地人车流线混杂,存在一定的安全隐患。

图1 项目改造完成后

修缮范围与内容：

原外立面材料主要由白色面砖、黑色石材及局部玻璃幕墙组成。本次改造范围包含综合楼和辅楼的所有外立面部分以及机动车和非机动车停车等场地部分，分类如下：

（1）综合楼主入口外立面。
（2）综合楼及辅楼外墙部分改造。
（3）综合楼及辅楼外窗部分改造。
（4）综合楼南侧的幕墙部分改造。
（5）主入口台阶及室外场地部分改造。

2 项目幕墙系统特点

2.1 铝合金窗 + 铝板窗套系统

铝合金窗使用65系列型材，铝板窗套使用3mm厚氟碳喷涂铝单板，并复核洞口尺寸无误后（如存在误差需进行洞口修整），使用20mm×250mm×1.5mm钢制连接件，中间与铝合金窗用不锈钢螺栓连接，两端使用4mm×25mm射钉结构固定（图2）。铝合金窗框与主体结构的缝隙使用水泥砂浆填塞，然后安装铝板窗套，铝板窗套一边用不锈钢螺钉与铝合金窗框固定。另一边用膨胀螺丝与结构固定，固定后，两边连接处用密封胶密封，防止雨水从窗框与铝板窗套间渗入。

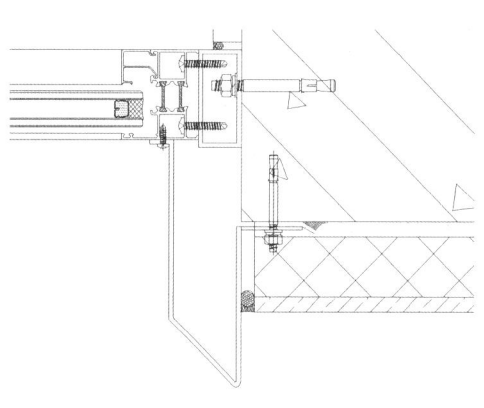

图2 窗套节点

2.2 保温一体板系统

拆除原外墙的面砖及面层，外墙材料更换为保温装饰一体板；具有重量轻、抗冲击力强，易施工，工期短等优点。一体板单块板材面积不超过1m²，通过以粘贴和锚固相结合的安装方式设置于外墙，其保温板材料为岩棉板，为A级保温材料。装饰面板为水泥纤维板外涂氟碳金属漆，板缝采用泡沫塑料保温镶嵌条填充，并以硅酮密封胶封堵。突出屋面的楼电梯间设备间采用白色涂料粉刷（图3）。

2.3 玻璃幕墙系统

综合楼南侧与创智联合大厦相交接部位原为竖明横隐式玻璃幕墙，此部分玻璃幕墙总高为75.05m，面积约873m²，改造后仍为竖明横隐式玻璃幕墙，根据立面效果调整了玻璃分隔，保留开启扇窗的数量与开启形式，并增加竖向装饰遮阳百叶（图4）。

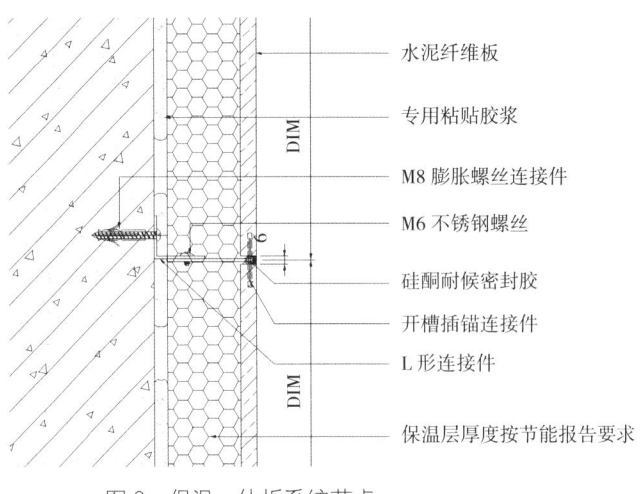

图 3　保温一体板系统节点

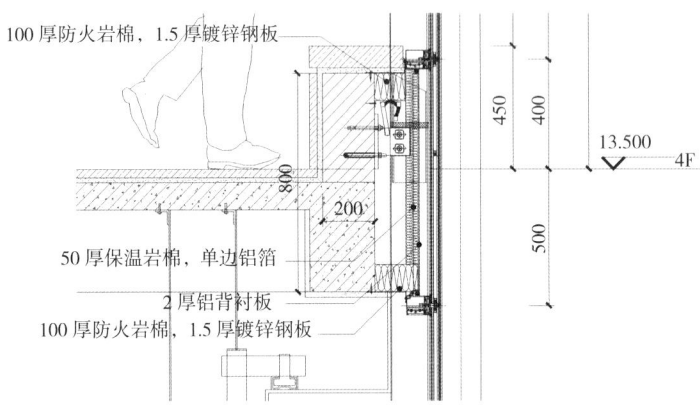

图 4　玻璃幕墙系统节点

2.4　大面铝板系统

3mm 厚氟碳喷涂铝板，主要分布在入口立面，挑檐，檐口，阳角位置（图 5）。

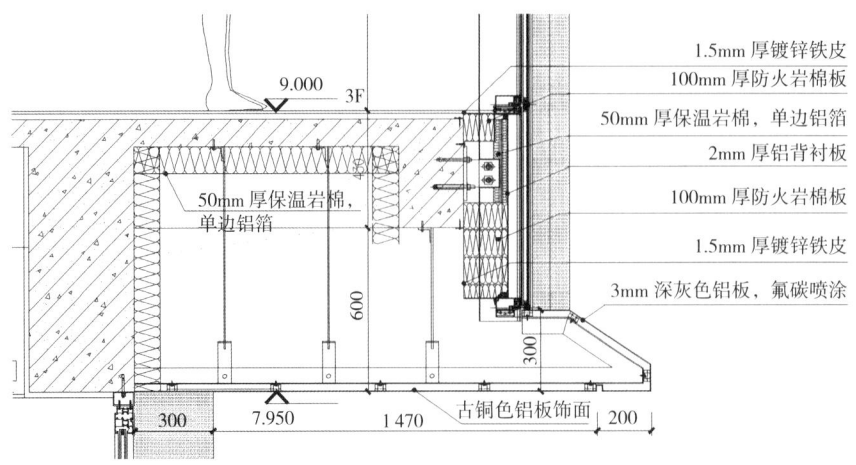

图 5　铝板系统节点

3 项目技术重难点及解决方案

3.1 拆除窗体保护原结构施工重难点分析及解决措施

本工程为旧楼改造工程,窗体拆除,在结构改造过程中采取切实措施,加强对原有结构的保护至关重要。

解决措施:

在结构拆除和改造过程中,我们将采取如下措施以保证原有建筑物结构的安全:

(1)窗体拆除前必须提前摸底,制定可行的拆除方案,由技术人员现场指挥,以保证结构不受损。

(2)打膨胀螺栓等作业前,必须先用探测仪探明原有结构中钢筋位置,以防电钻打伤钢筋。

3.2 铝合金门窗品控重难点分析及解决措施

本工程铝合金门窗数量较多,门窗扇均在工厂预制再现场安装,精度的影响因素多,控制难度大,渗漏隐患突出;如何进行门窗的品质控制,当为本工程的重难点。

解决措施:

(1)原材料选择:选择高质量的铝合金材料,确保材料具有良好的强度和耐腐蚀性,以保证产品的长期使用性能。

(2)生产工艺控制:严格控制生产过程中的温度、压力和时间等参数,确保型材的成形和固化过程达到最佳效果。

(3)成品检验:对铝合金门窗进行全面的检验,包括外观质量、尺寸精度、气密性、水密性、抗风压性等,确保产品质量符合标准要求。

3.3 铝板平整度及色差控制重难点分析及解决措施

本工程塔楼及裙楼大量采用铝板幕墙,铝板的色差及平整度控制对本工程的最终外立面效果起着决定性作用,因此如何控制铝板的安装质量是本工程的重难点。

解决措施:

(1)材料选择:选择合适的铝板厚度和硬度,避免板材内应力过大。

(2)加工工艺优化:对切割、折弯等工艺过程进行优化,确保操作准确、力度均匀。

(3)环境控制:在加工铝板时,要尽量保持工作环境的稳定,控制好温度及湿度的变化。

(4)设备维护:使用精密的加工设备和工艺,确保铝板的加工精度和平整度。

(5)模拟试验:在正式加工之前,进行模拟试验,对加工工艺进行调整和优化。

(6)质量检测:加工完成后,对铝板进行质量检测,检查其平整度和色差是否符合要求，并进行必要的调整和修正。

（7）存储和运输保护：在存储和运输过程中，注意保护铝板，防止外部力量对其造成变形或损坏其表面颜色喷涂，以保持其平整度和颜色均匀。

嘉兴少年路街道外立面改造项目

1　工程概况

城市文化是城市可持续发展的重要资源和内在驱动力，如何保护和利用好城市的历史和文化，留住城市记忆，点燃城市活力，让城市永葆魅力，是城市更新的关键。在嘉兴月河省级高品质步行街（二期）主街少年路改造提升工程项目中，通过建筑立面改造，对沿街风貌进行整体形象提升，更新后的少年路，汇聚精品商业、嘉兴老字号，充分展现市井嘉兴的绮丽风貌。

本项目位于嘉兴市少年路，南起中山路，北止环城北路，建筑面积约 13 万 m^2，总长约 800m，为主要中央街巷。改造建筑一共 21 栋单体，建筑高度均低于 24m，外立面改造面积约 6 万 m^2。建筑结构：混凝土框架结构；砖混结构；半混凝土框架结构半砖混结构（图 1 ~ 图 3）。

图 1　效果图

现代感　　　　　　　　　　　异域风情

古风古韵　　　　　　　　　　索雅宁静

图 2　局部效果图

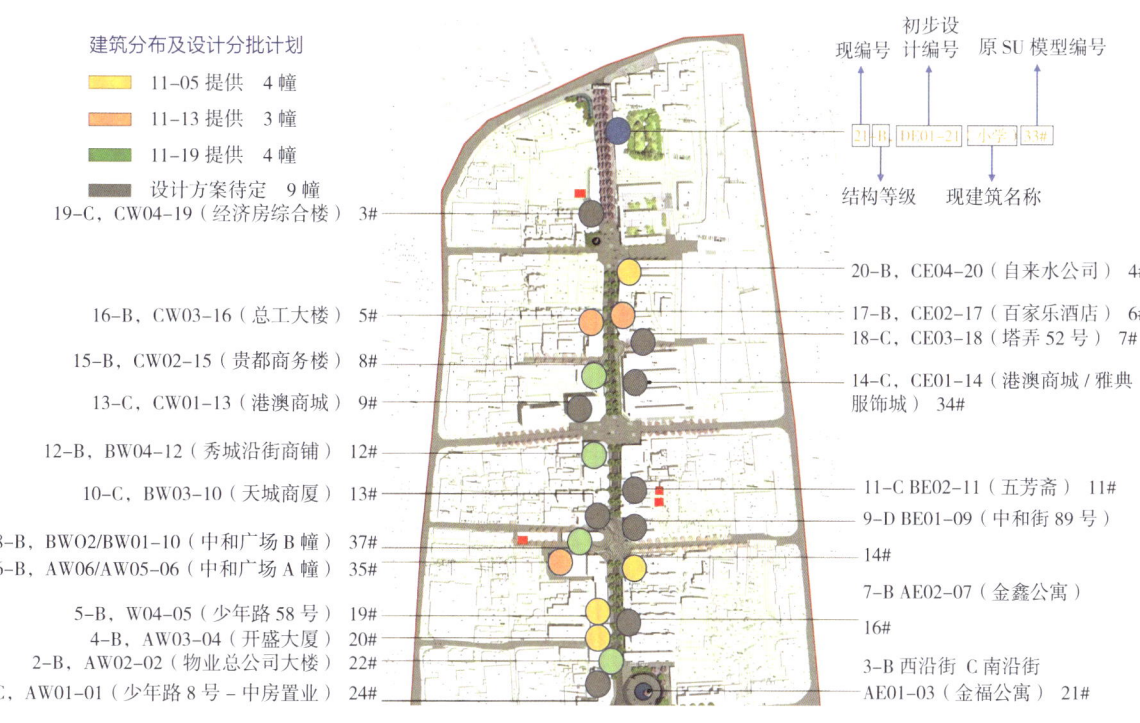

图 3　建筑分布图

外立面主要幕墙系统：铝板幕墙、石材幕墙、玻璃幕墙、橱窗系统、陶砖系统、门窗系统、穿孔铝板、发泡陶瓷板、水泥板软瓷仿青砖、U形玻璃管、金属格栅、金属屋面、雨篷、LED显示屏、广告位、涂料等。

2　幕墙设计重难点分析

（1）3# 楼造型铝板幕墙系统

造型铝板幕墙系统由层间和窗间铝板组成，形成规律的田字形凹凸造型。该系统所在的 3# 楼原主体结构老旧，无法承担幕墙荷载，且层间原有空调外机需保留，落地处有多个污水井、排水井、电缆线等障碍物。给系统设计和现场安装都造成了困难（图 4 ~ 图 8）。

根据建筑现状，在保持外观整体效果的情况下，与建筑师沟通立面优化方案：减少竖向造型数量，再根据竖向造型位置确定钢结构框架的单元排布，钢结构框架为座式自承载结构体系，仅在主体层间做拉结连接（主体结构不承担竖向荷载，只承担水平力）。

图 4　立面效果图　　　　　图 5　钢框架与铝板骨架示意图

由于层间原有空调外机保留，需考虑铝板龙骨要避开原有空调支架，同时需确保空调支架处的防水和铝板内侧的排水顺畅。因此，系统设计方案采用空调下方的铝板和侧向铝板形成封闭空间，在支架穿透处将面板拆分为两块（非可视面，不影响立面效果），在支架根部涂刷沥青胶，以避免漏水的情况发生。在立面穿孔铝板与下方实体铝板交接处，设有开放式拼接缝，以方便内侧雨水顺畅排出。

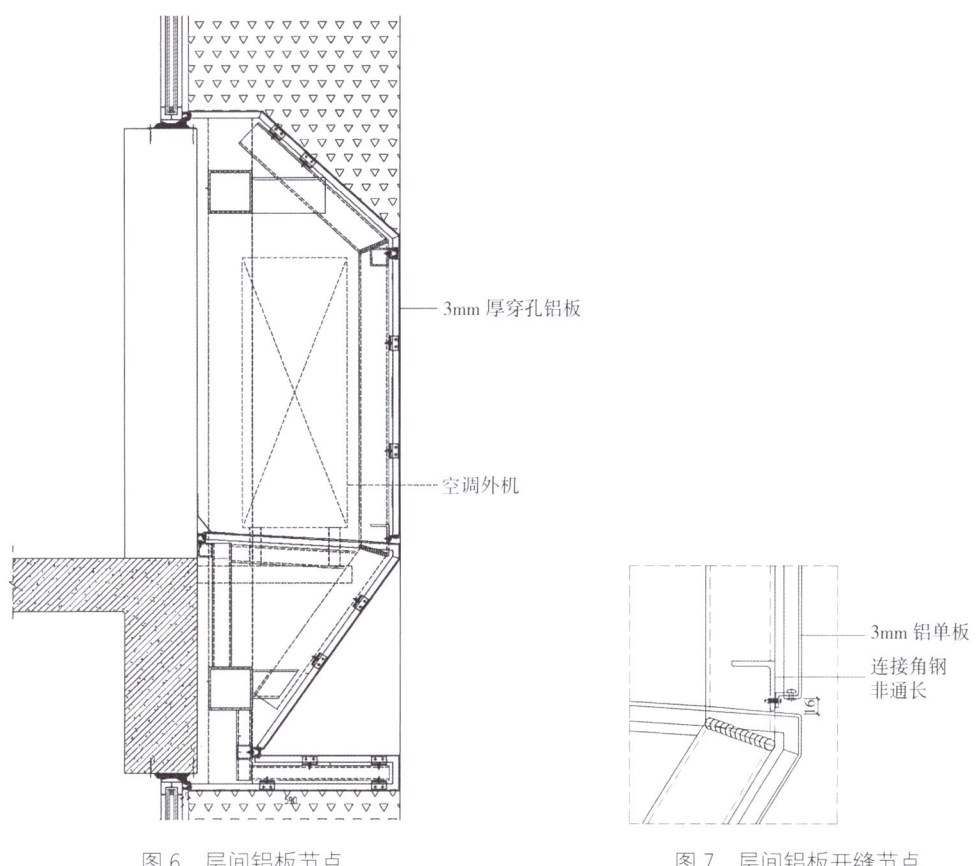

图 6 层间铝板节点　　　　　　图 7 层间铝板开缝节点

改造前　　　　　　　　　　　　改造后

图 8 3# 楼改造前、改造后实景照片

(2) 穿孔铝板造型幕墙系统

该系统为在原有墙面上安装折叠造型穿孔装饰铝板，由于墙体区域无法满足幕墙承载要求，同时为减少后置埋件对主体结构和墙体粉刷面的影响，在系统设计时，根据建筑框架的模数，选择在主体结构框架位置搭设 6.6m×3.9m 的钢框架，作为造型铝板系统的支撑结构，再在钢框架之间竖立铝板主龙骨，横向利用钢框架做横梁进行铝板连接。穿孔铝板利用其自身三角造型，与顶底封板形成闭合的整体造型，并预先在工厂内焊接成型，到现场后先进行上下挂装，再进行左右竖缝的铝合金角码连接。上下边采用挂接方式，有利于控制穿孔铝板的平整度（图 9 ~ 图 11）。

图 9 穿孔铝板造型竖剖标准节点

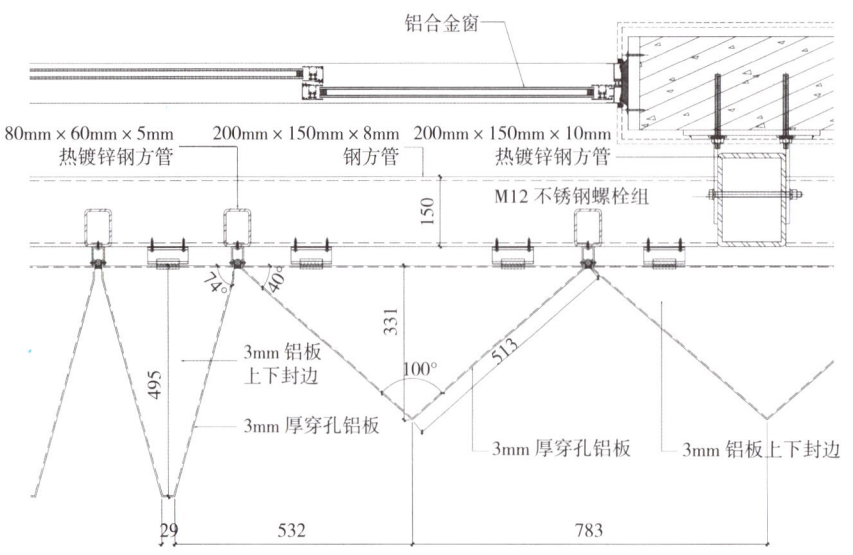

图 10 穿孔铝板造型横剖标准节点

| 改造前 | 改造后 |

图 11　10# 楼改造前、改造后立面实景照片

（3）6# 楼 GRC、软瓷、石材等综合造型幕墙系统

该系统位于 6# 楼的 2F、3F，采用软瓷做仿砖墙效果，GRC 与石材结合做出窗套、檐口、罗马柱造型。因无法直接在原有墙面上做出装饰造型，需将原有墙体拆除，重新在主体框架基础上搭设钢架，将窗户及幕墙、室内收口板材、保温防水层等均固定在后搭设的钢架上（图 12 ~ 图 15）。

该系统交叉面多，罗马装饰造型种类多且复杂多样，如何确保系统衔接便捷、过渡自然，且要保证防水、保温线的连续性，是设计的关键点。根据造型及分缝位置，排布主次龙骨的位置且在窗边必须设有矩形钢管用以固定窗框，方便在窗框与主体框架之间填充保温或防火岩棉，再用 1.5mm 厚镀锌钢板进行封闭。

图 12　立面效果图

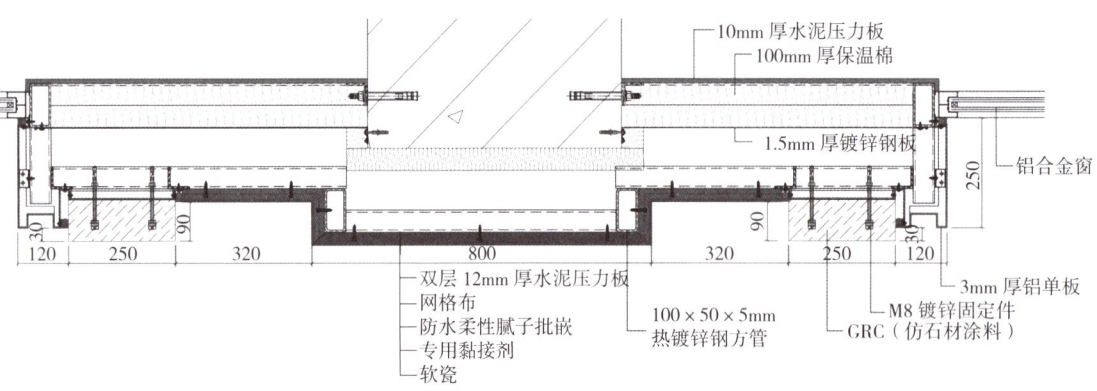

图 13　窗间造型节点

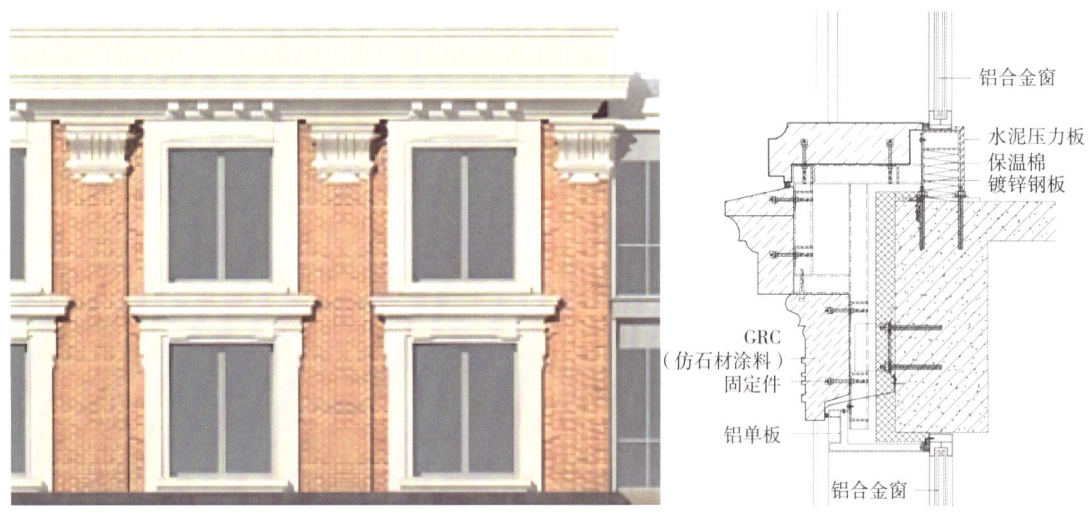

图 14　层间 GRC 造型节点

改造前　　　　　　　　　　　　　改造后

图 15　6# 楼改造前、改造后实景照片

本项目为沿街整体改造项目，涉及楼栋多，且各楼栋开展工作条件不一。其中结构问题突出，建筑结构结构安全等级其中 B 级 13 栋，C 级 8 栋，D 级 1 栋，在结构检测及结构加固阶段与设计院、顾问深度介入，配合确定加固方案；改造项目方案修改源头多，除了图纸提资不清晰外，原主体结构老旧也是主要原因，通过幕墙形成独立体系设计方案钢架落地等方案，配合建筑顾问确定外立面方案，使用轻质外立面装饰材料，满足结构安全性。外立面改造是一个复杂的系统工程，本项目通过精心的规划实施得以能够顺利推进并达到预期的效果，展现嘉兴特色，延续老城历史文脉。

华亭宾馆外墙改造工程

1 项目概况

上海华亭宾馆是上海最早的五星级酒店之一，项目位于上海市徐汇区核心位置，漕溪北路 1200 号，八万人体育场地区，近中山西路（图 1）。宾馆于 1983 年开工，距今已经 40 年历史，是上海改革开放以后的第一家中外合作管理的国际性酒店。建筑面积 86 543m²，最高点 90m，先后被评为中国建筑工程"鲁班奖"、上海市优秀设计"一等奖"，"上海市十佳建筑"，"中国旅游行业标志性建筑金奖"等荣誉称号。华亭宾馆外墙装修工程为城市更新项目。

图 1 项目整体立面效果

华亭宾馆外墙装修工程工作范围包括以下：

（1）塔楼部分：原层间瓷砖墙面更新为重檐叠涩造型铝板幕墙；原铝合金窗更新为铝合金断桥隔热窗。

（2）交通塔部分：原层间瓷砖面更新为铝板幕墙；原玻璃幕墙更新。

（3）裙房部分：原石材墙面更新为仿石铝板幕墙；原全玻璃幕墙更新；增加入口造型雨棚。

2 项目幕墙系统特点

2.1 塔楼铝板系统

本系统在塔楼标准层间，由小面砖改为重叠式铝板造型，面板为 2.5mm 铝单板，立柱横梁都为 50mm×50mm×4mm 热镀锌钢方管（图 2）。

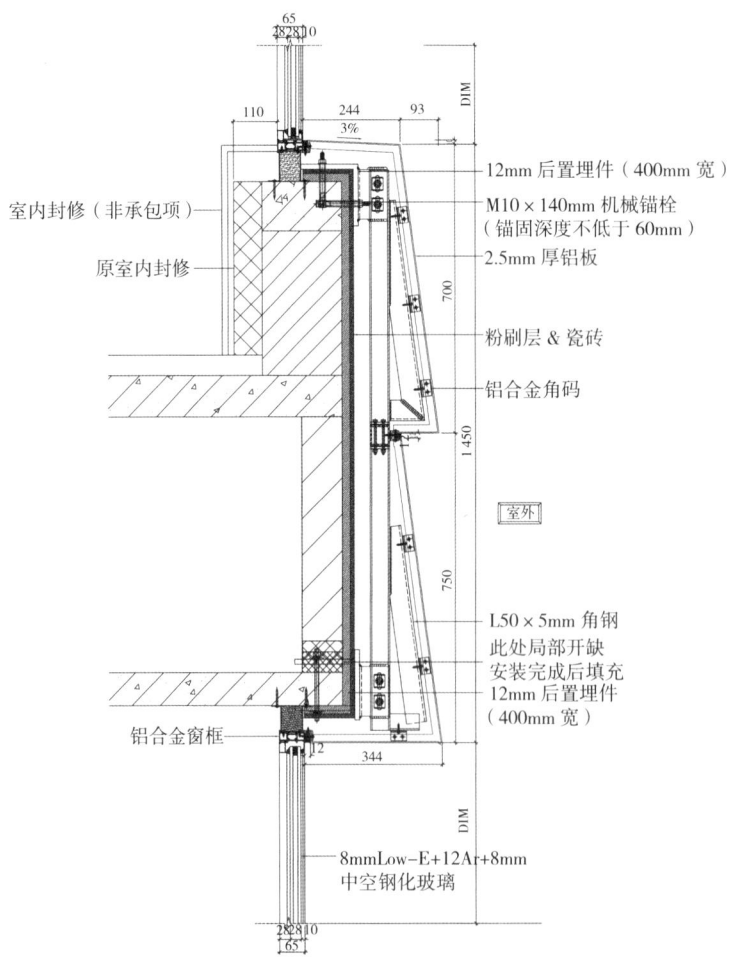

图 2 塔楼铝板系统书剖节点

2.2 塔楼门窗系统

本系统为塔楼门窗系统，主要位于塔楼标准层，玻璃面板为6mmLow-E+12A+6mm中空钢化玻璃，龙骨为氟碳喷涂铝合金型材，配备内倒式开启扇（图3）。

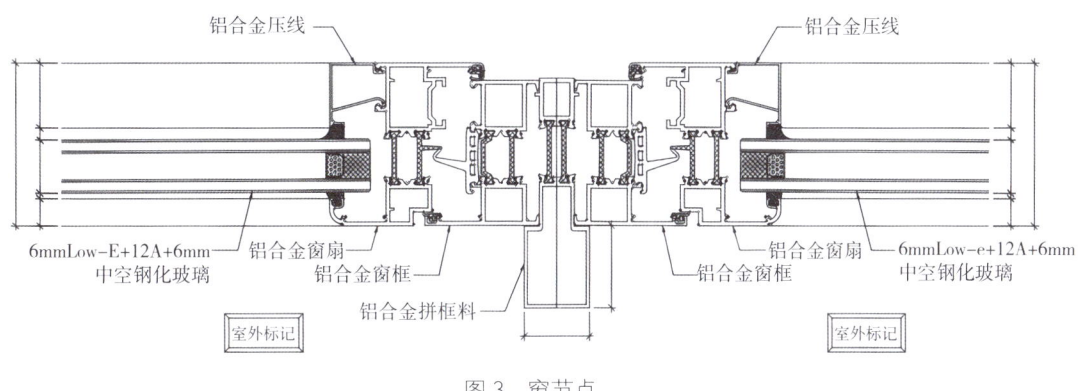

图3 窗节点

图4 交通塔玻璃幕墙位置

2.3 交通塔玻璃幕墙

主要分布交通塔观光电梯位置，玻璃面板为8mm+1.52mmPVB+8mm钢化夹胶玻璃，龙骨为120mm×80mm×4mm氟碳喷涂钢立柱，120mm×120mm×5mm氟碳喷涂钢横梁（图4、图5）。

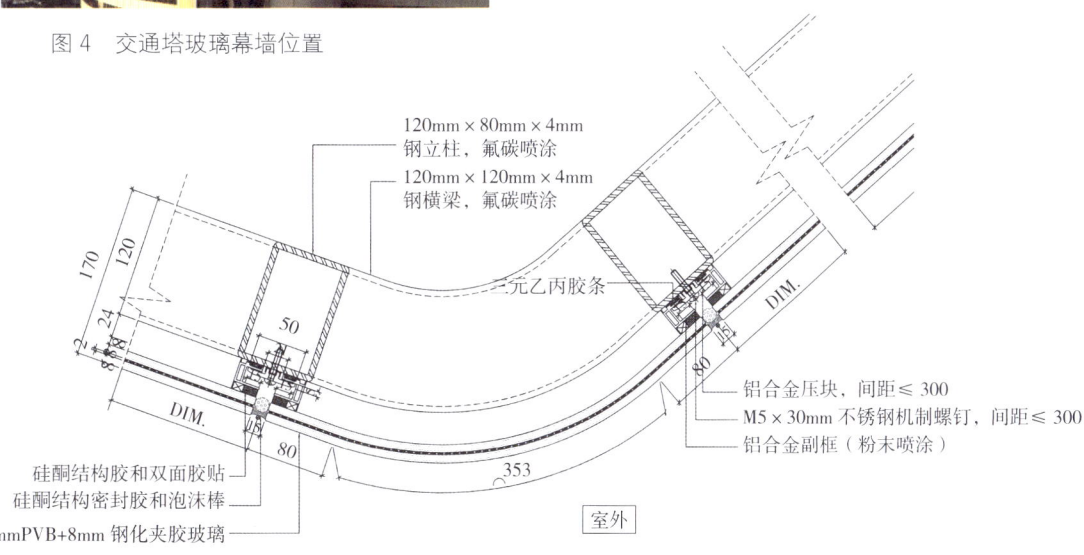

图5 交通塔玻璃幕墙节点

2.4 大面铝板系统

主要分布在交通塔及裙楼位置,面板是 3.0mm 铝单板,龙骨为 120mm×80mm×4mm 氟碳喷涂钢立柱,120mm×120mm×5mm 氟碳喷涂钢横梁(图6、图7)。

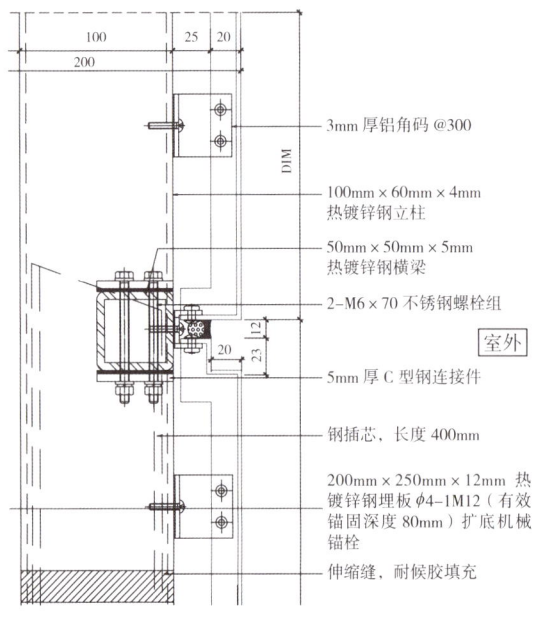

图6 大面铝板幕墙节点

图7 大面铝板幕墙位置

2.5 裙楼全玻璃幕墙系统

主要分布在裙楼 1~2F 位置,面板为 8mm+1.52mmPVB+8mmLow-e+12A+8mm+1.52mmPVB+8mm 钢化超白夹胶中空玻璃,系统采用顶部采用不锈钢夹具吊挂,玻璃肋为 12mm+1.52mmSGP+12mm 超白钢化夹胶玻璃,两层层高不一样,玻璃肋长度不一致(图8、图9)。

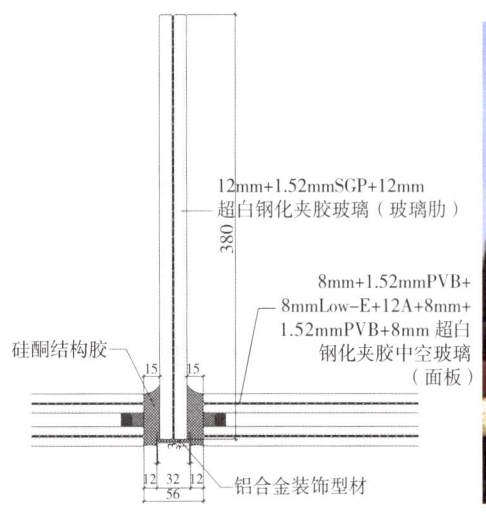

图8 全玻璃幕墙节点

图9 全玻璃幕墙位置

2.6 雨棚幕墙系统

主要分布在首层大堂入口位置，下口采用3.0mm氟碳喷涂铝板，龙骨采用了以80mm×60mm×5mm钢方通为主的桁架支撑，吊顶用2.0mm铝板作为背板表层为3.0mm波浪铝板内藏灯光（图10、图11）。

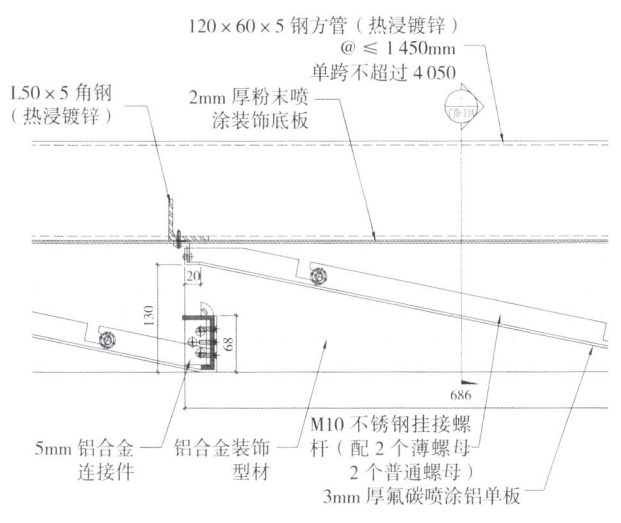

图10 雨棚幕墙节点

图11 雨棚幕墙位置

3 项目技术重难点及解决方案

3.1 大跨度全玻幕墙施工重难点分析及解决措施

本工程大跨度全玻幕墙最大玻璃分格为7 847mm×1 535mm，重约0.9t，现场施工困难，同时在运输和施工过程中还要防止其变形。

解决措施：

（1）玻璃肋及玻璃面板的运输考虑玻璃肋及玻璃面板的跨度大，质量重，为了更好地保证在运输过程中不受损坏，将玻璃肋及玻璃面板装箱打包运输；进入施工现场后，将使用汽车吊连同木箱一起将玻璃肋及玻璃面板吊运至临时存放区域存放。

（2）为了保证大跨度玻璃肋及玻璃面板顺利吊装，且须避免在起吊过程中因挠度过大而变形，采用超大加长电动玻璃吸盘进行本工程大跨度玻璃肋及玻璃面板的吊装作业。

3.2 铝合金门窗品控重难点分析及解决措施

本工程铝合金门窗数量较多，门窗扇均在工厂预制再现场安装，精度的影响因素多，控制难度大，渗漏隐患突出；如何进行门窗的品质控制，当为本工程的重难点。

解决措施：

（1）原材料选择：选择高质量的铝合金材料，确保材料具有良好的强度和耐腐蚀性，以保证产品的长期使用性能。

（2）生产工艺控制：严格控制生产过程中的温度、压力和时间等参数，确保型材的成形和固化过程达到最佳效果。

（3）成品检验：对铝合金门窗进行全面的检验，包括外观质量、尺寸精度、气密性、水密性、抗风压性等，确保产品质量符合标准要求。

3.3 铝板平整度及色差控制重难点分析及解决措施

本工程塔楼及裙楼大量采用铝板幕墙，铝板的色差及平整度控制对本工程的最终外立面效果起着决定性作用，因此如何控制铝板的安装质量是本工程的重难点。解决措施：

（1）材料选择：选择合适的铝板厚度和硬度，避免板材内应力过大。

（2）加工工艺优化：对切割、折弯等工艺过程进行优化，确保操作准确、力度均匀。

（3）环境控制：在加工铝板时，要尽量保持工作环境的稳定，控制好温度及湿度的变化。

（4）设备维护：使用精密的加工设备和工艺，确保铝板的加工精度和平整度。

（5）模拟试验：在正式加工之前，进行模拟试验，对加工工艺进行调整和优化。

（6）质量检测：加工完成后，对铝板进行质量检测，检查其平整度和色差是否符合要求，并进行必要的调整和修正。

（7）存储和运输保护：在存储和运输过程中，注意保护铝板，防止外部力量对其造成变形或损坏其表面颜色喷涂，以保持其平整度和颜色均匀。

项目改造取得了令业主方满意的效果，改造前后效果对比如图12、图13所示。

图12 改造完成后

图13 改造前

上海市第十人民医院内科病房综合楼外立面改造工程

1 项目概况

上海市第十人民医院内科病房综合楼外立面改造工程,项目地址位于上海市静安区延长中路301号(图1)。

对现状立面外墙保温系统进行整体修复,修复标准需严格按照国家及上海市相关规范技术标准。将现状外立面涂料部分增加铝板幕墙。

施工过程中除保温系统开裂外,不破坏原立面其他系统(原保温层、原立面门窗、原立面玻璃幕墙、原立面石材幕墙等)。因为预埋件后置,需要局部将保温材料拆除,施工中的焊接工作量较大,要注意防火,避免引燃保温材料,引起火灾。原外墙已开裂处切割铲除至结构层,开裂部位压力注浆加固,9厚DP15防水砂浆打底扫毛,保温系统修复使用原墙体同等材质(60mm厚无机保温砂浆)、抗裂砂浆抹面一遍。项目整体墙面1.5厚JS防水涂料一道,整体墙面钢丝网满铺一道。

图1 项目整体立面效果

上海市第十人民医院内科病房综合楼外立面改造工程,工作范围包括以下:

(1)外立面原有保温层局部空鼓区域铲除及修补。

(2)外立面墙面(不锈钢网片)整体加固。

（3）铝板幕墙。

（4）屋面局部乳胶漆施工。

2 项目幕墙系统特点

2.1 墙面铝板系统

本系统在第十人民医院内科病房综合楼外立面，采用金属铝板幕墙，面板为3mm铝单板（白色、氟碳喷涂）。主龙骨为120mm×60mm×5mm热锌矩形钢，次龙骨为50mm×4mm热镀锌矩形钢（图2~图4）。

图2 施工过程中照片

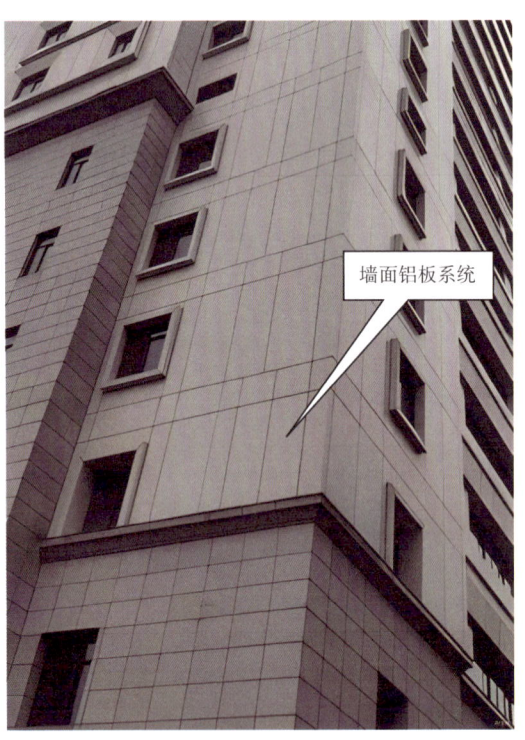

图3 施工完成后照片

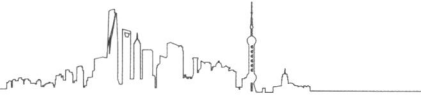

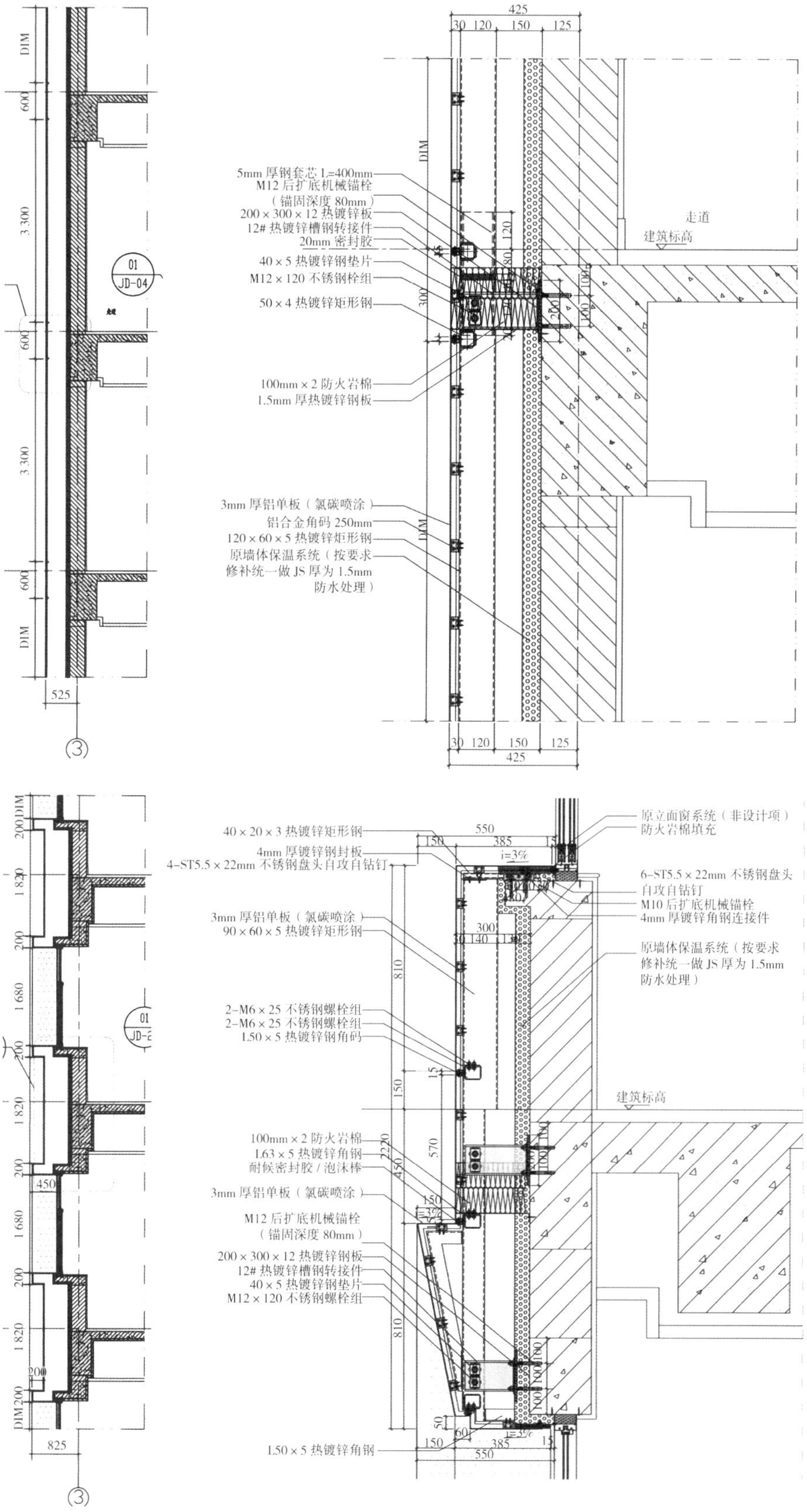
425
30 120 150 125
5mm 厚钢套芯 L=400mm
M12 后扩底机械锚栓
（锚固深度 80mm）
200 × 300 × 12 热镀锌板
12# 热镀锌槽钢转接件
20mm 密封胶
40 × 5 热镀锌钢垫片
M12 × 120 不锈钢栓组
50 × 4 热镀锌矩形钢
100mm × 2 防火岩棉
1.5mm 厚热镀锌钢板
3mm 厚铝单板（氯碳喷涂）
铝合金角码 250mm
120 × 60 × 5 热镀锌矩形钢
原墙体保温系统（按要求
修补统一做 JS 厚为 1.5mm
防水处理）
走道
建筑标高
DIM
600
3 300
525
③
40 × 20 × 3 热镀锌矩形钢
4mm 厚镀锌钢封板
4-ST5.5 × 22mm 不锈钢盘头自攻自钻钉
3mm 厚铝单板（氯碳喷涂）
90 × 60 × 5 热镀锌矩形钢
2-M6 × 25 不锈钢螺栓组
2-M6 × 25 不锈钢螺栓组
L50 × 5 热镀锌钢角码
100mm × 2 防火岩棉
L63 × 5 热镀锌角钢
耐候密封胶 / 泡沫棒
3mm 厚铝单板（氯碳喷涂）
M12 后扩底机械锚栓
（锚固深度 80mm）
200 × 300 × 12 热镀锌钢板
12# 热镀锌槽钢转接件
40 × 5 热镀锌钢垫片
M12 × 120 不锈钢螺栓组
L50 × 5 热镀锌角钢
原立面窗系统（非设计项）
防火岩棉填充
6-ST5.5 × 22mm 不锈钢盘头
自攻自钻钉
M10 后扩底机械锚栓
4mm 厚镀锌角钢连接件
原墙体保温系统（按要求
修补统一做 JS 厚为 1.5mm
防水处理）
建筑标高
550
385
1 820
1 680
825

图 4　幕墙节点

2.2 弧形铝板幕墙系统

本系统在第十人民医院内科病房综合楼外立面弧形幕墙，采用金属铝板幕墙，面板为3mm铝单板（白色、氟碳喷涂），龙骨为 120mm×60mm×5mm 热镀锌矩形钢，200mm×300mm×12mm 热镀锌槽钢转接件（图5、图6）。

图 5 幕墙位置示意图

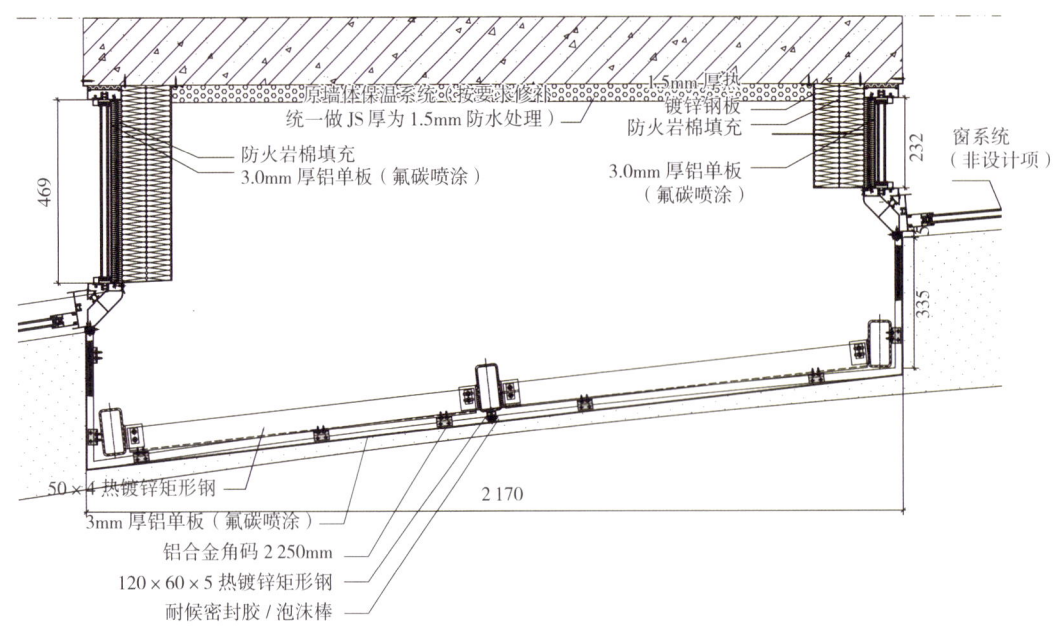

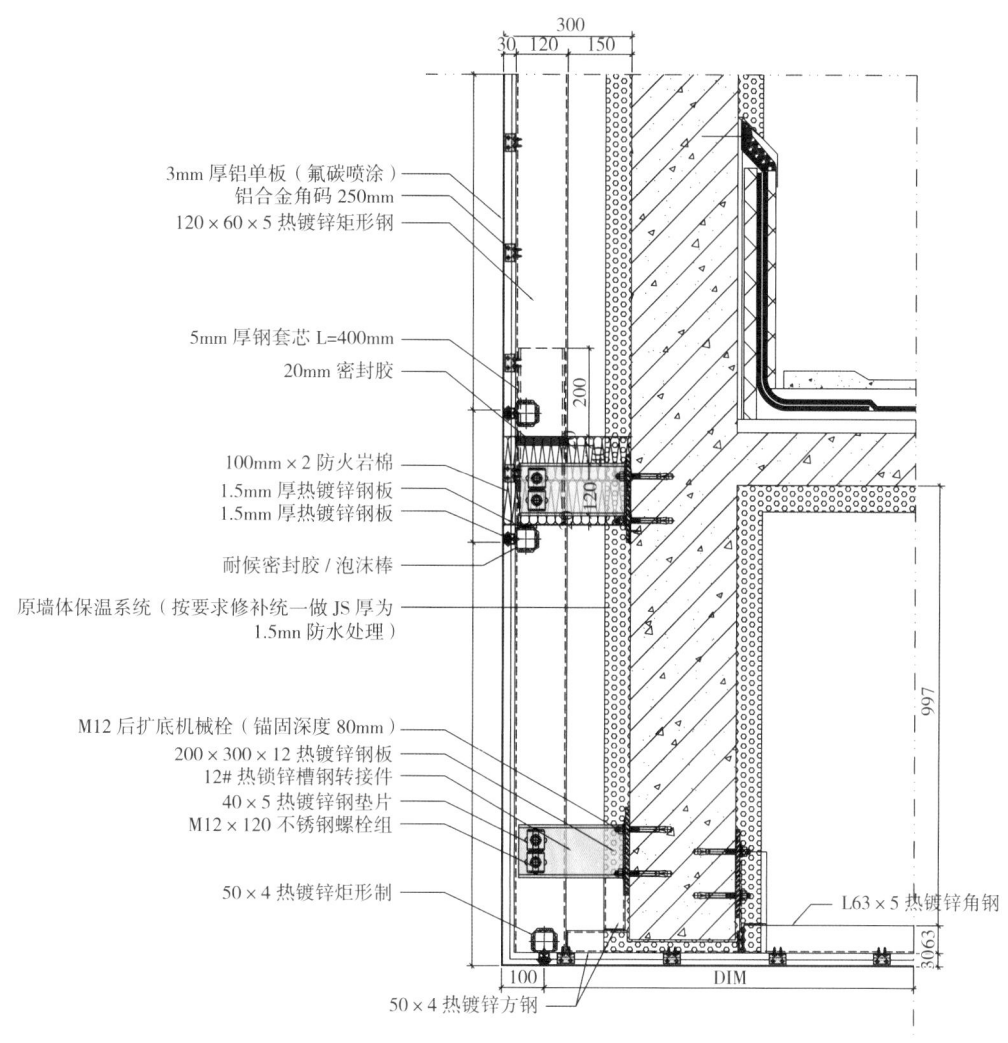

图6 幕墙节点

3 项目技术重难点及解决方案

3.1 组织技术措施工作的重难点及对应措施

（1）改造施工期间医院病房楼不间断营业，医护人员、病人及家属进出病房楼的有效管控。

（2）拆除作业时，产生的粉尘、烟气容易通过涉外窗户窜入病房内。

（3）施工时产生的噪声影响医院病房楼的正常诊疗和病人的休息。

（4）部分房间需要做好防护防止个人隐私外泄。

解决措施：

（1）严格将施工区和非施工区分隔，施工区域全封闭设置夹心彩钢板临时施工围挡，通过有效的防护措施确保施工过程中本工程人员及第三方人员的生命、财产的安全。

（2）做好通道口的警示标识，并在无法封闭的出入口安排人员执勤。

（3）与基建、代建、监理、临床、后勤等管理单位建立信息沟通群，提前告知施工的计划安排，施工过程中及时掌握病房楼内医护、病人反映的各类情况，第一时间发现问题解决问题。

（4）合理安排施工时间，并与医院做好协调工作，施工作业时间安排计划：6:30~11:00；13:00~17:00；加班：18:00~21:00。11:00~13:00禁止一切大噪声施工作业。对医院影响大的作业如材料进出场运输、垃圾外运等均安排在夜间施工。

（5）选择高效环保的施工工艺，在有条件的情况下采用模块化工厂化加工，尽量减少现场污染性作业的内容。

拆除作业时，采用塑料薄膜加防火布封闭拆除段的窗户和各露空洞口，既能保护既有建筑物又能有效降低粉尘和噪声同时还能兼顾到医护人员的隐私保护需要。

3.2 材料及垃圾运输管理难度大及对应措施

本工程的施工进出道路设定为由城市共和新路经十院东北门进入院区主干道路。

（1）共和新路的特点：白天车行道车流量巨大且车行道边的人行道人流量也大；因此材料及垃圾运输进出共和新路中在做到不占道、不堵塞交通的前提下又能保证其他车辆和行人的安全是本工程施工的一个重点考虑的问题。

（2）东北门及院区主干道路的特点：病房楼周边是院区绿化带和院区主干道路，白天院内主干道车流量大且院内人员人流量也大；因此材料及垃圾的运输的装卸工作对不影响医院正常运营有很大的难度。

（3）由于场地限制，进场的材料需要进行二三次倒运才能搬运至施工现场，增加了项目运行成本。

由于楼层高，型材构件材料现场只能从室外脚手架往上传送，部分材料垂直运输困难。

解决措施：

（1）先明确大型材料进场及建筑垃圾外运时间安排；同时积极与周边交警协调，取得白天交通低峰时段进行材料运输的许可（须有可靠的安全隔离措施并安排交通协管员帮助管理路段交通），缓解材料运输压力。对一些超大规格的材料，由于交通管制的原因，安排在晚上规定的时间段、路段进行运输进场。

（2）严格规定施工材料均按需进场，作为总承包将根据确定的进度计划节点，确定每天、每周材料进场的计划，计划将详细到何日何时到场、多少时间装卸、多少时间疏散这一程度，避免底层空间无法周转使用。并严禁无组织无纪律地随意进行材料构件的进出场，所有材料进场必须在总承包的统一调度下进行。

（3）编排物资运输计划，保证现场物资供应；利用网络技术和信息平台，保持施工现场与仓储、加工车间的紧密联系和资料信息的快速、准确地传递，确保项目物流畅通；服从医院调度安排，减少材料在现场的二次搬运。

（4）对各专业单位进行统一管理，制订详细的材料及垃圾垂直运输计划，协调各相关单位进行错时运输。在确保安全要求的前提下，现场采用灵活的运输方式，如采用施工吊篮来解决材料的垂直运输，采用人力搬运来解决场内材料流转等。同时要求进场材料的包装尽量小型化，方便人工搬运。

（5）施工人员由指定路线进出场地，合理安排工人上下班时间，不得影响医院正常管理；组织便捷高效的运输队伍，灵活调度；调查统计相关路段的车流量，合理选择运输路线和物资的运输时间，避开交通高峰时段和路段。

3.3 铝板平整度及色差控制重难点分析及解决措施

本工程塔楼及裙楼大量采用铝板幕墙，铝板的色差及平整度控制对本工程的最终外立面效果起着决定性作用，因此如何控制铝板的安装质量是本工程的重难点。解决措施：

（1）材料选择：选择合适的铝板厚度和硬度，避免板材内应力过大。

（2）加工工艺优化：对切割、折弯等工艺过程进行优化，确保操作准确、力度均匀。

（3）环境控制：在加工铝板时，要尽量保持工作环境的稳定，控制好温度及湿度的变化。

（4）设备维护：使用精密的加工设备和工艺，确保铝板的加工精度和平整度。

（5）模拟试验：在正式加工之前，进行模拟试验，对加工工艺进行调整和优化。

（6）质量检测：加工完成后，对铝板进行质量检测，检查其平整度和色差是否符合要求，并进行必要的调整和修正。

（7）存储和运输保护：在存储和运输过程中，注意保护铝板，防止外部力量对其造成变形或损坏其表面颜色喷涂，以保持其平整度和颜色均匀。

项目改造取得了令业主方满意的效果，改造前后效果对比如图7、图8所示。

图7　改造完成前照片

图8　改造完成后照片

上海达安广场外墙修缮工程

1 工程概况

本项目位于延安中路829号,上海展览中心对面,东靠东方华发与静安鸿华大厦、南邻彭拜新闻大楼、西与东方海外大厦为邻、北邻延安路高架,周边环境复杂,人、车流量大,项目外围护、高空坠、噪声污染是本项目需着重控制的工作,以确保项目顺利实施(图1、图2)。

图1 效果图

图2 项目位置情况

项目为外墙修缮工程，修缮包括内容有：大楼外墙瓷砖空鼓修缮加固、外墙立面装饰处理、外墙空调架统一更换（300套）、外墙铸铁落水管更换（300m）、新增厨房间生活排污管（300m）。

2 项目重难点与解决方案

2.1 外墙空鼓脱落、登高设备架设

本项目主要是大楼外墙瓷砖空鼓修缮加固、外墙立面装饰处理、外墙空调架统一更换（300套）、外墙铸铁落水管更换（300m）、新增厨房间生活排污管（900m）。外墙空鼓脱落、登高设备架设工作是本项目的重、难点。

解决方案：针对非标高空吊篮架设难点，经研究分析后确定，先对架设吊篮非标部分撰写危大工程施工组织专项方案，反复进行自评与论证，定稿后报公司技术负责人审批，确认通过后报请建设单位或代建单位、监理单位审核。

针对外墙空鼓修复难点，先对现场墙面空鼓情况进行检查与研究，结合既往其他工程项目（如：上海市政协办公厅大楼、浦东第一八佰伴、华夏宾馆、原虹桥宾馆等）施工经验针对性提出修复方案，经我们集团公司技术负责人审批确认通过后，进行外墙修缮工作。

对外墙真石漆的色差控制，采用批量一次性采购，已从原材料生产上控制色差，尽量避免分批次采购，以杜绝不同批次色差问题。施工环境及温度达到要求的前提下再进行，雨天严禁作业；对操作人员的技术水平提出较高要求并做好交底工作，施工前制定《作业指导书》，严格按照《作业指导书》操作流转操作，确保施工的质量。

2.2 施工控制与项目管理

本项目地处上海市静安区闹市区，行人多、客流量大，工程个性化装饰突出、技术要求等级高；立面形式多样，穿插施工工艺要求较高；施工作业点多面广，现场组织实施要求高，故施工控制与项目管理是本工程的重点、难点。

解决方案：针对此项难点，编制科学合理的计划，进行科学施工部署，确定施工顺序合理，选择更合理的施工方案，编制合理的资源配备计划；工程有效的管理和必要的投入，充分了解现场实际情况、切实保证劳动力投入，及时进行检查和总结；优化技术管理措施，严控文明施工，降低噪声污染，切实做到不扰民施工，与施工班组引进奖励机制，充分调动施工积极性；合理选派项目管理人员班子，以有类似项目经验的人员为本项目管理；成立专门材料运输小分队，搬运工作尽量在白天进行，避免夜晚扰民现象发生（图3、图4）。

图 3　修缮前现场照片　　　　　　　　图 4　修缮后现场照片

本项目为沿街整体改造项目，涉及 3 栋楼，且受位置限制，材料的运输受现场存放场地的限制，没有足够的存储区域放置材料。本项目通过精心的规划实施得以能够顺利推进并达到预期的效果，展现静安区延安高架路沿线的独特景观。在保证建筑的完成效果不变的情况下，合理的优化施工做法，让建筑的效果问题和结构问题同步消化，不再让设计浮于空想，让设计更加合理，沟通好建筑师的意见，让工程做得更完美和高效。

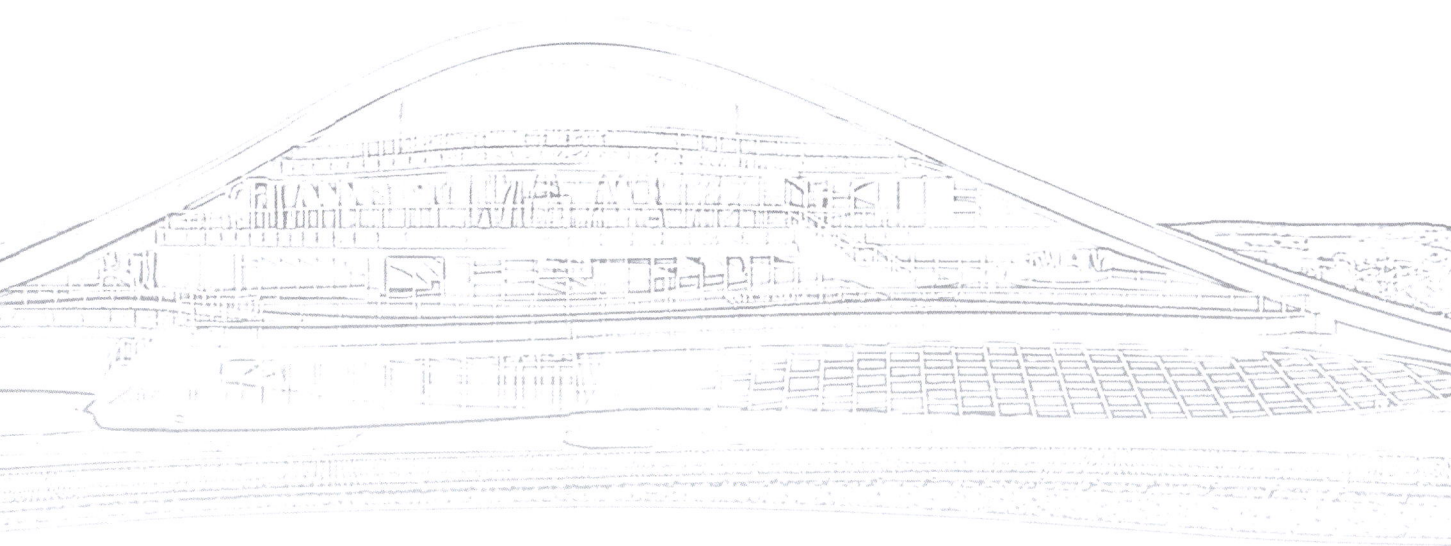

附 录
Appendix

近三年幕墙智造领域成果

近三年奖项

类别	序号	赛事	奖项	项目
工程类奖			鲁班奖	合肥工业大学智能制造技术研究院（一期）研发中心
				成都天府国际机场旅客过夜用房工程
			中国建筑工程装饰奖	上音歌剧院外立面及屋面装饰工程
				漕河泾开发区浦江高科技园移动互联网产业（一期）项目新建工程（除桩基）
				九棵树（上海）未来艺术中心新建工程—装饰工程（含室内精装修）
			白玉兰奖	宝山区服务租赁性配套用房门窗
				北蔡 105 街坊 13-03 地块商品住宅二期 12# 楼
				漕河泾开发区赵巷园区一期项目（A3-03 地块工程6# 楼）
				杨浦区 C090202 单元 R-04、T-02、T-04 商办项目中区幕墙工程
BIM 类奖项	1	第二届工程建设行业 BIM 大赛		成都天府国际机场旅客过夜用房幕墙工程数字化建造技术 [应用水平一级（幕墙组）]
	2			南通植物园（温室）幕墙 BIM 施工项目 [应用水平一级（幕墙组）]
	3			上音歌剧院幕墙工程数字化技术运用 [应用水平一级（墙组）]
	4		三等奖	滴水湖南岛会议中心参数化设计施工应用简介 [应用水平三级（幕墙组）]
	5	首届"智建杯"中国智慧建造 BIM 大赛	一等奖	成都天府国际机场旅客过夜用房幕墙工程数字化建造技术优秀施工案例金奖
	6		二等奖	南通植物园（温室）幕墙 BIM 施工项目（创新应用亮点银奖）
	7			滴水湖南岛会议中心参数化设计施工应用（创新应用亮点银奖）
	8			上音歌剧院幕墙工程数字化技术运用（优秀施工案例银奖）
	9	2021 年度上海市重点工程实事立功竞赛	三等奖	员工组赛事（三等奖）
	10		团队奖	上海建工装饰集团数字化建造技术研究所（优秀团队）
	11	第三届 CBDA 建筑装饰 BIM 大赛	一等奖	绳金塔地铁站与武汉群光广场幕墙工程数字化运用 [一级（幕墙组）]
	12		二等奖	深圳中山大学理工科组团幕墙工程 BIM 技术应用 [二级（幕墙组）]
	13		优秀奖	东航金叶苑 3# 外幕墙工程数字化建造应用 [优秀（幕墙组）]
	14			香港水上乐园幕墙工程 BIM 参数化技术示范应用 [优秀（幕墙组）] 建设行业 BIM 大赛

（续表）

类别	序号	赛事	奖项	项目
BIM 类奖项	15	第四届"共创杯"智能建造技术创新大赛	二等奖	西安武隆航天酒店幕墙工程 BIM 技术运用（施工组-二等奖）
	16			基于数字化的上海展览中心外立面保护修缮技术研究与应用（施工组-二等奖）
	17		三等奖	深圳中山大学理工科组团幕墙工程 BIM 技术应用（施工组-三等奖）
	18	第二届"优智杯"智慧建造应用大赛	一等奖	成都天府国际机场旅客过夜用房幕墙工程数字化技术运用（智慧建造一等奖）
	19			绳金塔地铁站武汉群光广场幕墙工程数字化运用（智慧建造一等奖）
	20		二等奖	西安武隆航天酒店幕墙工程数字化技术运用（智慧建造二等奖）
	21	第二届"优智杯"智慧建造应用大赛	三等奖	基于数字化的上海展览中心外立面保护修缮技术研究与应用（智慧建造施工案例三等奖）
	22			深圳中山大学理工科组团幕墙工程 BIM 技术应用（智慧建造三等奖）
	23	第九届 BIM 技术应用大赛	一等奖	基于数字化的上海展览中心外立面保护修缮技术研究与应用（单项组一等奖）
	24	第四届 CBDA 建筑装饰 BIM 大赛	二等奖	西安武隆航天酒店幕墙工程数字化技术运用（幕墙组二等奖）
	25		三等奖	基于数字化的上海展览中心外立面保护修缮技术研究与应用（公装组-展览展示类三等奖）

知识产权清单

序号	知识产权名称	类型
1	混凝土砖幕墙	发明
2	异形幕墙龙骨的加工数据提取方法	发明
3	基于复杂空间造型的不规则端部切面龙骨数字化加工方法	发明
4	超大异形吊顶单元运输与吊装一体化辅助装置	发明
5	陶瓦屋面挂件系统及陶瓦的安装方法和结构	发明
6	异形幕墙龙骨的数字化坐标定位方法	发明
7	一种复杂异形幕墙结构	发明
8	一种可调式陶砖干挂装置	发明
9	一种开放式石材幕墙干挂系统	发明
10	一种陶砖幕墙整体干挂工艺	发明
11	一种复杂异形幕墙结构的连接装置	发明
12	一种复杂异形幕墙结构的数字化建造与安装方法	发明
13	异形幕墙龙骨的三维空间定位方法	发明
14	复杂异形幕墙结构装饰面板的数字化生产、加工方法	发明

（续表）

序号	知识产权名称	类型
15	一种陶砖预制单元墙体结构	发明
16	一种开放式石材幕墙干挂构件	发明
17	幕墙上悬窗自动限位支撑装置	发明
18	幕墙上悬窗自动限位支撑装置的安装方法	发明
19	超大板幅石材墙面干挂方法	发明
20	外墙脚手架内石材垂直运输系统	发明
21	外墙脚手架内石材垂直运输方法	发明
22	外墙脚手架内石材垂直运输吊篮	发明
23	外墙脚手架内石材垂直运输吊篮的安装使用方法	发明
24	一种栏杆扶手的连接结构	实用新型
25	一种马厩用的外开内倒窗系统	实用新型
26	一种幕墙系统立柱横梁连接结构	实用新型
27	一种变形缝处水沟的连接结构	实用新型
28	一种室外蜂窝铝板安装结构	实用新型
29	加高吊篮系统	实用新型
30	跨层竖向遮阳百叶系统	实用新型
31	一种建筑外墙批水结构	实用新型
32	一种能够隐藏龙骨的幕墙单元及单元式幕墙系统	实用新型
33	悬挑脚手架的悬挑梁拆装工具	实用新型
34	一种既有建筑窗户改造结构	实用新型
35	一种具有高隔声性能的幕墙结构	实用新型
36	具有挡水功能的电动下悬窗	实用新型
37	一种三维可调式石材幕墙安装结构	实用新型
38	适用于新型纤维水泥装饰板幕墙系统的安装结构	实用新型
39	一种便于安装的隧道侧壁装饰板安装结构	实用新型
40	一种隧道中的饰面线连续的装饰板安装结构	实用新型
41	一种玻璃幕墙立柱和横梁的连接结构	实用新型
42	一种脚手架原位拉结系统及脚手架	实用新型
43	一种用于安装石材幕墙的脚手架	实用新型
44	脚手架原位拉结装置、脚手架原位拉结系统及脚手架	实用新型
45	一种三道密封的平开窗	实用新型
46	一种平开窗的密封胶条	实用新型
47	钢结构承载框架	实用新型
48	混凝土砖幕墙	实用新型
49	混凝土装饰砖	实用新型
50	钢结构承载框架	实用新型

（续表）

序号	知识产权名称	类型
51	大面积造型铝格栅系统	实用新型
52	大面积造型铝格栅装饰墙面连接系统	实用新型
53	幕墙上悬窗自动限位支撑装置	实用新型
54	超大板幅石材墙面干挂系统	实用新型
55	外墙脚手架内石材垂直运输系统	实用新型
56	外墙脚手架内石材垂直运输平台	实用新型
57	外墙脚手架内石材垂直运输吊篮	实用新型
58	基于数字放样的空间智能定位软件 V1.0	软件著作权
59	数字模型处理分析交互系统 V1.0	软件著作权
60	装配工序虚拟仿真优化软件 V1.0	软件著作权
61	基于人工智能深度学习算法的构配件吊装模拟软件 V1.0	软件著作权
62	基于参数化建模的建筑施工场布方案优化软件 V1.0	软件著作权
63	基于增强现实的装饰施工监督管理自动化交互系统 V1.0	软件著作权
64	基于无源射频识别的构配件全周期管理平台登记 V1.0	软件著作权
65	基于多源异构数据融合的可视化数字仓储管理平台软件 V1.0	软件著作权
66	脚手架安全状态实时监测及预警平台 V1.0	软件著作权
67	建筑外墙劣化检测分析软件 V1.0	软件著作权
68	高空作业人员安全锁扣佩戴状态监控预警系统 V1.0	软件著作权
69	石材干挂背栓施工螺栓紧固状态监测预警系统 V1.0	软件著作权
70	基于数字标签的建筑构件全生命周期物流管理平台软件 V1.0	软件著作权
71	基于图像识别的基层龙骨施工排布缺陷视觉检测软件 V1.0	软件著作权
72	装饰集团多源异构数据整合管理系统 V1.0	软件著作权
73	装饰工程异形曲面自动化定位软件 V1.0	软件著作权
74	装饰工程数字化测量软件 V1.0	软件著作权
75	三维扫描数据自动降噪软件 V1.0	软件著作权
76	无人机航拍数据融合软件 V1.0	软件著作权
77	无人机航拍数据自动计算软件 V1.0	软件著作权
78	装饰工程装饰异形曲面参数化排版软件 V1.0	软件著作权
79	装饰工程装饰异形曲面参数化优化软件 V1.0	软件著作权
80	装饰工程参数化节点数据平台软件 V1.0	软件著作权
81	装饰工程 BIM 模型自动算量软件 V1.0	软件著作权
82	装饰工程 BIM 模型材质分类软件 V1.0	软件著作权
83	装饰工程重大危险源 AI 自动识别软件 V1.0	软件著作权
84	装饰施工现场违规作业 AI 自动识别软件 V1.0	软件著作权
85	装饰施工现场环境监测及预警软件 V1.0	软件著作权
86	装饰工程安全帽自动定位软件 V1.0	软件著作权

（续表）

序号	知识产权名称	类型
87	装饰工程安全帽安全防控软件 V1.0	软件著作权
88	装饰工程供应链管理平台 V1.0	软件著作权
89	装饰工程基于无线射频技术的物流管理平台 V1.0	软件著作权